一元半群的代数结构和簇理论

王守峰 著

清华大学出版社
北京

内 容 简 介

本书主要论述正则*-半群，亚正则*-半群，dr-半群，DRC 半群和 *P*-Ehresmann 半群这几类一元半群的结构理论和簇理论，分别用基本方式、范畴方式和覆盖方式给出这些（双）一元半群类的代数结构，讨论正则*-半群的与某些二元关系格有关的簇性质，描述具有弱（强）融合性质的正则*-半群，刻画 *P*-Ehresmann 半群张成的结合代数，构造和建立一类 *P*-Ehresmann 半群的自由对象和上确界完备化定理。本书试图对当前上述几类典型（双）一元半群的研究成果做一个概括和总结，所阐述内容的一半以上是著者的研究成果。

本书可作为代数学（特别是半群理论）方向研究生和科研工作者的教材或参考书，也可供代数学和理论计算机科学等学科的爱好者参考。

版权所有，侵权必究。举报：010-62782989，beiqinquan@tup.tsinghua.edu.cn。

图书在版编目（CIP）数据

一元半群的代数结构和簇理论 / 王守峰著. -- 北京：清华大学出版社，2025.6.
ISBN 978-7-302-69454-0

Ⅰ. O152.7

中国国家版本馆 CIP 数据核字第 2025T6C874 号

责任编辑：刘　颖
封面设计：傅瑞学
责任校对：王淑云
责任印制：丛怀宇

出版发行：清华大学出版社
网　　址：https://www.tup.com.cn, https://www.wqxuetang.com
地　　址：北京清华大学学研大厦 A 座
邮　　编：100084
社 总 机：010-83470000
邮　　购：010-62786544
投稿与读者服务：010-62776969，c-service@tup.tsinghua.edu.cn
质量反馈：010-62772015，zhiliang@tup.tsinghua.edu.cn
印 装 者：三河市东方印刷有限公司
经　　销：全国新华书店
开　　本：185mm×260mm
印　　张：13.75
字　　数：306 千字
版　　次：2025 年 6 月第 1 版
印　　次：2025 年 6 月第 1 次印刷
定　　价：56.00 元

产品编号：101125-01

前　言

半群的代数理论的研究虽然可追溯到1904年, 但其系统研究始自20世纪50年代. 回顾半群的代数理论的研究和发展历程, 正则半群是其主流研究领域, 而逆半群和完全正则半群又是研究成果最为丰富的两类正则半群(参见 Lawson[90], Petrich[124] 以及 Petrich-Reilly[126, 129]). 按照泛代数的观点, 非空集合到自身的映射称为该集合上的"一元运算"(unary operation). 借助这一术语, 本书称带有一个一元运算的半群为"一元半群", 而称带有两个一元运算的半群为"双一元半群". 由于逆半群中任意元素均有唯一的逆元, 而完全正则半群中每个元素均有唯一的群逆元, 故逆半群和完全正则半群可视为两类特殊的"一元半群". 从泛代数的观点来看, 逆半群类和完全正则半群类都构成一元半群簇.

逆半群的代数结构和簇理论的研究在20世纪六七十年代就取得了丰富的研究成果. 在逆半群的代数结构的研究中, 先后形成了三种有效的研究方式: "范畴方式"[28-29, 107-108, 115, 140, 143], 基本方式[113-114] 和覆盖方式[109-110]. 逆半群丰富的研究成果和成熟的研究方法为其他半群类的研究提供了有效的思路. 于是, 以逆半群为出发点, 在各种意义下推广得来的各种半群类(例如, 纯正半群、局部逆半群、正则 *-半群、具有逆断面的正则半群、毕竟逆半群、限制半群等)逐渐成为半群的代数理论的研究热点.

如前所述, 逆半群类是一元半群簇, 从而它可以通过等式来进行刻画. 基于逆半群的等式刻画, Nordahl 和 Scheiblich 于1978年在文献 [118] 中提出并研究了逆半群在正则半群范围内的一种推广形式——正则 *-半群. 正则 *-半群类形成一个新的一元半群簇, 逆半群类是其子簇. 自此, 正则 *-半群成为半群的代数理论中的一个活跃的研究课题, 许多国际著名半群专家(例如, Auinger, Dolinka, East, Gray, Gerhard, Hall, Imaoka, Jones, Namboori-pad, Nordahl, Pastijn, Petrich, Polak, Ruskuc, Scheiblch, Szendrei, Trotter, Yamada 等)都进行过这方面的研究. 由于这类半群与图半群关系紧密, 近期更是得到半群工作者的持续关注[25-27]. 值得一提的是, 我国学者(例如, 何勇、江中豪、李勇华、罗彦锋、喻秉钧、张荣华、郑恒武等)也在这方面做过一些工作. 经过众多半群专家的努力, 正则 *-半群的代数结构、同余理论和簇理论的研究均已取得了丰富的成果.

作为逆半群在正则半群范围内的另一种推广形式, Bylth 和 McFadden 于1982年在文献 [11] 中提出了具有逆断面的正则半群的概念. 具有逆断面的正则半群目前已得到充分研究, 取得了较为丰富的结果, 其中我国学者也作出了重要贡献(参看 Blyth 的综述文章 [14]).

为给出正则 *-半群和具有逆断面的正则半群的共同推广, 李勇华于 2002 年在文献 [95] 中定义了具有正则 *-断面的正则半群. 为简洁起见, 本书称具有正则 *-断面的正则半群为亚正则 *-半群. 亚正则 *-半群类也可以从泛代数角度来认识, 它是以正则 *-半群簇为子簇的一元半群簇.

此外, 逆半群的每个元素所在的 $\mathcal{L}$-类和 $\mathcal{R}$-类均含唯一的幂等元, 这就诱导了逆半群上的两个一元运算. 于是, 逆半群又可以看成双一元半群. 基于这一事实, Fountain 在 20 世纪 70 年代末先后定义了主右投射半群[34]和适当半群[35], 得到了逆半群在非正则半群中的推广形式, 开创了半群研究的 York 学派. 1991 年, Lawson 又把适当半群推广为 Ehresmann 半群[88]. 目前, Ehresmann 半群及其子类的研究已日趋完善, 取得了丰富的研究成果 (参看 Gould 的综述文章 [43, 46]). 2012 年, Jones 在文献 [79] 中定义了 P-Ehresmann 半群, 给出了正则 *-半群和 Ehresmann 半群的一个统一的处理方式. 2018 年, Jones 又提出了 DRC 半群[82-83], 对 P-Ehresmann 半群作了进一步的推广. 事实上, DRC 半群在 Lawson 的文章 [88] 和 Stokes 的文章 [155] 中已间接提到.

笔者自 2002 年起一直从事亚正则 *-半群、P-Ehresmann 半群、DRC 半群及相关半群类的代数结构、图结构及张成的结合代数等方面的学习和研究, 并同合作者一起在该领域取得了一系列有意义和在国内外有一定影响的研究结果. 将笔者及其合作者和国内外相关学者的研究结果进行汇总、整理和总结, 不论是对笔者进一步的学习和研究, 还是对半群方向研究生的培养, 都是有意义的. 本书正是笔者基于这一想法和理念而编著. 相信本书对有志于从事半群理论及应用等方面的学习和研究的读者有一定帮助.

本书是笔者及合作者在亚正则 *-半群、dr-半群、DRC 半群和 P-Ehresmann 半群等 (双) 一元半群类方面研究结果的梳理、总结和提升, 除第 1 章和一些必要的引用结果外, 本书第 2~5 章的内容均为笔者及合作者的研究结果. 囿于篇幅原因, 本书假设读者具有一定的半群理论基础知识 (比如读过 Howie 的 "半群理论导引"[56] 或 "半群理论基础"[57]), 未说明的符号和结果可参考文献 [49, 56, 57, 90, 120, 123, 124, 126, 129, 144]. 本书第 1 章前 6 节有选择地介绍了正则 *-半群在分类、结构、同余和簇理论等方面的一些经典研究成果, 1.7 节则介绍了笔者指导的研究生最近完成的关于可分解正则 *-半群的结果. 第 2 章研究了亚正则 *-半群, 给出了这类一元半群的基本性质, 讨论了两类特殊亚正则 *-半群的代数结构并利用代数结构研究了这些半群上的同余. 第 3 章研究了 dr-半群, 这类半群是 DRC 半群的进一步推广. 第 3 章给出了这类半群及其若干子类的基本表示和范畴同构定理. 第 4 章研究了 DRC 半群, 给出了这类半群的范畴同构定理, 介绍了 DRC 半群的一个子类, 即 DRC-限制半群, 得到了 DRC-限制半群的基本表示定理. 第 5 章研究了 P-Ehresmann 半群, 讨论了 P-Ehresmann 半群及其若干子类的代数结构、自由对象、张成的结合代数及完备化理论.

在本书即将完成之际, 笔者衷心感谢笔者的硕士生导师云南大学张荣华教授! 是他指引笔者走进了亚正则 *-半群的研究领域, 手把手地传授笔者做科研的基本思路和方法, 让笔者在硕士阶段得到了严格的科研训练. 笔者无比怀念笔者的博士生导师郭聿琦教授, 感谢他对笔者的关心、宽容和爱护! 是他给了笔者攻读博士学位的机会, 引领笔者进入了组合半群的研究领域, 拓宽了笔者的学术视野, 提高了笔者的研究水平和学术素养. 笔者无比怀念岑嘉评教授, 感谢他对笔者无私的指导和提携! 笔者衷心感谢美国 Marquette 大学 Peter Jones 教授、英国 York 大学 Victoria Gould 教授和新西兰 Waikato 大学 Tim Stokes 教授! 感谢他(她)们对笔者无私的指导和教诲, 他(她)们严谨的科研作风、深邃的学术洞察力和宽广的学术视野给了笔者极大的震撼.

本书得到了云南省万人计划——青年拔尖人才项目专项经费和国家自然科学基金项目 12271442 和 11661082 的资助, 得到了云南师范大学数学学院各位领导、云南师范大学数学学院代数方向学术带头人张华教授和西南大学王正攀教授的关心和支持, 在此致以诚挚谢意! 衷心感谢西北师范大学乔虎生教授对本书出版所给予的帮助和支持! 向支持本书出版的清华大学出版社及编辑刘颖老师表示衷心感谢! 本书的完成也离不开笔者所指导的历届研究生的合作. 研究生晏潘、严庆富、陈辉、刘鑫、刘仟雪、王钰鑫、龚晓倩和尹碟均承担了某些文字的录入和校订工作, 在此一并表示感谢.

由于笔者水平有限, 书中难免会出现疏漏, 甚至错误, 敬请专家和读者批评指正.

王守峰

2024 年 10 月

目 录

第1章 正则 *-半群 1

    1.1 概念和基本性质 1

    1.2 几个子簇 4

    1.3 同余 11

    1.4 二元关系格 17

    1.5 融合性质 23

    1.6 覆盖定理 30

    1.7 可分解的正则 *-半群 35

    1.8 第1章的注记 39

第2章 亚正则 *-半群 40

    2.1 概念和基本性质 40

    2.2 几个子簇 45

    2.3 强亚正则 *-半群的代数结构和同余 49

    2.4 双简亚正则 *-半群的代数结构和同余 56

    2.5 双简亚正则 *-半群的基本表示 63

    2.6 第2章的注记 73

第3章 dr-半群 75

    3.1 d-半群和r-半群 75

    3.2 dr-半群 82

    3.3 d-半群和r-半群的基本表示 90

    3.4 dr-半群的基本表示 97

目录

- 3.5 d-半群, r-半群和 dr-半群的范畴同构定理 101
- 3.6 第3章的注记 104

第4章 DRC 半群 105

- 4.1 DRC 半群的范畴同构定理 105
- 4.2 DRC-限制半群 119
- 4.3 第4章的注记 135

第5章 P-Ehresmann 半群 137

- 5.1 局部 Ehresmann 的 P-Ehresmann 半群的范畴同构定理 137
- 5.2 投射本原的 P-Ehresmann 半群 154
- 5.3 P-Ehresmann 半群张成的结合代数 161
- 5.4 纯正 P-限制半群的代数结构 166
- 5.5 真 P-限制半群 172
- 5.6 广义限制的 P-限制半群的代数结构 175
  - 5.6.1 拟直积结构 176
  - 5.6.2 自由对象 180
  - 5.6.3 半直积 183
- 5.7 广义限制的 P-限制半群的上确界完备化 191
- 5.8 第5章的注记 201

参考文献 202

第 1 章

正则 ∗-半群

作为逆半群的自然推广, 正则 ∗-半群是一类重要的一元半群类. 本章的目的是给出正则 ∗-半群的一些基础理论. 1.1 节给出正则 ∗-半群的概念和基本性质, 特别地, 定义并刻画了这类一元半群上的自然偏序. 1.2 节介绍正则 ∗-半群簇的几个子簇并给出这些子簇的刻画. 1.3 节用核正规系方法和核-迹方法研究了正则 ∗-半群上的同余和同余格. 1.4 节考虑正则 ∗-半群上的几类二元关系的簇性质. 1.5 节刻画了具有弱 (强) 融合性质的正则半群簇. 1.6 节建立正则 ∗-半群的覆盖理论, 证明了任意正则 ∗-半群均有 C^*-酉覆盖. 1.7 节定义并刻画了可分解的正则 ∗-半群.

1.1 概念和基本性质

本节给出正则 ∗-半群的概念并考虑其若干基本性质. 设 S 是半群, $x \in S$. 记

$$E(S) = \{a \in S \mid a^2 = a\}, \quad V(x) = \{a \in S \mid axa = a, xax = x\}.$$

定义 1.1.1[118] 设 S 是半群, "∗" 是 S 的一元运算. 称 $(S, \cdot, *)$ 为正则 ∗-半群, 若下列公理成立:

$$x^{**} = x, \quad xx^*x = x, \quad (xy)^* = y^*x^*. \tag{1.1.1}$$

此时, 称 $P(S) = \{xx^* \mid x \in S\}$ 为 S 的投射元集.

注记 1.1.2 设 $(S, \cdot, *)$ 是正则 ∗-半群, $x, y \in S$. 则有 $x^* = x^*x^{**}x^* = x^*xx^*$, 从而 $x^* \in V(x)$. 另一方面, 据 (1.1.1) 式的前两个等式可知 $x\mathcal{L}y$ 当且仅当 $x^*\mathcal{R}y^*$. 这表明 S 的每个 $\mathcal{D}$-类所包含的 $\mathcal{L}$-类和 $\mathcal{R}$-类的个数相同.

例 1.1.3 逆半群是以它的幂等元集为投射元集的正则 ∗-半群. 事实上, 设 S 是逆半群且 $(S, \cdot, *)$ 是正则 ∗-半群, $x, y \in S$. 由于 $x^* \in V(x)$, 故 $x^* = x^{-1}$, 从而 $xx^*x = x, x^{**} = x, (xy)^* = y^*x^*$. 特别地, 对任意 $e \in E(S)$, 有 $e^* = e^{-1} = e$. 易见, 其投射元集为

$$P(S) = \{xx^* \mid x \in S\} = \{xx^{-1} \mid x \in S\} = E(S).$$

例 1.1.4 设 $S = \mathcal{M}(G; I, \Lambda; \boldsymbol{P})$ 是完全单半群, 其中 $I = \Lambda = \{1, 2, 3\}$ 且

$$\boldsymbol{P} = \begin{pmatrix} e & a & b \\ a^{-1} & e & c \\ b^{-1} & c^{-1} & e \end{pmatrix},$$

这里 $ac \neq b$. 在 S 上定义一元运算 "$*$" 如下: 对任意 $(i,x,\lambda) \in S$, $(i,x,\lambda)^* = (\lambda, x^{-1}, i)$. 可以验证, $(S, \cdot, *)$ 是正则 $*$-半群. 另一方面, 由 $(1,e,1), (2,e,2), (3,e,3) \in E(S)$ 和
$$(1,e,1)(2,e,2)(3,e,3) = (1,ac,3) \notin E(S)$$
知 S 不纯正.

例 1.1.5[118] 设 $S = X \times X$ 是矩形带. 在 S 上定义一元运算 "$*$" 如下: 对任意 $(x,y) \in S$, $(x,y)^* = (y,x)$. 则易知 $(S, \cdot, *)$ 是正则 $*$-半群. 另一方面, 设 $T = L \times R$ 是矩形带, 其中 $L = \{1,2\}$, $R = \{1,2,3\}$. 则 T 有 2 个 $\mathcal{R}$-类和 3 个 $\mathcal{L}$ 类. 据注记 1.1.2 可知不存在 S 上的一元运算 "$*$" 使得 $(T, \cdot, *)$ 形成正则 $*$-半群. 这说明纯正半群未必是正则 $*$-半群.

下面的命题给出了正则 $*$-半群的一些基本性质.

命题 1.1.6[118, 201] 设 $(S, \cdot, *)$ 是正则 $*$-半群, $e, f \in P(S)$, $x \in S$.

(1) $P(S) = \{e \in E(S) \mid e^* = e\} = \{x^*x \mid x \in S\}$.

(2) $ef \in P(S)$ 当且仅当 $ef = fe$.

(3) $x \in E(S)$ 当且仅当 $x^* \in E(S)$.

(4) $E(S) = P(S)^2$.

(5) $xex^*, x^*ex \in P(S)$. 特别地, $fef \in P(S)$.

(6) 若 $e\mathcal{L}f$ 或 $e\mathcal{R}f$, 则 $e = f$.

证明 (1) 设 $e \in P(S)$, 则存在 $x \in S$ 使得 $e = xx^*$, 从而有 $ee = xx^*xx^* = xx^* = e$ 和 $e^* = (xx^*)^* = x^{**}x^* = xx^* = e$. 故 $P(S) \subseteq \{e \in E(S) \mid e^* = e\}$. 反之, 设 $e \in E(S)$ 且 $e = e^*$, 则 $e = ee = ee^* \in P(S)$. 故 $\{e \in E(S) \mid e^* = e\} \subseteq P(S)$. 类似可证 $\{e \in E(S) \mid e^* = e\} = \{x^*x \mid x \in S\}$.

(2) 由 $e, f \in P(S)$ 及条款 (1) 知 $e, f \in E(S)$ 且 $e^* = e$, $f^* = f$. 若 $ef \in P(S)$, 则 $ef = (fe)^* = e^*f^* = ef$. 反之, 若 $ef = fe$, 则 $efef = eeff = ef$ 且 $(ef)^* = f^*e^* = fe = ef$. 据条款 (1) 立得 $ef \in P(S)$.

(3) 若 $x \in E(S)$, 则 $x^2 = x$. 于是 $x^* = (x^2)^* = x^*x^* = (x^*)^2$. 这说明 $x^* \in E(S)$. 类似可证 $x^* \in E(S)$ 蕴含 $x \in E(S)$.

(4) 设 $e, f \in P(S)$. 据条款 (1), 有 $efef = effeef = eff^*e^*ef = ef(ef)^*ef = ef \in E(S)$. 另一方面, 若 $x \in E(S)$, 则由条款 (3) 知 $x^* \in E(S)$, 从而由条款 (1) 知 $x = xx^*x = xx^*x^*x \in P(S)^2$. 故 $E(S) = P(S)^2$.

(5) 由条款 (4) 知 $ex^*x \in E(S)$, 从而
$$xex^*xex^* = x(ex^*xex^*x)x^* = xex^*xx^* = xex^*, (xex^*)^* = x^{**}e^*x^* = xex^*.$$
由条款 (1) 得 $xex^* \in P(S)$. 类似可知 $x^*ex \in P(S)$. 最后, 由条款 (1) 知 $f^* = f$, 从而有 $fef = fef^* \in P(S)$.

(6) 若 $e\mathcal{L}f$, 则 $e = ef$, $f = fe$. 于是 $e = e^* = (ef)^* = f^*e^* = fe = f$. 对偶可证 $e\mathcal{R}f$ 蕴含 $e = f$. □

推论 1.1.7 设 $(S, \cdot, *)$ 是正则 $*$-半群. 则下述命题等价:

(1) S 满足公理 $xx^*x^*x = x^*xxx^*$.

(2) 对任意 $e,f \in P(S)$, 有 $ef = fe$ (即 S 满足公理 $xx^*yy^* = yy^*xx^*$).

(3) $P(S)$ 是 S 的子半群.

(4) S 是逆半群.

此时, $P(S) = E(S)$.

证明 设 (1) 成立, 则对任意 $e,f \in P(S)$, 由命题 1.1.6 可知
$$ef = effefeef = ef(ef)^*(ef)^*ef = (ef)^*efef(ef)^* = feefeffe = fe.$$

据命题 1.1.6 (2) 可知 (2) 蕴含 (3). 设 (3) 成立, 即 $P(S)$ 是子半群. 由命题 1.1.6 (2) 可知 $P(S)$ 是子半格且 $P(S) \subseteq E(S)$. 另一方面, 由命题 1.1.6 (4) 知 $E(S) = P(S)^2 \subseteq P(S)$. 这说明 $P(S) = E(S)$ 是半格, 从而 S 是逆半群. 设 (4) 成立, 即 S 是逆半群, 则 S 中任意两个幂等元均可换, 故 (1) 成立. □

推论 1.1.8[118] 设 $(S, \cdot, *)$ 是正则 $*$-半群且 $a,b \in S$.

(1) $a\mathcal{R}b$ 当且仅当 $aa^* = bb^*$.

(2) $a\mathcal{L}b$ 当且仅当 $a^*a = b^*b$.

(3) $a\mathcal{H}b$ 当且仅当 $aa^* = bb^*$, $a^*a = b^*b$.

证明 (2) 是 (1) 的对偶, 由 (1) 和 (2) 立得 (3), 故只需证条款 (1). 设 $a\mathcal{R}b$, 则
$$P(S) \ni aa^*\mathcal{R}a\mathcal{R}b\mathcal{R}bb^* \in P(S).$$

据命题 1.1.6 (6) 知 $aa^* = bb^*$. 反之, 若 $aa^* = bb^*$, 则 $a\mathcal{R}aa^* = bb^*\mathcal{R}b$. □

下面考虑正则 $*$-半群上的自然偏序. 设 $(S, \cdot, *)$ 是正则 $*$-半群. 在 S 上定义关系 $\leqslant_S$ 如下: 对任意 $a,b \in S$,
$$a \leqslant_S b \iff (\exists e, f \in P(S))\ a = eb = bf.$$

在 $P(S)$ 上定义关系 ω_S 如下: 对任意 $e,f \in P(S)$, $e\omega_S f$ 当且仅当 $ef = fe = e$. 易见, 对任意 $e,f \in P(S)$, $e \leqslant_S f$ 当且仅当 $e\omega_S f$.

引理 1.1.9[59] 设 $(S, \cdot, *)$ 是正则 $*$-半群, $a,b \in S$. 则下述等价:

(1) $a \leqslant_S b$.

(2) $aa^* = ba^*, a^*a = a^*b$.

(3) $aa^* = ab^*, a^*a = b^*a$.

(4) $a = aa^*b = ba^*a$.

(5) 存在 $e \in P(S)$ 使得 $a = eb$ 且 $e\omega_S bb^*$.

(6) 存在 $e \in P(S)$ 使得 $a = be$ 且 $e\omega_S b^*b$.

证明 (1) $\Rightarrow$ (2). 设 $a \leqslant_S b$, 则存在 $e, f \in P(S)$ 使得 $a = eb = bf$. 于是
$$aa^* = bf(bf)^* = bff^*b^* = bffb^* = bfb^* = bf^*b^* = b(bf)^* = ba^*$$

对偶可得 $a^*a = a^*b$.

(2) $\Rightarrow$ (3). 由 (2) 知 $aa^* = ba^*$, 从而 $aa^* = a^{**}a^* = (aa^*)^* = (ba^*)^* = a^{**}b^* = ab^*$. 对偶可得 $a^*a = b^*a$.

(3) $\Rightarrow$ (4). 由 (3) 知 $a = aa^*a = a(a^*a)^* = a(b^*a)^* = aa^*b$. 对偶可得 $a = ba^*a$.

(4) ⇒ (5). 设 $a = aa^*b = ba^*a$. 取 $e = aa^*$, 则
$$ebb^* = aa^*bb^* = ba^*a(ba^*a)^*bb^*$$
$$= ba^*aa^*ab^*bb^* = ba^*aa^*ab^* = ba^*a(ba^*a)^* = aa^* = e,$$
$$bb^*e = bb^*aa^* = bb^*ba^*a(ba^*a)^* = ba^*a(ba^*a)^* = aa^* = e.$$

这说明 $e \in P(S), a = eb$ 且 $e\omega_S bb^*$.

(5) ⇒ (4). 设 $e \in P(S)$ 使得 $a = eb$ 且 $e\omega_S bb^*$, 则有 $aa^*b = ebb^*eb = eb = a$ 和 $ba^*a = bb^*eb = eb = a$. 这说明 (4) 成立.

(4) ⇒ (1). 由 $aa^*, a^*a \in P(S)$ 立得.

对偶可证明 (4) ⇒ (6) ⇒ (4) ⇒ (1). □

引理 1.1.10[59] 设 $(S, \cdot, *)$ 是正则 $*$-半群, 则 $\leqslant_S$ 是 S 上的偏序. 进一步地, 有以下结果:

(1) 对任意 $a \in S, e \in E(S)$, 若 $a \leqslant_S e$, 则 $a \in E(S)$. 特别地, 若 $e \in P(S)$, 则 $a \in P(S)$.

(2) 对任意 $a, b \in S$, 若 $a \leqslant_S b$, 则 $a^* \leqslant_S b^*, aa^* \leqslant_S bb^*, a^*a \leqslant_S b^*b$.

证明 设 $a, b, c \in S$, 由 $a = (aa^*)a = a(a^*a), a^*a, aa^* \in P(S)$ 知 $\leqslant_S$ 自反. 若 $a \leqslant_S b, b \leqslant_S a$, 则由引理1.1.9知 $a = ba^*a = bb^*a, b^*b = b^*a$, 从而 $a = bb^*a = bb^*b = b$. 故 $\leqslant_S$ 反对称. 若 $a \leqslant_S b, b \leqslant_S c$, 则由引理1.1.9知 $a = aa^*b, b = bb^*c, a^*a = a^*b, aa^* = ab^*$, 从而
$$a = aa^*b = aa^*bb^*c = aa^*ab^*c = ab^*c = aa^*c.$$

对偶可证 $a = ca^*a$. 于是 $\leqslant_S$ 传递.

(1) 若 $a \in S, e \in E(S), a \leqslant_S e$, 则由引理1.1.9知 $a = aa^*e = ea^*a$, 从而
$$aa = aa^*eea^*a = aa^*ea^*a = aa^*a = a \in E(S).$$

若 $e \in P(S)$, 则由 $a = aa^*e = ea^*a$ 及命题1.1.6 (2) 知 $a \in P(S)$.

(2) 若 $a \leqslant_S b$, 则存在 $e, f \in P(S)$ 使得 $a = eb = bf$, 从而 $a^* = (eb)^* = (bf)^* = b^*e = fb^*$. 故 $a^* \leqslant_S b^*$. 最后, 由引理1.1.9 中 "(4) ⇒ (5)" 的证明可知 $aa^* \leqslant_S bb^*$. 对偶可证 $a^*a \leqslant_S b^*b$. □

1.2 几个子簇

本节给出完全单(完全正则, 局部逆, 纯正)的正则 $*$-半群的一些刻画和代数结构. 先看完全单的正则 $*$-半群.

命题 1.2.1[6, 125] 设 $(S, \cdot, *)$ 是正则 $*$-半群, 则下述等价:

(1) S 是完全单半群.

(2) S 满足公理 $xx^* = xy(xy)^*$.

(3) S 满足公理 $x^*x = (xy)^*xy$.

证明 设 S 是完全单半群, $x, y \in S$. 则据文献 [57] 之定理 3.3.1 知 $x\mathcal{R}xy$, 从而由推论1.1.8知 $xx^* = xy(xy)^*$. 故 (2) 成立. 反过来, 设条件(2) 成立, $x, y \in S$. 则 $xx^* =$

$xy(xy)^*$, $x^*x = x^*x^{**} = x^*y^*(x^*y^*)^* = (yx)^*yx$. 于是 $x\mathcal{R}xy, x\mathcal{L}yx$. 故 $x\mathcal{R}xy\mathcal{L}y$, 即 $x\mathcal{D}y$. 这表明 S 只有 1 个 $\mathcal{D}$-类, 从而 S 是单半群. 若 $e, f \in E(S)$ 且 $ef = fe = e$, 则 $f\mathcal{R}fe = e$, 进而有 $e = ef = f$. 故 S 中每一个元素均本原. 这表明 S 是完全单半群. 故 (1) 成立. 这就证明了 (1) 和 (2) 等价. 类似可证明 (1) 与 (3) 等价. □

定理 1.2.2[6, 125] 设 I 是非空集, G 是群, $\boldsymbol{P} = (p_{ij})$ 是 G 上的 $I \times I$-矩阵且对任意 $i, j \in I$, 都有 $p_{ij}p_{ji} = p_{ii} = 1$. 在 $S = \{(i, j, k) \mid i, j \in I, g \in G\}$ 上定义
$$(i, g, j)(k, h, l) = (i, gp_{jk}h, l), \quad (i, g, j)^* = (j, g^{-1}, i).$$
则 $(S, \cdot, *)$ 是完全单的正则 $*$-半群. 反之, 任意完全单的正则 $*$-半群均可如此构造.

证明 据文献 [57] 之定理 3.3.1 知 S 关于上述乘法构成完全单半群. 设 $(i, g, j), (k, h, l) \in S$, 则
$$(i, g, j)(i, g, j)^*(i, g, j) = (i, g, j)(j, g^{-1}, i)(i, g, j) = (i, gp_{jj}g^{-1}p_{ii}g, j) = (i, g, j),$$
$$((i, g, j)(k, h, l))^* = (i, gp_{jk}h, l)^* = (l, h^{-1}p_{jk}^{-1}g^{-1}, i)$$
$$= (l, h^{-1}p_{kj}g^{-1}, i) = (l, h^{-1}, k)(j, g^{-1}, i) = (k, h, l)^*(i, g, j)^*,$$
$$(i, g, j)^{**} = (j, g^{-1}, i)^* = (i, (g^{-1})^{-1}, j) = (i, g, j).$$
故 $(S, \cdot, *)$ 是正则 $*$-半群.

反过来, 设 T 是完全单的正则 $*$-半群. 固定 $e \in P(T)$ 并记 $G = \{g \in T \mid gg^* = g^*g = e\}$. 则 G 是以 e 为单位元的群, 且在该群中有 $g^{-1} = g^*$. 设 $I = P(T)$, 对任意 $i, j \in I$, 定义 $p_{ij} = eije$. 则由命题 1.2.1 知
$$p_{ij}p_{ij}^* = (eije)(eije)^* = ee^* = ee = e, \quad p_{ij}^*p_{ij} = (eije)^*(eije) = e^*e = ee = e.$$
这表明 $p_{ij} \in G$. 故 $\boldsymbol{P} = (p_{ij})$ 是 G 上的 $I \times I$-矩阵. 另一方面, 再次利用命题 1.2.1 可得
$$p_{ij}p_{ji} = (eije)(ejie) = (eije)(eije)^* = ee^* = ee = e, \quad p_{ii} = eiie = ei(ei)^* = ee*ee = e.$$
由正面部分的证明, 有完全单的正则 $*$-半群 $S = \{(i, g, j) \mid i, j \in I, g \in M\}$, 其中
$$(i, g, j)(k, h, l) = (i, gp_{jk}h, l), \quad (i, g, j)^* = (j, g^*, i).$$
定义 $\psi : S \to T, (i, g, j) \mapsto iegej$. 下证 ψ 是 (2,1)-同构. 事实上,
$$((i, g, j)(k, h, l))\psi = (i, gp_{jk}h, l)\psi = iegejkehel = [(i, g, j)\psi][k, h, l)\psi],$$
$$(i, g, j)^*\psi = (j, g^*, i)\psi = jeg^*ei = (iegej)^* = ((i, g, j)\psi)^*.$$
这说明 S 与 T 是 (2,1)-同构的. □

定理 1.2.3[125] 设 I 是非空集, G 是群, $\boldsymbol{P} = (p_{ij})$ 是 G^0 上 $I \times I$ 矩阵且对任意 $i, j \in I, p_{ii} = 1$ 且 $p_{ij} \neq 0$ 当且仅当 $p_{ij} \neq 0$, 此时, $p_{ij} = p_{ji}^{-1}$. 在
$$S = \{(i, g, j) \mid i, j \in I, g \in G\} \cup \{0\}$$
上定义
$$(i, g, j)(k, h, l) = \begin{cases} (i, gp_{jk}h, l), & p_{jk} \neq 0 \\ 0, & p_{jk} = 0 \end{cases}, \quad (i, g, j)^* = (j, g^{-1}, i), 0^* = 0.$$

则 $(S,\cdot,*)$ 是完全0-单的正则 *-半群. 反之，任意完全0-单的正则 *-半群均可如此构造.

证明 据文献[57]之定理3.2.3，类似于定理1.2.2相应部分的证明可验证本定理的正面部分. 下证反面部分. 设 T 是完全0-单的正则 *-半群. 据文献[57]之引理3.2.7知 T 有两个 $\mathcal{D}$-类：$\{0\}, T\setminus\{0\}$. 由于 T 是正则 *-半群，由注记1.1.2知 $\mathcal{D}$-类 $T\setminus\{0\}$ 中所含 $\mathcal{L}$-类和 $\mathcal{R}$-类的数量是一致的，设 $T\setminus\{0\}$ 中的 R-类的指标集为 I，即非零 $\mathcal{R}$-类为 $\{R_i \mid i\in I\}$. 取定 $e\in P(T)$，并设 $1\in I$ 使得 $e\in R_1\cap L_1 = H_{11}$. 则 H_{11} 是群. 记 $r_1 = e$. 对任意 $i\in I$，取 $r_i \in L_1\cap R_i$. 则必有唯一的 $\mathcal{L}$-类 L_i 使得 $r_i^* \in R_1\cap L_i, r_i^*r_i = e, r_ir_i^* \in R_i\cap L_i$. 定义 G^0 上 $I\times I$ 矩阵 $\boldsymbol{P} = (p_{ij})$，其中 $p_{ij} = r_i^* r_j$. 则 $p_{ii} = e$ 且

$$p_{ij} \neq 0 \Longleftrightarrow R_j\cap L_i \text{ 含幂等元}, \quad p_{ji}\neq 0 \Longleftrightarrow R_i\cap L_j \text{ 含幂等元}.$$

由于 $L_i\cap R_i$ 和 $L_j\cap R_j$ 均含投射元，故 $R_j\cap L_i$ 含幂等元当且仅当 $R_i\cap L_j$ 含幂等元，即 $p_{ij}\neq 0$ 当且仅当 $p_{ji}\neq 0$. 此时，$p_{ij}^{-1} = p_{ij}^* = (r_i^*r_j)^* = r_j^*r_i = p_{ji}$. 由正面部分的证明可得完全0-单的正则 *-半群 $S = \{(i,g,j) \mid i,j\in I, g\in H_{11}\}\bigcup\{0\}$，其中

$$(i,g,j)(k,h,l) = \begin{cases}(i,gp_{jk}h,l), & p_{jk}\neq 0\\ 0, & p_{jk}=0\end{cases}, (i,g,j)^* = (j,g^{-1},i), 0^* = 0.$$

定义 $\psi: S\to T, (i,g,j)\mapsto r_igr_j^*, 0\mapsto 0$. 则有

$$[(i,g,j)(k,h,l)]\psi = \begin{cases}0\psi = 0, & r_j^*r_k = 0\\ (i,gp_{jk}l,l)\psi, & r_j^*r_k\neq 0\end{cases} = \begin{cases}0, & r_j^*r_k = 0\\ r_igp_{jk}hr_l^* = r_igr_j^*r_khr_l^*, & r_j^*r_k\neq 0\end{cases}$$

和 $(i,g,\lambda)\psi = r_igr_j^*, (k,h,l)\psi = r_khr_l^*$. 故

$$[(i,g,j)\psi][(k,h,l)\psi] = [(i,g,j)(k,h,l)]\psi,$$

$$((i,g,j)^*)\psi = (j,g^{-1},i)\psi = r_jg^*r_i^* = (r_igr_j^*)^* = ((i,g,j)\psi)^*.$$

这说明 S 与 T 是 (2,1)-同构的. □

正则半群 S 称为局部逆半群，若对任意 $e\in E(S), eSe$ 是逆半群.

引理 1.2.4[67] 设 $(S,\cdot,*)$ 是正则 *-半群，则下述等价：

(1) S 局部逆.

(2) 对任意 $e,f,g\in P(S)$，有 $efege = egefe$.

(3) 对任意 $e\in P(S), eSe$ 是逆半群.

证明 设 (1) 成立，$e,f,g\in P(S)$. 据命题1.1.6 (5) 知 $efe, ege\in P(S)$，从而 $efe, ege\in E(eSe)$. 故由 (1) 知 $efege = (efe)(ege) = (ege)(efe) = egefe$. 故 (2) 成立.

设 (2) 成立，$e\in P(S)$. 则由 $e^* = e$ 易证 $(eSe,\cdot,*)$ 是正则 *-半群且 $P(eSe) = eP(S)e$. 由条款 (2) 和推论1.1.7可知 eSe 是逆半群.

设 (3) 成立，$e\in E(S)$ 且 $eae, ebe\in E(eSe)$. 由命题1.1.6 (4) 知存在 $f, g\in P(S)$ 使得 $e = fg$. 注意到 $fgf\in P(S)$ 及 $fgf(ga)fgf, fgf(gb)fgf\in E(fgfSfgf)$，由给定条件知

$$(eae)(ebe) = (fgfgafg)(fgfgbfgfg) = (fgf(ga)fgf)(fgf(gb)fgf)g$$

$$= (fgf(gb)fgf)(fgf(ga)fgf)g = (ebe)(eae).$$

这表明 $E(eSe)$ 是半格. 另外, 对任意 $x \in eSe$ 及 $x' \in V(x)$, 有 $xex'ex = xx'x = x$ 和 $ex'exex'e = ex'xx'e = ex'e$. 故 $ex'e \in V(x) \cap eSe$. 于是 eSe 是逆半群. □

命题 1.2.5[6, 70] 设 $(S, \cdot, *)$ 是正则 *-半群, 则下述等价:

(1) S 局部逆.

(2) S 满足公理 $xy(xy)^*xz(xz)^* = xz(xz)^*xy(xy)^*$.

(3) S 满足公理 $(xyx^*)(xyx^*)^*(xyx^*)^*(xyx^*) = (xyx^*)^*(xyx^*)(xyx^*)(xyx^*)^*$.

(4) $\leqslant_S$ 相容.

证明 (1) $\Longrightarrow$ (2), (3). 由 $xy(xy)^*xz(xz)^*, xz(xz)^*xy(xy)^* \in E(xx^*Sxx^*)$, 条款 (1) 及引理1.2.4知条款(2)成立. 类似可证条款(3)成立.

(2) 或 (3) $\Longrightarrow$ (1). 设 $e \in P(S)$, 则易证 $(eSe, \cdot, *)$ 是正则 *-半群. 设 $y, z \in eSe$, 则 $ye = ey = y, ez = ze = z$. 由条款 (2) 知 $yy^*zz^* = zz^*yy^*$. 由推论1.1.7可得 eSe 是逆半群. 由条款 (3) 知 $yy^*y^*y = y^*yyy^*$, 故由推论1.1.7也可得 eSe 是逆半群. 由引理1.2.4, S 局部逆.

(1) $\Longrightarrow$ (4). 设 $a \leqslant_S b, c \in S$. 则由引理1.1.9 知
$$aa^* = ba^*, a^*a = a^*b, a = ba^*a = aa^*b = bb^*ba^*a = bb^*aa^*a = bb^*a = bb^*aa^*b.$$
于是, $(ac)^*ac = c^*a^*ac = c^*a^*bc = (ac)^*bc$. 另一方面, 由命题1.1.6知
$$bb^*aa^*bb^*, bcc^*b^* \in E(bb^*Sbb^*),$$
故 $bb^*aa^*bb^*bcc^*b^* = bcc^*b^*bb^*aa^*bb^*$. 于是由 $bb^*aa^* \in E(S)$ 知
$$ac(ac)^* = acc^*a^* = bb^*aa^*bcc^*(aa^*b)^* = (bb^*aa^*bb^*)bcc^*b^*aa^*$$
$$= bcc^*b^*bb^*aa^*bb^*aa^* = bcc^*b^*bb^*aa^* = bcc^*b^*aa^* = bcc^*(aa^*b)^* = bcc^*a^* = (bc)(ac)^*.$$
故 $(ac)^*(ac) = (ac)^*bc, ac(ac)^* = bc(ac)^*$. 由引理1.1.9 得 $ac \leqslant_S bc$. 类似可证 $ca \leqslant_S cb$.

(4) $\Longrightarrow$ (1). 设 $e \in P(S), p, q \in P(eSe)$. 则 $p \leqslant_S e, q \leqslant_S e$, 从而 $pq \leqslant_S ee = e$. 故
$$pq = (pq)(pq)^*e = pqqpe = pqp \in P(S),$$
由命题1.1.6(2)可得 $pq = qp$, 从而据推论1.1.7可知 eSe 是逆半群. 由引理1.2.4, S 局部逆. □

命题 1.2.6[118] 设 $(S, \cdot, *)$ 是正则 *-半群, 则 S 是纯正 *-半群当且仅当 S 满足公理
$$xx^*yy^*zz^* = xx^*yy^*zz^*xx^*yy^*zz^*.$$

证明 必要性显然. 下证充分性. 记
$$F = \{x_1x_1^*x_2x_2^* \cdots x_nx_n^* \mid x_i \in S, i = 1, 2, \cdots, n, n \in \mathbb{Z}^+\},$$
则 F 是由 $P(S)$ 生成的子半群. 对任何 $e \in E(S)$, 有 $e^* \in E(S)$, 从而 $e = ee^*e = ee^*e^*e \in F$. 于是 $E(S) \subseteq F$. 下证 $F \subseteq E(S)$. 对 n 用归纳法. 显然, $x_1x_1^* \in P(S) \subseteq E(S)$. 设 $A = x_1x_1^* \cdots x_nx_n^* \in E(S), B = x_{n+1}x_{n+1}^*$, 则
$$x_1x_1^* \cdots x_nx_n^*x_{n+1}x_{n+1}^* = AB = AA^*AB = (AA^*)(A^*A)B$$
$$= (AA^*A^*AB)^2 = (AB)^2 = (x_1x_1^* \cdots x_{n+1}x_{n+1}^*)^2.$$
这证明了 $F \subseteq E(S)$. 故 $E(S) = F$, 从而 $E(S)$ 是 S 的子半群, 即 S 纯正. □

命题 1.2.7[103] 设 $(S,\cdot,*)$ 是正则 $*$-半群. 下列各款等价:

(1) S 完全正则.

(2) S 满足公理 $xx^* = xx^*x^*xxx^*$.

(3) S 满足公理 $x^*x = x^*xxx^*x^*x$.

证明 容易验证 (2) 和 (3) 是等价的. 设 S 完全正则, $x \in S$. 则 x^* 所在的 $\mathcal{H}$-类含幂等元, 从而 $x\mathcal{H}xx^*x^*x$. 由推论 1.1.8 知
$$xx^* = xx^*x^*x(xx^*x^*x)^* = xx^*x^*xxx^*, \quad x^*x = (xx^*x^*x)^*xx^*x^*x = x^*xxx^*x^*x.$$
这说明 (2) 和 (3) 成立. 反之, 若 (2) 和 (3) 成立, 则对任意 $x \in S$, 有 $xx^* \in V(x^*x)$, 从而 $x\mathcal{H}xx^*x^*x \in E(S)$. 故 S 完全正则. □

引理 1.2.8[103] 设 $(S,\cdot,*)$ 是正则 $*$-半群, 则 $(S,\cdot,*)$ 完全正则且局部逆当且仅当 S 满足公理 $xx^*y^*yxy = xy$.

证明 设 $(S,\cdot,*)$ 完全正则且局部逆, $a, b \in S$. 则据命题 1.2.7, 有
$$(aba)(bb^*a^*b^*a^*ab) = abab(ab)^*(ab)^*ab = ab\cdot(ab)^*abab(ab)^*(ab)^*ab = ab(ab)^*ab = ab.$$
由 $(ab)a = aba$ 可得 $ab\mathcal{R}aba$. 据推论 1.1.8, 有
$$abb^*a^* = ab(ab)^* = (aba)(aba)^* = abaa^*b^*a^*. \tag{1.2.1}$$
在 (1.2.1) 式中分别用 b^* 代替 a, a^* 代替 b, 得
$$b^*a^*ab = b^*a^*a^{**}b^{**} = b^*a^*b^*b^{**}a^{**}b^{**} = b^*a^*b^*bab. \tag{1.2.2}$$
记 $e = a^*a$, $f = a^*b^*ba = (ba)^*ba$, $g = a^*abb^*a^*a$. 据命题 1.1.6 知 $e, f, g \in P(S)$. 易见 $efe = f$, $ege = g$. 注意到 $(S,\cdot,*)$ 局部逆, 据引理 1.2.4 可得 $fg = efeege = efege = egefe = egeefe = gf$. 故
$$aa^*b^*bab = aa^*b^*bab(a^*b)^*ab = (aa^*b^*b)abb^*a^*ab = (aa^*b^*b)aa^*abb^*a^*ab$$
$$= a(a^*b^*ba)(a^*abb^*a^*a)b = a(a^*abb^*a^*a)(a^*b^*ba)b \quad (\text{据 } fg = gf)$$
$$= abb^*a^*b^*bab = ab(b^*a^*b^*bab) = ab(b^*a^*ab) = ab(ab)^*ab = ab. \quad (\text{据 (1.2.2) 式})$$

反之, 设 $(S,\cdot,*)$ 满足公理
$$xx^*y^*yxy = xy. \tag{1.2.3}$$
在 (1.2.3) 式中令 $y = x^*x$, 则 $xx^*x^*xx = xx^*(x^*x)^*x^*xxx^*x = xx^*x = x$, 从而 $xx^*x^*xx^* = xx^*$. 据命题 1.2.7 可知 $(S,\cdot,*)$ 完全正则. 设 $e, f, g \in P(S)$ 并在 (1.2.3) 式中令 $x = e$, $y = feg$, 则 $ee^*(feg)^*fegefeg = efeg$, 从而 $ege \cdot efe \cdot ege \cdot efe \cdot g = eegeffegefeg = efeg$. 据命题 1.1.6, 有 $ege, efe \in P(S)$ 和 $egeefe \in E(S)$. 这表明 $efeg = egeefeg$, 从而据命题 1.1.6 可得
$$efeege = efege = egeefege = egefege \in P(S).$$
由命题 1.1.6 和事实 $ege, efe \in P(S)$ 可得 $efege = efeege = egeefe = egefe$. 据引理 1.2.4 可知 $(S,\cdot,*)$ 局部逆. □

称正则 $*$-半群 $(S,\cdot,*)$ 为广义逆 $*$-半群,若对任意 $e,f,g,h \in P(S)$,有 $efgh = egfh$.

命题 1.2.9[119] 设 $(S,\cdot,*)$ 是正则 $*$-半群,则下述等价:

(1) S 是广义逆 $*$-半群.

(2) 对任意 $x,y \in S$ 及 $e \in P(S)$,有 $xey \leqslant_S xy$.

(3) S 纯正且局部逆.

证明 (1) $\Longrightarrow$ (2). 设 S 是广义逆 $*$-半群,$e \in P(S), x,y \in S$,则
$$xey(xey)^*xy = xeyy^*ex^*xy = xx^*xeeyy^*y = xey.$$
对偶可得 $xy(xey)^*(xey) = xey$,故 $xey \leqslant_S xy$.

(2) $\Longrightarrow$ (3). 设 $a,b,c \in S$ 且 $a \leqslant_S b$,则由引理 1.1.9 知 $a = aa^*b = ba^*a$. 由条款 (2) 知
$$ac = ba^*ac \leqslant_S bc, \quad ca = caa^*b \leqslant_S cb.$$
这说明 $\leqslant_S$ 相容,从而由引理 1.2.8 知 S 局部逆. 设 $e,f \in E(S)$,则由 $E(S) = P(S)^2$ 知存在 $p,q,r,s \in P(S)$ 使得 $e = pq, f = rs$,于是 $ef = pqrs \leqslant_S ps \in E(S)$. 由引理 1.1.10 可得 $ef \in E(S)$,故 S 纯正.

(3) $\Longrightarrow$ (1). 设 S 纯正且局部逆, $e,f,g,h \in P(S)$,则 $fgegf, gfefg \in P(S)$. 由 S 局部逆知
$$efgegfe \cdot egfefge = egfefge \cdot efgegfe.$$
由 S 纯正知 $e(fgegf)ee(gfefg)e = (efge)(egfe)(efge)$. 类似地有
$$egfefgeefgegfe = (egfe)(efge)(egfe).$$
由于 $E(S)$ 是带,故 $efge$ 和 $egfe$ 处于同一个矩形带,从而
$$(efge)(egfe)(efge) = efge, (egfe)(efge)(egfe) = egfe.$$
故由 $efgeegfeefge = egfeefgeegfe$ 可得 $efge = egfe$. 设 $e,f,g,h \in P(S)$,则
$$(efgh)(egfh) = ef(gheg)fh = ef(gehg)fh = egfehfgh = egfhefgh.$$
由于 $efgh$ 和 $egfh$ 处于同一矩形带,故 $efgh = egfh$. 这就证明了 S 是广义逆 $*$-半群. □

命题 1.2.10[103] 设 $(S,\cdot,*)$ 是正则 $*$-半群,则下列各款等价:

(1) S 完全正则,纯正且局部逆.

(2) S 满足公理 $xy = xxx^*y$.

(3) S 满足公理 $xy = xy^*yy$.

(4) S 满足公理 $xyz = xyxx^*z$.

(5) S 满足公理 $zyx = zx^*xyx$.

证明 容易验证 (2) 和 (3) 等价,而 (4) 和 (5) 等价.

(1) $\Longrightarrow$ (2). 设 S 完全正则,纯正且局部逆,则对任意的 $a,b,c \in S$,据命题 1.2.9 和命题 1.2.7,
$$a^*aaa^*b = (a^*aa^*aaa^*bb^*)b = (a^*aaa^*a^*abb^*)b = a^*aaa^*a^*ab = a^*ab,$$
于是 $aaa^*b = aa^*aaa^*b = aa^*ab = ab$.

(2) $\Longrightarrow$ (4). 设 S 满足公理 $xy = xxx^*y$, 则对任意的 $a,b,c \in S$, 有 $abab(ab)^*c = abc$. 在 $abab(ab)^*c = abc$ 中, 用 ab 代替 a, bb^* 代替 b, aa^*c 代替 c, 有

$$abb^*babb^*b(abb^*b)^*aa^*c = abb^*baa^*c = abaa^*c.$$

另一方面, 由 $abab(ab)^*c = abc$ 可得

$$abb^*babb^*b(abb^*b)^*aa^*c = abab(ab)^*aa^*c = ababb^*a^*aa^*c$$
$$= ababb^*a^*c = abab(ab)^*c = abc.$$

故 $abc = abaa^*c$, 从而 (4) 成立.

(4) $\Longrightarrow$ (1). 设 (4) 成立, 则 (5) 也成立, 故对任意 $a,b,c \in S$, 有 $abc = abaa^*c, cba = ca^*aba$. 于是, 对任意 $e,f,g \in P(S)$, 由命题1.1.6可得

$$efg = efee^*g = (efe)g \in P(S)^2 = E(S), \quad efg = eg^*gfg = e(gfg) \in P(S)^2 = E(S).$$

由命题1.2.6知 S 纯正, 且对任意 $e,f,g \in P(S)$, 有 $efeg = egfg$. 另外, 由命题1.1.6可知 $efe, ege \in P(S)$. 用 ege 代替 $efeg = egfg$ 中的 g 得 $efeege = eegefege = egefege \in P(S)$. 据命题1.1.6, $efeege = egeefe$. 据引理1.2.4知 S 局部逆.

最后, 设 $x \in S$. 由公理 $abc = abaa^*c$ 可得 $x(x^*x)(x^*x) = x(x^*x)xx^*x^*x$, 从而 $x = xxx^*x^*x$, 于是 $x^*x = x^*xxx^*x^*x$. 据命题1.2.7, S 完全正则, 故条款 (1) 成立. □

命题 1.2.11[103] 设 $(S, \cdot, *)$ 是正则 $*$-半群, 则有

(1) S 是 Clifford 半群当且仅当 S 满足公理 $xx^* = x^*x$.

(2) S 是群当且仅当 S 满足公理 $xx^* = yy^*$.

(3) S 是群当且仅当 S 是完全单的 Clifford 半群.

(4) S 是 Clifford 半群当且仅当 S 是完全正则的逆半群.

证明 (1) 若 S 是 Clifford 半群, 则 S 的幂等元在 S 的中心中. 设 $x \in S$, 则 $x = xx^*x = x^*xx$, 从而 $xx^* = x^*xxx^*$. 用 x^* 替换 x 可得 $x^*x = xx^*x^*x$, 于是 $xx^* = x^*xxx^* = xx^*x^*x = x^*x$. 反过来, 设 S 满足公理 $xx^* = x^*x$, 则据推论1.1.7知 S 是逆半群. 设 $x \in S, u \in E(S)$, 则据命题1.1.6知存在 $e,f \in P(S)$ 使得 $u = ef$, 于是

$$ex = exx^*x = xx^*ex = x(ex)^*ex = xex(ex)^* = xexx^*e = xxx^*ee = xx^*xe = xe.$$

类似可证 $xf = fx$, 故 $xu = xef = exf = efx = ux$, 于是 S 是 Clifford 半群.

(2) 若 S 是群, 则 S 中仅含一个幂等元, 从而 S 满足公理 $xx^* = yy^*$. 反过来, 若 S 满足公理 $xx^* = yy^*$, 则 S 仅含一个投射元 e. 设 $x \in S$, 则 $x = xx^*x = ex$, $x^*x = e$, 故 S 是群.

(3) 若 S 满足公理 $xx^* = yy^*$, 显然 S 满足公理 $xx^* = x^*x$ 和 $xx^* = xy(xy)^*$. 反过来, 若 S 满足公理 $xx^* = x^*x$ 和 $xx^* = xy(xy)^*$, 则对任意 $x,y \in S$, 有

$$xx^* = xy^*yx^* = (xy^*)(xy^*)^* = (xy^*)^*(xy^*) = yx^*xy^* = yy^*,$$

即 S 满足公理 $xx^* = yy^*$. 由命题1.2.1及本命题条款 (1) 和 (2) 可知条款 (3) 成立.

(4) 由推论1.1.7, 命题1.2.7和本命题条款 (1) 立得. □

1.3 同余

本节用核正规系方法和核-迹方法来研究正则 $*$-半群上的 $*$-同余和 $*$-同余格. 设 $(S,\cdot,*)$ 是正则 $*$-半群, ρ 是 S 上同余. 称 ρ 是 $*$-同余, 若对任意 $a,b \in S$, $a\rho b$ 蕴含 $a^*\rho b^*$. 称 ρ 是幂等 (投射) 分离同余, 若对任意 $e,f \in E(S)(P(S))$, $e\rho f$ 蕴含 $e=f$. 首先指出正则 $*$-半群上的同余未必是 $*$-同余. 设 $S = X \times X$. 规定 $(x,y)(u,v) = (x,v)$ 和 $(x,y)^* = (y,x)$, 则 $(S,\cdot,*)$ 是正则 $*$-半群且 $P(S) = \{(x,x) \mid x \in X\}$. 定义 S 的关系 ρ 如下: 对任意 $(x,y),(u,v) \in S \times S$, $(x,y)\,\rho\,(u,v)$ 当且仅当 $x=u$, 则 ρ 是 S 上的同余, 但它不是 $*$-同余. 这是因为, 当 $y \neq v$ 时, 有 $(x,y)\,\rho\,(x,v)$, 但 $(x,y)^* = (y,x), (x,v)^* = (v,x)$, 这表明 $((x,y)^*,(x,v)^*) \notin \rho$. 另外, ρ 是投射分离同余, 但 ρ 不是幂等分离同余. 事实上, 正则 $*$-半群上的幂等分离同余均为 $*$-同余.

命题 1.3.1[118]   设 ρ 是正则 $*$-半群 $(S,\cdot,*)$ 上的幂等分离同余, 则 ρ 是 $*$-同余.

证明   设 $(a,b) \in \rho$, 由 ρ 幂等分离知 $\rho \subseteq \mathcal{H}$, 从而由推论 1.1.8 可得 $aa^* = bb^*$ 和 $a^*a = b^*b$. 于是 $a^* = a^*aa^* = b^*ba^*\,\rho\,b^*aa^* = b^*bb^* = b^*$, 这表明 ρ 是 $*$-同余. □

命题 1.3.2[118]   设 ρ 是正则 $*$-半群 $(S,\cdot,*)$ 上的同余, 则 ρ 是 $*$-同余当且仅当, 对任意 $(e,f) \in \rho \cap (E(S) \times E(S))$, 都有 $(e^*,f^*) \in \rho$.

证明   必要性显然. 下证充分性. 设 S 的包含 $\rho \cap (E(S) \times E(S))$ 的最小的同余为 σ. 设 $a=xey, b=xfy$, 其中 $(e,f) \in \rho \cap (E(S) \times E(S))$ 而 $x,y \in S^1$. 据命题 1.1.6 知 $e^*,f^* \in E(S)$. 由条件知 $(e^*,f^*) \in \rho \cap (E(S) \times E(S))$. 注意到 $a^* = (xey)^* = y^*e^*x^*, b^* = y^*f^*x^*$, 有 $(a^*,b^*) \in \sigma$. 据文献 [57] 之命题 1.5.9, σ 是 $*$-同余, 从而 $(S/\sigma,\cdot,*)$ 形成正则 $*$-半群, 其中 $(a\sigma)^* = a^*\sigma$. 由 Lallement 幂等元提升引理 ([57] 之引理 2.4.3), $E(S/\sigma) = \{e\sigma \mid e \in E(S)\}$. 由于 $\sigma \subseteq \rho$, 故

$$\rho/\sigma = \{(a\sigma,b\sigma) \in S/\sigma \times S/\sigma \mid (a,b) \in \rho\}$$

是 S/σ 上的同余. 若 $e,f \in E(S), (e\sigma,f\sigma) \in \rho/\sigma$, 则 $(e,f) \in \rho \cap (E(S) \times E(S)) \subseteq \sigma$, 故 $e\sigma = f\sigma$. 于是 ρ/σ 是 S/σ 上的幂等分离同余. 据命题 1.3.1 知 ρ/σ 是 $*$-同余. 设 $a,b \in S$ 且 $(a,b) \in \rho$, 则 $(a\sigma,b\sigma) \in \rho/\sigma$, 从而 $(a^*\sigma,b^*\sigma) = ((a\sigma)^*,(b\sigma)^*) \in \rho/\sigma$. 这表明 $(a^*,b^*) \in \rho$, 故 ρ 是 $*$-同余. □

本节以下主要讨论正则 $*$-半群的 $*$-同余. 设 ρ 是正则 $*$-半群 $(S,\cdot,*)$ 上的 $*$-同余, 对任意 $e \in P(S)$, 记 $e\rho = \{x \in S \mid x\rho e\}$ 并称 $\mathcal{A}_\rho = \{e\rho \mid e \in P(S)\}$ 为 ρ 的投射核.

引理 1.3.3[60]   设 ρ,σ 为正则 $*$-半群 $(S,\cdot,*)$ 上的 $*$-同余, $\mathcal{A} = \{A_i \mid i \in I\}$ 是 ρ 的投射核, 且当 $i \neq j$ 时有 $A_i \neq A_j$. 若每一个 A_i 均为 σ-类, 则 $\sigma = \rho$.

证明   设 $(x,y) \in \sigma$, 则 $(xx^*,yx^*) \in \sigma$. 因为 $xx^* \in P(S)$, 据假设, 存在 $A_i \in \mathcal{A}$ 使得 $(xx^*)\sigma = A_i = (xx^*)\rho$, 于是 $(xx^*,yx^*) \in \rho$. 类似前面的讨论可得 $(y^*x,y^*y) \in \rho$, 故

$$x = xx^*x\,\rho\,yx^*x = yy^*yx^*x\,\rho\,yy^*xx^*x = yy^*x\,\rho\,yy^*y = y.$$

这表明 $(x,y) \in \rho$, 故 $\sigma \subseteq \rho$. 类似可证 $\rho \subseteq \sigma$. □

定义 1.3.4[60]   设 $\mathcal{A} = \{A_i \mid i \in I\}$ 是正则 $*$-半群 $(S,\cdot,*)$ 的一族不交的 (2,1)-子代数.

称 $\mathcal{A}$ 为 S 的投射核正规系, 若以下条件成立:

(K1) $P(S) \subseteq \bigcup_{i \in I} A_i$.

(K2) $(\forall a \in S)(\forall i \in I)(\exists j \in I)\ a^* A_i a \subseteq A_j$.

(K3) $(\forall i, j \in I)(\exists k \in I)\ A_i A_j A_i \subseteq A_k$.

(K4) $(\forall a, b \in S)(\forall i \in I)$ "$a, ab, bb^* \in A_i \Longrightarrow b \in A_i$".

设 $\mathcal{A} = \{A_i \mid i \in I\}$ 是正则 $*$-半群 S 的投射核正规系且 $a, b \in S$. 若存在 $i \in I$ 使得 $a, b \in A_i$, 则记 $a \sim b$. 定义关系 $\rho_{\mathcal{A}}$ 如下:

$$\rho_{\mathcal{A}} = \{(a, b) \in S \times S \mid aa^* \sim bb^* \sim ab^*, a^*a \sim b^*b \sim a^*b\}.$$

据命题1.1.6及同余的概念易得下面的结果.

引理 1.3.5[60] 设 ρ 是正则 $*$-半群 S 上的 $*$-同余, 则 ρ 的投射核 $\mathcal{A}_\rho = \{e\rho \mid e \in P(S)\}$ 为 S 的投射核正规系且 $\rho_{\mathcal{A}_\rho} = \rho$.

引理 1.3.6[60] 设 $\mathcal{A} = \{A_i \mid i \in I\}$ 是正则 $*$-半群 S 的投射核正规系, 则 $\rho_{\mathcal{A}}$ 是 S 上的 $*$-同余.

证明 由条款(K1)知 $\rho_{\mathcal{A}}$ 是自反的. 设 $a, b, c \in S$, 若 $(a, b) \in \rho_{\mathcal{A}}$, 则可设 $ab^* \in A_i, a^*b \in A_j$. 注意到 A_i 和 A_j 均为 (2,1)-子代数, 有 $ba^* = (ab^*)^* \in A_i, b^*a = (a^*b)^* \in A_j$. 这表明 $(b, a), (a^*, b^*) \in \rho_{\mathcal{A}}$, 故 $\rho_{\mathcal{A}}$ 是对称的保持一元运算 $*$ 的关系. 设 $(a, b), (b, c) \in \rho_{\mathcal{A}}$, 则

$$aa^* \sim bb^* \sim cc^* \sim ab^* \sim bc^*, a^*a \sim b^*b \sim c^*c \sim a^*b \sim b^*c.$$

记 $x = cb^*, y = ac^*$, 据诸 A_i 是 (2,1)-子代数及(K1)和(K2)知

$$xy = cb^* ac^* \sim c(b^*a)^* c^* = c(a^*b)c^* \sim c(c^*c)c^* = cc^* \sim (bc^*)^* = cb^* = x,$$

$$yy^* = ac^*(ac^*)^* = a(c^*c)a^* \sim aa^* aa^* = aa^* \sim bc^* \sim (bc^*)^* = cb^* = x,$$

故 $x \sim xy \sim yy^*$. 据(K4)知 $ac^* = y \sim aa^* \sim cc^*$. 类似可证 $a^*c \sim a^*a \sim c^*c$. 故 $\rho_{\mathcal{A}}$ 传递.

设 $a, b, c \in S$ 且 $(a, b) \in \rho_{\mathcal{A}}$, 则

$$aa^* \sim bb^* \sim ab^* \sim (ab^*)^* = ba^*, a^*a \sim b^*b \sim a^*b \sim (a^*b)^* = b^*a.$$

据(K2)知 $ca(ca)^* \sim ca(cb)^*$. 注意到 $aa^* \sim ab^* \sim ba^*$, 据(K3)知 $(aa^*)(c^*c)(aa^*) \sim (ab^*)(c^*c)(ba^*)$. 故据(K2)和(K3)有

$$(ca)^* ca = a^* c^* ac = a^*(aa^*)(c^*c)(aa^*)a \sim a^*(ab^*)(c^*c)(ba^*)a$$

$$= a^* a(b^* c^* cb)(a^* a) \sim b^* b(b^* c^* cb)(b^* b) = b^* c^* cb = (cb)^* cb.$$

记 $x = b^* c^* cb, y = a^* c^* cb$, 故据(K2)和(K3)有

$$xy = b^*(c^*c)(ba^*)(c^*c)b \sim b^*(c^*c)(bb^*)(c^*c)b = b^* c^* cb = x,$$

$$yy^* = a^*(c^*c)(bb^*)(c^*c)a \sim a^*(c^*c)(aa^*)(c^*c)a = a^* c^* ca \sim b^* c^* cb = x,$$

故 $x \sim xy \sim yy^*$. 据(K4), 有 $y \sim x$, 进而有 $(ca)^* ca \sim (cb)^* cb \sim (ca)^* cb$, 这表明 $\rho_{\mathcal{A}}$ 是左相容的. 类似可证 $\rho_{\mathcal{A}}$ 是右相容的. □

引理 1.3.7[60] $\mathcal{A}$ 是 $\rho_{\mathcal{A}}$ 的投射核.

证明 先证每个 A_i 均为 $\rho_{\mathcal{A}}$-类. 设 $a, b \in A_i$, 据 A_i 是 (2,1)-子代数知 aa^*, bb^*, ab^*, a^*a,

$b^*b, a^*b \in A_i$, 这说明 $(a,b) \in \rho_{\mathcal{A}}$. 设 $a \in A_i, b \in S$ 且 $(a,b) \in \rho_{\mathcal{A}}$, 则 $aa^* \sim bb^* \sim ab^*, a^*a \sim b^*b \sim a^*b$. 由 A_i 是 (2,1)-子代数知 $a \sim aa^* \sim a^*a$, 进而有 $a \sim ab^* \sim b^*b = b^*(b^*)^*$. 据 (K4) 知 $a \sim b^*$, 这说明 $b^* \in A_i$. 再由 A_i 是 (2,1)-子代数知 $b \in A_i$. 由于每个 A_i 是 (2,1)-子代数, 故诸 A_i 含投射元, 从而 A_i 是 $\rho_{\mathcal{A}}$ 的投射核中的成员. 反过来, 据 (K1) 知每个 $\rho_{\mathcal{A}}$ 的投射核中的成员均在 $\mathcal{A}$ 中, 故 $\mathcal{A}$ 是 $\rho_{\mathcal{A}}$ 的投射核. □

由引理 1.3.5、引理 1.3.6 和引理 1.3.7 可得以下定理.

定理 1.3.8[60]　设 $(S, \cdot, *)$ 是正则 $*$-半群. 若 ρ 是 S 上的 $*$-同余, 则 ρ 的投射核 $\mathcal{A}_\rho$ 为 S 的投射核正规系且 $\rho_{\mathcal{A}_\rho} = \rho$. 反之, 若 $\mathcal{A} = \{A_i \mid i \in I\}$ 是 S 的投射核正规系, 则 $\rho_{\mathcal{A}}$ 是 S 上的 $*$-同余且 $\mathcal{A}$ 是 $\rho_{\mathcal{A}}$ 的投射核.

下面考虑正则 $*$-半群上的 $*$-同余的另外一种刻画方式, 即核-迹方式. 先介绍几个基本概念.

定义 1.3.9[62, 215]　设 $(S, \cdot, *)$ 是正则 $*$-半群, τ 是 $P(S)$ 上的等价关系. 称 τ 是正规等价关系, 若

(N1) 对任意 $a \in S$ 和 $e, f \in P(S)$, $(e, f) \in \tau$ 蕴含 $(a^*ea, a^*fa) \in \tau$.

(N2) 对任意正整数 n 及 $e_1, e_2, \cdots, e_n, f_1, f_2, \cdots, f_n \in P(S)$,
$$e_1e_2\cdots e_n, f_1f_2\cdots f_n \in P(S) \ \& \ (e_1, f_1), (e_2, f_2), \cdots, (e_n, f_n) \in \tau$$
$$\Longrightarrow (e_1e_2\cdots e_n, f_1f_2\cdots f_n) \in \tau.$$

定义 1.3.10[62, 215]　设 $(S, \cdot, *)$ 是正则 $*$-半群, $N \subseteq S$. 称 N 为 S 的正规子集, 若

(1) $P(S) \subseteq N$;

(2) $(\forall a \in S)\ a^*Na \subseteq N$;

(3) $(\forall a \in S)\ a \in N \Longrightarrow a^* \in N$.

定义 1.3.11[62, 215]　设 $(S, \cdot, *)$ 是正则 $*$-半群, τ 是 $P(S)$ 的正规等价关系, N 是 S 的正规子集. 元素对 (τ, N) 称为 $*$-同余对, 若以下条件成立:

(S1) $(\forall a \in N)\ (aa^*, a^*a) \in \tau$.

(S2) $(\forall a, b \in S)(\forall e \in P(S))$ "$aeb \in N, (e, a^*a) \in \tau \Longrightarrow ab \in N$".

(S3) $(\forall a, b, \in N)(\forall e, f \in P(S))$ "$ef \in P(S), (a^*a, e) \in \tau, (b^*b, f) \in \tau \Longrightarrow ab \in N$".

此时, 定义 S 上关系如下:
$$\rho_{(\tau, N)} = \{(a, b) \in S \times S \mid ab^*, a^*b \in N, (a^*a, b^*b), (aa^*, bb^*) \in \tau\}.$$

设 $(S, \cdot, *)$ 是正则 $*$-半群, ρ 是 S 上 $*$-同余, 则分别称
$$\mathrm{tr}^*\rho = \rho \cap (P(S) \times P(S)) \text{ 和 } \mathrm{Ker}^*\rho = \{x \in S \mid (\exists e \in P(S))\ (x, e) \in \rho\}$$
为 ρ 的 $*$-迹和 $*$-核. 容易验证以下结论.

命题 1.3.12[62, 215]　设 $(S, \cdot, *)$ 是正则 $*$-半群, ρ 是 S 上 $*$-同余, 则 $(\mathrm{tr}^*\rho, \mathrm{Ker}^*\rho)$ 是 S 的 $*$-同余对.

引理 1.3.13[62, 215]　设 $(S, \cdot, *)$ 是正则 $*$-半群, (τ, N) 为 S 上的 $*$-同余对, $a, b \in S, e \in P(S)$.

(1) 若 $ae \in N, (e, a^*a) \in \tau$, 则 $a \in N$.

(2) 若 $ab^* \in N, (a^*a, b^*b) \in \tau$, 则 $aeb^* \in N, (aea^*, beb^*) \in \tau$.

证明 (1) 设 $ae \in N, (e, a^*a) \in \tau$. 由 (N2) 知 $(ae)^*(ae) = e(a^*a)e \ \tau \ eee = e$. 显然, 有 $(a^*a)^*a^*a = a^*a \ \tau \ e$ 和 $ee = e \in P(S), a^*a \in P(S) \subseteq N$. 据 (S3), $aea^*a \in N$. 但 $(e, a^*a) \in \tau$, 据 (S2), $a = a(a^*a) \in N$.

(2) 设 $ab^* \in N, (a^*a, b^*b) \in \tau$. 由 (N1) 知 $(aa^*, ab^*ba^*) = (aa^*aa^*, ab^*ba^*) \in \tau$. 由 $ab^* \in N$ 及 (S1) 知 $(ab^*ba^*, ba^*ab^*) \in \tau$, 于是 $(aa^*, ba^*ab^*) \in \tau$, 故
$$aea^* \in P(S) \subseteq N, ab^* \in N, (aea^*)(aa^*) = aea^* \in P(S),$$
$$(ab^*)^*ab^* = ba^*ab^* \ \tau \ aa^* \in P(S), (aea^*)^*(aea^*) = aea^* \ \tau \ aea^* \in P(S).$$
由 (S3) 知 $aea^*ab^* \in N$. 但 N 正规, 故 $b(a^*a)ea^* = (aea^*ab^*)^* \in N$. 注意到 $(a^*a, b^*b) \in \tau$, 据 (S2), $bea^* \in N$. 由 N 正规知 $aeb^* = (bea^*)^* \in N$. 由 $aeb^* \in N$ 及 (S1) 知 $(aeb^*bea^*, bea^*aeb^*) \in \tau$, 而由 $(a^*a, b^*b) \in \tau$ 及 (N1) 知
$$(aea^*, aeb^*bea^*) = (ae(a^*a)(ae)^*, ae(b^*b)(ae)^*) \in \tau.$$
类似可知 $(beb^*, bea^*aeb^*) \in \tau$. 故 $(aea^*, beb^*) \in \tau$. □

定理 1.3.14[62, 215] 设 $(S, \cdot, *)$ 是正则 $*$-半群. 若 (τ, N) 是 S 上的 $*$-同余对, 则 $\rho_{(\tau, N)}$ 是 S 上的 $*$-同余且 $\text{tr}^*\rho_{(\tau, N)} = \tau, \text{Ker}^*\rho_{(\rho, N)} = N$. 反之, 若 ρ 是 S 上的 $*$-同余, 则 $(\text{tr}^*\rho, \text{Ker}^*\rho)$ 是 S 上的 $*$-同余对且 $\rho = \rho_{(\text{tr}^*\rho, \text{Ker}^*\rho)}$.

证明 设 (τ, N) 是 S 上的 $*$-同余对, 显然, $\rho_{(\tau, N)}$ 是自反和对称的. 设 $(a, b), (b, c) \in \rho_{(\tau, N)}$, 则
$$ab^*, a^*b, bc^*, b^*c \in N, (a^*a, b^*b), (aa^*, bb^*), (b^*b, c^*c), (bb^*, cc^*) \in \tau.$$
由 $(a^*a, b^*b) \in \tau$ 及 (N1) 知 $(ab^*)^*ab^* = ba^*ab^* \ \tau \ bb^*bb^* = bb^*$. 类似可知 $(bc^*)^*bc^* \ \tau \ cc^*$. 又 $(bb^*, cc^*) \in \tau$, 故 $(ab^*)^*ab^* \ \tau \ bb^* \ \tau \ (bc^*)^*bc^*$. 由 $ab^*, bc^* \in N$ 及 (S3) 知 $ab^*bc^* \in N$. 由 $(b^*b, a^*a) \in \tau$ 及 (S2) 知 $ac^* \in N$. 对称地, 有 $a^*c \in N$. 显然, 由
$$(a^*a, b^*b), (aa^*, bb^*), (b^*b, c^*c), (bb^*, cc^*) \in \tau$$
知 $(a^*a, c^*c), (aa^*, cc^*) \in \tau$. 故 $(a, c) \in \rho_{(\tau, N)}$, 于是 $\rho_{(\tau, N)}$ 传递.

设 $(a, b) \in \rho_{(\tau, N)}, c \in S$, 则 $ab^*, a^*b \in N, (a^*a, b^*b), (aa^*, bb^*) \in \tau$. 首先, 由 $(a^*a, b^*b) \in \tau$ 及 (N1) 知 $((ac)^*ac, (bc)^*bc) = (c^*a^*ac, c^*b^*bc) \in \tau$. 其次, 由 $ab^* \in N, (a^*a, b^*b) \in \tau, cc^* \in P(S)$ 及引理 1.3.13 (2) 知
$$ac(bc)^* = acc^*b^* \in N, \quad ac(ac)^* = acc^*a^* \ \tau \ bcc^*b^* = bc(bc)^*.$$
最后, 由 $a^*b \in N$ 及 N 正规知 $(ac)^*bc = c^*a^*bc \in N$. 故 $(ac, bc) \in \rho_{(\tau, N)}$. 类似可证 $(ca, cb) \in \rho_{(\tau, N)}$. 于是 $\rho_{(\tau, N)}$ 是同余. 由 $\rho_{(\tau, N)}$ 的定义, 易见它是 $*$-同余.

设 $e, f \in P(S)$, 则 $e = e^*, f = f^*$. 若 $(e, f) \in \rho_{(\tau, N)}$, 则 $e = e^*e \ \tau \ f^*f = f$, 即 $(e, f) \in \tau$. 反之, 若 $(e, f) \in \tau$, 则 $ee^* = e^*e = e \ \tau \ f = f^*f = ff^*$. 另外, 由
$$e, f \in P(S) \subseteq N, e^*e = e \ \tau \ f, f^*f = f \ \tau \ f$$

及 (S3) 知 $e^*f = ef^* = ef \in N$. 这表明 $(e,f) \in \rho_{(\tau,N)}$, 于是 $\mathrm{tr}^*\rho_{(\tau,N)} = \tau$.

设 $a \in N$, 下证 $(a, a^*a) \in \rho_{(\tau,N)}$, 从而 $a \in \mathrm{Ker}^*\rho_{(\tau,N)}$. 首先, $a(a^*a)^* = a \in N$, $a^*a \, \tau \, a^*a = (a^*a)^*a^*a$. 其次, 由 $a \in N$ 及 (S1) 知 $a^*a(a^*a)^* = a^*a \, \tau \, aa^*$. 最后, 只需证 $a^*a^*a \in N$. 事实上, 由 $a \in N$ 及 N 正规知 $a^* \in N$. 由

$$a^*a \in P(S) \subseteq N, \quad a^*a\tau a^*a = (a^*a)^*a^*a, \quad (a^*)^*a^* = aa^*\tau a^*a$$

及 (S3) 知 $a^*a^*a \in N$. 反之, 设 $a \in \mathrm{Ker}^*\rho_{(\tau,N)}$, 则存在 $e \in P(S)$ 使得 $(a,e) \in \rho_{(\tau,N)}$. 于是 $ae = ae^* \in N, e = ee = e^*e \, \tau \, a^*a$. 由引理 1.3.13 (1) 知 $a \in N$, 故 $\mathrm{Ker}^*\rho_{(\tau,N)} = N$.

反之, 据命题 1.3.12, 若 ρ 是 S 上的 $*$-同余, 则 $(\mathrm{tr}^*\rho, \mathrm{Ker}^*\rho)$ 是 S 上的 $*$-同余对. 若 $a\rho b$, 则 $a^*\rho b^*$ 且

$$a^*b\rho a^*a \in P(S), ab^*\rho bb^* \in P(S), aa^*\rho bb^*, a^*a\rho b^*b.$$

这表明 $a^*b, ab^* \in \mathrm{Ker}^*\tau, (aa^*, bb^*), (a^*a, b^*b) \in \mathrm{tr}^*\rho$, 于是 $(a,b) \in \rho_{(\mathrm{tr}^*\rho, \mathrm{Ker}^*\rho)}$. 反之, 若 $(a,b) \in \rho_{(\mathrm{tr}^*\rho, \mathrm{Ker}^*\rho)}$, 则

$$a^*b, ab^* \in \mathrm{Ker}^*\rho, (aa^*, bb^*), (a^*a, b^*b) \in \rho.$$

于是, 存在 $e, f \in P(S)$ 使得 $(a^*b, e), (ab^*, f) \in \rho$. 由 ρ 是 S 上的 $*$-同余知 $(a^*bb^*a, e), (ab^*ba^*, f) \in \rho$, 故 $a^*b\rho e\rho a^*bb^*a\rho a^*aa^*a = a^*a$. 这导致 $b = bb^*b\rho aa^*b\rho aa^*a = a$, 即 $(a,b) \in \rho$, 故 $\rho = \rho_{(\mathrm{tr}^*\rho, \mathrm{Ker}^*\rho)}$. □

设 $(S, \cdot, *)$ 是正则 $*$-半群. 记 S 上的全体 $*$-同余构成的集合为 $\mathrm{Con}^*(S)$, 则 $\mathrm{Con}^*(S)$ 关于集合的包含关系构成 S 上同余格的一个完备子格. 在 $\mathrm{Con}^*(S)$ 上定义关系 T^* 如下: 对任意 $\rho, \sigma \in \mathrm{Con}^*(S)$, $(\rho, \sigma) \in T^*$ 当且仅当 $\mathrm{tr}^*\rho = \mathrm{tr}^*\sigma$.

定理 1.3.15[19] 设 $(S, \cdot, *)$ 是正则 $*$-半群.

(1) T^* 是 $\mathrm{Con}^*(S)$ 的同余.

(2) 若 $\rho \in \mathrm{Con}^*(S)$, 则 ρ 所在的 T^*-类 A 中有最大元

$$\rho_{\max} = \{(a,b) \in S \times S \mid (\forall e \in P(S))\ (aea^*, beb^*) \in \rho, (a^*ea, b^*eb) \in \rho\}.$$

(3) 设 A 是 $\mathrm{Con}^*(S)$ 的一个 T^*-类, 则 A 是 $\mathrm{Con}^*(S)$ 的完备子格.

证明 (1) 显然, T^* 是 $\mathrm{Con}^*(S)$ 上等价关系. 设 $\rho, \sigma, \tau \in \mathrm{Con}^*(S)$ 且 $(\rho, \sigma) \in T^*$, 则 $\mathrm{tr}^*\rho = \mathrm{tr}^*\sigma$, 于是 $\mathrm{tr}^*(\rho \cap \tau) = \mathrm{tr}^*(\sigma \cap \tau)$, 故 $(\rho \wedge \tau, \sigma \wedge \tau) \in T^*$.

另一方面, 设 $(e,f) \in \mathrm{tr}^*(\rho \vee \tau)$, 则存在正整数 n 及 $x_1, x_2, \cdots, x_n \in S$ 使得 $(e, x_1) \in \rho, (x_1, x_2) \in \tau, \cdots, (x_n, f) \in \tau$. 由于 $\rho, \tau \in \mathrm{Con}^*(S)$, 故

$$(e, x_1x_1^*) \in \rho, (x_1x_1^*, x_2x_2^*) \in \tau, \cdots, (x_nx_n^*, f) \in \tau,$$

其中 $e, f, x_ix_i^* \in P(S), i = 1, 2, \cdots, n$. 由 $(\rho, \sigma) \in T^*$ 知

$$(e, x_1x_1^*) \in \sigma, (x_1x_1^*, x_2x_2^*) \in \tau, \cdots, (x_nx_n^*, f) \in \tau.$$

这表明 $(e,f) \in \mathrm{tr}^*(\sigma \vee \tau)$. 这就证明了 $\mathrm{tr}^*(\rho \vee \tau) \subseteq \mathrm{tr}^*(\sigma \vee \tau)$. 对偶可证 $\mathrm{tr}^*(\sigma \vee \tau) \subseteq \mathrm{tr}^*(\rho \vee \tau)$. 故 $\mathrm{tr}^*(\rho \vee \tau) = \mathrm{tr}^*(\sigma \vee \tau)$, 即 $(\rho \vee \tau, \sigma \vee \tau) \in T^*$.

(2) 记 ρ 所在的 T^*-类为 A. 显然, $\rho_{\max}$ 是 S 上等价关系. 设 $(a,b) \in \rho_{\max}, c \in S$, 则对

任意 $f \in P(S)$，有 $(afa^*, bfb^*), (a^*fa, b^*fb) \in \rho$. 任取 $e \in P(S)$，则 $cec^* \in P(S)$. 从而 $(acec^*a^*, bcec^*a^*) \in \rho$，即 $(ace(ac)^*, bce(bc)^*) \in \rho$. 另外，由 $(a^*ea, b^*eb) \in \rho$ 知

$$((ac)^*eac, (bc)^*ebc) = (c^*a^*eac, c^*b^*ebc) \in \rho,$$

故 $(ac, bc) \in \rho_{\max}$. 对偶可证 $(ca, cb) \in \rho_{\max}$. 这表明 $\rho_{\max}$ 是 S 上同余. 进一步地，由 $\rho_{\max}$ 的构造容易看出 $\rho_{\max}$ 还是 $*$-同余.

设 $(e, f) \in \mathrm{tr}^*\rho$，则 $(e^*, f^*) = (e, f) \in \mathrm{tr}^*\rho$，从而对任意 $g \in P(S)$，有 $(e^*ge, f^*gf), (ege^*, fgf^*) \in \rho$. 这表明 $(e, f) \in \rho_{\max}$，从而 $(e, f) \in \mathrm{tr}^*\rho_{\max}$.

反之，若 $(e, f) \in \mathrm{tr}^*\rho_{\max}$，则对任意 $g \in P(S)$，有 $(ege, fgf) = (e^*ge, f^*gf) \in \rho$. 特别地，$(e, fef), (efe, f) \in \rho$，这导致 $e = eee\rho(fef)\rho(efe)f\rho ff = f$，故 $(e, f) \in \mathrm{tr}^*\rho$. 于是 $\mathrm{tr}^*\rho_{\max} = \mathrm{tr}^*\rho$，即 $\rho_{\max} \in A$.

设 $\tau \in A$ 且 $(a, b) \in \tau$，则 $(a^*, b^*) \in \tau$，从而对任意 $e \in P(S)$，有 $(a^*ea, b^*eb), (aea^*, beb^*) \in \mathrm{tr}^*\tau = \mathrm{tr}^*\rho \subseteq \rho$. 这表明 $(a, b) \in \rho_{\max}$，故 $\tau \subseteq \rho_{\max}$. 这证明了 $\rho_{\max}$ 是 A 中的最大元.

(3) 设 C 是 A 的非空子集，则 $\mathrm{tr}^*(\bigwedge_{\rho \in C}\rho) = \mathrm{tr}^*(\bigcap_{\rho \in C}\rho) = \bigcap_{\rho \in C}\mathrm{tr}^*\rho = \tau$，其中 τ 是 A 中元素共同的 $*$-迹，于是 $\bigwedge_{\rho \in C}\rho = \bigcap_{\rho \in C}\rho \in A$. 由条款 (2) 知 A 有最大元. 据文献 [126] 之引理 1.2.1 知 A 是完备子格. □

推论 1.3.16[19] 设 $(S, \cdot, *)$ 是正则 $*$-半群，ε 是 S 上的相等关系，则

$$\mu = \varepsilon_{\max} = \{(a, b) \in S \times S \mid (\forall e \in P(S))\ aea^* = beb^*, a^*ea = b^*eb\}$$

是 S 上的最大投射分离 $*$-同余. 进一步地，μ 也是 S 上的最大幂等分离同余. 于是正则 $*$-半群上的幂等分离同余等同于投射分离 $*$-同余.

证明 容易看出，对任何 $\rho \in \mathrm{Con}^*(S)$，$\rho$ 投射分离当且仅当 $\mathrm{tr}^*\rho$ 为 $P(S)$ 上相等关系，当且仅当 $\mathrm{tr}^*\rho = \mathrm{tr}^*\varepsilon$. 于是 ε 所在的 T^*-类恰好就是 S 上全体投射分离 $*$-同余的集合. 由定理 1.3.15 知，μ 是 S 上最大投射分离 $*$-同余. 设 $x, y \in E(S)$ 且 $(x, y) \in \mu$，据命题 1.1.6 可设 $x = ef, y = gh$，其中 $e, f, g, h \in P(S)$. 由 $(x, y) \in \mu$ 知 $x^*ex = y^*ey$，从而 $x = ef(ef)^*eef = efx^*ex = efy^*ey \in Sy$. 同理可证 $y \in Sx$. 故 $x\mathcal{L}y$. 对偶地，有 $x\mathcal{R}y$. 于是 $x\mathcal{H}y$，但 $x, y \in E(S)$，从而 $x = y$. 这证明 μ 是幂等分离 $*$-同余. 由于幂等分离同余必为投射分离的 $*$-同余，由上述的证明知 μ 必为最大幂等分离同余，于是幂等分离同余和投射分离 $*$-同余是一致的. □

本节的最后提出三个下一步需要解决的问题.

问题 1.3.17 设 $(S, \cdot, *)$ 是正则 $*$-半群，A 是 $\mathrm{Con}^*(S)$ 的一个 T^*-类. 给出 A 中最小元的明确刻画.

问题 1.3.18 设 $(S, \cdot, *)$ 是正则 $*$-半群，在 $\mathrm{Con}^*(S)$ 上定义关系 K^*：对任意 $\rho, \sigma \in \mathrm{Con}^*(S)$，$\rho K^*\sigma$ 当且仅当 $\mathrm{Ker}^*\rho = \mathrm{Ker}^*\sigma$. 考察关系 K^* 的性质.

问题 1.3.19 按照文献 [124] 的第三章，文献 [126] 的第六章以及文献 [57] 的第五章的框架建立系统的正则 $*$-半群的 $*$-同余理论.

1.4 二元关系格

本节讨论正则 *-半群的与某些二元关系格有关的一些簇性质. 本节所说的正则 *-半群簇是指若干正则 *-半群构成的 (2,1)-代数簇. 本节以下用 $W(i=j)$ 来表示满足等式 $i=j$ 的正则 *-半群的全体. 首先, 据命题1.2.1和命题1.2.11可得下面的结果.

引理 1.4.1[131] $W(xx^* = yy^*) = W(xx^* = xyy^*x^*) \cap W(xx^* = x^*x)$.

引理 1.4.2[131] $W(xx^* = xyx^*) = W(xx^* = xyy^*x^*) \cap W(x^2 = x)$.

证明 显然有 $W(xx^* = xyx^*) \subseteq W(xx^* = xyy^*x^*)$. 据正则 *-半群的定义, 有
$$W(xx^* = xyx^*) \subseteq W(xx^* = xxx^*) \subseteq W(xx^*x = xxx^*x) = W(x^2 = x).$$

另一方面, 若 $(S, \cdot, *) \in W(xx^* = xyy^*x^*) \cap W(x^2 = x)$, 则对任意 $x, y \in S$, 有
$$xx^* = x(yx^*)(yx^*)^*x^* = (xyx^*)(xy^*x^*) = (xyx^*)^2(xy^*x^*)$$
$$= (xyx^*)x(yx^*(yx^*)^*)x^* = xyx^*xx^* = xyx^*.$$

故结论成立. □

引理 1.4.3[131] 设 $\mathcal{S}_2 = \{0, 1\}$ 且 $\mathcal{S}_2$ 上的二元运算和一元运算规定如下:
$$0 \cdot 1 = 1 \cdot 0 = 0 \cdot 0 = 0, 1 \cdot 1 = 1, 0^* = 0, 1^* = 1,$$
则 $(\mathcal{S}_2, \cdot, *)$ 是正则 *-半群. 进一步地, 正则 *-半群簇 V 不包含 $\mathcal{S}_2$ 当且仅当 $V \subseteq W(xx^* = xyy^*x^*)$.

证明 显然 $\mathcal{S}_2 \notin W(xx^* = xyy^*x^*)$. 设 $V \not\subseteq W(xx^* = xyy^*x^*)$, 则存在正则 *-半群 $T \in V$ 及 $u, v \in T$ 使得 $uvv^*u^* \neq uu^*$. 记 $a = u^*u, b = vv^*$, 则
$$a = a^2 = a^*, b = b^2 = b^*, (ab)^* = ba, (ab)^2 = ab, (ba)^* = ab, (ba)^2 = ba, a \neq aba.$$
设 S 是由 a, b 生成的 T 的正则 *-子半群, 于是 $S \in V$. 考虑 S 的由 b 生成的理想 $I = S^1 b S^1$. 可以验证, $S \setminus I = \{a\}$, 从而商半群 S/ρ_I 同构于 $\mathcal{S}_2$, 其中 ρ_I 是 I 确定的 Rees 同余. 这说明 $\mathcal{S}_2 \in V$. □

引理 1.4.4[131] 设 $\mathcal{S}_4 = \{e, f, ef, fe\}$ 且 $\mathcal{S}_4$ 上的二元运算和一元运算规定如下:

·	e	f	ef	fe
e	e	ef	ef	e
f	fe	f	f	fe
ef	e	ef	ef	e
fe	fe	f	f	fe

$e^* = f, f^* = e, (ef)^* = ef, (fe)^* = fe$,

则 $(\mathcal{S}_4, \cdot, *)$ 构成正则 *-半群. 进一步地, 正则 *-半群簇 V 不包含 $\mathcal{S}_2$ 和 $\mathcal{S}_4$ 当且仅当 $V \subseteq W(xx^* = yy^*)$.

证明 容易看出, $\mathcal{S}_2$ 和 $\mathcal{S}_4$ 不在 $W(xx^* = yy^*)$ 中. 设 $V \not\subseteq W(xx^* = yy^*)$, 据引理1.4.1知 $V \not\subseteq W(xx^* = xyy^*x^*)$ 或 $V \not\subseteq W(xx^* = x^*x)$. 若前者成立, 据引理1.4.3知 $\mathcal{S}_2 \in V$. 设 $V \not\subseteq W(xx^* = x^*x)$ 且 $V \subseteq W(xx^* = xyy^*x^*)$, 则在 V 中存在由一个元素 a 生成的正则 *-半群 S 且 $aa^* \neq a^*a$. 下证 $\{aSa, aSa^*, a^*Sa, a^*Sa^*\}$ 是 S 的一个分解, 从而说

明 $\mathcal{S}_4$ 是 S 的同态像，于是就可得 $\mathcal{S}_4 \in V$. 事实上，若 $aS \cap a^*S \neq \varnothing$，则存在 $u, v \in S$ 使得 $au = a^*v$. 由于 $S \in V \in W(xx^* = xyy^*x^*)$，故 $aa^* = auu^*a^* = au(au)^* = a^*v(a^*v)^* = a^*vv^*a = a^*a$，矛盾. 故 $aS \cap a^*S = \varnothing$. 类似可知 $Sa \cap Sa^* = \varnothing$. □

设 $(S, \cdot)$ 是半群，则称半群直积 $S \times S$ 的一个自反的、对称的子半群为 S 的一个容许关系. 记 $(S, \cdot)$ 的所有容许子半群构成的集合为 $\mathrm{Tol}(S)$. 易见，S 上的同余就是 S 的满足传递性的容许关系. 记 S 上的同余的全体为 $\mathrm{Con}(S)$. 下面的四个命题是显然的.

命题 1.4.5[131] 设 $(S, \cdot)$ 是半群，$\varnothing \neq M \subseteq S \times S$. 记包含 M 的 S 的最小容许关系为 $T(M)$，则对任意 $x, y \in S, (x, y) \in T(M)$ 当且仅当存在自然数 m 使得

$$x = x_1 x_2 \cdots x_m, y = y_1 y_2 \cdots y_m,$$

其中

$$(x_i, y_i) \in M \cup \{(a, b) \mid (b, a) \in M\} \cup \{(a, a) \mid a \in S\}, \quad i = 1, 2, \cdots, m.$$

命题 1.4.6[131] 设 $(S, \cdot)$ 是半群，则 $\mathrm{Tol}(S)$ 关于以下运算形成格：对任意 $A, B \in \mathrm{Tol}(S)$，

$$A \wedge B = A \cap B, \quad A \vee B = T(A \cup B).$$

设 $(S, \cdot, *)$ 是正则 $*$-半群，对任意 $M \subseteq S \times S$，记 $M^* = \{(x^*, y^*) \mid (x, y) \in M\}$.

命题 1.4.7[131] 设 $(S, \cdot, *)$ 是正则 $*$-半群，则对任意 $A, B \in \mathrm{Tol}(S)$，有

$$(A^*)^* = A, \quad (A \wedge B)^* = A^* \wedge B^*, \quad (A \vee B)^* = A^* \vee B^*.$$

命题 1.4.8[131] 设 $(S, \cdot, *)$ 是正则 $*$-半群，则 $\mathrm{Tol}^*(S) = \{A \in \mathrm{Tol}(S) \mid A = A^*\}$ 是 $\mathrm{Tol}(S)$ 的子格.

设 $(S, \cdot, *)$ 是正则 $*$-半群，记 $\mathrm{Con}^*(S) = \{A \in \mathrm{Con}(S) \mid A^* = A\}$.

定理 1.4.9[131] 设 V 是正则 $*$-半群簇，则 $V \subseteq W(xx^* = yy^*)$ 当且仅当对任意 $S \in V$，有 $\mathrm{Tol}(S) = \mathrm{Con}^*(S)$.

证明 设 $S \in W(xx^* = yy^*)$，则由命题 1.2.11 知 S 是群. 设 $A \in \mathrm{Tol}(S), (a, b) \in A, (b, c) \in A$. 则 $(b^{-1}, b^{-1}) \in A$，从而 $(b^{-1}a, b^{-1}b) \in A, (b^{-1}b, b^{-1}c) \in A$，即 $(b^{-1}a, e) \in A, (e, b^{-1}c) \in A$，进而有 $(b^{-1}a, b^{-1}c) = (b^{-1}a, e)(e, b^{-1}c) \in A$. 又 $(b, b) \in A$，于是 $(a, c) = (b, b)(b^{-1}a, b^{-1}c) \in A$. 故 A 传递，从而 $A \in \mathrm{Con}(S)$. 据命题 1.2.11，S 是群，从而是逆半群. 由文献 [57] 之定理 5.1.4 知 $A \in \mathrm{Con}^*(S)$.

下证充分性，据引理 1.4.4，只需证明 $\mathcal{S}_2$ 和 $\mathcal{S}_4$ 不在 V 中. 事实上，若 $\mathcal{S}_2 \in V$，则 $\mathcal{S}_2 \times \mathcal{S}_2 \in V$. 于是，$V$ 中存在一个含 3 个元素的链 $C = \{a, b, c\}$，其中 $a \leqslant b \leqslant c$. 容易验证

$$A = \{(a, a), (b, b), (c, c), (a, b), (b, a), (b, c), (c, b)\} \in \mathrm{Tol}(C).$$

注意到 $(a, c) \notin A$，从而 A 不具备传递性，于是 $A \notin \mathrm{Con}^*(S)$. 这与 $\mathrm{Tol}(S) = \mathrm{Con}^*(S)$ 矛盾. 这就证明了 $\mathcal{S}_2 \notin V$. 另一方面，设 $\mathcal{S}_4 \in V$，则 $\mathcal{S}_4 \times \mathcal{S}_4 \in V$. 记

$$A = \{((a, b), (a, v)) \mid a, b, v \in \mathcal{S}_4\}, \quad B = \{((a, b), (u, b)) \mid a, b, u \in \mathcal{S}_4\},$$

则 $A, B \in \mathrm{Con}^*(S)$. 记 A, B 在 $\mathrm{Tol}(\mathcal{S}_4 \times \mathcal{S}_4)$ 中的上确界为 $A \vee B$，由条件知 $A \vee B \in \mathrm{Con}^*(S)$. 容易看出，$((ef, ef), (ef, fe)) \in A, ((ef, fe), (fe, fe)) \in B$，于是 $((ef, ef), (fe, fe)) \in A \vee B$.

故存在 $((a_i,b_i),(u_i,v_i)) \in A \cup B$ 使得
$$((ef,ef),(fe,fe)) = \prod_{i=1}^{m}((a_i,b_i),(u_i,v_i)),$$
故 $ef = a_1a_2\cdots a_m = b_1b_2\cdots b_m, fe = u_1u_2\cdots u_m = v_1v_2\cdots v_m$. 这说明 $a_1, b_1 \in e\mathcal{S}_4, u_1, v_1 \in f\mathcal{S}_4$, 这与 $((a_1,b_1),(u_1,v_1)) \in A \cup B$ 矛盾. 这就证明了 $\mathcal{S}_4 \notin V$. □

定理 1.4.10[131] 设 V 是正则 $*$-半群簇, 则 $V \subseteq W(xx^*x^*x = x^*xxx^*)$ 当且仅当对任意 $S \in V$, 有 $\mathrm{Con}(S) = \mathrm{Con}^*(S)$.

证明 据推论 1.1.7 知 V 中的半群皆为逆半群, 而由文献 [57] 之定理 5.1.4 知逆半群上的同余都是 $*$-同余, 故必要性成立. 反之, 设 $(T,\cdot,*) \in V, a \in T$ 使得 $aa^*a^*a \neq a^*aaa^*$. 记 $e = aa^*, f = a^*a$, 则 $e = e^*, f = f^*, (ef)^2 = ef, (fe)^2 = fe, ef \neq fe$. 设 S 是由 e, f 生成的 T 的正则 $*$-子半群, 则 $(S,\cdot,*) \in V$ 且 $S = \{e, f, ef, fe, efe, fef\}$. 容易验证, $eS \cap fS = \varnothing$. 记 $A = \{(u,v) \in S \times S \mid u,v \in eS \text{ 或 } u,v \in fS\}$, 则 $A \in \mathrm{Con}(S)$. 由假设可知 $A \in \mathrm{Con}^*(S)$. 但 $(e,ef) \in A$, 而 $(e,fe) = (e^*,(ef)^*) \notin A$, 矛盾. □

命题 1.4.11[131] 设 V 是正则 $*$-半群簇. 若 $V \subseteq W(xx^* = yy^*)$ 或存在自然数 n 使得 $V \subseteq W(x^* = x^n)$, 则对任意 $S \in V$, 有 $\mathrm{Tol}^*(S) = \mathrm{Tol}(S)$.

证明 若 $(S,\cdot,*) \in V \subseteq W(xx^* = yy^*)$, 则由定理 1.4.9 知 $\mathrm{Tol}(S) = \mathrm{Con}^*(S) \subseteq \mathrm{Tol}^*(S) \subseteq \mathrm{Tol}(S)$, 从而 $\mathrm{Tol}(S) = \mathrm{Tol}^*(S)$. 若 $(S,\cdot,*) \in V \subseteq W(x^* = x^n), A \in \mathrm{Tol}(S), (x,y) \in A$, 则 $(x^n,y^n) \in A$, 从而 $(x^*,y^*) \in A$. 故此时也有 $\mathrm{Tol}(S) = \mathrm{Tol}^*(S)$. □

问题 1.4.12 命题 1.4.11 的逆命题是否正确?

引理 1.4.13[131] 设 $(S,\cdot,*) \in W(xx^* = xyy^*x^*)$ 且 $x \in S, e \in P(S)$, 则 $xex^* = xx^*$.

证明 事实上, $xex^* = xeex^* = xee^*x^* = xx^*$. □

引理 1.4.14[131] 设 $(S,\cdot,*) \in W(xx^* = xyy^*x^*)$ 且 $A, B \in \mathrm{Tol}(S), e \in P(S)$, 则
$$AB = A(e,e)B, \quad (e,e)A(e,e) = (e,e)A^*(e,e), \quad (e,e)AB(e,e) = (e,e)BA(e,e).$$

证明 设 $(a,c) \in A$ 且 $(b,d) \in B$, 则据引理 1.4.13 有
$$(a,c)(b,d) = (a,c)(bb^*c^*c, bb^*c^*c)(e,e)(c^*c, c^*c)(b,d) \in A(e,e)B.$$
于是 $AB \subseteq A(e,e)B \subseteq AB$, 故 $AB = A(e,e)B$. 先证 $(e,e)AB(e,e) = (e,e)B^*A^*(e,e)$. 设 $(a,c) \in A$ 且 $(b,d) \in B$, 据引理 1.4.13, 有
$$(e,e)(a,c)(b,d)(e,e) = (e,e)(ecde,ecde)(d^*,b^*)(c^*,a^*)(eabe,eabe)(e,e) \in (e,e)B^*A^*(e,e).$$
故 $(e,e)AB(e,e) \subseteq (e,e)B^*A^*(e,e)$. 由 $A, B \in \mathrm{Tol}(S)$ 知 $A^*, B^* \in \mathrm{Tol}(S)$. 利用前面类似的方法可得 $(e,e)B^*A^*(e,e) \subseteq (e,e)AB(e,e)$. 现取 $B = B^* = \{(a,a) \mid a \in S\}$, 则
$$(e,e)A(e,e) \subseteq (e,e)AB(e,e) \subseteq (e,e)B^*A^*(e,e) \subseteq (e,e)A^*(e,e).$$
类似可得 $(e,e)A^*(e,e) \subseteq (e,e)A(e,e)$. 故 $(e,e)A^*(e,e) = (e,e)A(e,e)$. 最后, 我们有
$$(e,e)AB(e,e) = (e,e)B^*A^*(e,e) = (e,e)B^*(e,e)A^*(e,e)$$
$$= (e,e)B(e,e)A(e,e) = (e,e)BA(e,e).$$

这就完成了证明. □

格 $(L, \wedge, \vee)$ 称为模格, 若对任意 $a, b, c \in L$, $a \leqslant c$ 蕴含 $(a \vee b) \wedge c \leqslant a \wedge (b \vee c)$. 格 $(L, \wedge, \vee)$ 称为分配格, 若对任意 $a, b, c \in L$, 有 $(a \vee b) \wedge c = (a \wedge c) \vee (b \wedge c)$. 易见, 分配格必为模格.

定理 1.4.15[131] 设 V 是正则 *-半群簇, 则以下三款等价:

(1) $V \subseteq W(xyy^*x^* = xx^*)$.

(2) 对任意 $(S, \cdot, *) \in V$, $\mathrm{Tol}(S)$ 是模格.

(3) 对任意 $(S, \cdot, *) \in V$, $\mathrm{Tol}^*(S)$ 是模格.

证明 (1) $\Longrightarrow$ (2). 设 $(S, \cdot, *) \in W(xyy^*x^* = xx^*)$, $A, B, C \in \mathrm{Tol}(S)$ 且 $A \subseteq C$, 据引理1.4.14, 有
$$ABAB = A(e,e)BA(e,e)B = A(e,e)AB(e,e)B \subseteq AB.$$
设 $(x, y) \in AB \cap C$, 则据引理1.4.14可设 $(x, y) = (a, c)(eb, ed)$, 其中 $(a, c) \in A, (eb, ed) \in B, e \in P(S)$. 据引理1.4.13和引理1.4.14及事实 $A \subseteq C$ 可得
$$(eb, ed) = (ea^*e, ec^*e)(x, y) \in (e, e)A^*(e, e)C = (e, e)A(e, e)C \subseteq C.$$
这证明了 $AB \cap C \subseteq A(B \cap C)$. 对偶可得 $BA \cap C \subseteq (B \cap C)A$.

设 $(x, y) \in ABA \cap C$, 据引理1.4.14可设 $(x, y) = (ue, ve)(a, c)$, 其中 $(ue, ve) \in AB$, $(a, c) \in A, e \in P(S)$. 据引理1.4.13和引理1.4.14及事实 $A \subseteq C$ 可得
$$(ue, ve) = (x, y)(ea^*e, ec^*e) \in C(e, e)A^*(e, e) = C(e, e)A(e, e) \subseteq C.$$
于是 $(ue, ve) \in AB \cap C \subseteq A(B \cap C)$, 从而 $(x, y) \in A(B \cap C)A$. 这证明了 $ABA \cap C \subseteq A(B \cap C)A$.

设 $(x, y) \in BAB \cap C$ 且 $(x, y) = (b, d)AB, (b, d) \in B$, 对任意 $e \in P(S)$, 据引理1.4.13和引理1.4.14, 有
$$(xx^*e, yy^*e) \in CC^*(e, e) = C(e, e)C^*(e, e) = C(e, e)C(e, e) \subseteq C,$$
$$(xx^*e, yy^*e) = (bb^*e, dd^*e) \in BB^*(e, e) = B(e, e)B^*(e, e) = B(e, e)B(e, e) \subseteq B.$$
再次利用引理1.4.13和引理1.4.14, 有
$$(x, y) = (xx^*e, yy^*e)(e, e)(x, y) \in (xx^*e, yy^*e)ABAB \subseteq (xx^*e, yy^*e)AB.$$
于是, $(x, y) = (xx^*e, yy^*e)(eu, ev)$, 其中 $(eu, ev) \in AB$. 由引理1.4.13知 $(eu, ev) = (ex, ey) \in C$, 于是 $(eu, ev) \in AB \cap C \subseteq A(B \cap C)$, 故 $(x, y) = (xx^*e, yy^*e)(eu, ev) \in (B \cap C)A(B \cap C)$. 这就证明了 $BAB \cap C \subseteq (B \cap C)A(B \cap C)$.

最后, 利用上述包含式及命题1.4.5, 有
$$(A \vee B) \wedge C = (A \cup B \cup AB \cup BA \cup ABA \cup BAB) \cap C \subseteq$$
$$A \cup (B \cap C) \cup A(B \cap C) \cup (B \cap C)A \cup A(B \cap C)A \cup (B \cap C)A(B \cap C) = A \vee (B \wedge C).$$
这就证明了 $\mathrm{Tol}(S)$ 是模格.

(2) $\Longrightarrow$ (3). 由命题1.4.8知 $\mathrm{Tol}^*(S)$ 是 $\mathrm{Tol}(S)$ 的子格, 故 (2) 蕴含 (3).

(3) $\Longrightarrow$ (1). 可以验证 $\text{Tol}^*(S_2\times S_2)$ 不是模格, 于是 $S_2 \notin V$, 据引理1.4.3知 (1) 成立. □

定理 1.4.16[131]   设 V 是正则 $*$-半群簇, 则下列三款等价:

(1) $V \subseteq W(xx^* = yy^*)$.

(2) 对任意 $S \in V$, $\text{Con}(S)$ 是模格.

(3) 对任意 $S \in V$, $\text{Con}^*(S)$ 是模格.

证明   若 (1) 成立, 则 V 中成员都是群. 由文献 [57] 之定理 1.8.4 知 (2) 成立. 由 $\text{Con}^*(S)$ 是 $\text{Con}(S)$ 的子格可得 (2) 蕴含 (3). 下证 (3) 蕴含 (1). 容易验证 $\text{Con}^*(S_2 \times S_2)$ 不是模格, 于是 $S_2 \notin V$. 下证 $\text{Con}^*(S_4 \times S_4)$ 不是模格. 用 A 记由下述划分决定的 $S_4 \times S_4$ 的等价关系:

$$\{(e,fe),(ef,fe),(fe,fe),(f,fe)\}, \{(e,e),(ef,e)\}, \{(fe,e),(f,e)\},$$

$$\{(e,f),(fe,f)\}, \{(ef,f),(f,f)\}, \{(e,ef)\}, \{(ef,ef)\}, \{(f,ef)\}, \{(fe,ef)\}.$$

又设 $B = \{((a,b),(a,c)) \mid a,b,c \in S_4\}, C = \{((a,b),(c,b)) \mid a,b,c \in S_4\}$, 可以验证

$$A, B, C \in \text{Con}^*(S_4 \times S_4), A \subseteq C, B \wedge C = \{(m,m) \mid m \in S_4\}.$$

于是, $((e,e),(f,e)) \notin A = A \vee (B \wedge C), ((e,e),(f,e)) \in C$, 显然

$$((e,e),(e,f)) \in B, ((e,f),(fe,f)) \in A, ((fe,f),(fe,e)) \in B, ((fe,e),(f,e)) \in A,$$

故 $((e,e),(f,e)) \in A\vee B$. 这表明 $((e,e),(f,e)) \in (A\vee B)\wedge C$, 故 $A\vee (B\wedge C) \neq (A\vee B)\wedge C$, 从而 $\text{Con}^*(S_4 \times S_4)$ 不是模格, 于是 $S_4 \notin V$. 由引理 1.4.4 可知 (1) 成立. □

引理 1.4.17[131]   设 $(S,\cdot,*) \in W(xyx^* = xx^*), u,v,w \in S, e \in P(S), A, B, C \in \text{Tol}(S)$, 则下列结论成立:

(1) $u = ueu$, $uvw = uew$.

(2) $ABC = AC$, $AB \cap C = (A \cap C)(B \cap C)$.

证明   (1) 据 $(S,\cdot,*) \in W(xyx^* = xx^*)$ 知

$$ueu = uee^*u = ueu^*e^*u = uu^*eu = uu^*u = u,$$

$$uvw = ueuvwew = u(euvwe^*)w = uee^*w = uew.$$

(2) 据引理 1.4.14 和条款 (1) 可得 $ABC = A(e,e)B(e,e)C = A(e,e)C = AC$. 另一方面, 设 $(u,v) \in AB \cap C$, 据引理 1.4.14 可令 $(u,v) = (a,c)(e,e)(b,d), (a,c) \in A, (b,d) \in B$, 于是, $(ae,ce) = (aebe,cede) = (ue,ve) \in A \cap C$. 类似地, 有 $(eb,ed) = (eu,ev) \in B \cap C$. 故 $(u,v) = (ae,ce)(eb,ed) \in (A\cap C)(B\cap C)$, 这就导致 $AB\cap C \subseteq (A\cap C)(B\cap C) \subseteq AB\cap C$. □

定理 1.4.18[131]   设 V 是正则 $*$-半群簇, 则下述各款等价:

(1) $V \subseteq W(xyx^* = xx^*)$.

(2) 对任意 $S \in V$, $\text{Tol}(S)$ 是分配格.

(3) 对任意 $S \in V$, $\text{Tol}^*(S)$ 是分配格.

(4) 对任意 $S \in V$, $\text{Tol}(S)$ 是布尔格.

(5) 对任意 $S \in V$, $\text{Tol}^*(S)$ 是布尔格.

证明   (1) $\Longrightarrow$ (4). 设 $(S,\cdot,*) \in W(xx^* = xyx^*)$. 若 $A, B, C \in \text{Tol}(S)$, 则据定

理1.4.16和引理1.4.17,
$$(A \vee B) \wedge C = (A \cup B \cup AB \cup BA) \cap C =$$
$$(A \cap C) \cup (B \cap C) \cup (A \cap C)(B \cap C) \cup (B \cap C)(A \cap C) = (A \wedge C) \vee (B \wedge C).$$
这说明 $\mathrm{Tol}(S)$ 是分配格.

另一方面, 设 $A \in \mathrm{Tol}(S), e \in P(S)$, 记 $B = T([(Se \times Se) \cup (eS \times eS)] \setminus A)$. 若 $u, v \in S$, 据引理1.4.17 (1), 有 $(u,v) = (ue, ve)(eu, ev)$. 易见, $(ue, ve), (eu, ev) \in A \cup B$. 于是 $(u,v) \in A \vee B$, 这说明 $A \vee B = S \times S$. 若 $A \wedge B$ 不是恒等关系, 则存在 $u, v \in S$ 使得 $u \neq v$ 且 $(u,v) \in A \cap B$. 据引理1.4.17 (1), $(u,v) = (a,c)(e,e)(b,d)$, 其中 $a = c$ 或 $(a,c) \in (Se \times Se) \cup (eS \times eS) \setminus A$, $b = d$ 或 $(b,d) \in (Se \times Se) \cup (eS \times eS) \setminus A$. 若 $(a,c) \in (Se \times Se) \setminus A$, 则 $(a,c) = (ae, ce) = (aeb, ced)(e,e) = (u,v)(e,e) \in A$, 矛盾. 故 $(a,c) \notin (Se \times Se) \setminus A$. 对偶地, 有 $(b,d) \notin (eS \times eS) \setminus A$. 于是有下面的几种可能性:

(i) $a = c$. 此时必有 $b \neq d$, 于是 $(b,d) \in (Se \times Se) \setminus A$, 进而有 $(u,v) = (aebe, aede) = (ae, ae)$, 这与 $u \neq v$ 矛盾.

(ii) $b = d$. 此时, 作与情形 (i) 对偶的讨论也可得到矛盾.

(iii) $a \neq c, b \neq d$. 此时有 $(a,c) \in eS \times eS$ 和 $(b,d) \in Se \times Se$, 于是, $u = eaebe = aeb = e = ecede = ced = v$, 矛盾. 这表明 $A \wedge B$ 是恒等关系. 以上证明了 $\mathrm{Tol}(S)$ 是布尔格. 故 (1) 蕴含 (4).

(4) $\Longrightarrow$ (2) 和 (5) $\Longrightarrow$ (3) 是平凡的. 另外, 据命题1.4.8可得 (2) $\Longrightarrow$ (3) 和 (4) $\Longrightarrow$ (5).

(3) $\Longrightarrow$ (1). 据定理1.4.15可得 $V \subseteq W(xyy^*x^* = xx^*)$. 另一方面, 若存在 $(S, \cdot, *) \in V$ 及 $a \in S$ 使得 $aa^* = a^*a, a \neq aa^*$, 则 V 包含一非平凡群, 进而包含一素数阶循环群 R. 显然有 $R \times R \in V$. 据定理1.4.9和条款 (3), $\mathrm{Tol}^*(R \times R) = \mathrm{Con}^*(R \times R)$ 是分配格. 据 Ore's 定理 (文献 [144] 之定理1.2.3) 知 $R \times R$ 是局部循环群. 注意到 $R \times R$ 有限, $R \times R$ 是循环群, 矛盾. 于是

$$V \cap W(xx^* = x^*x) \subseteq W(x = xx^*). \tag{1.4.1}$$

下证 $V \subseteq W(x = x^2)$. 设 $(S, \cdot, *) \in V, a \in S$ 且 $a \neq a^2$. 记 $b = a^2a^*$, 则
$$bb^* = a^2a^*a(a^*)^2 = a(aa^*)a^* = aa^* = aa^*aa^* = aa^*(a^*a)(aa^*)^* = a(a^*)^2a^2a^* = b^*b.$$

考虑 S 的由 b 生成的正则 $*$-子半群 T, 则 $T \in V \cap W(xx^* = x^*x)$. 据 (1.4.1) 式可得 $b = bb^*$. 于是 $a^2a^* = a^2a^*(a^2a^*)^* = a^2(a^*)^2$, 进而有 $a^2 = aa^*(a^*a)a = aa^*(a^2a^*a)a = aa^*a = a$, 矛盾. 据引理1.4.2知 $V \subseteq (W(xyy^*x^* = xx^*) \cap W(x = x^2)) = W(xyx^* = xx^*)$. □

定理 1.4.19[131] 设 V 是正则 $*$-半群簇, 则下述各款等价:

(1) V 是平凡簇.

(2) 对任意 $S \in V$, $\mathrm{Con}(S)$ 是分配格.

(3) 对任意 $S \in V$, $\mathrm{Con}^*(S)$ 是分配格.

证明 (1) 蕴含 (2) 是平凡的. 由于 $\mathrm{Con}^*(S)$ 是 $\mathrm{Con}(S)$ 的子格, (2) 蕴含 (3) 也是显然的. 下证 (3) 蕴含 (1). 据定理1.4.16和条款 (3) 知 $V \subseteq W(xx^* = yy^*)$, 而据定理1.4.9和定

理1.4.18知 $V \subseteq W(xyx^* = xx^*)$, 于是有 $x = xx^*x = xxx^* = xx^* = yy^* = yyy^* = yy^*y = y$. 故 (1) 成立. □

1.5 融合性质

本节的目的是描述具有弱(强)融合性质的正则 $*$-半群簇. 设 $\{A_\alpha \mid \alpha \in I\}$ 是一族半群, U 是 $\bigcap_{\alpha \in I} A_\alpha$ 的子半群. 称 $(\bigcup_{\alpha \in I} A_\alpha, U)$ 为一半群融合, 若对任意 $\alpha, \beta \in I$, $\alpha \neq \beta$ 蕴含 $A_\alpha \cap A_\beta = U$. 称半群融合 $(\bigcup_{\alpha \in I} A_\alpha, U)$ 弱可嵌入半群 B, 若存在一族单同态 $\{\psi_\alpha : A_\alpha \to B \mid \alpha \in I\}$ 使得对任意 $\alpha, \beta \in I$, 有 $\psi_\alpha|_U = \psi_\beta|_U$. 称半群融合 $(\bigcup_{\alpha \in I} A_\alpha, U)$ 强可嵌入半群 B, 若存在一族单同态 $\{\psi_\alpha : A_\alpha \to B \mid \alpha \in I\}$ 满足下列条件:

(1) $(\forall \alpha, \beta \in I)\ \psi_\alpha|_U = \psi_\beta|_U$,

(2) $(\forall \alpha, \beta \in I)$ "$\alpha \neq \beta \Longrightarrow A_\alpha\psi_\alpha \cap A_\beta\psi_\beta = U\psi_\alpha$".

设 $\mathcal{C}$ 是一类半群. 称 $\mathcal{C}$ 具有弱(强)融合性质, 若 $\mathcal{C}$ 中任何一族半群的融合均可弱(强)嵌入 $\mathcal{C}$ 中的某个成员中. 称半群 S 为 E-solid 半群, 若对任意 $e, f, g \in E(S)$, $e\mathcal{L}f\mathcal{R}g$ 蕴含 $R_e \cap L_g \cap E(S) \neq \emptyset$.

引理 1.5.1[24] 设 $(S, \cdot, *)$ 是非 E-solid 的正则 $*$-半群, 则存在 $e, g \in E(S), f \in P(S)$ 使得 $e\mathcal{L}f\mathcal{R}g$ 且 $R_e \cap L_g$ 不含幂等元.

证明 由于 S 不是 E-solid 半群, 从而存在 $e, f, g \in E(S)$ 使得 $e\mathcal{L}f\mathcal{R}g$ 且 $R_e \cap L_g$ 不含幂等元. 若 $f \in P(S)$, 则结论成立. 设 $f \notin P(S)$, 下面分4种情况讨论.

(1) $e, g \in P(S)$, 此时有 $eg \in E(S)$ 和 $e\mathcal{R}eg\mathcal{L}g$, 这说明 $R_e \cap L_g$ 含幂等元, 矛盾.

(2) $e \in P(S), g \notin P(S)$, 此时有 $f^*\mathcal{L}ff^* = gg^*\mathcal{R}g, ff^* \in P(S), f^*\mathcal{R}e^* = e$ 且 $R_{f^*} \cap L_g = R_e \cap L_g$ 不含幂等元. 故此时结论成立.

(3) $g \in P(S), e \notin P(S)$, 这是情形 (2) 的对偶.

(4) $g \notin P(S), e \notin P(S)$, 此时有 $e\mathcal{L}e^*e = f^*f\mathcal{R}f^*$. 若 $R_e \cap L_{f^*}$ 不含幂等元, 则结论成立. 若有 $h \in R_e \cap L_{f^*} \cap E(S)$, 则 $h\mathcal{L}ff^*\mathcal{R}g$ 且 $R_h \cap L_g = R_e \cap L_g$ 不含幂等元, 故此时结论也成立. □

引理 1.5.2[24] 设 $\mathcal{V}$ 是正则 $*$-半群簇且含有非 E-solid 的正则 $*$-半群, 则 $\mathcal{V}$ 中含非 E-solid 的正则 $*$-半群 T 及 $e, g \in E(T), f \in P(T)$ 使得 $e\mathcal{L}f\mathcal{R}g, ge \notin R_g \cup L_e$ 且 $R_e \cap L_g$ 不含幂等元.

证明 设 $(S, \cdot, *)$ 是 $\mathcal{V}$ 中的非 E-solid 的正则 $*$-半群. 据引理1.5.1, 存在 $e, g \in E(S), f \in P(S)$ 使得 $e\mathcal{L}f\mathcal{R}g$ 且 $R_e \cap L_g$ 不含幂等元. 下面分3种情况讨论.

(1) $ge \notin R_g \cup L_e$, 此时取 $T = S$ 即可.

(2) $ge \in R_g$, 此时, 令 $T = S \times S$, 显然 $T \in \mathcal{V}$ 且 $(e, g^*), (g, e^*) \in E(T), (f, f) \in P(T)$. 由于 $e\mathcal{L}f\mathcal{R}g$ 且 $R_e \cap L_g$ 不含幂等元, 故在 T 中有 $(e, g^*)\mathcal{L}(f, f)\mathcal{R}(g, e^*)$ 且 $R_{(e, g^*)} \cap L_{(g, e^*)}$ 不含幂等元. 另一方面, 若 $(g, e^*)(e, g^*) \in R_{(g, e^*)}$, 则 $ge \in R_g, e^*g^* \in R_{e^*}$, 从而 $ge \in R_g, ge \in L_e$, 由 Miller-Clifford 定理知 $R_e \cap L_g$ 含幂等元, 矛盾, 故 $(g, e^*)(e, g^*) \notin R_{(g, e^*)}$. 类似可证

$(g, e^*)(e, g^*) \notin L_{(e,g^*)}$. 这证明了 T 满足要求.

(3) $ge \in L_e$, 此时 $g^*\mathcal{L}f^* = f\mathcal{R}e^*$, $e^*g^* = (ge)^* \in R_{e^*}$ 且 $R_{g^*} \cap L_{e^*} = (R_e \cap L_g)^*$ 不含幂等元, 这就归结为情形 (2). □

引理 1.5.3[24] 设 $\mathcal{V}$ 是正则 *-半群簇且含有非 E-solid 的正则 *-半群, 则 $\mathcal{V}$ 包含半群 $C_3^* = \mathcal{M}^0(\{1\}; 3, 3; \boldsymbol{Q})$, 其中 $0^* = 0$, $(i, 1, j)^* = (j, 1, i)$, $i, j = 1, 2, 3$, 而

$$\boldsymbol{Q} = \begin{pmatrix} 1 & 1 & 0 \\ 1 & 1 & 1 \\ 0 & 1 & 1 \end{pmatrix}.$$

证明 据引理1.5.2, $\mathcal{V}$ 中含非 E-solid 的正则 *-半群 S 及 $e, g \in E(S)$, $f \in P(S)$ 使得 $e\mathcal{L}f\mathcal{R}g$, $ge \notin R_g \cup L_e$ 且 $R_e \cap L_g$ 不含幂等元. 记

$$I = \{a \in S \mid (\exists x, y \in \{e, g, g^*\}) \, R_a < R_x, R_{a^*} < R_y\}$$

和 $T = I \cup \{e, e^*, f, g, g^*, ee^*, g^*g, eg, g^*e^*\}$, 显然有 $I^2 \subseteq I$, $I^* \subseteq I$, $T^* \subseteq T$. 设 $z \in I$, $x \in \{e, g, g^*\}$ 使得 $R_z < R_x$, 对任意 $u \in \{e, f, g, e^*, g^*\}$, 有 $R_{zu} < R_z < R_x$, $R_{(zu)^*} = R_{u^*z^*} < R_{u^*}$. 注意到 $u^* \in \{e^*, f, g^*, e, g\}$ 和 $e\mathcal{L}f\mathcal{R}g$, 有 $e^*\mathcal{R}f\mathcal{L}g^*$ 和 $R_{u^*} \in \{R_{g^*}, R_e, R_g\}$. 这就证明了对任意 $u \in \{e, f, g, e^*, g^*\}$, 有 $zu \in I$. 重复这一过程可得, 对任意 $u \in T \setminus I$, 有 $zu \in I$. 由于 $I^2 \subseteq I$, 从而对任意 $t \in T$, 有 $zt \in I$. 进一步, 由 $I^* \subseteq I$ 可知 $z^* \in I$. 于是, 对任意 $t \in T$, 有 $tz = (z^*t^*)^* \in I$. 另一方面, 由 $e\mathcal{L}f\mathcal{R}g$ 可得 $e^*e = f = gg^*$. 利用这一事实, 可以证明 $\{e, e^*, f, g, g^*, ee^*, g^*g, eg, g^*e^*\}^2$ 中的元素要么含于 $T \setminus I$, 要么含因子 ge, e^*g^*. 由于 $R_{ge} < R_g$, $R_{e^*g^*} < R_{e^*} = R_g$, 从而 $ge, e^*g^* \in I$. 这说明 $\{e, e^*, f, g, g^*, ee^*, g^*g, eg, g^*e^*\}^2 \subseteq T$, 故 T 是 S 的正则 *-子半群而 I 是 T 的 *-理想. 易证规则 $I \mapsto 0$, $e \mapsto (1, 1, 2)$, $f \mapsto (2, 1, 2)$, $g \mapsto (2, 1, 3)$ 确定了 T/I 到 C_3^* 的一个 *-同构, 故 $C_3^* \in \mathcal{V}$. □

引理 1.5.4[24, 52] 设 $\mathcal{V}$ 是含正规 *-带簇的正则 *-半群簇且 $C_3^* \in \mathcal{V}$, 则 $\mathcal{V}$ 不具备弱融合性质.

证明 由条件知 $C_3^* \times RB_2^* \in \mathcal{V}$, 其中 RB_2^* 为 2×2 矩形 *-带. 记 θ 为 $C_3^* \times RB_2^*$ 的包含

$$(((1,1,3),(1,1)),((1,1,3),(2,2)))$$

的最小 *-同余, 这个同余对应的划分为

$$\{((2,1,2),(k.l))\}, k, l \in \{1, 2\};$$

$$\{((i,1,2),(1,l))\}, \{((i,1,2),(2,l))\}, \{((2,1,j),(k,1)),((2,1,j),(k,2))\},$$

$$i, j \in \{1, 3\}, k, l \in \{1, 2\};$$

$$\{0\} \times RB_2^*; \{(i,1,j)\} \times RB_2^*, i, j \in \{1, 3\}.$$

容易验证 $C_3^* \times RB_2^*/\theta$ 同构于半群 $C_4^* = \mathcal{M}^0(\{1\}, 4, 4, \boldsymbol{Q}')$, 其中

$$\boldsymbol{Q}' = \begin{pmatrix} 1 & 1 & 1 & 0 \\ 1 & 1 & 1 & 1 \\ 1 & 1 & 1 & 1 \\ 0 & 1 & 1 & 1 \end{pmatrix}.$$

记 C_4^* 的非零元为 $(i,j), i,j \in \{1,2,3,4\}$, 规定一元运算如下: $0^* = 0, (i,j)^* = (j,i)$. 由定理1.2.3知 C_4^* 构成正则 *-半群. 记 $U = \{1,2,3\} \times \{1,2,3\}$, 则 U 是 S 的子代数. 设 $I = \{a,b\} \times \{a,b\}$ 是矩形带, 定义 I 上一元运算如下: $(x,y)^* = (y,x)$, 则 $(I,\cdot,*)$ 是矩形 *-带. 规定 U 到 I 的满 *-同态 $\varphi = \psi \times \psi$, 其中 $\psi: \{1,2,3\} \to \{a,b\}, 1 \mapsto a, 2 \mapsto a, 3 \mapsto b$. 对任意 $(i,j) \in U$, 有 $(i,j)\varphi = (i\psi, j\psi)$. 设 $T = U \cup I$ 为由 φ 确定的 U 和 I 的强半格, 即规定了 U 和 I 间的元素的如下乘法:

$$(\forall i \in I)(\forall u \in U)\ ui = (u\varphi)i, iu = i(u\varphi).$$

容易验证, T 是正规 *-带. 考虑半群融合 $(C_4^* \cup T, U)$, 设该半群融合可弱嵌入半群 W. 下面在 W 中来计算 (b,a) 与 $(4,2)$ 的乘积. 注意到

$$(3,2)\varphi = (3,1)\varphi = (b,a), (3,3)\varphi = (b,b), p_{14} = 0, p_{24} = 1,$$

$$(b,a)(4,2) = ((b,a)(3,2))(4,2) = (b,a)((3,2)(4,2)) = (b,a)(3,2) = (b,a).$$

另一方面, 有

$$(b,a)(4,2) = ((b,a)(3,1))(4,2) = (b,a)((3,1)(4,2)) = (b,a)((3,1)(4,3))$$
$$= ((b,a)(3,1))(4,3) = ((b,a)(3,2))(4,3) = (b,a)((3,2)(4,3)) = (b,a)(3,3)$$
$$= (b,a)(b,b) = (b,b).$$

这是一个矛盾. □

引理 1.5.5[24] 设 $\mathcal{V}$ 是正则 *-半群簇, $S \in \mathcal{V}$ 且 S 是非纯正的 E-solid 半群, 则 $\mathcal{V}$ 包含半群 $M_3^*(G, a) = \mathcal{M}(G, 3, 3, \boldsymbol{P})$, 其中 G 是群, $a \in G, a \neq 1$ 且

$$\boldsymbol{P} = \begin{pmatrix} 1 & 1 & 1 \\ 1 & 1 & a \\ 1 & a^{-1} & 1 \end{pmatrix}, \quad (i,g,j)^* = (j, g^{-1}, i), i, j = 1, 2, 3.$$

证明 首先, 据定理1.2.2知 $S = M_3^*(G, a)$ 确为正则 *-半群. 由命题1.2.6可设 $p, q, r \in P(S)$ 使得 $(pqr)^2 \neq pqr$. 记

$$e = (pqr)(pqr)^*, f = (pqrq)^*(pqrq), g = (pqr)^*(pqr),$$

则 $e, f, g \in P(S), e\mathcal{R}pqr\mathcal{L}g, f\mathcal{L}pqrq\mathcal{R}pqr$ 且 $efg = pqr$. 由于 efg 不是幂等元, 故 f, g, e 两两不等. 考虑

$$S' = H_e \cup H_f \cup H_g \cup H_{ef} \cup H_{fg} \cup H_{fe} \cup H_{gf} \cup H_{efg} \cup H_{gfe}.$$

容易验证, $f\mathcal{L}ef\mathcal{R}efg\mathcal{L}fg\mathcal{R}f$. 由于 S 是 E-solid 半群, 故 H_{efg} 含幂等元, 进而 $H_{gfe} = H_{efg}^*$ 中也含幂等元, 这说明 S' 是9个群的并. 可以验证 S' 构成 S 的非纯正的完全单的正则 *-子半群. 进一步地, 利用定理1.2.2可证 S' 和 $M_3^*(G, a)$ 是 (2,1)-同构的. □

引理 1.5.6[24, 52] 设 $\mathcal{V}$ 是含半格簇的正则 *-半群簇且引理1.5.5中的正则 *-半群 $M_3^*(G, a)$ 在 $\mathcal{V}$ 中, 则 $\mathcal{V}$ 不具有弱融合性质.

证明 记 $S = M_3^*(G, a), U = \{1, 2\} \times G \times \{1, 2\}$, 则 U 是 S 的正则 *-子半群, 从而 $U \in \mathcal{V}$. 另外, $\{1\} \times G \times \{1\}$ 也是 S 的正则 *-子半群, 而 $\{1\} \times G \times \{1\}$ 同构于 $\{0\} \times G \times \{0\}$,

从而 $\{0\}\times G\times\{0\}\in \mathcal{V}$. 设 $T=\{1,2\}\times G\times\{1,2\}\cup\{0\}\times G\times\{0\}$ 是矩形群 $\{1,2\}\times G\times\{1,2\}$ 与群 $\{0\}\times G\times\{0\}$ 的由同态 $\varphi:\{1,2\}\times G\times\{1,2\}\to\{0\}\times G\times\{0\},(i,g,j)\mapsto(0,g,0)$ 确定的强半格, 则 T 关于运算: $(i,g,j)^*=(j,g^{-1}.i),(0,g,g)^*=(0,g^{-1},0)$ 构成正则 $*$-半群且 U 是 S 与 T 的一个公共的正则 $*$-子半群. 由于 $\mathcal{V}$ 含半格簇, 据文献 [57] 之命题 4.6.11 知 $T\in\mathcal{V}$. 若半群融合 $(S\cup T,U)$ 弱可嵌入半群 W, 则在 W 中有

$$(0,1,0)(3,1,1)=((0,1,0)(1,1,2))(3,1,1)$$
$$=(0,1,0)((1,1,2)(3,1,1))=(0,1,0)(1,a,1)=(0,a,0).$$

另一方面, 有

$$(0,1,0)(3,1,1)=((0,1,0)(1,1,1))(3,1,1)$$
$$=(0,1,0)((1,1,1)(3,1,1))=(0,1,0)(1,1,1)=(0,1,0).$$

这与 $a\neq 1$ 矛盾. □

设 S 是纯正半群, 则容易验证 $\text{Star}(S)=\{(s,s')\in S\times S\mid s\in S, s'\in V(s)\}$ 关于运算:

$$(s,s')(t,t')=(st,t's'),(s,s')^*=(s',s)$$

构成正则 $*$-半群. 于是由纯正半群融合 $(S\cup T,U)$ 就可得到纯正 $*$-半群的融合 $(\text{Star}(S)\cup \text{Star}(T),\text{Star}(U))$. 正则 $*$-半群 $(B,\cdot,*)$ 称为正则 $*$-带, 若 $(B,\cdot)$ 是带且满足等式 $efege=efge$.

引理 1.5.7[24, 52] 存在正则 $*$-带在整个正则 $*$-半群簇中不具有弱融合性质.

证明 设 $U=\{f,g,h\}$ 和 $I=\{a,b\}$ 均为右零带, 记 $S=\{e\}\cup U$, 其中 e 不在 $I\cup U$ 中. 规定 S 的乘法如下:

·	e	f	g	h
e	e	f	g	h
f	f	f	g	h
g	g	g	g	h
h	f	f	g	h

则 S 是右正则带. 设 $T=I\cup U$ 为 I 和 U 的由同态 $\varphi:U\to I, f\mapsto a, g\mapsto b, h\mapsto b$ 确定的强半格, 则 T 是右正规带. 易见, $\text{Star}(S),\text{Star}(T),\text{Star}(U)$ 均为正则 $*$-带. 设正则 $*$-带的融合 $(\text{Star}(S)\cup \text{Star}(T),\text{Star}(U))$ 弱可嵌入某半群 W, 则在 W 中, 有

$$((e,e)(f,h))(a,b)=(f,f)(a,b)=(a,a)(a,b)=(aa,ba)=(a,a),$$
$$(e,e)((f,h)(a,b))=(e,e)((f,g)(a,b))=((e,e)(f,g))(a,b)=(f,g)(a,b)=(a,b),$$

于是 $a=b$, 矛盾, 故 $(\text{Star}(S)\cup \text{Star}(T),\text{Star}(U))$ 在整个正则 $*$-半群簇中不具有弱融合性质. □

引理 1.5.8[24] 设 $\mathcal{V}$ 是含正规 $*$-带簇的正则 $*$-半群簇. 若 $\mathcal{V}$ 具有弱融合性质, 则 $\mathcal{V}$ 中成员均为广义逆 $*$-半群.

证明 据引理 1.5.3 和引理 1.5.4, $\mathcal{V}$ 仅含 E-solid 正则 $*$-半群. 据引理 1.5.5 和引理 1.5.6 知 $\mathcal{V}$ 中成员均为纯正 $*$-半群. 据引理 1.5.7 知存在正则 $*$-带在整个正则 $*$-半群簇中不具有弱融

合性质. 据文献 [3] 中的 *-带的分类知 $\mathcal{V}$ 中成员的幂等元集只能形成正规 *-带, 即 $\mathcal{V}$ 中成员均为广义逆 *-半群. □

引理 1.5.9[24, 51]　设 $\mathcal{V}$ 是广义逆 *-半群簇且具有弱(强)融合性质. 记 $\mathcal{I}$ 为全体逆半群构成的簇, 则 $\mathcal{V} \cap \mathcal{I}$ 也具有弱(强)融合性质.

证明　设 (S, T, U) 是 $\mathcal{V} \cap \mathcal{I}$ 中的半群融合, 则 (S, T, U) 当然也是 $\mathcal{V}$ 中的半群融合. 由于 $\mathcal{V}$ 具有弱融合性质, 从而存在 $P \in \mathcal{V}$ 及 *-单同态 $\varphi: S \to P$ 和 *-单同态 $\psi: T \to P$ 使得 $\varphi|_U = \psi|_U$. 设 γ 是 P 上的最小逆半群同余. 若 $a\gamma b$, 则据文献 [57, 定理 6.2.5] 知 $V(a) = V(b)$. 注意到 $a^* \in V(a) = V(b) \ni b^*$, 有 $b \in V(a^*) \cap V(b^*)$, 进而据文献 [57] 之定理 6.2.4 知有 $V(a^*) = V(b^*)$, 故 $a^*\gamma b^*$. 这说明 γ 是 *-同余, 于是 $P/\gamma \in \mathcal{V} \cap \mathcal{I}$. 容易看出
$$\varphi^*: S \to P/\gamma, s \mapsto (s\varphi)\gamma; \ \psi^*: T \to P/\gamma, t \mapsto (t\psi)\gamma$$
是 *-单同态且 $\varphi^*|_U = \psi^*|_U$. 于是 (S, T, U) 弱可嵌入 $P/\gamma \in \mathcal{V} \cap \mathcal{I}$. 这就证明了 $\mathcal{V} \cap \mathcal{I}$ 也具有弱融合性质. 易见, 若 $\mathcal{V}$ 具有强融合性质, 则 $\mathcal{V} \cap \mathcal{I}$ 也具有强融合性质. □

引理 1.5.10[24, 136]　设 S 是完全正则的广义逆 *-半群, 则 $\mathcal{H}$ 是 *-同余, $S/\mathcal{H}$ 是正规 *-带, S/γ 为 Clifford 半群, 且 S 与 $S/\mathcal{H}$ 和 S/γ 的某个次直积 *-同构.

证明　据文献 [126] 之定理 IV.2.7 知 $\mathcal{H}$ 是 S 上同余且 $S/\mathcal{H}$ 是正规带. 设 $a, b \in S$ 且 $a\mathcal{H}b$, 则 $a^*\mathcal{H}b^*$. 这说明 $\mathcal{H}$ 是 *-同余, 从而 $S/\mathcal{H}$ 是正规 *-带. 据引理 1.5.9 的证明知 γ 是 *-同余, 故 S/γ 是完全正则的逆半群, 从而 S/γ 是 Clifford 半群. 考虑 $S/\mathcal{H} \times S/\gamma$ 的子集 $U = \{(a\mathcal{H}, b\gamma) \mid a\mathcal{D}b\}$, 由 S 完全正则知 $\mathcal{D}$ 是同余. 对任意 $a, b \in S$, 若 $a\mathcal{D}b$, 则 $a^*\mathcal{D}a\mathcal{D}b\mathcal{D}b^*$. 这表明 $\mathcal{D}$ 是 *-同余, 故 U 是 $S/\mathcal{H} \times S/\gamma$ 的正则 *-子半群. 下证 $U = \{(a\mathcal{H}, a\gamma) \mid a \in S\}$. 显然, 对任意 $a \in S$, $(a\mathcal{H}, a\gamma) \in U$. 设 $a, b \in S$ 且 $a\mathcal{D}b$, 对任意 $x \in S$, 记 $x\mathcal{H}$ 中的唯一幂等元为 x°. 由 $a\mathcal{D}b$ 及 S 完全正则知 $a^\circ ba^\circ \in a\mathcal{H}$, 从而 $(a^\circ ba^\circ)\mathcal{H} = a\mathcal{H}$, $(a^\circ ba^\circ)^\circ = a^\circ$. 于是 $(a^\circ ba^\circ)^\circ b(a^\circ ba^\circ)^\circ = a^\circ ba^\circ$. 另一方面, 由已知条件可知 S 的每个 $\mathcal{D}$-类的幂等元构成矩形带, 从而 $b^\circ a^\circ ba^\circ b^\circ = b^\circ a^\circ bb^\circ a^\circ b^\circ = b^\circ bb^\circ = b$. 据文献 [126] 之引理 II.5.5 知 $b\gamma = (a^\circ ba^\circ)\gamma$, 故 $(a\mathcal{H}, b\gamma) = ((a^\circ ba^\circ)\mathcal{H}, (a^\circ ba^\circ)\gamma)$. 这就证明了 $U = \{(a\mathcal{H}, a\gamma) \mid a \in S\}$. 定义 $\phi: S \to U, a \mapsto (a\mathcal{H}, a\gamma)$, 则 ϕ 是满的 *-同态. 若 $(a\mathcal{H}, a\gamma) = (b\mathcal{H}, b\gamma)$, 则 $a(\mathcal{H} \cap \gamma)b$. 由 S 纯正知 $\mathcal{H} \cap \gamma$ 是相等关系, 从而 $a = b$, 故 ϕ 还是单射, 于是, S 与 U 是 *-同构的. 显然, U 是 $S/\mathcal{H}$ 和 S/γ 的次直积. □

引理 1.5.11[24]　设 $\mathcal{V}$ 是完全正则的广义逆 *-半群簇且 $\mathcal{V} \cap \mathcal{I}$ 具有弱(强)融合性质, 则 $\mathcal{V}$ 也具有弱(强)融合性质.

证明　设 $(S, \cdot, *) \in \mathcal{V}$, 据引理 1.5.10 知 S 与正规 *-带 $S/\mathcal{H}$ 和 Clifford 半群 S/γ 的某个次直积 *-同构且 $S/\gamma \in \mathcal{V} \cap \mathcal{I}$. 据文献 [63] 之定理 6, 所有正规 *-带簇均具有强融合性质. 故 $\mathcal{V}$ 具有弱(强)融合性质. □

引理 1.5.12[24]　设 $(S, \cdot, *)$ 是广义逆 *-半群, $s \in S, e, f \in E(S)$, 则 $e(s\gamma)f = esf$.

证明　设 $t \in s\gamma$, 则 $V(s) = V(t)$. 取 $s' \in V(s) = V(t)$, 则 $fs'e \in V(esf) \cap V(etf)$. 记 $e_1 = esffs'e, e_2 = etffs'e$, 则 $e_1\mathcal{L}e_2$. 注意到 $E(S)$ 是正规带, 有 $e_1 = e_1e_2 = ee_1e_2e = ee_2e_1e = e_2e_1 = e_2$. 类似可知 $fs'eesf = fs'eetf$, 于是 $esf = esffs'eesf = etffs'eetf =$

etf. 故结论成立. □

引理 1.5.13[24, 52] 设 $(S,\cdot,*)$ 是广义逆 *-半群, 则 S 是 S/γ 和某个矩形 *-带直积的一个正则 *-子半群的 *-同态像.

证明 首先, $P(S) \times P(S)$ 关于运算: $(e,f)(g,h) = (e,h), (e,f)^* = (f,e)$ 形成矩形 *-带. 在 $T = S/\gamma \times B$ 上定义运算

$$(s\gamma,(e,f))(t\gamma,(g,h)) = ((st)\gamma,(e,h)), (s\gamma,(e,f))^* = (s^*\gamma,(f,e)),$$

则由 γ 是 *-同余知 T 是正则 *-半群. 记 $T_1 = \{(s\gamma,(e,f)) \in T \mid (\exists s_1 \in s\gamma)\ es_1f = s_1\}$, 对任意 $x \in S$, 有 $(s\gamma,(ss^*,s^*s)) \in T_1$, 故 T_1 不空. 易证 T_1 是 T 的正则 *-子半群. 定义 $\psi : T_1 \to S, (s\gamma,(e,f)) \mapsto esf$, 据引理 1.5.12 知 ψ 是良好定义的. 任取 $s \in S$, 则 $(s\gamma,(ss^*,s^*s))\psi = ss^*ss^*s = s$. 这说明 ψ 是满射. 设 $(s\gamma,(e,f)),(t\gamma,(g,h)) \in T_1$, 则 $[(s\gamma,(e,f))(t\gamma,(g,h))]\psi = ((st)\gamma,(e,h))\psi = esth$. 另一方面, 若 $s_1 \in s\gamma, es_1f = s_1, t_1 \in t\gamma, gt_1h = t_1$, 则据引理 1.5.12 及 $s_1t_1 \in (st)\gamma$ 知

$$(s\gamma,(e,f))\psi(t\gamma,(g,h))\psi = (esf)(gth) = es_1fgt_1h = es_1t_1h = esth.$$

故 ψ 是同态映射. 最后有

$$((s\gamma,(e,f))\psi)^* = (esf)^* = fs^*e = (s^*\gamma,(f,e))\psi = (s\gamma,(e,f))^*\psi.$$

这就证明了 ψ 是 *-满同态映射. □

下面考虑完全正则 *-半群簇. 首先回顾 Brandt 半群 $B_2 = \{0,a,a^*,aa^*,a^*a\}$, 其乘法表为

·	0	a	a^*	aa^*	a^*a
0	0	0	0	0	0
a	0	0	aa^*	0	a
a^*	0	a^*a	0	a^*	0
aa^*	0	a	0	aa^*	0
a^*a	0	0	a^*	0	a^*a

设 F_x^* 是 $\{x\}$ 上的自由对和半群[124, I.10.6]. 利用 B_2 对 F_x^* 作如下划分

$$W_a = \{(xx^*)^n x \mid n \geqslant 0\}, W_{a^*} = \{(x^*x)^n x^* \mid n \geqslant 0\}, W_{aa^*} = \{(xx^*)^n \mid n \geqslant 0\},$$

$$W_{a^*a} = \{(x^*x)^n \mid n \geqslant 0\}, W_0 = F_x^* \setminus (W_a \cup W_{a^*} \cup W_{aa^*} \cup W_{a^*a}).$$

容易看出 W_0 包含的是 F_x^* 中以 x^2 或 $(x^*)^2$ 作为子字的成员. 可以验证, 上述划分决定的等价关系 θ 是 F_x^* 上的 *-同余且 F_x^*/θ 同构于 B_2.

据文献 [124, XII.4.13], 逆半群簇 $\mathcal{V}$ 中成员均为 Clifford 半群当且仅当 $B_2 \notin \mathcal{V}$. 下面将这一结论扩展到正则 *-半群.

引理 1.5.14[24] 设 $\mathcal{V}$ 是正则 *-半群簇, 则下述各款等价:

(1) $\mathcal{V}$ 是完全正则 *-半群簇.

(2) $B_2 \notin \mathcal{V}$.

(3) 存在 $w \in W_0$ 使得 $\mathcal{V}$ 满足等式 $x = w$.

(4) 存在 $w \in F_x^*$ 使得 $\mathcal{V}$ 满足等式 $x = ux^2$.

证明 (1) $\Longrightarrow$ (2). 因为 B_2 非完全正则, 故 (1) 蕴含 (2).

(2) $\Longrightarrow$ (3). 若 $B_2 \notin \mathcal{V}$, 则可设 $\mathcal{V}$ 满足等式 $p(x_1, x_2, \cdots, x_n) = q(x_1, x_2, \cdots, x_n)$, 而 B_2 不满足这一等式, 其中 $p(x_1, x_2, \cdots, x_n), q(x_1, x_2, \cdots, x_n)$ 是变量集 $\{x_1, x_2, \cdots, x_n\}$ 上的对合半群字. 由于 B_2 不满足上述等式, 故存在 $a_1, a_2, \cdots, a_n \in B_2$ 使得在 B_2 中, 有 $p(a_1, a_2, \cdots, a_n) \neq q(a_1, a_2, \cdots, a_n)$. 定义 F_x^* 上的字 $\alpha_1, \alpha_2, \cdots, \alpha_n$ 使得对任意 $i \in \{1, 2, \cdots, n\}$, 有

$$\alpha_i = \begin{cases} x, & a_i = a, \\ x^*, & a_i = a^*, \\ xx^*, & a_i = aa^*, \\ x^*x, & a_i = a^*a, \\ x^2, & a_i = 0, \end{cases}$$

则 $w_p = w_p(x) = p(\alpha_1, \alpha_2, \cdots, \alpha_n)$ 与 $w_q = w_q(x) = q(\alpha_1, \alpha_2, \cdots, \alpha_n)$ 是 F_x^* 中的字且 $\mathcal{V}$ 满足等式 $w_p(x) = w_q(x)$. 由于

$$w_p(a) = p(a_1, a_2, \cdots, a_n) \neq q(a_1, a_2, \cdots, a_n) = w_q(a),$$

故 B_2 不满足等式 $w_p(x) = w_q(x)$.

由于 $w_p(a) \neq w_q(a)$, 故 w_p 与 w_q 必有一个不在 W_0 中, 不妨设 $w_p \notin W_0$. 现规定

$$w_p' = w_p'(x) = \begin{cases} w_p, & w_p \in W_a, \\ xw_px, & w_p \in W_{a^*}, \\ w_px, & w_p \in W_{aa^*}, \\ xw_p, & w_p \in W_{a^*a}, \end{cases} \quad w_q' = w_q'(x) = \begin{cases} w_q, & w_p \in W_a, \\ xw_qx, & w_p \in W_{a^*}, \\ w_qx, & w_p \in W_{aa^*}, \\ xw_q, & w_p \in W_{a^*a}, \end{cases}$$

则 $w_p' \in W_a, w_q' \notin W_a$. 由于 $W_a, W_{a^*}, W_{aa^*}, W_{a^*a}$ 中的字在正则 $*$-半群中分别等价于 x, x^*, xx^* 和 x^*x, 于是 $\mathcal{V}$ 满足等式 $x = w_p'(x) = w_q'(x)$. 若 $w_q'(x) \in W_0$, 则取 $w = w_q'(x)$ 即可. 若 $w_q'(x) \notin W_0$, 则 $w_q'(x) \in W_{a^*} \cup W_{aa^*} \cup W_{a^*a}$. 于是 $\mathcal{V}$ 满足等式 $x = x^*$ 或 $x = xx^*$ 或 $x = x^*x$, 从而 $\mathcal{V}$ 满足 $x = x^3$. 此时取 $w = x^3$ 即可.

(3) $\Longrightarrow$ (4). 不妨假设 w 是经过正则 $*$-半群公理约化后的字. 这样一来, w 的情形就有以下几种: $vx^2, vx^2x^*, vx^*x^*x, vx^*x^*$, 其中 $v = v(x)$ 是对合半群字. 情形 1 无须证明. 对情形 2, 由 $x = v(x^*)x^2x^*$ 可知 $x^* = v(x)x^*x^*x$, 进而有 $x = xx^*x = xv(x^*)x^*x^*xx = xv(x^*)x^*x^*x^2$. 取 $u = u(x) = xv(x^*)x^*x^*$, 则有 $x = ux^2$. 对情形 3, 有 $x = xx^*x = xv(x^*)x^2x^*$, 这就归结为情形 2. 对情形 4, 有 $x = xx^*x = vx^*x^*x^*x = (vx^*)x^*x^*x$, 这又归结为情形 3.

(4) $\Longrightarrow$ (1). 由等式 $x = u(x)x^2$ 可得 $x = (x^*)^* = (u(x^*)x^*x^*)^* = x^2(u(x^*))^*$. 于是, 对任意 $S \in \mathcal{V}$ 及 $b \in S$, 有 $b \in S^1b^2 \cap b^2S^1$. 据文献 [126] 之 II.1.3 知 S 完全正则. □

用 $\mathcal{SL}, \mathcal{RB}^*, \mathcal{NB}^*$ 表示半格、矩形 $*$-带和正规 $*$-带.

引理 1.5.15[24] 设 $\mathcal{V}$ 是不包含 $\mathcal{NB}^*$ 的正则 $*$-半群簇, 则 $\mathcal{V}$ 是逆半群簇或完全单的正则 $*$-半群簇.

证明 据文献 [3]，有 $\mathcal{NB}^* = \mathcal{SL} \vee \mathcal{RB}^*$，故 $\mathcal{V}$ 不包含 $\mathcal{SL}$ 或不包含 $\mathcal{RB}^*$. 若 $\mathcal{V}$ 不包含 $\mathcal{RB}^*$，则由四元素矩形 *-带 RB_2^* 生成 $\mathcal{RB}^*$ (见文献 [3]) 知 $\mathcal{V}$ 不含 RB_2^*. 于是 $\mathcal{V}$ 中成员的每个 $\mathcal{L}$-类和 $\mathcal{R}$-类均只含唯一幂等元，这导致 $\mathcal{V}$ 中成员均为逆半群. 另一方面，若 $\mathcal{V}$ 不包含 $\mathcal{SL}$，则 $\mathcal{V}$ 必不含非平凡半格. 特别地，$\mathcal{V}$ 不含 B_2. 据引理 1.5.14, $\mathcal{V}$ 是完全正则 *-半群簇. 另外，设 $S \in \mathcal{V}$，则 $\mathcal{D}$ 是 *-同余且 $S/\mathcal{D}$ 是半格，从而 $S/\mathcal{D}$ 是平凡半格，即 S 只有一个 $\mathcal{D}$-类. 于是 $\mathcal{V}$ 是完全单 *-半群簇. □

定理 1.5.16[24] 设 $\mathcal{V}$ 是正则 *-半群簇，则 $\mathcal{V}$ 具有弱 (强) 融合性质当且仅当下列情形之一成立:

(1) $\mathcal{V}$ 是具有弱 (强) 融合性质的逆半群簇.

(2) $\mathcal{V} = \mathcal{U} \vee \mathcal{RB}^*$，其中 $\mathcal{U}$ 是具有弱 (强) 融合性质的逆半群簇.

(3) $\mathcal{V}$ 是具有弱 (强) 融合性质的完全单的正则 *-半群簇.

证明 先证必要性. 设 $\mathcal{V}$ 是具有弱 (强) 融合性质的正则 *-半群簇且 $\mathcal{V}$ 不是情形 (1) 和情形 (3)，据引理 1.5.15, $\mathcal{V}$ 含 $\mathcal{NB}^*$. 据引理 1.5.8 知 $\mathcal{V}$ 中成员均为广义逆 *-半群，再据引理 1.5.13, 有 $\mathcal{V} = (\mathcal{V} \cap \mathcal{I}) \vee \mathcal{RB}^*$. 另外，由引理 1.5.9 知 $\mathcal{V} \cap \mathcal{I}$ 具有弱 (强) 融合性质. 这说明 $\mathcal{V}$ 是情形 (2).

下证充分性. 情形 (1) 和情形 (3) 是平凡的. 下对情形 (2) 给予证明. 设 $\mathcal{V} = \mathcal{U} \vee \mathcal{RB}^*$，其中 $\mathcal{U}$ 是具有弱 (强) 融合性质的逆半群簇. 据文献 [124] 之 XIII.3.6 知 $\mathcal{U}$ 是 Clifford 半群簇或者是整个逆半群簇 $\mathcal{I}$. 若 $\mathcal{U}$ 是 Clifford 半群簇，则 $\mathcal{V}$ 是完全正则的广义逆 *-半群簇且 $\mathcal{U} = \mathcal{V} \cap \mathcal{I}$ 具有弱 (强) 融合性质，由引理 1.5.11 知 $\mathcal{V}$ 具有弱 (强) 融合性质. 若 $\mathcal{U} = \mathcal{I}$，则据引理 1.5.13 知 $\mathcal{V} = \mathcal{I} \vee \mathcal{RB}^*$ 是全体广义逆 *-半群构成的簇. 由文献 [63] 之定理 8 知 $\mathcal{V}$ 具有弱 (强) 融合性质. □

据定理 1.5.16, 下面的问题是自然的.

问题 1.5.17 决定具有弱 (强) 融合性质的完全单的正则 *-半群簇.

1.6 覆盖定理

本节讨论正则 *-半群的覆盖定理，它是逆半群的 McAlister 覆盖定理的推广形式. 设 $(S, \cdot, *)$ 是正则 *-半群，对 S 的任意非空子集 U，用 $\langle U \rangle$ 表示 S 的包含 U 的最小子半群，称其为由 U 生成的子半群. 记

$$C_0(S) = \langle P(S) \rangle, C_{i+1}(S) = \langle x^* C_i(S) x \mid x \in S \rangle, i = 0, 1, 2, \cdots,$$

则 $C_i(S) \subseteq C_{i+1}(S), i = 0, 1, 2, \cdots$. 又记 $C^*(S) = \bigcup_{i=0}^{\infty} C_i(S)$，则易证 $C^*(S)$ 是 S 的正则 *-子半群，称其为 S 的自共轭核. 当 S 是纯正 *-半群时，$C^*(S) = E(S)$.

引理 1.6.1[77] 设 $(S, \cdot, *)$ 是正则 *-半群. 在 S 上定义关系 σ 如下: 对任意 $a, b \in S$,

$$a\sigma b \iff (\exists x, y \in C^*(S))\ ax = yb,$$

则 σ 是 S 上的最小群同余. 特别地，若 S 纯正，则对任意 $a, b \in S$, $a\sigma b$ 当且仅当存在 $e, f \in E(S)$ 使得 $ae = fb$.

证明 设 $a, b \in S$. 由 $aa^*, a^*a \in P(S) \subseteq C^*(S)$ 及 $a(a^*a) = (aa^*)a$ 知 $a\sigma a$. 若 $a\sigma b$, 则存

在$x, y \in C^*(S)$使得$ax = yb$, 于是有$bb^*axa^*bb^*a = bb^*yba^*bb^*a$和$bb^*axa^*bb^*, b^*yba^*bb^*a \in C^*(S)$, 从而$b\sigma a$. 若$a\sigma b, b\sigma c$, 则存在$x, y, z, w \in C^*(S)$使得$ax = yb, bz = wc$, 从而$xz, yw \in C^*(S)$且$axz = ybz = ywc$, 这表明$a\sigma c$. 设$a\sigma b$, 则存在$x, y \in C^*(S)$使得$ax = yb$, 于是$acc^*a^*axc = acc^*a^*ybc$. 注意到$c^*a^*axc, acc^*a^*y \in C^*(S)$, 有$ac\sigma bc$. 对偶地, 由
$$caxb^*c^*cb = cybb^*c^*cb, \ xb^*c^*cb, \ cybb^*c^* \in C^*(S)$$
知$ca\sigma cb$. 设$e, f \in P(S)$, 则$eef = eff$且$ef \in C^*(S)$, 这表明$e\sigma f$, 故S中任意两投射元均满足σ关系. 由$P(S)^2 = E(S)$知S中任意两幂等元均满足σ关系, 于是S/σ是只含一个幂等元的正则半群, 从而是群, 故σ是群同余. 设δ是S上的群同余. 若$a\sigma b$, 则存在$x, y \in C^*(S)$使得$ax = yb$. 由$C^*(S)$的构造知$x\delta = y\delta$为群S/δ的单位元, 从而$a\delta = (a\delta)(x\delta) = (ax)\delta = (yb)\delta = (y\delta)(b\delta) = b\delta$, 故$a\delta b$. 这就证明了$\sigma$是$S$上最小群同余. □

称正则$*$-半群$(S, \cdot, *)$是C^*-酉的, 若$C^*(S)$是S的酉子集, 即对任意$a \in S$及$c \in C^*(S)$, $ac \in C^*(S)$或$ca \in C^*(S)$蕴含$a \in C^*(S)$. 设$(S, \cdot, *), (T, \cdot, *)$是正则$*$-半群, 称$T$是$S$的$C^*$-酉覆盖, 若$T$是$C^*$-酉的且存在$T$到$S$的满$*$-同态$\psi$使得$\psi|_{C^*(T)}$是$C^*(T)$到$C^*(S)$的$*$-同构映射. 下面给出$C^*$-酉正则$*$-半群的一个刻画.

引理 1.6.2[77] 设$(S, \cdot, *)$是正则$*$-半群, 则S是C^*-酉的当且仅当$\text{Ker}^*\sigma = C^*(S)$, 其中
$$\text{Ker}^*\sigma = \{x \in S \mid (\exists e \in P(S)) \ x\sigma e\}.$$

证明 设$C^*(S)$是酉子半群, $a \in C^*(S), e \in P(S) \subseteq C^*(S)$, 则由$ae = ae$知$a\sigma e$, 这表明$C^*(S) \subseteq \text{Ker}^*\sigma$. 另一方面, 若$a \in \text{Ker}^*\sigma$, 则存在$e \in P(S) \subseteq C^*(S)$使得$a\sigma e$, 从而存在$x, y \in C^*(S)$使得$ax = ye \in C^*(S)$. 由$C^*(S)$是酉子半群知$a \in C^*(S)$, 这表明$\text{Ker}^*\sigma \subseteq C^*(S)$, 故$C^*(S) = \text{Ker}^*\sigma$. 反过来, 设$\text{Ker}^*\sigma = C^*(S), a \in S, c \in C^*(S)$且$ac \in C^*(S)$, 则由$\sigma$是最小群同余知存在$e, f \in P(S)$使$c\sigma = e\sigma = f\sigma = (ac)\sigma = (a\sigma)(c\sigma)$. 注意到$S/\sigma$是群, $a\sigma$是S/σ的单位元, 从而$a \in \text{Ker}^*\sigma$. 类似可证, 若$a \in S, c \in C^*(S)$, $ca \in C^*(S)$, 则有$a \in \text{Ker}^*\sigma$. 这就证明了S是C^*-酉的. □

下面证明任意正则$*$-半群均存在C^*-酉覆盖. 设$(S, \cdot, *)$是正则$*$-半群, $a, b \in S$. 记
$$\Omega(a, b) = \{(u, v) \in C^*(S) \times C^*(S) \mid b = uav, u^*\mathcal{R}a\mathcal{L}v^*\}.$$

定义S上二元关系δ如下: 对任意$a, b \in S$, $a\delta b$当且仅当$\Omega(a, b) \neq \emptyset$.

引理 1.6.3[77] 设$(S, \cdot, *)$是正则$*$-半群, $a, b, c \in S$.

(1) $(aa^*, a^*a) \in \Omega(a, a)$.

(2) 若$(u, v) \in \Omega(a, b)$, 则$u\mathcal{R}b\mathcal{L}v$且$(u^*, v^*) \in \Omega(b, a)$.

(3) 若$(u, v) \in \Omega(a, b), (w, z) \in \Omega(b, c)$, 则$(wu, vz) \in \Omega(a, c)$.

(4) $(acc^*, bcc^*) \in \delta$当且仅当$(ac, bc) \in \delta$.

证明 (1) 由$a = aa^*aa^*a, (aa^*)^* = aa^*\mathcal{R}a\mathcal{L}a^*a = (a^*a)^*$立得.

(2) 设$(u, v) \in \Omega(a, b)$, 则$b = uav, u^*\mathcal{R}a\mathcal{L}v^*$, 故$a\mathcal{R}u^*u\mathcal{L}u$, 从而$v\mathcal{R}vv^*\mathcal{L}v^*\mathcal{L}a\mathcal{L}u a\mathcal{R}u$, 于是$u\mathcal{R}ua\mathcal{R}uav = b\mathcal{L}v$. 另一方面, 由$u^*u\mathcal{R}a\mathcal{L}vv^*$知$u^*bv^* = u^*uavv^* = a$. 又$u^{**} =$

$u\mathcal{R}b\mathcal{L}v = v^{**}$, 故 $(u^*, v^*) \in \Omega(b, a)$.

(3) 设 $(u, v) \in \Omega(a, b)$, $(w, z) \in \Omega(b, c)$, 则由条款 (2) 知
$$b = uav, c = wbz, u^*\mathcal{R}a\mathcal{L}v^*, u\mathcal{R}b\mathcal{L}v, w^*\mathcal{R}b\mathcal{L}z^*, w\mathcal{R}c\mathcal{L}z,$$

故 $c = (wu)a(vz)$, $(wu)^* = u^*w^*\mathcal{R}u^*b\mathcal{R}u^*u\mathcal{R}u^*\mathcal{R}a$. 对偶可知 $(vz)^*\mathcal{L}a$, 故 $(wu, vz) \in \Omega(a, c)$.

(4) 设 $(u, v) \in \Omega(acc^*, bcc^*)$, 则 $bcc^* = uacc^*v$, $u^*\mathcal{R}acc^*\mathcal{L}v^*$. 由 (2) 知 $u\mathcal{R}bcc^*\mathcal{L}v$, 故 $bc = bcc^*c = uacc^*vc$, $u, c^*vc \in C^*(S)$. 另外, $u^*\mathcal{R}acc^*\mathcal{R}ac = acc^*c\mathcal{L}v^*c$. 由 $bcc^*\mathcal{L}v$ 可设 $v = xbcc^*$, 从而 $vcc^* = v$, 故
$$ac\mathcal{L}v^*c\mathcal{L}(v^*c)^*v^*c = c^*vv^*c = c^*vcc^*v^*c = (c^*vc)(c^*vc)^*\mathcal{L}(c^*vc)^*.$$

这表明 $(u, c^*vc) \in \Omega(ac, bc)$, 从而 $(ac, bc) \in \delta$. 反过来, 若 $(ac, bc) \in \delta$, 则 $((ac)c^*c, (bc)c^*c) \in \delta$, 由上面已证结果得 $(acc^*, bcc^*) \in \delta$. □

设 $(S, \cdot, *)$ 是正则 *-半群, 则由引理1.6.3知 δ 是等价关系. 对任意 $x \in S$, 记 x 所在的 δ-类为 $[x]$. 记 $S/\delta = \{[x] \mid x \in S\}$, $G = \mathrm{Sym}(S/\delta)$, $\mathcal{P}(G) = \{H \subseteq G \mid H \neq \varnothing\}$. 对任意 $c \in S$, 规定
$$\delta_c : \{[x] \mid x \in Scc^*\} \to S/\delta, [x] \mapsto [xc].$$

则由引理1.6.3 (4) 知 δ_c 是单射. 若 $x \in Scc^*$, 则 $xc \in Sc = Sc^*c$. 这表明 δ_c 是 $\{[x] \mid x \in Scc^*\}$ 到 $\{[y] \mid y \in Sc^*c\}$ 的双射. 定义 $\varphi : S \to \mathcal{P}(G)$, $s \mapsto \{g \in G \mid g|_{\mathrm{dom}\delta_s} = \delta_s\}$.

定理 1.6.4[77]   在上述记号下, 若每个 δ_c 均可扩充为 S/δ 到自身的双射, 则下列结果成立:

(1) 对任意 $s, t \in S$, 有 $(s\varphi)(t\varphi) \subseteq (st)\varphi$.

(2) 对任意 $s \in S$, 有 $\{g^{-1} \mid g \in s\varphi\} \subseteq s^*\varphi$.

(3) $\{s \in S \mid 1 \in s\varphi\} = C^*(S)$, 其中 1 是 G 的单位元.

(4) $T = \{(s, g) \in S \times G \mid g \in s\varphi\}$ 是 S 的 C^*-酉覆盖.

证明   (1) 设 $g \in s\varphi$, $h \in t\varphi$, 则 $g|_{\mathrm{dom}\delta_s} = \delta_s$, $h|_{\mathrm{dom}\delta_t} = \delta_t$. 设 $[x] \in \mathrm{dom}\delta_{st}$, 其中 $x \in Sst(st)^* = Sstt^*s^* \subseteq Ss^* = Sss^*$, 这表明 $[x] \in \mathrm{dom}\delta_s$ 且 $x = xst(st)^* = xss^*$. 易见,
$$xstt^* = ((xs)(xs)^*)xs((xs)^*xstt^*), xs\mathcal{R}xs(xs)^* = (xs(xs)^*)^*.$$

另一方面,
$$(xs)^*xstt^*((xs)^*xstt^*)^* = (xs)^*xstt^*tt^*(xs)^*xs = (xs)^*xstt^*s^*x^*xs =$$
$$(xs)^*xst(st)^*x^*xs = (xs)^*xx^*xs = (xs)^*xs,$$

于是 $xs\mathcal{L}((xs)^*xstt^*)^*$. 这表明 $[xs] = [xstt^*] \in \mathrm{dom}\delta_t$, 故 $[x]gh = [x]\delta_s h = [xs]h = [xs]\delta_t = [xst] = [x]\delta_{st}$, 于是 $gh \in (st)\varphi$. 这就证明了 $(s\varphi)(t\varphi) \subseteq (st)\varphi$.

(2) 设 $s \in S$, $g \in s\varphi$, 则 $g|_{\mathrm{dom}\delta_s} = \delta_s$. 对任意 $[x] \in \mathrm{dom}\delta_{s^*}$, 有 $x \in Ss^*s$, 从而 $xs^* \in Ss^* = Sss^*$, 即 $[xs^*] \in \mathrm{dom}\delta_s$ 且 $[xs^*]g = [xs^*]\delta_s = [xs^*s] = [x]$, 于是 $[x]\delta_{s^*} = [xs^*] = [xs^*]gg^{-1} = [x]g^{-1}$, 因此, $g^{-1}|_{\mathrm{dom}\delta_{s^*}} = \delta_{s^*}$, 这表明 $g^{-1} \in s^*\varphi$.

(3) 记 $M = \{s \in S \mid 1 \in s\varphi\}$. 设 $s \in M$, 则 $s \in S$ 且 $1 \in s\varphi$, 故 $1|_{\mathrm{dom}\delta_s} = \delta_s$.

由 $[ss^*] \in \mathrm{dom}\delta_s$ 可知 $[ss^*] = [ss^*]\delta_s = [ss^*s] = [s]$,这表明存在 $u, v \in C^*(S)$ 使得 $s = uss^*v \in C^*(S)$,故 $M \subseteq C^*(S)$. 反过来,设 $e \in P(S)$,则易证 $1|_{\mathrm{dom}\delta_e} = \delta_e$,从而 $1 \in e\varphi$. 若 $e_1, e_2, \cdots, e_n \in P(S)$,则由条款 (1) 知 $1 \in (e_1\varphi)(e_2\varphi)\cdots(e_n\varphi) \subseteq (e_1e_2\cdots e_n)\varphi$,这表明 $C_0(S) = \langle P(S) \rangle \subseteq M$. 设 $C_{i-1}(S) \subseteq M$. 任取 $x \in S$, $a_{i-1} \in C_{i-1}(S)$, $u \in x\varphi$,则 $1 \in a_{i-1}\varphi$. 由条款 (2) 知 $u^{-1} \in x^*\varphi$,据条款 (1) 可得 $1 = uu^{-1} = u1u^{-1} \in (x\varphi)(a_{i-1}\varphi)(x^*\varphi) \subseteq (xa_{i-1}x^*)\varphi$. 这表明 $xa_{i-1}x^* \in M$,从而有限个形如 $xa_{i-1}x^*$ 的元素的乘积仍在 M 中,即 $C_i(S) \subseteq M$. 由归纳法可知 $C^*(S) \subseteq M$.

(4) 由条款 (3) 知 T 非空. 在 T 上定义: $(s,g)(t,h) = (st,gh)$, $(s,g)^* = (s^*, g^{-1})$. 由条款 (1) 和 (2) 知上述两运算定义合理. 易证 T 关于这两个运算形成正则 $*$-半群. 容易看出, $P(T) = P(S) \times \{1\}$,用归纳法可证 $C^*(T) = C^*(S) \times \{1\}$. 设 $(s,g) \in T, (c,1) \in C^*(T)$. 若 $(s,g)(c,1) \in C^*(T)$,即 $(sc,g) \in C^*(T)$,从而 $g = 1$,这说明 $(s,1) \in T$,故 $1 \in s\varphi$. 由条款 (3) 知 $s \in C^*(S)$. 这就证明了 $(s,g) = (s,1) \in C^*(S) \times \{1\} = C^*(T)$. 对偶可证 $(c,1)(s,g) \in C^*(T)$ 蕴含 $(s,g) \in C^*(T)$,故 T 是 C^*-酉的. 作映射 $\psi: T \to S$, $(s,g) \mapsto s$,则易证 ψ 是满 $*$-同态. 另外,由 $C^*(T) = C^*(S) \times \{1\}$ 知 $\psi|_{C^*(T)}$ 是 $C^*(T)$ 到 $C^*(S)$ 的 $*$-同构. 这证明了 T 是 S 的 C^*-酉覆盖. □

本节的剩余部分研究正则 $*$-半群的 C^*-酉覆盖的结构. 设 G 是群, 1 是 G 的单位元, S 是逆半群. 称 G 到 S 的映射 φ 为预同态, 若对任意 $a, b \in G$, 有 $(a\varphi)^{-1} = a^{-1}\varphi$, $(a\varphi)(b\varphi) \leqslant_S (ab)\varphi$. 此时, $1\varphi = (1 \cdot 1)\varphi \leqslant_S (1\varphi)(1\varphi)$,从而 $1\varphi = (1\varphi)(1\varphi)^{-1}(1\varphi)(1\varphi) = (1\varphi)(1\varphi)$,即 1φ 是 S 中的幂等元. 设 $(S, \cdot, *)$ 是正则 $*$-半群, H 是 S 的子集. 称 H 是 S 的容许子集, 若对任意 $a, b \in H$ 及 $u, v \in C^*(S)$, 都有 $a^*b, ab^* \in C^*(S)$ 且 $ua, bv \in H$. 记 S 上的全体非空容许子集为 $\mathcal{C}(S)$. 显然, $C^*(S) \in \mathcal{C}(S)$.

引理 1.6.5[77] 设 $(S, \cdot, *)$ 是正则 $*$-半群, 在 $\mathcal{C}(S)$ 上定义
$$AB = \{ab \mid a \in A, b \in B\}, \quad A^* = \{a^* \mid a \in A\},$$
则 $\mathcal{C}(S)$ 形成以 $C^*(S)$ 为单位元的逆半群且对任意 $A \in \mathcal{C}(S)$, 有 $A^{-1} = A^*$.

证明 设 $A, B \in \mathcal{C}(S), a, c \in A, b, d \in B, u, v \in C^*(S)$, 则 $a^*c \in C^*(S)$, 从而 $a^*cd \in B$, 进而 $(ab)^*cd = b^*a^*cd \in C^*(S)$. 类似可证 $ab(cd)^* \in C^*(S)$. 另一方面, 有 $ua \in A$, 从而 $uab \in AB$. 类似可证 $abv \in AB$, 这表明 $AB \in \mathcal{C}(S)$. 由 $a, c \in A$ 知 $a^{**}c^* = ac^* \in C^*(S)$, $a^*c^{**} = a^*c \in C^*(S)$. 由 $u, v \in C^*(S)$ 知 $u^*, v^* \in C^*(S)$, 从而 $v^*c, au^* \in A$, 故 $ua^*, c^*v \in A^*$. 这表明 $A^* \in \mathcal{C}(S)$. 于是引理中的二元运算和一元运算都是合理的. 设 $A \in \mathcal{C}(S)$, 若 $a \in A$, 则 $a = aa^*a \in AA^*A$, 故 $A \subseteq AA^*A$. 反之, 若 $a, b, c \in A$, 则 $ab^* \in C^*(S)$, 从而 $ab^*c \in A$. 这说明 $AA^*A \subseteq A$. 于是 $AA^*A = A$. 显然 $A^{**} = A$. 若还有 $B \in \mathcal{C}(S)$, 则易见 $(AB)^* = B^*A^*$. 设 $A, B \in \mathcal{C}(S), a, c \in A, b, d \in B$, 则 $ac^*, bd^*, db^* \in C^*(S)$, 从而 $ac^*b \in B$, $c^*bd^* \in A^*$, 故 $ac^*bd^* = (ac^*b)b^*c(c^*bd^*) \in BB^*AA^*$. 于是 $AA^*BB^* \subseteq BB^*AA^*$, 对偶可证 $BB^*AA^* \subseteq AA^*BB^*$. 于是 $AA^*BB^* = BB^*AA^*$. 据推论 1.1.7 可得 $\mathcal{C}(S)$ 构成逆半群且 $A^{-1} = A^*$. 最后, 易见 $AC^*(S) = C^*(S)A = A$, 故 $C^*(S)$ 是 $\mathcal{C}(S)$ 的单位元. □

引理 1.6.6[77] 设 $A, B \in \mathcal{C}(S)$, 则 $A \leqslant_{\mathcal{C}(S)} B$ 当且仅当 $A \subseteq B$.

证明 设 $A \leqslant_{\mathcal{C}(S)} B$, 则 $A = AA^*B \subseteq C^*(S)B \subseteq B$. 反之, 若 $A \subseteq B$, 则 $A^* \subseteq B^*$, 从而 $A = AA^*A \subseteq AA^*B \subseteq AB^*B \subseteq AC^*(S) \subseteq A$, 故 $A = AA^*B$, 从而 $A \leqslant_{\mathcal{C}(S)} B$. □

定理 1.6.7[77] 设 $(S, \cdot, *)$ 是正则 $*$-半群, G 是群. 若 $\theta : G \to \mathcal{C}(S)$, $g \mapsto \theta_g$ 是预同态且满足 $\bigcup_{g \in G} \theta_g = S$, 则 $T = \{(s, g) \in S \times G \mid s \in \theta_g\}$ 是 S 的 C^*-酉覆盖且 $T/\sigma \cong G$. 反之, S 的每一个 C^*-酉覆盖均可如此构造.

证明 由 θ 是预同态知 $(\theta_g)^* = \theta_g^{-1} = \theta_{g^{-1}}$. 若 $(s, g) \in T$, 则 $s \in \theta_g$, 从而 $s^* \in (\theta_g)^* = \theta_{g^{-1}}$, 于是 $(s^*, g^{-1}) \in T$. 若 $(s, g), (s', g') \in T$, 则 $s \in \theta_g$, $s' \in \theta_{g'}$, 从而由预同态的定义及引理1.6.6知 $ss' \in \theta_g \theta_{g'} \subseteq \theta_{gg'}$, 于是 $(ss', gg') \in T$, 故 T 关于运算

$$(s, g)(s', g') = (ss', gg'), \quad (s, g)^* = (s^*, g^{-1})$$

构成正则 $*$-半群. 记 G 的单位元为 1, 则由 θ 是预同态易证 θ_1 是 S 的正则 $*$-子半群. 设 $e \in P(S)$, 则由 $S = \bigcup_{g \in G} \theta_g$ 知存在 $g \in G$ 使得 $e \in \theta_g$. 因此 $e = e^* \in (\theta_g)^* = \theta_{g^{-1}}$, 从而 $e = ee^* \in \theta_g \theta_{g^{-1}} \subseteq \theta_{gg^{-1}} = \theta_1$. 这表明 $P(S) \subseteq \theta_1$, 又 θ_1 是正则 $*$-子半群, 从而 $C_0(S) = \langle P(S) \rangle \subseteq \theta_1$. 利用归纳法可证得 $C^*(S) \subseteq \theta_1$. 另一方面, 由 θ 是预同态知 $1\theta = \theta_1$ 是 $\mathcal{C}(S)$ 中幂等元, 从而 $\theta_1 = \theta_1 \theta_1$. 任取 $x \in \theta_1$, 则存在 $y, z \in \theta_1$ 使得 $x = yz$, 于是 $x = x(yz)^*x = xz^*y^*x \in C^*(S)C^*(S) = C^*(S)$, 故 $\theta_1 \subseteq C^*(S)$, 于是 $\theta_1 = C^*(S)$. 易证 $P(T) = P(S) \times \{1\}$, 从而用归纳法可得 $C^*(T) = C^*(S) \times \{1\}$, 进而由 $\theta_1 = \theta_1 \theta_1$ 易证 $C^*(T)$ 是酉子半群, 故 T 是 C^*-酉的. 设 $\varphi : T \to S$, $(s, g) \mapsto s$, 则由 $S = \bigcup_{g \in G} \theta_g$ 知 φ 是满的 $*$-同态且 $\varphi|_{C^*(T)}$ 是 $C^*(T)$ 到 $C^*(S)$ 的同构映射. 另一方面, 设 $\psi : T \to G$, $(s, g) \mapsto g$, 则由 $\theta_g \in \mathcal{C}(S)$ 可取 $s \in \theta_g$, 从而 $(s, g) \in T$ 且 $(s, g)\psi = g$. 这说明 ψ 是满同态. 易见 $\ker \psi = \{(s_1, g_1), (s_2, g_2) \in T \times T \mid g_1 = g_2\}$ 且 $\ker \psi$ 是 T 上群同余. 设 $((s_1, g), (s_2, g)) \in \ker \psi$, 则 $s_1, s_2 \in \theta_g$, 从而 $s_1 s_2^* \in \theta_g \theta_{g^{-1}} \subseteq \theta_1 = C^*(S)$, 故

$$(s_2^* s_2, 1), (s_1 s_1^*, 1) \in C^*(T), \quad (s_1, g)(s_2^* s_2, 1) = (s_1 s_1^*, 1)(s_2, g).$$

由引理1.6.1知 $(s_1, g)\sigma(s_2, g)$, 于是 $\ker \psi \subseteq \sigma$. 由 σ 的最小性知 $\ker \psi = \sigma$, 从而 $T/\sigma \cong G$.

反过来, 设 T 是 S 的 C^*-酉覆盖, 则存在满 $*$-同态 $\varphi : T \to S$ 使得 $\varphi|_{C^*(T)}$ 是 $C^*(T)$ 到 $C^*(S)$ 的同构映射. 记 σ 是 T 上最小群同余, 则 T/σ 是群, 记之为 G 并设 $\psi : T \to G = T/\sigma$, $t \mapsto t\sigma$. 定义 $\theta : G \to \mathcal{C}(S)$, $g \mapsto (g\psi^{-1})\varphi = \theta_g$. 据引理1.6.2易证对每一个 $g \in G$, $(g\psi^{-1})\varphi$ 是 S 的容许子集, 从而 θ 是良好定义的. 容易验证 θ 是 G 到 $\mathcal{C}(S)$ 的预同态且 $S = \bigcup_{g \in G} \theta_g$, 由正面部分的证明知 $T' = \{(s, g) \in S \times G \mid s \in \theta_g\}$ 是 S 的 C^*-酉覆盖, 定义 $\tau : T \to T'$, $t \mapsto (t\varphi, t\psi)$, 则 τ 是满 $*$-同态. 设 $t_1, t_2 \in T$ 且 $t_1\varphi = t_2\varphi$, $t_1\psi = t_2\psi$, 则 $(t_1 t_1^*)\psi = (t_2 t_2^*)\psi = (t_2^* t_1)\psi = (t_2^* t_2)\psi = 1$, 其中 1 是 G 的单位元. 因 T 是 C^*-酉的, 据引理1.6.2可得 $1\psi^{-1} = C^*(T)$, 从而 $t_1 t_1^*, t_2 t_2^*, t_2^* t_1, t_2^* t_2 \in C^*(T)$. 另外, $(t_2^* t_1)\varphi = (t_2^* t_2)\varphi$, $(t_1 t_1^*)\varphi = (t_2 t_2^*)\varphi$. 由 $\varphi|_{C^*(T)}$ 是单射知 $t_1 t_1^* = t_2 t_2^*$, $t_2^* t_1 = t_2^* t_2$, 故 $t_1 = t_1 t_1^* t_1 = t_2 t_2^* t_1 = t_2 t_2^* t_2 = t_2$, 于是 τ 也是单的, 从而 τ 是同构映射. 这就证明了 $T \cong T'$. □

1.7 可分解的正则 *-半群

本节给出可分解的正则 *-半群的结构定理, 它是可分解逆半群结构定理的推广形式. 设 $(S,\cdot,*)$ 是正则 *-半群. 简单起见, 本节记 $C(S) = C_0(S)$, 即
$$C(S) = \langle P(S) \rangle = \{e_1 e_2 \cdots e_n \mid e_i \in P(S), i = 1, 2, \cdots, n, n \in \mathbb{N}\}.$$
由命题1.1.6可知 $E(S) \subseteq C(S)$. 若 $S = C(S)$, 则称 S 是 *-半带. 特别地, 若 $S = E(S)$, 则称 S 是 *-带. 容易看出, 若 $(S,\cdot,*)$ 是纯正 *-半群, 则 $(E(S),\cdot,*)$ 形成 *-带.

引理 1.7.1[198] 设 $(S,\cdot,*)$ 是正则 *-半群, 则 $(C(S),\cdot,*)$ 是 *-半带. 特别地, 若 S 含单位元1, 则 $C(S)$ 是含单位元1的 *-半带.

证明 任取 $c = e_1 e_2 \cdots e_n \in C(S)$, 其中 $e_i \in P(S), i = 1, 2, \cdots, n$, 则 $(e_1 e_2 \cdots e_n)^* = e_n^* \cdots e_2^* e_1^* = e_n \cdots e_2 e_1 \in C(S)$, 故 $C(S)$ 对运算 $*$ 封闭, 从而 $C(S)$ 是 S 的正则 *-子半群. 对任意 $p \in P(S)$, 有 $p \in C(S)$, 从而 $p = pp = pp^* \in P(C(S))$, 于是 $P(C(S)) \subseteq P(S) \subseteq P(C(S))$. 这表明 $C(C(S)) = C(S)$, 故 $C(S)$ 是 *-半带. 若 S 含单位元1, 则 $1 \in P(S) \subseteq C(S)$, 于是 $C(S)$ 是含单位元1的 *-半带. □

设 $(S,\cdot,*)$ 是正则 *-半群, 据文献 [57], 称 S 是 E-酉的, 若对任意 $s \in S$ 及 $e \in E(S)$, $se \in E(S)$ 蕴含 $s \in E(S)$.

引理 1.7.2[198] 设 $(S,\cdot,*)$ 是 E-酉的正则 *-半群, 则 $E(S) = C(S)$ 是 *-带.

证明 设 $e \in E(S), x \in V(e)$, 则 $xe \in E(S)$. 由于 S 是 E-酉的, 故 $x \in E(S)$. 由文献 [57] 之定理6.2.1知 S 纯正, 从而 $E(S)$ 是 *-带. 由命题1.1.6及 $C(S)$ 的定义知 $E(S) = (P(S))^2 \subseteq C(S) \subseteq E(S)$, 从而 $E(S) = C(S)$. □

下面给出可分解正则 *-半群的概念.

定义 1.7.3[198] 称正则 *-半群 $(S,\cdot,*)$ 是可分解的, 若存在 S 的子群 G 使得 $S = GC(S)$ 且 G 的单位元为 S 的投射元.

下面的例子指出, 可分解的正则 *-半群未必是逆半群.

例 1.7.4[198] 设 $I = \Lambda = \{1, 2\}$ 是指标集, $x, y, z, w \in I \times \Lambda$, 其中 $x = (1,1), y = (1,2), z = (2,1), w = (2,2)$. 在 $S = \{x, y, z, w\}$ 上定义如下运算: 对任意 $s_1 = (a_1, b_1), s_2 = (a_2, b_2) \in S$, $s_1 s_2 = (a_1, b_1)(a_2, b_2) = (a_1, b_2)$, 则 S 关于上述乘法作成矩形带. 在 S^1 上规定一元运算 $*$ 如下: $x^* = x, y^* = z, z^* = y, w^* = w, 1^* = 1$. 易验证 $(S^1, \cdot, *)$ 是正则 *-半群且 $P(S^1) = \{x, w, 1\}$, $C(S^1) = S^1$. 又 S^1 的单位元所在的 $\mathcal{H}$-类中只含1, 所以 S^1 的单位群为 $U(S^1) = \{1\}$, 于是 $S^1 = U(S^1)C(S^1)$, 故 S^1 是可分解的正则 *-半群. 显然, S^1 不是逆半群.

引理 1.7.5[198] 设 $(S,\cdot,*)$ 是可分解的正则 *-半群且 $S = GC(S)$, 1 是 G 的单位元.

(1) 对任意 $g \in G$, g 在 G 中的逆元为 g^*.

(2) $S = C(S)G$.

(3) 1 是 S 的单位元.

(4) $G = U(S)$, 其中 $U(S)$ 是 S 的单位群, 即 S 的单位元1所在的 $\mathcal{H}$-类 H_1.

证明 (1) 设 g^{-1} 是 g 在 G 中的逆元, 则由假设条件知 $1 \in P(S)$ 且 $1 = gg^{-1} \mathcal{R} g \mathcal{L} g^{-1} g = 1$.

另一方面，有 $gg^* \mathcal{R} g \mathcal{L} g^*g$，故由命题1.1.6知 $gg^{-1} = gg^*, g^{-1}g = g^*g$，于是 $g^* = g^*gg^* = g^{-1}gg^* = g^{-1}gg^{-1} = g^{-1}$.

(2) 设 $s \in S$. 因为 $S = GC(S)$，所以存在 $g \in G$ 和 $c \in C(S)$ 使得 $s^* = gc \in S$. 由引理1.7.1及(1)，$s = s^{**} = (gc)^* = c^*g^* = c^*g^{-1} \in C(S)G$，故 $S = C(S)G$.

(3) 因为 $S = GC(S)$，所以对任意 $s \in S$，存在 $g \in G, c \in C(S)$ 使得 $s = gc$，因此 $1s = 1(gc) = (1g)c = gc = s$. 由条款(2)知 $S = C(S)G$，所以对任意 $s \in S$，存在 $g \in G, c \in C(S)$ 使得 $s = cg$. 因此 $s1 = (cg)1 = c(g1) = cg = s$，这表明1是 S 的单位元.

(4) 因为 $U(S)$ 是 S 的包含1的极大子群，所以 $G \subseteq U(S)$. 任取 $h \in U(S)$，则由 $h \in U(S) \subseteq S = GC(S)$ 知存在 $g \in G$ 和 $c \in C(S)$ 使得 $h = gc$，故 $c = 1c = g^{-1}gc = g^{-1}h \in U(S)$，从而 $c\mathcal{H}1$. 由条款(1)和推论1.1.8知 $cc^* = cc^{-1} = 1$. 记 $c = e_1e_2\cdots e_n$，其中 $e_i \in P(S), i = 1, 2, \cdots, n$，则由 $cc^* = 1$ 知 $e_1 = e_11 = e_1cc^* = cc^* = 1$. 类似可证 $e_2 = e_3 = \cdots = e_n = 1$，故 $c = 1$，从而 $h = g \in G$. 这表明 $U(S) \subseteq G$. 于是 $G = U(S)$. □

设 $(S, \cdot, *)$ 为正则 *-半群，U 是群，又设 U 在 S 上有作用 $U \times S \longrightarrow S, (u, s) \mapsto u \cdot s$ 且满足以下条件：对任意 $u, v \in U$ 及 $s, t \in S$，
$$u \cdot (v \cdot s) = (uv) \cdot s, \quad 1 \cdot s = s, \quad u \cdot (st) = (u \cdot s)(u \cdot t), \quad u \cdot s^* = (u \cdot s)^*.$$

在集合 $S \times U$ 上定义
$$(s, u)(t, v) = (s(u \cdot t), uv), \quad (s, u)^* = (u^{-1} \cdot s^*, u^{-1}).$$

引理 1.7.6[198] 沿用上面的记号，$S \times U$ 关于上述运算形成正则*-半群，称为 S 和 U 的半直积，记为 $S * U$. 若 S 有单位元1，则 $(1, 1)$ 是 $S * U$ 的单位元. 进一步有
$$P(S \times U) = P(S) \times \{1\}, E(S \times U) = E(S) \times \{1\}(= P(S)^2 \times 1), C(S \times U) = C(S) \times \{1\}.$$
特别地，若 S 是*-半带，则 $C(S \times U) = C(S) \times \{1\} = S \times \{1\}$.

证明 设 $(s, u), (t, v), (x, y) \in S \times U$，则
$$((s, u)(t, v))(x, y) = (s(u \cdot t), uv)(x, y) = (s(u \cdot t)((uv) \cdot x), uvy)$$
$$= (s(u \cdot t)(u \cdot (v \cdot x)), uvy) = (s(u \cdot (t(v \cdot x))), uvy) = (s, u)(t(v \cdot x), vy) = (s, u)((t, v)(x, y)),$$
这表明 $S * U$ 是半群. 又因为
$$(s, u)(s, u)^*(s, u) = (s, u)(u^{-1} \cdot s^*, u^{-1})(s, u)$$
$$= (s(u \cdot (u^{-1} \cdot s^*)), 1)(s, u) = (ss^*, 1)(s, u) = (ss^*s, u) = (s, u),$$
$$((s, u)^*)^* = (u^{-1} \cdot s^*, u^{-1})^* = (u \cdot (u^{-1} \cdot s^*), u) = ((uu^{-1}) \cdot s^{**}, u) = (s, u),$$
$$((s, u)(t, v))^* = (s(u \cdot t), uv)^* = ((uv)^{-1} \cdot (s(u \cdot t))^*, (uv)^{-1})$$
$$= ((uv)^{-1} \cdot ((u \cdot t)^*s^*), v^{-1}u^{-1}) = (((v^{-1}u^{-1}) \cdot (u \cdot t)^*)((v^{-1}u^{-1}) \cdot s^*), v^{-1}u^{-1})$$
$$= ((v^{-1} \cdot t^*)(v^{-1} \cdot (u^{-1} \cdot s^*)), v^{-1}u^{-1}) = (v^{-1} \cdot t^*, v^{-1})(u^{-1} \cdot s^*, u^{-1}) = (t, v)^*(s, u)^*,$$
故 $S * U$ 是正则*-半群. 进一步有 $u \cdot (u^{-1} \cdot s) = 1 \cdot s = s$，从而
$$s(u \cdot 1) = (u \cdot (u^{-1} \cdot s))(u \cdot 1) = u \cdot ((u^{-1} \cdot s)1) = u \cdot (u^{-1} \cdot s) = s,$$
$$(1, 1)(s, u) = (1(1 \cdot s), u) = (s, u) = (s(u \cdot 1), u) = (s, u)(1, 1),$$

故 $(1,1)$ 是 $S*U$ 的单位元. 另一方面, 由上述证明知 $(s,u)(s,u)^* = (ss^*,1) \in P(S) \times \{1\}$. 这说明
$$P(S \times U) = \{(s,u)(s,u)^* \mid (s,u) \in S \times U\} \subseteq P(S) \times \{1\}.$$
对任意 $e \in P(S)$, 有 $(e,1) = (ee^*,1) = (e,1)(e^*,1) = (e,1)(e,1)^* \in P(S \times U)$, 故 $P(S \times U) = P(S) \times \{1\}$. 据命题1.1.6知 $E(S \times U) = (P(S) \times \{1\})^2 = P(S)^2 \times \{1\}$. 最后由 $C(S)$ 及 $C(S \times U)$ 的定义立得 $C(S \times U) = C(S) \times \{1\}$. □

引理 1.7.7[198] 设 $S*U$ 是正则 $*$-半群 $(S,\cdot,*)$ 与群 U 的半直积.

(1) $(s,u) \mathcal{R} (t,v)$ 当且仅当 $ss^* = tt^*$.

(2) $(s,u) \mathcal{L} (t,v)$ 当且仅当 $u^{-1} \cdot (s^*s) = v^{-1} \cdot (t^*t)$.

证明 由推论1.1.8及事实 $(s,u)(s,u)^* = (ss^*,1)$ 和 $(t,v)(t,v)^* = (tt^*,1)$ 知条款 (1) 成立. 另一方面, 由推论1.1.8 及
$$(s,u)^*(s,u) = (u^{-1} \cdot s^*, u^{-1})(s,u) = ((u^{-1} \cdot s^*)(u^{-1} \cdot s), 1) = (u^{-1} \cdot (s^*s), 1)$$
和 $(t,v)^*(t,v) = (v^{-1} \cdot (t^*t), 1)$ 知条款 (2) 成立. □

定理 1.7.8[198] 设 $(S,\cdot,*)$ 是正则 $*$-半群, 则下述几条等价:

(1) S 可分解.

(2) S 是某个含单位元的 $*$-半带 C 和某个群 U 的半直积 $C*U$ 的投射生成元分离的 $*$-同态像.

(3) S 是幺半群且是某个 $*$-半带 C 和某个群 U 的半直积 $C*U$ 的 $*$-同态像.

证明 (1) $\Longrightarrow$ (2). 设 S 可分解, 由引理1.7.5知 S 含单位元且 $S = C(S)U(S)$, 其中 $U(S)$ 是 S 的单位群. 据引理1.7.1, $C(S)$ 是含单位元的 $*$-半带. 规定 $U(S)$ 在 $C(S)$ 上的作用如下:
$$U(S) \times C(S) \longrightarrow C(S), (u,c) \mapsto u \cdot c = ucu^{-1}, u \in U(S), c \in C(S),$$
则对任意 $u,v \in U(S)$ 及 $c,c' \in C(S)$, 有
$$v \cdot (u \cdot c) = v(ucu^{-1})v^{-1} = (vu)c(vu)^{-1} = (vu) \cdot c, \quad 1 \cdot c = 1c1 = c,$$
$$u \cdot (cc') = ucc'u^{-1} = ucu^{-1}uc'u^{-1} = (u \cdot c)(u \cdot c'),$$
$$(u \cdot c)^* = (ucu^{-1})^* = (u^{-1})^*c^*u^* = uc^*u^{-1} = u \cdot c^*.$$
由引理1.7.6可得 $C(S)$ 和 $U(S)$ 的半直积 $C(S)*U(S)$. 定义 $\varphi: C(S)*U(S) \longrightarrow S, (c,u) \mapsto cu$. 下证 φ 是投射生成元分离的满的 $*$-同态. 由引理1.7.6和引理1.7.1知 $C(C(S)*U(S)) = C(C(S)) \times \{1\} = C(S) \times \{1\}$. 设 $(c,1),(c',1) \in C(C(S)*U(S))$ 且 $(c,1)\varphi = (c',1)\varphi$, 则 $c1 = c'1$, 从而 $c = c'$. 这表明 φ 是投射生成元分离的. 由于 S 可分解, 故对任意 $s \in S$, 存在 $c \in C(S), u \in U(S)$ 使得 $s = cu$, 于是 $(c,u) \in C(S)*U(S)$ 且 $(c,u)\varphi = cu = s$, 故 φ 是满射. 设 $(c,u),(c',v) \in C(S)*U(S)$, 则
$$((c,u)(c',v))\varphi = (c(u \cdot c'),uv)\varphi = c(u \cdot c')uv = cuc'u^{-1}uv = cuc'v = (c,u)\varphi(c',v)\varphi,$$
$$((c,u)^*)\varphi = (u^{-1} \cdot c^*, u^{-1})\varphi = (u^{-1}c^*u, u^{-1})\varphi = u^{-1}c^*uu^{-1} = u^{-1}c^* = (cu)^* = ((c,u)\varphi)^*.$$
因此 φ 是 $*$-同态.

若 S 是 E-酉的, 则由引理1.7.2知 $E(S) = C(S)$. 设 $(c, u), (c', v) \in C(S) * U(S)$, 则 $c, c' \in C(S) = E(S)$. 若 $(c, u)\varphi = (c', v)\varphi$, 则 $cu = c'v$, 从而 $c = c'vu^{-1} \in E(S)$. 注意到 $c' \in E(S)$ 且 S 是 E-酉的, 有 $vu^{-1} \in E(S)$. 由于 $v, u^{-1}, vu^{-1} \in U(S)$, 故 $vu^{-1} = 1$, 从而 $u = v, c = c'$, 这说明 φ 是单射, 故当 S 是 E-酉可分解的正则 *-半群时, φ 是同构映射. 此时 S 同构于某个含单位元的 *-带和某个群的半直积.

(2) $\Longrightarrow$ (3). 显然.

(3) $\Longrightarrow$ (1). 设 S 有单位元 1, $(C, \cdot, *)$ 是 *-半带, U 是群, $C * U$ 是 C 和 U 的半直积. 又设 $\varphi : C * U \longrightarrow S$ 是满 *-同态, 则 $S = \{(c, g)\varphi \mid (c, g) \in C * U\}$. 设 $(c, g)\varphi = 1$, 则 $(g^{-1} \cdot c^*, g^{-1})\varphi = (c, g)^*\varphi = ((c, g)\varphi)^* = 1^* = 1$, 于是
$$1 = (c, g)\varphi(g^{-1} \cdot c^*, g^{-1})\varphi = ((c, g)(g^{-1} \cdot c^*, g^{-1}))\varphi = (cc^*, 1)\varphi,$$
其中 $cc^* \in P(C)$. 这表明存在 $e \in P(C)$ 使得 $(e, 1)\varphi = 1$. 设 $g \in G$, 则
$$(e, g)\varphi = (e, g)\varphi(e, 1)\varphi = ((e, g)(e, 1))\varphi = (e(g \cdot e), g)\varphi$$
$$= ((e, 1)(g \cdot e, g))\varphi = (e, 1)\varphi(g \cdot e, g)\varphi = (g \cdot e, g)\varphi.$$
据引理1.7.7, 有 $(g \cdot e, g) \mathcal{R} (g \cdot e, 1)$ 和 $(e, g) \mathcal{R} (e, 1)$, 于是
$$1 = (e, 1)\varphi \mathcal{R} (e, g)\varphi = (g \cdot e, g)\varphi \mathcal{R} (g \cdot e, 1)\varphi. \tag{1.7.1}$$
由 $e \in P(C)$ 知 $(g \cdot e)^2 = (g \cdot e)(g \cdot e) = g \cdot e^2 = g \cdot e \in E(C)$, 从而
$$(g \cdot e, 1)(g \cdot e, 1) = ((g \cdot e)(g \cdot e), 1) = (g \cdot e, 1) \in E(C * U),$$
这导致 $(g \cdot e, 1)\varphi \in E(S)$. 据(1.7.1)式, $(g \cdot e, 1)\varphi = 1$. 由 g 的任意性得 $(g^{-1} \cdot e, 1)\varphi = 1$. 另一方面, 由 $g^{-1} \cdot (e^*e) = (g^{-1} \cdot e^*)(g^{-1} \cdot e) = 1 \cdot ((g^{-1} \cdot e)^*(g^{-1} \cdot e))$ 及引理1.7.7得 $(e, g) \mathcal{L} (g^{-1} \cdot e, 1)$, 从而由(1.7.1)式得 $1 = (e, 1)\varphi \mathcal{R} (e, g)\varphi \mathcal{L} (g^{-1} \cdot e, 1)\varphi = 1$, 即 $(e, g)\varphi \mathcal{H} 1$, 于是 $(e, g)\varphi \in U(S)$. 设 $s \in S$, 因为 S 是 $C * U$ 的 *-同态像, 故存在 $(c, g) \in C * U$ 使得 $s = (c, g)\varphi$, 从而由 $(e, 1)\varphi = 1$ 知
$$s = (c, g)\varphi = (c, g)\varphi(e, 1)\varphi = ((c, g)(e, 1))\varphi = (c(g \cdot e), g)\varphi$$
$$= ((c, 1)(g \cdot e, g))\varphi = (c, 1)\varphi(g \cdot e, g)\varphi.$$
由引理1.7.6知 $(c, 1) \in C(C * U)$, 从而 $(c, 1)\varphi \in C(S)$. 据(1.7.1)式, 有 $(g \cdot e, g)\varphi = (e, g)\varphi \in U(S)$, 故 $S = C(S)U(S)$. 这就证明了 S 可分解. $\square$

推论 1.7.9[198] 设 $(S, \cdot, *)$ 是正则 *-半群, 则 S 是 E-酉可分解的当且仅当 S 同构于某个含单位元的 *-带和某个群的半直积.

证明 由定理1.7.8证明中(1)推(2)部分的最后一段可得必要性. 下证充分性. 设 B 是一个含单位元的 *-带, G 是群, $B * G$ 是 B 和 G 的半直积. 由引理1.7.1知 S 是幺半群. 据定理1.7.8, S 可分解. 另一方面, 据引理1.7.6知 $E(B * G) = E(B) \times \{1\} = B \times \{1\}$. 设 $(b, g) \in B * G, (e, 1) \in E(B * G)$ 且 $(b, g)(e, 1) \in E(B * G)$. 注意到 $(b, g)(e, 1) = (b(g \cdot e), g) \in E(B * G)$, 有 $g = 1$, 从而 $(b, g) \in E(B * G)$, 故 $B * G$ 是 E-酉的. $\square$

1.8 第1章的注记

作为逆半群在正则半群类中的一种推广形式, 正则 *-半群是 1978 年由 Nordahl 和 Scheiblich 在文献 [118] 中提出来研究的. 随后 Yamada 在文献 [201] 中给出了这类半群的一个等价刻画. 1989 年, Yamada 和 Sen 又在文献 [204] 中介绍了正则 *-半群和纯正半群的一个共同推广形式——$\mathcal{P}$-正则半群 ($\mathcal{P}$-正则半群的相关内容可参见文献 [53, 211, 212, 215]). 文献 [118, 201] 给出了正则 *-半群的一些基本性质, 文献 [26, 58, 59, 61, 79, 200] 用基本方式研究了正则 *-半群的代数结构, 文献 [25–27, 71, 72, 186, 187, 190] 用范畴方式刻画了局部逆 *-半群和一般正则 *-半群的代数结构, 而文献 [66, 77, 78] 则用覆盖方式刻画了正则 *-半群的代数结构. 同余理论, 字问题和簇理论也是半群研究的重要课题. 文献 [19, 60, 62, 215] 研究了正则 *-半群的同余, 文献 [130] 解决了正则 *-半群的字问题, 而文献 [3, 24, 63, 131–133] 则探讨了这类半群的簇理论. 另外, 正则 *-半群的一些子类也得到了很好的研究, 文献 [103] 对相关子类的等式刻画进行了归纳和总结. 目前已取得研究成果的正则 *-半群的子类主要有: 纯正 *-半群和 *-带 (见文献 [1–3, 7, 38, 85, 118, 127, 128, 137, 139, 164, 173, 202, 203] 等), 广义逆 *-半群 (见文献 [52, 63–65, 69, 73, 74, 119, 138, 165] 等), 局部逆 *-半群 (见文献 [6, 67, 68, 70–72] 等), 完全正则 *-半群 (文献 [37, 125]), 可分解正则 *-半群 (见文献 [198]) 和严格正则 *-半群 (见文献 [5] 等). 限于篇幅和个人兴趣并考虑到本书后续章节的应用, 本章只选择了正则 *-半群的部分结果, 其余结果还有待于进一步学习和总结. 对照逆半群的相关理论可以发现, 正则 *-半群是值得继续深入研究的一类一元半群.

第 2 章

亚正则*-半群

本章的目的是较系统的研究亚正则*-半群的结构理论和同余理论. 2.1 节给出亚正则*-半群的概念和基本性质. 2.2 节考虑亚正则*-半群的几个子簇, 给出了这些子簇的性质和刻画. 2.3 节研究强亚正则*-半群, 描述了这类半群的代数结构和同余. 2.4 节和 2.5 节研究双简亚正则*-半群. 2.4 节给出了双简亚正则*-半群的两个结构定理并讨论了这类半群上的同余. 2.5 节建立了双简亚正则*-半群的基本表示理论并据此得到了这类半群的一个新的结构定理.

2.1 概念和基本性质

亚正则*-半群的概念是李勇华在文献 [95, 96] 中以 "具有正则*-断面的正则半群" 的名称首先提出来进行研究的.

定义 2.1.1[95, 96] 设 $(S, \cdot)$ 是正则半群, "$*$" 是 S 上的一元运算. 称 $(S, \cdot, *)$ 为亚正则*-半群, 若下述公理成立:

$$xx^*x = x, x^*xx^* = x^*, x^{***} = x^*, (xy^*)^* = y^{**}x^*, (x^*y)^* = y^*x^{**},$$

其中, $x^{**} = (x^*)^*$. 记 $S^* = \{x^* \mid x \in S\}$, 则易知 $(S^*, \cdot, *)$ 是正则*-半群.

下面给出亚正则*-半群的若干性质. 设 $(S, \cdot, *)$ 为亚正则*-半群, 记

$$I_S = \{xx^* \mid x \in S\}, \Lambda_S = \{x^*x \mid x \in S\}.$$

引理 2.1.2[95, 96] 设 $(S, \cdot, *)$ 为亚正则*-半群.

(1) $I_S = \{e \in E(S) \mid e\mathcal{L}e^*\}, \Lambda_S = \{f \in E(S) \mid f\mathcal{R}f^*\}$.

(2) 对任意 $g \in I_S \cup \Lambda_S$, 有 $g^{**} = g^* \in P(S^*)$.

证明 (1) 若 $x \in I_S$, 则存在 $a \in S$ 使得 $x = aa^* \in E(S)$ 且 $x^* = (aa^*)^* = a^{**}a^*$. 由 $xx^* = x, x^*x = x^*$ 可知 $x\mathcal{L}x^*$. 反之, 若 $e \in E(S)$ 且 $e\mathcal{L}e^*$, 则 $e = ee^*e = ee^* \in I_S$. 故 $I_S = \{e \in E(S) \mid e\mathcal{L}e^*\}$. 类似可知 $\Lambda_S = \{f \in E(S) \mid f\mathcal{R}f^*\}$.

(2) 若 $g \in I_S$, 则存在 $a \in S$ 使得 $g = aa^*$, 于是 $g^{**} = (aa^*)^{**} = a^{**}a^* \in P(S^*)$. 类似可证 $g \in \Lambda$ 的情况. □

命题 2.1.3[176] 设 $(S, \cdot, *)$ 为亚正则*-半群.

(1) $\mathcal{H}(S)$ 渗透 S^* (即对任意 $x \in S, a \in S^*, x\mathcal{H}a$ 蕴含 $x \in S^*$).

(2) $\mathcal{D}(S^*) = \mathcal{D}(S) \cap (S^* \times S^*)$.

(3) 若 $a, b \in S^*, x \in S$ 满足 $a\mathcal{L}x\mathcal{R}b$ 或 $a\mathcal{R}x\mathcal{L}b$, 则 $x \in S^*$.

证明 (1) 设 $x \in S, a \in S^*$ 且 $x\mathcal{H}a$, 则存在 $\bar{x} \in V(x)$ 使得 $x\bar{x} = aa^* \in S^*$ 和 $\bar{x}x = a^*a \in S^*$, 故 $x = x\bar{x}\bar{x}^*\bar{x}x = aa^*\bar{x}^*a^*a \in S^*$.

(2) 设 $a, b \in S^*$ 且 $a\mathcal{D}(S)b$, 则存在 $x \in S$ 使得 $a^*a\mathcal{L}a\mathcal{L}x\mathcal{R}b\mathcal{R}bb^*$, 故存在 $\bar{x} \in V(x)$ 满足 $x\bar{x} = bb^*, \bar{x}x = a^*a \in S^*$, 所以 $x = x\bar{x}\bar{x}^*\bar{x}x = bb^*\bar{x}^*a^*a \in S^*$, 于是, $\mathcal{D}(S) \cap (S^* \times S^*) \subseteq \mathcal{D}(S^*)$. 反向的包含显然.

(3) 由假设和上面的 (2), 有 $a\mathcal{D}(S^*)b$, 从而存在 $c, d \in S^*$ 使得 $a\mathcal{L}c\mathcal{R}b\mathcal{L}d\mathcal{R}a$. 于是, $c\mathcal{H}x$ 或 $d\mathcal{H}x$. 据 (1), 有 $x \in S^*$. □

命题 2.1.4[176] 设 $(S, \cdot, *)$ 为亚正则 $*$-半群.

(1) $I_S \cap \Lambda_S = S \cap S^* = \Lambda_S \cap S^* = P(S^*)$.

(2) I_S 是 $\mathcal{R}$-幂单的, 而 Λ_S 是 $\mathcal{L}$-幂单的.

证明 (1) 设 $e \in I_S \cap \Lambda_S$, 则 $e^*\mathcal{L}e\mathcal{R}e^*$. 由引理2.1.2知 $e \in E(S), e^* \in P(S^*)$, 故 $e = e^* \in P(S^*)$, 从而 $I_S \cap \Lambda_S \subseteq P(S^*)$. 若 $e \in I_S \cap S^*$, 则 $e\mathcal{L}e^*$, 于是, $e = ee^* \in P(S^*)$, 故 $S \cap S^* \subseteq P(S^*)$. 显然, $P(S^*) \subseteq I_S \cap S^*$. 于是, $S \cap S^* = P(S^*)$. 对偶地, $\Lambda_S \cap S^* = P(S^*)$. 这就证明了 (1).

(2) 设 $e, f \in I_S$ 且 $e\mathcal{R}f$, 则 $e^*\mathcal{L}e\mathcal{R}f\mathcal{L}f^*$. 这表明 $e^*\mathcal{L}f^*e\mathcal{R}f^*\mathcal{L}e^*fRe^*$. 据命题 2.1.3 (3), 有 $f^*e \in S^*$, 故 $f^*e = (f^*e)^{**} = f^{***}e^{**} = f^*e^* \in E(S^*)$, 于是, $e\mathcal{L}e^*\mathcal{L}f^*e^*\mathcal{R}f^*\mathcal{L}f$. 注意到 $f^*e^* \in E(S^*)$, 有 $ef^*\mathcal{H}f$. 因为

$$(ef^*)^2 = e(f^*e)f^* = ef^*e^*f^* = ee^*f^*e^*f^* = ee^*f^* = ef^* \in E(S),$$

所以 $ef^* = f$, 故 $f^* = (ef^*)^* = f^*e^*$. 这表明 $e\mathcal{L}e^*\mathcal{L}f^*e^* = f^*\mathcal{L}f$, 从而 $e\mathcal{H}f$. 于是, $e = f$. 这证明了 I_S 是 $\mathcal{R}$-幂单的. 对偶地, Λ_S 是 $\mathcal{L}$-幂单的. □

推论 2.1.5[176] 设 $(S, \cdot, *)$ 为亚正则 $*$-半群, 则 $S = S^*$ 当且仅当 $I_S = \Lambda_S = P(S^*)$.

证明 设 $S = S^*$, 据命题2.1.4 (1), 有 $I_S = I_S \cap S = I_S \cap S^* = P(S^*)$. 对偶地, $\Lambda_S = P(S^*)$. 反之, 若 $x \in S$, 则 $x = (xx^*)x^{**}(x^*x) \in I_SS^*\Lambda_S$. 由假设得 $x \in S^*$. 于是, $S = S^*$. □

推论 2.1.6[176] 设 $(S, \cdot, *)$ 为亚正则 $*$-半群, $a, b \in S$.

(1) $a\mathcal{L}b$ 当且仅当 $a^*a = b^*b$.

(2) $a\mathcal{R}b$ 当且仅当 $aa^* = bb^*$.

(3) $a\mathcal{H}b$ 当且仅当 $a^*a = b^*b, aa^* = bb^*$.

证明 设 $a\mathcal{L}b$, 则 $a^*a\mathcal{L}a\mathcal{L}b\mathcal{L}b^*b$. 因为 $a^*a, b^*b \in \Lambda_S$, 据命题2.1.4 (2), 有 $a^*a = b^*b$. 充分性显然. 故 (1) 成立. (2) 是 (1) 的对偶, (3) 是 (1) 和 (2) 的直接推论. □

推论 2.1.7[176] 设 $(S, \cdot, *)$ 为亚正则 $*$-半群, $i, j \in I_S, \lambda, \mu \in \Lambda_S$ 且 $x, y \in S^*$. 若 $i^* = xx^*, j^* = yy^*, \lambda^* = x^*x, \mu^* = y^*y, ix\lambda = jy\mu$, 则 $i = j, x = y, \lambda = \mu$.

证明 由假设得 $ix\lambda x^* = ix(\lambda x^*x)x^* = ix(\lambda\lambda^*)x^* = ix\lambda^*x^* = ixx^*xx^* = ii^* = i$. 又 $ix\lambda = i(x\lambda)$, 故 $i\mathcal{R}ix\lambda$. 对偶可得 $ix\lambda\mathcal{L}\lambda$. 于是有 $i\mathcal{R}ix\lambda\mathcal{L}\lambda$ 和 $j\mathcal{R}jy\mu\mathcal{L}\mu$. 据事实 $ix\lambda = jy\mu$

和命题2.1.4 (2), 有 $i = j, \lambda = \mu$, 从而 $xx^* = yy^*, x^*x = y^*y$. 故 $x = xx^*ix\lambda x^*x = yy^*jy\mu y^*y = y$. □

设 S 是正则半群, S° 是 S 的子半群. 据文献 [11], 称 S° 是 S 的逆断面, 若对任意 $x \in S$, 有 $|V(x) \cap S^\circ| = 1$. 显然, 此时 S° 是 S 的逆子半群. 另外, 对任意 $x \in S$, 记 x 在 S° 中的唯一逆元为 x°, 则 $S^\circ = \{x^\circ \mid x \in S\}$. 易见, 若 $x \in S, y \in S^\circ, e \in E(S^\circ)$, 则 $x^{\circ\circ\circ} = x^\circ, y^{\circ\circ} = y, e^\circ = e^{\circ\circ}$. 下面的结果揭示了亚正则 $*$-半群和逆断面的关系.

命题 2.1.8[169] 设 S° 是正则半群 S 的逆断面, 记 $I = \{xx^\circ \mid x \in S\}$, $\Lambda = \{xx^\circ \mid x \in S\}$, 则下列各条成立:

(1) $I = \{e \in E(S) \mid e\mathcal{L}e^\circ\}$, $\Lambda = \{f \in E(S) \mid f\mathcal{R}f^\circ\}$; 对任意 $e \in I \cup \Lambda$, 有 $e^{\circ\circ} = e^\circ \in E(S^\circ)$.

(2) 对任意 $x, y \in S$, 都有 $(xy)^\circ = (x^\circ xy)^\circ x^\circ = y^\circ (xyy^\circ)^\circ$.

(3) I 和 Λ 是子半群.

(4) 对任意 $x, y \in S$, 都有 $(xy^\circ)^\circ = y^{\circ\circ} x^\circ$ 和 $(x^\circ y)^\circ = y^\circ x^{\circ\circ}$.

(5) 定义一元运算 $S \to S$, $x \mapsto x^\circ$, 则 $(S, \cdot, \circ)$ 是亚正则 $*$-半群.

证明 (1) 设 $e \in I$, 则存在 $x \in S$ 使得 $e = xx^\circ \in E(S)$. 由 $xx^\circ x^{\circ\circ} x^\circ = xx^\circ$ 和 $x^{\circ\circ} x^\circ xx^\circ = x^{\circ\circ} x^\circ$ 知 $x^{\circ\circ} x^\circ \in V(xx^\circ) \cap S^\circ$ 和 $e = xx^\circ \mathcal{L} x^{\circ\circ} x^\circ$. 由逆断面的定义知 $(xx^\circ)^\circ = x^{\circ\circ} x^\circ = e^\circ \in E(S^\circ)$, 于是 $e \in E(S)$ 且 $e\mathcal{L}e^\circ$. 反过来, 设 $e \in E(S)$ 且 $e\mathcal{L}e^\circ$, 则 $e = e(e^\circ e) = ee^\circ \in I$. 故 (1) 成立. 另外, 由上述证明可知, 对任意 $e \in I$, 有 $e^{\circ\circ} = e^\circ \in E(S^\circ)$. 类似可证关于 Λ 的结果.

(2) 设 $x, y \in S$, 则
$$xy \cdot (x^\circ xy)^\circ x^\circ \cdot xy = xx^\circ xy \cdot (x^\circ xy)^\circ \cdot x^\circ xy = xx^\circ xy = xy.$$
类似可得 $(x^\circ xy)^\circ x^\circ xy(x^\circ xy)^\circ x^\circ = (x^\circ xy)^\circ x^\circ$. 由 $(x^\circ xy)^\circ x^\circ \in S^\circ$ 及逆断面的定义知 $(xy)^\circ = (x^\circ xy)^\circ x^\circ$. 对称可证 $(xy)^\circ = y^\circ (xyy^\circ)^\circ$.

(3) 设 $e, f \in I$, 则 $e\mathcal{L}e^\circ \in E(S^\circ), f\mathcal{L}f^\circ \in E(S^\circ), f^\circ f = f^\circ$. 记 $g = f(ef)^\circ e$, 则
$$g \in E(S), g\mathcal{L}eg, egf = ef(ef)^\circ ef = ef, ge = g = gf.$$
由 (2) 知 $g = f(ef)^\circ e = f(e^\circ ef)^\circ e^\circ e = f(e^\circ ef)^\circ e^\circ = f(ef)^\circ$, 从而 $eg = ef(ef)^\circ \in I$, 进而有 $(eg)^\circ \in E(S^\circ)$. 由 (1) 知 $g\mathcal{L}eg\mathcal{L}(eg)^\circ$. 由于 $g \in E(S)$, 故 $(eg)^\circ$ 是 g 的逆元, 由逆断面定义可知 $g^\circ = (eg)^\circ$. 这表明 $g\mathcal{L}g^\circ \in E(S^\circ)$, 于是 $g = gg^\circ$. 另一方面, 由条款 (2) 及事实 $f^\circ f = f^\circ$ 知
$$g^\circ = (f(ef)^\circ e)^\circ = (f^\circ f(ef)^\circ e)^\circ f^\circ = (f^\circ f(ef)^\circ e)^\circ f^\circ f = g^\circ f,$$
进而有 $g = gg^\circ = gg^\circ f = gf$, 故 $ef = ef(ef)^\circ ef = egf = eg \in I$. 这证明了 I 是子半群. 对偶可证 Λ 也是子半群.

(4) 设 $x, y \in S$, 则由条款 (3) 知 $x^\circ xy^\circ y^{\circ\circ} \in \Lambda \subseteq E(S)$, 从而
$$xy^\circ y^{\circ\circ} x^\circ xy^\circ = x(x^\circ xy^\circ y^{\circ\circ} x^\circ xy^\circ y^{\circ\circ})y^\circ = x(x^\circ xy^\circ y^{\circ\circ})y^\circ = xy^\circ.$$
类似可得 $y^{\circ\circ} x^\circ xy^\circ y^{\circ\circ} x^\circ = y^{\circ\circ} x^\circ$, 于是 $y^{\circ\circ} x^\circ \in V(xy^\circ)$. 由 $y^{\circ\circ} x^\circ \in S^\circ$ 及逆断面定义知

$(xy^\circ)^\circ = y^{\circ\circ}x^\circ$. 对偶可证 $(x^\circ y)^\circ = y^\circ x^{\circ\circ}$.

(5) 由逆断面的定义和条款 (4) 立得. □

定理 2.1.9[176] 设 $(S, \cdot, *)$ 为亚正则 *-半群, 则下述各款等价:

(1) I_S 是 S 的子半群;
(2) Λ_S 是 S 的子半群;
(3) S^* 是 S 的逆子半群;
(4) S^* 是 S 的逆断面.

证明 (1) $\Longrightarrow$ (3). 设 $p, q \in P(S^*)$, 则 $p, q \in I_S \cap S^*$. 由 (1) 知 $pq \in I_S \cap S^*$. 据命题2.1.4 (1), $I_S \cap S^* = P(S^*)$, 故 $pq \in P(S^*)$. 这表明 $P(S^*)$ 是 S^* 的子半群. 据推论1.1.7, S^* 是 S 的逆子半群.

(3) $\Longrightarrow$ (1). 若 S^* 是 S 的逆子半群, 据推论1.1.7, $P(S^*) = E(S^*)$ 是 S 的子半格. 设 $e, f \in I_S$, 则 $e\mathcal{L}e^*, f\mathcal{L}f^*$. 由 $\mathcal{L}$ 的右相容性可得 $ef\mathcal{L}e^*f$. 于是有表 2.1 所示的蛋盒表.

表 2.1

ef		$ef(ef)^*$	
e^*f	$e^*fe^* \in I_S$		
$f^*e^*f \in \Lambda_S$	f^*e^*		
$(ef)^*ef$		$(ef)^*$	$(ef)^*(ef)^{**}$
			$(ef)^{**}$

注意到 $e^*fe^* \in I_S$ 和 $e^*f\mathcal{R}e^*fe^*$, 有 $e^*f = (e^*fe^*)e^*f = (e^*f)^2$, 于是, $E(S^*)I_S \subseteq E(S)$. 据事实 $e^*f^* = f^*e^*$, 有

$$(efe^*)^* = (eff^*e^*)^* = e^*f^*(ef)^* = e^*f^*f(ef)^* = f^*e^*f(ef)^*$$
$$= f^*e^*ef(ef)^* = e^*f^*(ef)(ef)^* \in E(S^*)I_S \cap S^* \subseteq E(S) \cap S^* = E(S^*). \quad (2.1.1)$$

因为 $e^*f \in E(S)$ 且 $ef\mathcal{L}e^*f$, 所以

$$ef = efe^*f = eff^*e^*f = efe^*f^*f = efe^*f^* = eff^*e^* = efe^*. \quad (2.1.2)$$

结合 (2.1.1) 式和 (2.1.2) 式, 有 $(ef)^* = (efe^*)^* \in E(S^*)$. 另外,

$$(ef)^2 = efe^*efe^* = eff^*e^*fe^* = efe^*f^*fe^* = efe^* = ef \in E(S).$$

注意到

$$(ef)^*\mathcal{R}(ef)^*ef\mathcal{L}ef\mathcal{L}e^*f\mathcal{L}(e^*f)^*e^*f = f^*e^*f = e^*f^*f = e^*f^* = f^*e^*,$$

据命题2.1.3 (3), 有 $(ef)^*ef \in E(S^*)$. 利用事实 $(ef)^*\mathcal{R}(ef)^*ef\mathcal{L}f^*e^*$ 和 $(ef)^*, f^*e^* \in E(S^*)$ 以及 $E(S^*)$ 是半格可得 $(ef)^* = (ef)^*ef = f^*e^*$. 于是有 $ef\mathcal{L}e^*f\mathcal{L}f^*e^*f = f^*e^* = (ef)^*$ 和 $ef \in E(S)$, 故 $ef \in I_S$. 这就证明了 I_S 是 S 的子半群.

(2) $\Longleftrightarrow$ (3). 这是 (1) $\Longleftrightarrow$ (3) 的对偶.

(1), (2), (3) $\Longrightarrow$ (4). 设 $x \in S$ 且 $x^\circ \in V(x) \cap S^*$, 则有表 2.2 所示的蛋盒表.

表 2.2

x	xx^*	xx°	
x^*x	x^*		
$x^\circ x$		x°	$x^\circ x^{\circ *}$
	$x^{\circ *}x^\circ xx^* \in I_S$	$x^{\circ *}x^\circ$	$x^{\circ *}$

据条款 (3) 和推论 1.1.7, 有 $E(S^*) = P(S^*)$. 注意到 I_S 是 S 的子半群及 $x^{\circ *}x^\circ \in P(S^*) \subseteq I_S$, $xx^* \in I_S$, 有 $x^{\circ *}x^\circ xx^*, xx^*x^{\circ *}x^\circ \in I_S$. 因为 $xx^*\mathcal{R}xx^\circ \mathcal{L}x^{\circ *}x^\circ$ 且 $xx^\circ \in E(S)$, 所以 $xx^*\mathcal{L}x^{\circ *}x^\circ xx^*\mathcal{R}x^{\circ *}x^\circ$. 注意到 $x^{\circ *}x^\circ xx^* \in I_S \subseteq E(S)$, 有 $xx^*x^{\circ *}x^\circ \mathcal{H}xx^\circ$, 从而 $xx^\circ = xx^*x^{\circ *}x^\circ \in I_S$. 对偶可得 $x^\circ x \in \Lambda_S$. 由命题 2.1.4 (2) 可得 $xx^* = xx^\circ$ 和 $x^*x = x^\circ x$, 于是 $x^\circ = x^\circ xx^\circ = x^*xx^* = x^*$. 故 (4) 成立.

(4) $\Longrightarrow$ (3). 显然. □

本节的最后给出一个亚正则 $*$-半群而非正则 $*$-半群的例子. 据文献 [21], 正则半群 S 的纯正子半群 S° 称为 S 的纯正断面, 若对任意 $a, b \in S$, 下列两条成立:

(1) $V_{S^\circ}(a) \cap S^\circ \neq \varnothing$,

(2) $\{a, b\} \cap S^\circ \neq \varnothing$ 蕴含 $V_{S^\circ}(a)V_{S^\circ}(b) \subseteq V_{S^\circ}(ba)$, 其中, 对任意 $x \in S$, $V_{S^\circ}(x) = V(x) \cap S^\circ$.

据命题 2.1.8 (4) 知正则半群的逆断面必为纯正断面.

例 2.1.10[96] 设 $S = \mathcal{M}(G; I, \Lambda; \boldsymbol{P})$ 是完全单半群, 其中 ι_G 是 G 的单位元,

$$I = \Lambda = \{1, 2, 3\}, \boldsymbol{P} = \begin{pmatrix} \iota_G & a & b \\ a^{-1} & \iota_G & c \\ b^{-1} & c^{-1} & \iota_G \end{pmatrix}, ac \neq b.$$

在 S 上定义一元运算 $*$ 如下: $(i, x, \lambda)^* = (\lambda, x^{-1}, i)$. 易证 $(S, \cdot, *)$ 是正则 $*$-半群, 而由

$$(1, \iota_G, 1)(2, \iota_G, 2)(3, \iota_G, 3) = (1, ac, 3) \notin E(S)$$

知 S 不纯正. 在 S 中添加一单位元 e, 将获得的半群记为 S^e. 在 S^e 上定义

$$(i, x, \lambda)^* = (\lambda, x^{-1}, i), e^* = e,$$

则 $(S^e, \cdot, *)$ 是正则 $*$-半群. 令 $M = \mathcal{M}(S^e; L, R; \boldsymbol{Q})$, 其中

$$\boldsymbol{Q} = \begin{pmatrix} e & e \\ e & w \end{pmatrix}, w = (1, \iota_G, 1), L = R = \{m, n\}.$$

在 M 上定义 $(l, u, r)^* = (m, u^*, m)$. 设 $Y = \{\alpha, \beta, \gamma, 0\}$ 是 null 半群且 $S_\alpha = S_\beta = S_\gamma = M, S_0 = S$. 规定同态映射 $\psi_{\alpha,0}: S_\alpha \to S_0, (l, u, r) \mapsto (1, \iota_G, 1)$ 和

$$\psi_{\beta,0}: S_\beta \to S_0, (l, u, r) \mapsto (2, \iota_G, 2), \psi_{\gamma,0}: S_\gamma \to S_0, (l, u, r) \mapsto (3, \iota_G, 3).$$

记 $T = (S_\mu, \psi_{\mu,\eta}, Y)$. 在 T 上规定一元运算 $*$: 对任意 $(l, u, r) \in S_\mu$, $(l, u, r)^* = (m, u^*, m) \in S_\mu, \mu = \alpha, \beta, \gamma$; 对任意 $(i, x, \lambda) \in S_0, (i, x, \lambda)^* = (\lambda, x^{-1}, i)$. 易证, $(T, \cdot, *)$ 是亚正则 $*$-半群.

若 T 含纯正断面 T°, 则对任意 $t_\mu \in S_\mu$, 有 $V_{T^\circ}(t_\mu) \subseteq S_\mu, \mu = \alpha, \beta, \gamma$. 取 $t_\mu^\circ \in V_{T^\circ}(t_\mu)$,

$\mu = \alpha, \beta, \gamma$, 容易验证 $t_\alpha^\circ t_\beta^\circ = (1,a,2) \in E(T^\circ), t_\beta^\circ t_\gamma^\circ = (2,c,3) \in E(T^\circ)$. 但 $(1,a,2)(2,c,3) = (1,ac,3) \notin E(T)$, 这与 T° 纯正矛盾, 故 T 不含任何纯正断面. 设 T 上有一元运算 $*$ 使得 $(T,\cdot,*)$ 是正则 $*$-半群. 注意到 $V((n,e,n)) = \{(m,e,m)\}$ 和

$$V((m,e,n)) = \{(m,e,m),(m,e,n)\}, V((n,e,m)) = \{(m,e,m),(n,e,m)\},$$

有

$$(n,e,n)^* = (m,e,m), (m,e,m)^* = (n,e,n), (m,e,n)^* = (m,e,n), (n,e,m)^* = (n,e,m).$$

另外, 容易看出 $(n,w,n)^*$ 不可能形如 (l,e,r). 于是,

$$((m,e,n)(n,e,m))^* = (n,w,n)^* \neq (n,e,n) = (n,e,m)^*(m,e,n)^*.$$

故 $(T,\cdot,*)$ 不是正则 $*$-半群, 矛盾.

2.2 几个子簇

本节介绍亚正则 $*$-半群的几个子簇并给出它们的一些刻画.

定义 2.2.1[177] 设 $(S,\cdot,*)$ 是亚正则 $*$-半群. 称 $(S,\cdot,*)$ 是

(1) 左简的, 若 S 满足公理 $x^*yy^*z^* = x^*y^{**}y^*z^*$,

(2) 右简的, 若 S 满足公理 $x^*y^*yz^* = x^*y^*y^{**}z^*$,

(3) 双简的, 若 S 满足公理 $x^*yz^* = x^*y^{**}z^*$,

(4) 强的, 若 S 满足公理 $(xy)^* = y^*x^*$.

命题 2.2.2[177] 设 $(S,\cdot,*)$ 是亚正则 $*$-半群, 则下列各款等价:

(1) S 左简.

(2) $S^*I_SS^* \subseteq S^*$.

(3) $P(S^*)I_S \subseteq E(S^*)$.

(4) $P(S^*)I_S \subseteq S^*$.

证明 (1) 推 (2) 和 (3) 推 (4) 是显然的. 若 (2) 成立且 $e^* \in P(S^*), f \in I_S$, 则 $f\mathcal{L}f^*$, 从而 $e^*f = e^*ff^* \in S^*$, 故 $e^*f = (e^*f)^{**} = (f^*e)^* = e^*f^* \in E(S^*)$. 于是, (3) 成立. 设 (4) 成立, $a,b,c \in S$, 则 $a^*bb^*c^* = a^*a^{**}bb^*c^* \subseteq a^*P(S^*)I_Sc^* \subseteq a^*S^*c^* \subseteq S^*$, 故 $a^*bb^*c^* = (a^*bb^*c^*)^{**} = a^*b^{**}b^*c^*$. 于是, (1) 成立. □

命题 2.2.3[177] 设 $(S,\cdot,*)$ 是亚正则 $*$-半群, 则下列各款等价:

(1) S 双简.

(2) $S^*SS^* \subseteq S^*$.

(3) $\Lambda_SI_S \subseteq S^*$.

(4) S 既左简又右简.

此时, 对任意 $x,y,z \in S$, 有 $x^*yz^* = x^*y^{**}z^*$.

证明 (1) 推 (2) 是显然的. 设 (2) 成立且 $i \in I_S, \lambda \in \Lambda_S$, 由引理 2.1.2 知 $\lambda i = \lambda^*\lambda ii^* \in S^*$, 于是, (3) 成立. 若 (3) 成立, 则由命题 2.1.4 (1) 知 $P(S^*)I_S \cup \Lambda_SP(S^*) \subseteq S^*$. 据命题 2.2.2 及其对偶, (4) 成立. 若 (4) 成立且 $x,y,z \in S$, 则 $x^*yz^* = x^*yy^*y^{**}yz^* =$

$x^*y^{**}y^*y^{**}y^*y^{**}z^* = x^*y^{**}z^*$, 故 S 双简. □

命题 2.2.4[99, 102] 设 $(S, \cdot, *)$ 是双简或强的亚正则 $*$-半群, 则 S 满足公理 $(xy)^* = y^*(x^*xyy^*)^*x^*$.

证明 当 $(S, \cdot, *)$ 是强亚正则 $*$-半群时, 结论是显然的. 现设 $(S, \cdot, *)$ 双简, 记 $z = x^{**}(x^*xyy^*)y^{**}$, 则 $z \in S^*$, $z^* = y^*(x^*xyy^*)^*x^*$, $z^{**} = z$. 记 $m = xx^*zz^*$ 和 $n = z^*zy^*y$, 则
$$m^* = (xx^*zz^*)^* = zz^*x^{**}x^* = zz^*, \quad zz^*m = zz^*xx^*zz^* = zz^*zz^* = zz^*.$$

对偶可知 $n^* = z^*z$, $nz^*z = z^*z$. 注意到
$$mzn(mzn)^* = mzn^{**}(mzn)^* = mz(mznn^*)^* = mz(mzn^{**}n^*)^*$$
$$= mzn^{**}(mzn^{**})^* = mzn(mzn^{**})^* = mznn^*z^*m^*$$

及其对偶 $(mzn)^*mzn = n^*z^*m^*mzn$, 有
$$(mzn)^* = (mzn)^*mzn(mzn)^* = n^*z^*m^*mzn(mzn)^* = n^*z^*m^*mznn^*z^*m^*$$
$$= n^*z^*zz^*mznz^*zz^*m^* = n^*z^*zz^*zz^*zz^*m^* = n^*z^*m^*.$$

这表明 $(xy)^* = (mzn)^* = n^*z^*m^* = z^*zz^*zz^* = z^* = y^*(x^*xyy^*)^*x^*$. □

命题 2.2.5[177] 设 $(S, \cdot, *)$ 是亚正则 $*$-半群, 则 $(S, \cdot, *)$ 是双简的强亚正则 $*$-半群当且仅当对任意 $i \in I_S$ 和 $\lambda \in \Lambda_S$, 有 $\lambda i = \lambda^* i^*$.

证明 设 $(S, \cdot, *)$ 是双简的强亚正则 $*$-半群, $\lambda \in \Lambda_S$, $i \in I_S$. 由命题 2.2.3 可得 $(\lambda i)^* = i^*\lambda^*$ 和 $\lambda i \in S^*$, 于是, $\lambda i = (\lambda i)^{**} = (i^*\lambda^*)^* = \lambda^* i^*$. 反过来, 由假设可知 $\Lambda_S I_S \subseteq S^*$, 由命题 2.2.3 知 $(S, \cdot, *)$ 双简. 设 $x, y \in S$, 据命题 2.2.4, 有 $(xy)^* = y^*(x^*xyy^*)^*x^* = y^*(yy^*)^*(x^*x)^*x^* = y^*x^*$, 故 $(S, \cdot, *)$ 是强的. □

为给出强亚正则 $*$-半群的一个刻画, 需要回顾特征集的概念. 设 S 是正则半群, $\varnothing \neq P \subseteq E(S)$. 据文献 [204], 称 P 为 S 的特征集, 若

(1) $P^2 \subseteq E(S)$;

(2) $(\forall q \in P) qPq \subseteq P$;

(3) $(\forall a \in S)(\exists a^+ \in V(a)) aP^1a^+ \subseteq P$, $a^+P^1a \subseteq P$.

此时, 对任意 $a \in S$, 满足条件 (3) 的 a 的逆元 a^+ 称为 a 的 $\mathcal{P}$-逆, a 的所有 $\mathcal{P}$-逆构成的集合记为 $V_P(a)$.

引理 2.2.6[204] 设 P 是正则半群 S 的特征集, $a, b \in S$, 则 $V_P(a)V_P(b) \subseteq V_P(ba)$. 若 $a^\circ \in V(a)$ 且 $aa^\circ, a^\circ a \in P$, 则 $a^\circ \in V_P(a)$.

证明 设 $a^+ \in V_P(a)$, $b^+ \in V_P(b)$, 则
$$ab(b^+a^+)ab = a(a^+abb^+)(a^+abb^+)b = a(a^+abb^+)b = ab.$$

类似有 $b^+a^+abb^+a^+ = b^+a^+$. 另外, 由 $aP^1a^+ \cup bP^1b^+ \subseteq P$ 可得 $abP^1b^+a^+ \subseteq aPa^+ \subseteq P$. 对偶可得 $b^+a^+P^1ab \subseteq P$, 这就证明了 $V_P(a)V_P(b) \subseteq V_P(ba)$.

设 $a^\circ \in V(a)$ 且 $aa^\circ, a^\circ a \in P$, $(a^\circ)' \in V_P(a^\circ)$, 则 $a^\circ P^1(a^\circ)' \cup (a^\circ)'P^1a^\circ \subseteq P$, 于是
$$a^\circ P^1a = a^\circ aa^\circ aa^\circ P^1aa^\circ(a^\circ)'a^\circ a \subseteq a^\circ aa^\circ P(a^\circ)'a^\circ a \subseteq a^\circ aPa^\circ a \subseteq P.$$

对偶可证 $aP^1a^\circ \subseteq P$. 这说明 $a^\circ \in V_P(a)$. □

命题 2.2.7[95, 177] 设 $(S,\cdot,*)$ 是亚正则 $*$-半群, 则 $(S,\cdot,*)$ 是强的当且仅当 $P = \{e \in E(S) \mid e^* \in P(S^*)\}$ 是 S 的特征集.

证明 设 $(S,\cdot,*)$ 是强的, $e, f \in P$, 则 $e^*, f^* \in P(S^*)$, 于是 $(ef)^* = f^*e^* \in P(S^*)P(S^*) \subseteq E(S^*) \subseteq E(S)$. 注意到 $((ef)^2)^* = f^*e^*f^*e^* = f^*e^* = (ef)^*$, 有
$$ef = ef(ef)^*ef = ef((ef)^2)^*ef = ef((ef)^2)^*(ef)^2((ef)^2)^*ef$$
$$= ef(ef)^*(ef)ef(ef)^*ef = efef,$$

这说明 $P^2 \subseteq E(S)$, 于是 $efeefe = efefe = efe$, 从而由 $e^*, f^* \in P(S^*)$ 及命题1.1.6可得 $(efe)^* = e^*f^*e^* \in P(S^*)$. 据 P 的定义知 $efe \in P$, 故 $ePe \subseteq P$. 另一方面, 对任意 $a \in S$ 和 $p \in P^1$, 据命题1.1.6和 $p^* \in P(S^*)$, 有 $(apa^*)^* = a^{**}p^*a^* \in P(S^*)$ 和 $(a^*pa)^* = a^*p^*a^{**} \in P(S^*)$. 这就说明 $aP^1a^* \cup a^*P^1a \subseteq P$, 故 P 是特征集.

设 P 是特征集, 由引理2.1.2知 $I_S \cup \Lambda_S \subseteq P$. 设 $x, y \in S$, 则 $xx^*, x^*x \in P$. 据引理2.2.6, $x^* \in V_P(x)$. 类似可得 $y^* \in V_P(y)$. 由引理2.2.6可得 $y^*x^* \in V_P(xy)$, 从而 $p = xyy^*x^*, q = y^*x^*xy \in P$. 记 $\alpha = y^*x^*x^{**}y^{**}$ 和 $\beta = x^{**}y^{**}y^*x^*$, 由 $\beta \mathcal{L} p \mathcal{R} e$ 和 $p, \beta, e \in P \subseteq E(S)$ 知 $\beta e \in E(S)$ 和 $x^{**}y^{**}\mathcal{R}\beta e \mathcal{L}(xy)^*$. 对偶可得 $f\alpha \in E(S)$ 和 $(xy)^*\mathcal{R}f\alpha\mathcal{L}x^{**}y^{**}$. 于是有表2.3所列的蛋盒表.

表 2.3

xy	$p = xyy^*x^* \in P$	$e = xy(xy)^* \in I_S$	
$q = y^*x^*xy \in P$	y^*x^*		$\alpha = y^*x^*x^{**}y^{**} \in P(S^*)$
$f = (xy)^*xy \in \Lambda_S$		$(xy)^*$	$f\alpha \in E(S), (xy)^*x^{**}y^{**}$
	$\beta = x^{**}y^{**}y^*x^* \in P(S^*)$	$\beta e \in E(S), x^{**}y^{**}(xy)^*$	$x^{**}y^{**}$

故 $f\alpha\mathcal{H}(xy)^*x^{**}y^{**}$, $\beta e \mathcal{H} x^{**}y^{**}(xy)^*$. 注意到 $p, q \in P$, 有 $p^* = x^{**}y^{**}(xy)^*$, $q^* = (xy)^*x^{**}y^{**} \in P(S^*)$. 据命题2.1.4 (2), 有 $\beta = x^{**}y^{**}(xy)^*, \alpha = (xy)^*x^{**}y^{**}$, 这导致 $y^*x^*\mathcal{H}(xy)^*$. 因为 $(xy)^*, y^*x^* \in V(xy)$, 从而 $(xy)^* = y^*x^*$, 故 $(S,\cdot,*)$ 是强的. □

下面考虑强亚正则 $*$-半群的一个子类. 为此, 需要以下引理.

引理 2.2.8[177] 设 $(S,\cdot,*)$ 是亚正则 $*$-半群且 $I_S = P(S^*), x \in S$.

(1) $xx^* = x^{**}x^*, x = x^{**}x^*x$.

(2) $x \in E(S)$ 当且仅当 $x^* \in E(S^*)$.

(3) $\Lambda_S = \{x \in E(S) \mid x^* \in P(S^*)\}$.

证明 (1) 设 $x \in S$, 则 $xx^* \in I_S = P(S^*)$, 从而 $xx^* = (xx^*)^{**} = x^{**}x^*$, 故 $x = xx^*x^{**}x^*x = x^{**}x^*x^{**}x^*x = x^{**}x^*x$.

(2) 设 $x \in S$ 且 $x^* \in E(S)$, 则 $(x^*xx^{**}x^*)^* = x^{**}x^*(x^*x)^* = x^{**}x^*x^*x^{**} = x^{**}x^*x^{**} = x^{**}$. 考虑表2.4所列的蛋盒表.

表 2.4

x	$xx^* = x^{**}x^*$	x^{**}	
x^*x	x^*	x^*x^{**}	
		$x^*xx^{**} \in I_S = P(S^*)$	$x^*xx^{**}x^*$

注意到 $x^*xx^{**}, x^*x^{**} \in P(S^*) \subseteq \Lambda_S$ 和 $x^*xx^{**}\mathcal{L}x^*x^{**}$, 据命题2.1.4 (2), 有 $x^*xx^{**} = x^*x^{**}$. 由本引理(1) 可得

$$x^2 = x^{**}(x^*xx^{**})x^*x = x^{**}(x^*x^{**})x^*x = x^{**}x^*x = x \in E(S).$$

反之, 若 $x \in E(S)$, 则 $x^*x\mathcal{L}x\mathcal{R}xx^*$. 据本引理(1)有 $x^*\mathcal{H}x^*xxx^* = x^*xx^{**}x^*$. 利用命题2.1.3 (1) 可得 $x^*xx^{**}x^* \in S^*$, 故 $x^*xx^{**}x^* = (x^*xx^{**}x^*)^{**} = x^*x^{**}x^{**}x^*$. 再次据(1) 可得

$$x^* = (xx)^* = (x^{**}x^*xx^{**}x^*x)^* = (x^{**}x^*x^{**}x^*x)^* = x^*x^{**}x^{**}x^{**}x = x^*x^* \in E(S^*).$$

(3) 由引理2.1.2知 $\Lambda_S \subseteq \{x \in S \mid x^* \in P(S^*)\}$. 反之, 若 $x \in S$ 且 $x^* \in P(S^*)$, 则据本引理(2)可得 $x \in E(S)$ 和 $x\mathcal{R}xx^*\mathcal{L}x^*$. 因为 $x^*, xx^* \in I_S = P(S^*) \subseteq \Lambda_S$, 据命题 2.1.4 (2), 有 $xx^* = x^*$. 这表明 $x\mathcal{R}x^*$, 由引理2.1.2知 $x \in \Lambda_S$. □

命题 2.2.9[177] 设 $(S, \cdot, *)$ 是亚正则 $*$-半群, 则 Λ_S 是 S 的特征集当且仅当 $I_S = P(S^*)$ 且对任意 $\lambda, \mu \in \Lambda_S$, 有 $(\lambda\mu)^* = \mu^*\lambda^*$. 此时, $(S, \cdot, *)$ 是强的.

证明 设 $e \in I_S$ 且 $e' \in V_{\Lambda_S}(e)$, 则 $ee' \in \Lambda_S$. 据引理2.1.2可知 $e^*\mathcal{L}ee\mathcal{R}ee'\mathcal{R}(ee')^*$. 据命题 2.1.3 (3)可得 $e \in S^* \cap I_S$, 从而据命题2.1.4 (1)有 $e \in P(S^*)$, 这证明了 $I_S \subseteq P(S^*)$, 显然, $P(S^*) \subseteq I_S$, 于是, $P(S^*) = I_S$. 由于 Λ_S 是特征集, 据引理2.2.8 (3) 和命题2.2.7, $(S, \cdot, *)$ 是强亚正则 $*$-半群. 于是, 对任意的 $\lambda, \mu \in \Lambda_S$, 有 $(\lambda\mu)^* = \mu^*\lambda^*$.

反之, 设 $\lambda, \mu \in \Lambda_S$, 则 $(\lambda\mu)^* = \mu^*\lambda^* \in (P(S^*))^2 \subseteq E(S^*)$. 注意到引理 2.2.8 (2) 和 $I_S = P(S^*)$, 有 $\lambda\mu \in E(S)$, 从而 $\mu\lambda\mu\mu\lambda\mu = \mu\lambda\mu \in E(S)$. 另一方面, 对 $x \in S$ 和 $\lambda \in \Lambda_S$, 利用事实 $I_S = P(S^*)$ 和引理2.2.8 (1)可得 $x = x^{**}x^*x$. 据假设有

$$(x\lambda x^*)^* = (x^{**}x^*x\lambda x^*)^* = x^{**}(x^*x\lambda)^*x^*$$
$$= x^{**}\lambda^*(x^*x)^*x^* = x^{**}\lambda^*x^*x^{**}x^* = x^{**}\lambda^*x^* \in P(S^*),$$

从而由引理2.2.8的 (2) 和 (3) 可得 $x\lambda x^* \in \Lambda_S$. 类似可得 $x^*\lambda x^{**} \in \Lambda_S$. 由于 $\mu\mathcal{R}\mu^*$, 从而 $\mu = \mu^*\mu$, 故由已知条件和事实 $\mu\lambda\mu^* \in \Lambda_S$ 知

$$(\mu\lambda\mu)^* = (\mu\lambda\mu^*\mu)^* = \mu^*(\mu\lambda\mu^*)^* = \mu^{**}(\mu\lambda\mu^*)^* = (\mu\lambda\mu^*\mu^*)^* = (\mu\lambda\mu^*)^* \in P(S^*).$$

由引理2.2.8 (3) 和事实 $\mu\lambda\mu \in E(S)$ 知 $\mu\lambda\mu \in \Lambda_S$. 再次利用假设, 事实 $x^*\lambda x^{**} \in \Lambda_S$ 和引理2.2.8,

$$(x^*\lambda x)^* = (x^*\lambda x^{**}x^*x)^* = (x^*x)^*(x^*\lambda x^{**})^* = x^*\lambda^*x^{**} \in P(S^*).$$

据引理2.2.8的 (2) 和 (3), 有 $x^*\lambda x \in \Lambda_S$. 由引理2.2.8 (1), $xx^* = x^{**}x^* \in P(S^*) \subseteq \Lambda_S$, 而 $x^*x \in \Lambda_S$ 是显然的, 故 Λ_S 是 S 的特征集. □

下面的结果给出了左简亚正则 $*$-半群的一个性质.

命题 2.2.10[177] 设 $(S, \cdot, *)$ 是左简亚正则 $*$-半群, $f^* \in P(S^*)$, 则 $(f^*Sf^*, \cdot, *)$ 是左简亚正则 $*$-半群且 $(f^*Sf^*)^* = f^*S^*f^*$, 进一步有 $I_{f^*Sf^*} = P(f^*S^*f^*)$.

证明 因为对任意 $x \in S$, 有 $(f^*xf^*)^* = f^*x^*f^* \in f^*S^*f^* \subseteq f^*Sf^*$, 故第一部分成立. 为证明剩余部分, 设 $f^*xf^* \in f^*Sf^*$ 且 $i = f^*xf^*(f^*xf^*)^* = f^*xf^*x^*f^*$, 则有 $(xf^*x^*)^* = x^{**}f^*x^*$ 和 $f^*x^*x^{**} \subseteq (P(S^*))^2 \subseteq E(S^*)$, 因此

$$xf^*x^* = xf^*x^*x^{**}x^* = x(f^*x^*x^{**}f^*x^*x^{**})x^* = (xf^*x^*)(x^{**}f^*x^*) = (xf^*x^*)(xf^*x^*)^* \in I_S.$$

注意到 $(S,\cdot,*)$ 是左简的, 有 $i \in f^*I_Sf^* \in S^* \cap I_S = P(S^*)$ 和 $i \in P(f^*S^*f^*)$, 这表明 $I_{f^*Sf^*} \subseteq P(f^*S^*f^*)$. 显然, $P(f^*S^*f^*) \subseteq I_{f^*Sf^*}$. 于是, $P(f^*S^*f^*) = I_{f^*Sf^*}$. □

命题 2.2.11[177] 设 $(S,\cdot,*)$ 是左简亚正则 $*$-半群, 则 $(\Lambda_S I_S)^* \subseteq E(S^*)$ 当且仅当 $\Lambda_S I_S \subseteq E(S)$.

证明 设 $i \in I_S, \lambda \in \Lambda_S$, 由 $(S,\cdot,*)$ 是左简亚正则 $*$-半群和命题 2.2.2 知 $\lambda i(\lambda i)^* = \lambda^*\lambda i(\lambda i)^* \in S^*$, 因此 $\lambda i(\lambda i)^* = (\lambda i(\lambda i)^*)^{**} = (\lambda i)^{**}(\lambda i)^*$, 于是, $\lambda i = (\lambda i)^{**}(\lambda i)^*\lambda i$. 设 $(\Lambda_S I_S)^* \subseteq E(S^*)$, 则 $(\lambda i(\lambda i)^{**})^* = (\lambda i)^*(\lambda i)^* = (\lambda i)^*$, 这蕴含

$$(\lambda i)^*(\lambda i)^{**},\ (\lambda i)^*\lambda i(\lambda i)^{**} \in E(S),\ (\lambda i)^*(\lambda i)^{**} \mathcal{R} (\lambda i)^* \mathcal{R} (\lambda i)^*\lambda i(\lambda i)^{**},$$

故 $(\lambda i)^*(\lambda i)^{**} = (\lambda i)^*\lambda i(\lambda i)^{**}$, 因此, $\lambda i\lambda i = (\lambda i)^{**}(\lambda i)^*\lambda i(\lambda i)^{**}(\lambda i)^*\lambda i = \lambda i \in E(S)$.

反之, 若 $\Lambda_S I_S \subseteq E(S)$, 则对任意 $i \in I_S$ 和 $\lambda \in \Lambda_S$, 有 $(\lambda i)^* = (\lambda i)^*(\lambda i)(\lambda i)(\lambda i)^* \in \Lambda_S I_S \subset E(S) \cap S^* = E(S^*)$. 这就证明了 $(\Lambda_S I_S)^* \subseteq E(S^*)$. □

命题 2.2.12[177] 设 $(S,\cdot,*)$ 是双简亚正则 $*$-半群, $f^* \in P(S^*), e \in E(S)$, 则存在 eSe 上一元运算 "#" 使得 $(S,\cdot,\#)$ 是正则 $*$-半群.

证明 据命题 2.2.3, 命题 2.2.10 及其对偶, $(f^*Sf^*,*)$ 是亚正则 $*$-半群且 $I_{f^*Sf^*} = P(f^*S^*f^*) = \Lambda_{f^*Sf^*}$. 据推论 2.1.5, $f^*Sf^* = f^*S^*f^*$ 是正则 $*$-半群. 设 $e \in E(S)$ 且 $f^* = e^*e^{**}$, 则 $f^* \in P(S^*)$ 且 $e\mathcal{D}f^*$, 因此存在 $a \in S, a' \in V(a)$ 使得 $aa' = e, a'a = f^*$. 容易验证, $eSe \to f^*Sf^*, x \mapsto a'xa$ 是 eSe 到 f^*Sf^* 的同构映射. 故结论成立. □

2.3 强亚正则 $*$-半群的代数结构和同余

本节的目的是研究强亚正则 $*$-半群. 在前面两节讨论的性质的基础上, 首先建立了这类半群的代数结构, 然后利用这一结构讨论了这类半群上的同余. 先讨论强亚正则 $*$-半群的代数结构, 为此, 需要一些基础性概念. 设 $(G,\cdot)$ 是部分群胚 (即带有部分二元运算 "·" 的非空集合), 对任意 $e, f \in G$, 用 $ef \in G$ 来表示 e 和 f 在 G 中有定义. 部分群胚 $(G,\cdot)$ 称为部分半群, 若下面的部分结合律成立:

$$(\forall e,f,g \in G)\ \text{"}ef, fg \in G, e(fg) \in G \Longrightarrow e(fg) = (ef)g\text{"},$$

$$(\forall e,f,g \in G)\ \text{"}ef, fg \in G, (ef)g \in G \Longrightarrow e(fg) = (ef)g\text{"}.$$

若 $ef, fg, e(fg) \in G$ 或 $ef, fg, (ef)g \in G$, 则记 $e(fg) = (ef)g$ 为 efg. 部分半群 G 称为部分带, 若对任意 $e \in G$, 有 $ee \in G$ 和 $ee = e$. 设 E 是部分带且 $\varnothing \neq P \subseteq E$, 则 $E(P)$ 称为 $\mathcal{P}$-部分带, 若下列条件成立:

(1) $(\forall p, q \in P)\ pq \in E, pqp \in P$;

(2) $(\forall p, q \in P)\ \text{"}pq \in P \Longrightarrow qp \in P\text{"}$.

设 $E(P)$ 是 $\mathcal{P}$-部分带, $E^* \subseteq E$. 对任意 $e \in E(P)$, 记

$$V_P(e) = \{f \in E(P) \mid e = efe, f = fef;\ ef, fe \in P\}.$$

称 E^* 为 $E(P)$ 的截面, 若对任意 $e \in E(P)$, 有 $|V_P(e) \cap E^*| = 1$, 此时, 记 $V_P(e) \cap E^*$ 中的

唯一元素为 e^*, 于是, 有 $E(P)$ 上的一元运算: $e \mapsto e^*$.

设 $E(P)$ 是具有截面 E^* 的 $\mathcal{P}$-部分带. 对任意 $e \in E(P)$, 记 $\langle e \rangle = \{x \in E(P) \mid x = xe = ex\}$. 设 $e, f \in E(P)$, 称 $\langle e \rangle$ 到 $\langle f \rangle$ 的双射 φ 为同构, 若

(1) $(\forall x, y \in \langle e \rangle)$ "$xy \in E(P) \Longleftrightarrow (x\varphi)(y\varphi) \in E(P)$";

(2) $(\forall x, y \in \langle e \rangle)$ "$xy \in E(P) \Longrightarrow (xy)\varphi = (x\varphi)(y\varphi)$";

(3) $(\forall x, y \in \langle e \rangle)$ "$x\varphi \in P \Longleftrightarrow x \in P$".

称 $\langle e \rangle$ 和 $\langle f \rangle$ 同构, 记为 $\langle e \rangle \cong \langle f \rangle$, 若存在 $\langle e \rangle$ 到 $\langle f \rangle$ 的同构映射. 记全体 $\langle e \rangle$ 到 $\langle f \rangle$ 的同构映射构成的集合为 $T_{e,f}$. 在 $E(P)$ 上定义关系 $\bar{\mathcal{L}}$ 和 $\bar{\mathcal{R}}$ 如下: 对任意 $e, f \in E(P)$,

$$e\bar{\mathcal{L}}f \Longleftrightarrow ef = e, fe = f; \quad e\bar{\mathcal{R}}f \Longleftrightarrow ef = f, fe = e.$$

记 $R_x^{(E,P)} = \bar{R}_x \cap P$, $L_x^{(E,P)} = \bar{L}_x \cap P$, 其中 $\bar{R}_x$ 和 $\bar{L}_x$ 分别表示包含 $x \in E(P)$ 的 $\bar{\mathcal{R}}$-类和 $\bar{\mathcal{L}}$-类.

命题 2.3.1[212] 设 $(S, \cdot, *)$ 是强亚正则 $*$-半群, 记 $P = \{e \in E(S) \mid e^* \in P(S^*)\}$, $E = E(S)$, 则 $E(P)$ 是具有截面 $E(S^*)$ 的 $\mathcal{P}$-部分带且 $P(S^*) = P \cap E(S^*)$.

证明 显然 E 是部分带. 设 $p, q \in P$, 据命题 2.2.7 知 P 是特征集, 于是 $pq \in E$, $pqp \in P$. 若 $pq \in P$, 则 $p^*, q^*, q^*p^* = (pq)^* \in P(S^*)$. 据命题 1.1.6 知 $(qp)^* = p^*q^* \in P(S^*)$, 这说明 $qp \in P$, 故 $E(P)$ 是 $\mathcal{P}$-部分带. 另一方面, 设 $e \in E$, 则 $ee^*e = e, e^*ee^* = e^*, e^*e^* = (ee)^* = e^* \in E(S^*)$. 注意到 $(ee^*)^* = e^{**}e^*, (e^*e)^* = e^*e^{**} \in P(S^*)$, 有 $ee^*, e^*e \in P$. 这说明 $e^* \in V_P(e) \cap S^*$. 设 $e' \in V_P(e) \cap E(S^*)$, 则 $ee'e = e, e'ee' = e'$ 且 $ee', e'e \in P$. 于是有

$$e^*(e')^*e^* = (ee'e)^* = e^*, (e')^*e^*(e')^* = (e')^*,$$

$$(e')^*e^* = (ee')^* \in P(S^*), e^*(e')^* = (e'e)^* \in P(S^*),$$

于是 $e' = e^*$. 故 $E(S^*)$ 是 $\mathcal{P}$-部分带 $E(P)$ 的截面. 事实 $P(S^*) = P \cap E(S^*)$ 是明显的. □

按照同构的定义逐条验证可证明如下命题.

命题 2.3.2[212] 设 $(S, \cdot, *)$ 是强亚正则 $*$-半群, $x \in S^*$. 定义 $\alpha_x : \langle xx^* \rangle \to \langle x^*x \rangle, c \mapsto x^*cx$, 则 $\alpha_x \in T_{xx^*, x^*x}$.

命题 2.3.3[212] 设 $(S, \cdot, *)$ 是强亚正则 $*$-半群, $x, y \in S^*$.

(1) 对任意 $(f, g) \in R_{x^*x}^{(E,P)} \times L_{yy^*}^{(E,P)}$, 有 $(fgf^*)\alpha_x^{-1} \in L_{xy(xy)^*}^{(E,P)}$ 和 $(g^*fg)\alpha_y \in R_{(xy)^*xy}^{(E,P)}$.

(2) 若 $f \in R_{x^*x}^{(E,P)}, h \in R_{y^*y}^{(E,P)}, g \in L_{yy^*}^{(E,P)}, k \in L_{zz^*}^{(E,P)}$, 则

$$(fgf^*)\alpha_x^{-1}[(g^*fg)\alpha_y hk((g^*fg)\alpha_y h)^*]\alpha_{xy}^{-1} = [fg(hkh^*)\alpha_y^{-1}f^*]\alpha_x^{-1},$$

$$[k^*(g^*fg)\alpha_y hk]\alpha_z = [g(hkh^*)\alpha_y^{-1}]^*f([g(hkh^*)\alpha_y^{-1}])\alpha_{yz}(k^*hk)\alpha_z.$$

(3) $(x^*xyy^*x^*x)\alpha_x^{-1} = (xy)(xy)^*$, $(yy^*x^*xyy^*)\alpha_y = (xy)^*(xy)$.

证明 (1) 注意到 P 是特征集和 $f\mathcal{R}x^*x = f^*$, 有 $fgf^* \in P \subseteq E(S)$ 且 $x^*xfgf^*x^*x = fgf^*$, 于是 $fgf^* \in \langle x^*x \rangle$ 且 $(fgf^*)\alpha_x^{-1} = xfgf^*x^* = xfgx^*$. 另一方面, 注意到 $g\mathcal{L}yy^*$ 和 $gf \in E(S)$, 有

$$xfgx^*xyy^*x^* = xfgyy^*x^*xyy^*x^*xx^* = xfgyy^*x^* = xfgx^*,$$

$$xyy^*x^*xfgx^* = x(yy^*g)fg(fx^*x)x^* = xyy^*gfx^*xx^* = xyy^*x^*,$$

于是 $(fgf^*)\alpha_x^{-1} \in L_{xy(xy)^*}^{(E,P)}$. 类似可证 $(g^*fg)\alpha_y \in R_{(xy)^*xy}^{(E,P)}$.

(2) 注意到 $fg \in E(S)$, 等式左边为

$$x(fgf^*)x^*xy(y^*g^*fgyhkh^*y^*g^*f^*g^*y)y^*x^* = xf(gyy^*)(x^*xyy^*)(x^*x)fgyhky^*x^*xyy^*x^*$$
$$= xfgyy^*x^*xfgyhky^*x^* = xfgfgyhky^*x^* = xfgyhky^*x^*.$$

类似可知等式的右边也为 $xfgyhky^*x^*$. 故第一式成立. 对偶可证另一等式.

(3) 显然. $\square$

定理 2.3.4[212] 设 $(S^*,\cdot,*)$ 是正则 $*$-半群, $E(P)$ 是具有截面 $E(S^*)$ 的 $\mathcal{P}$-部分带且 $P(S^*) = P \cap E(S^*)$. 记 $P(S^*) = P^*$, 又设 $p \in P$ 蕴含 $p^* \in P^*$, 其中 p^* 是 $V_P(p) \cap E(S^*)$ 中的唯一元素. 记

$$I = \bigcup\{L_a^{(E,P)} \mid a \in P^*\}, \quad \Lambda = \bigcup\{R_a^{(E,P)} \mid a \in P^*\}.$$

对任意 $x,y \in S^*$, 存在 $\alpha_x \in T_{xx^*,x^*x}, \alpha_y \in T_{yy^*,y^*y}$ 使得

(1) 对任意 $(f,g) \in R_{x^*x}^{(E,P)} \times L_{yy^*}^{(E,P)}$, 有

$$(fgf^*)\alpha_x^{-1} \in L_{xy(xy)^*}^{(E,P)}, \quad (g^*fg)\alpha_y \in R_{(xy)^*xy}^{(E,P)},$$

特别地, 对任意 $x,y \in P^*$ 和 $e \in \langle xy(xy)^* \rangle$, 有 $e\alpha_{xy} = (xy)^*e(xy)$.

(2) 若 $f \in R_{x^*x}^{(E,P)}, h \in R_{y^*y}^{(E,P)}, g \in L_{yy^*}^{(E,P)}, k \in L_{zz^*}^{(E,P)}$, 则

$$(fgf^*)\alpha_x^{-1}[(g^*fg)\alpha_y hk((g^*fg)\alpha_y h)^*]\alpha_{xy}^{-1} = [fg(hkh^*)\alpha_y^{-1}f^*]\alpha_x^{-1},$$

$$[k^*(g^*fg)\alpha_y hk]\alpha_z = [g(hkh^*)\alpha_y^{-1}]^*f([g(hkh^*)\alpha_y^{-1}])\alpha_{yz}(k^*hk)\alpha_z.$$

(3) $(x^*xyy^*x^*x)\alpha_x^{-1} = (xy)(xy)^*, (yy^*x^*xyy^*)\alpha_y = (xy)^*(xy)$.

在 $W = \{(e,x,f) \in I \times S^* \times \Lambda \mid e\bar{\mathcal{L}}xx^*, x \in S^*, f\bar{\mathcal{R}}x^*x\}$ 上定义

$$(e,x,f)(g,y,h) = (e(fgf^*)\alpha_x^{-1}, xy, (g^*fg)\alpha_y h), \quad (e,x,f)^* = (x^*x, x^*, xx^*),$$

则 $(W,\cdot,*)$ 是强亚正则 $*$-半群. 反之, 任意强亚正则 $*$-半群均可如此构造.

证明 首先, 在定理的条件下, 有以下基本事实.

(i) 对任意 $f \in R_{x^*x}^{(E,P)}$, 有 $f\bar{\mathcal{R}}x^*x$, 故 $x^*x \in V_P(f) \cap E(S^*)$, 于是 $f^* = x^*x \in P^*$. 类似可知, 对任意 $g \in R_{yy^*}^{(E,P)}$, 有 $g^* = yy^* \in P^*$.

(ii) 设 $(f,g) \in R_{x^*x}^{(E,P)} \times L_{yy^*}^{(E,P)}$, 则 $f,g,fgf \in P$. 由 $f^*f, f(gf)$ 和 $f^*(f(gf)) \in E$ 及部分带的定义知 $f^*(fgf) = (f^*f)(gf) = fgf \in P$. 由于 $E(P)$ 是 $\mathcal{P}$-部分带, 从而 $(fgf)f^* \in P$. 另一方面, 注意到 $(fg)f, ff^*, (fgf)f^* \in E$, 据 $\mathcal{P}$-部分带的定义知 $fgf^* = fg(ff^*) = (fgf)f^* \in P$. 用类似方法可以证明 $fgf^* \in \langle x^*x \rangle$. 对偶可知 $g^*fg \in \langle yy^* \rangle$. 这说明定理中的条件 (1) 有意义. 类似可证定理中条件 (2) 有意义且二元运算定义合理, 而一元运算的合理性是显然的.

其次, 定理中的条件 (1) 和 (2) 保证了二元运算的结合性, 从而 W 关于该二元运算构成半群. 现设 $(e,x,f),(g,y,h) \in W$, 则据部分带的定义及条件 (3), 有

$$(e,x,f)(x^*x,x^*,xx^*) = (e(fx^*xf^*)\alpha_x^{-1}, xx^*, ((x^*x)fx^*x)\alpha_{x^*}xx^*)$$
$$= (e(x^*x)\alpha_x^{-1}, xx^*, (x^*x)\alpha_{x^*}xx^*) = (exx^*, xx^*, xx^*) = (e, xx^*, xx^*).$$

类似可知 $(e,xx^*,xx^*)(e,x,f)=(e,x,f)$. 对偶地, $(e,x,f)^*(e,x,f)(e,x,f)^*=(e,x,f)^*$. 同理可证
$$((e,x,f)(g,y,h))^*=(g,y,h)^*(e,x,f)^*, (e,x,f)^{***}=(e,x,f)^*.$$
于是 $(W,\cdot,*)$ 是强亚正则 $*$-半群.

反之, 设 $(S,\cdot,*)$ 是强亚正则 $*$-半群. 据命题2.3.2和命题2.3.3及本定理的正面部分可以建立半群
$$W=\{(e,x,f)\in I\times S^*\times\Lambda\mid e\mathcal{L}xx^*,\ x\in S^*,\ f\mathcal{R}x^*x\},$$
其二元运算及一元运算为
$$(e,x,f)(g,y,h)=(exfgx^*,xy,y^*fgyh),\quad (e,x,f)^*=(x^*x,x^*,xx^*).$$
规定 $\psi: S\to W, a\mapsto (aa^*,a^{**},a^*a)$. 设 $(e,x,f)\in W$, 则
$$exf(exf)^*=exff^*x^*e^*=exfx^*xx^*xx^*=exx^*=e.$$
类似可证 $(exf)^*exf=f$ 和 $(exf)^{**}=e^{**}x^{**}f^{**}=xx^*xx^*x=x$, 于是 $(exf)\psi=(e,x,f)$. 这说明 ψ 是满射, 而 ψ 的单射性是显然的. 现设 $a,b\in S$, 则
$$(ab)\psi=(abb^*a^*,a^{**}b^{**},b^*a^*ab)=(aa^*a^{**}a^*abb^*a^*,a^{**}b^{**},b^*a^*abb^*b^{**}b^*b)$$
$$=(aa^*,a^{**},a^*a)(bb^*,b^{**},b^*b)=(a\psi)(b\psi),$$
$$(a\psi)^*=(aa^*,a^{**},a^*a)^*=(a^*a^{**},a^*,a^{**}a^*)=(a^*)\psi.$$
故 ψ 是 S 到 W 的 (2,1)-同构. $\square$

下面利用前面建立起来的结构定理研究强亚正则 $*$-半群上的 $*$-同余. 首先给出以下结果.

命题 2.3.5[176] 设 $(S,\cdot,*)$ 是亚正则 $*$-半群, 则 S 上的幂等分离同余和群同余是 $*$-同余.

证明 设 ρ 是幂等分离同余且 $a,b\in S, a\rho b$, 则据文献 [57] 之命题2.4.5知 $a\mathcal{H}b$. 据推论2.1.6, 有 $aa^*=bb^*, a^*a=b^*b$, 故 $a^*=a^*aa^*=a^*bb^*\rho a^*ab^*=b^*bb^*=b^*$. 设 ρ 是群同余且 $a,b\in S, a\rho b$, 则 S/ρ 是群且 $a^*\rho=(a\rho)^{-1}=(b\rho)^{-1}=b^*\rho$. $\square$

下面研究强亚正则 $*$-半群上一般的 $*$-同余. 设 $(W,\cdot,*)$ 是定理2.3.4中建立的强亚正则 $*$-半群而 ρ 是其上的 $*$-同余, 定义下述 I, Λ 和 S^* 上的等价关系:
$$e\rho^I g\iff(\exists u,v\in S^*,q,n\in\Lambda)\ (e,u,q)\rho(g,v,n),$$
$$f\rho^\Lambda h\iff(\exists u,v\in S^*,p,m\in I)\ (p,u,f)\rho(m,v,h),$$
$$x\rho^* y\iff(\exists p,m\in I,q,n\in\Lambda)\ (p,x,q)\rho(m,y,n).$$

引理 2.3.6[174] 设 ρ 是 $(W,\cdot,*)$ 上的 $*$-同余, 则
$$e\rho^I g\iff(e,e^*,e^*)\rho(g,g^*,g^*),$$
$$f\rho^\Lambda h\iff(f^*,f^*,f)\rho(h^*,h^*,h),$$
$$x\rho^* y\iff(xx^*,x,x^*x)\rho(yy^*,y,y^*y).$$

特别地, ρ^* 是 S^* 上的 $*$-同余且

$$e\rho^I g,\ p\rho^I q,\ ep, gq \in I \Longrightarrow ep\rho^I gq,\ e^*\rho^I g^*;$$

$$e\rho^\Lambda g,\ p\rho^\Lambda q,\ ep, gq \in \Lambda \Longrightarrow ep\rho^\Lambda gq,\ e^*\rho^\Lambda g^*.$$

证明 引理第一部分易证,下证第二部分. 设 $e\rho^I g,\ p\rho^I q,\ ep, gq \in I$, 则有

$$(e, e^*, e^*)\rho(g, g^*, g^*),\quad (p, p^*, p^*)\rho(q, q^*, q^*),$$

于是 $(e, e^*, e^*)(p, p^*, p^*)\rho(g, g^*, g^*)(q, q^*, q^*)$, 即

$$(e(e^*pe^*)\alpha_{e^*}^{-1}, e^*p^*, (p^*e^*p)\alpha_{p^*}p^*)\rho(g(g^*qg^*)\alpha_{g^*}^{-1}, g^*q^*, (q^*g^*q)\alpha_{q^*}q^*).$$

据定理2.3.4 (1), 有 $(ep, e^*p^*, p^*e^*)\rho(gq, g^*q^*, q^*g^*)$, 故 $ep\rho^I gq$. 另外,

$$(e^*, e^*, e^*) = (e, e^*, e^*)^*\rho(g, g^*, g^*)^* = (g^*, g^*, g^*).$$

这表明 $e^*\rho^I g^*$. 类似可证明 ρ^Λ 的相应结果. □

设 G 是带有一元运算 "$*$" 的部分群胚. 称 G 上的等价关系 ρ 为 $*$-正规的, 若对任意 $e, g, p, q \in G$, 事实 $e\rho g,\ p\rho q,\ ep, gq \in G$ 蕴含 $ep\rho gq$ 和 $e^*\rho g^*$. 设 ρ 是 $(W, \cdot, *)$ 上的 $*$-同余, 据引理2.3.6, ρ^I 和 ρ^Λ 分别为 I 和 Λ 上的 $*$-正规等价关系.

定义 2.3.7[174] 设 $(W, \cdot, *)$ 是定理2.3.4中建立的半群. 又设 τ^I 和 τ^Λ 分别是 I 和 Λ 上的 $*$-正规等价关系, 而 π 是 S^* 上的 $*$-同余, 称 $(\tau^I, \pi, \tau^\Lambda)$ 为 $(W, \cdot, *)$ 上的 $*$-同余三元组, 若以下三条成立:

(1) $\tau^I|_{P^*} = \tau^\Lambda|_{P^*} = \pi|_{P^*}$;

(2) $e\tau^I g,\ x\pi y \implies (\forall z \in S^*,\ (n, e, g) \in R_{z^*z}^{(E,P)} \times L_{xx^*}^{(E,P)} \times L_{yy^*}^{(E,P)})$

$$(nen^*)\alpha_z^{-1}\tau^I(ngn^*)\alpha_z^{-1},\ (e^*ne)\alpha_x\tau^\Lambda(g^*ng)\alpha_y;$$

(3) $f\tau^\Lambda h,\ x\pi y \implies (\forall z \in S^*,\ (m, f, h) \in L_{zz^*}^{(E,P)} \times R_{x^*x}^{(E,P)} \times R_{y^*y}^{(E,P)})$

$$(fmf^*)\alpha_x^{-1}\tau^I(hmh^*)\alpha_y^{-1},\ (m^*fm)\alpha_z\tau^\Lambda(m^*hm)\alpha_z.$$

在 $(W, \cdot, *)$ 上定义 $\rho^{(\tau^I,\ \pi,\ \tau^\Lambda)}$ 如下:

$$(e, x, f)\rho^{(\tau^I,\ \pi,\ \tau^\Lambda)}(g, y, h) \iff e\tau^I g,\ x\pi y,\ f\tau^\Lambda h.$$

定理 2.3.8[174] 设 $(W, \cdot, *)$ 是定理2.3.4中建立的半群且 $(\tau^I, \pi, \tau^\Lambda)$ 是 $(W, \cdot, *)$ 上的 $*$-同余三元组, 则 $\rho^{(\tau^I,\ \pi,\ \tau^\Lambda)}$ 是 $(W, \cdot, *)$ 上的 $*$-同余, 它在 I, Λ 和 S^* 上的投影分别为 τ^I, τ^Λ 和 π; 反之, $(W, \cdot, *)$ 上的任何 $*$-同余均可如此构造.

证明 设 $(\tau^I, \pi, \tau^\Lambda)$ 是 $(W, \cdot, *)$ 上的 $*$-同余三元组, 显然, $\rho^{(\tau^I,\ \pi,\ \tau^\Lambda)}$ 是 $(W, \cdot, *)$ 上的等价关系. 设 $(e, x, f), (g, y, h), (m, z, n) \in (W, \cdot, *),\ (e, x, f)\rho^{(\tau^I,\ \pi,\ \tau^\Lambda)}(g, y, h)$, 则 $e\tau^I g,\ x\pi y,\ f\tau^\Lambda h$. 注意到 $(n, e, g) \in R_{z^*z}^{(E,P)} \times L_{xx^*}^{(E,P)} \times L_{yy^*}^{(E,P)}$, 据定义 2.3.7, 有

$$(nen^*)\alpha_z^{-1}\tau^I(ngn^*)\alpha_z^{-1},\ (e^*ne)\alpha_x\tau^\Lambda(g^*ng)\alpha_y.$$

另一方面, 据定理2.3.4, 有

$$m(nen^*)\alpha_z^{-1}, m(ngn^*)\alpha_z^{-1} \in I,\ (e^*ne)\alpha_x f, (g^*ng)\alpha_y h \in \Lambda,$$

$$m(nen^*)\alpha_z^{-1}\tau^I m(ngn^*)\alpha_z^{-1},\ (e^*ne)\alpha_x f\tau^\Lambda(g^*ng)\alpha_y h,\ zx\pi zy.$$

这表明 $\rho^{(\tau^I,\ \pi,\ \tau^\Lambda)}$ 是左相容的. 类似可证 $\rho^{(\tau^I,\ \pi,\ \tau^\Lambda)}$ 也是右相容的. 若

$(e,x,f)\rho^{(\tau^I,\,\pi,\,\tau^\Lambda)}(g,y,h)$，则 $e\tau^I g$, $x\pi y$, $f\tau^\Lambda h$，故 $e^*\tau^I g^*$, $x^*\pi y^*$, $f^*\tau^\Lambda h^*$. 据定义2.3.7 (1)，有
$$(e,x,f)^* = (f^*,x^*,e^*)\ \rho^{(\tau^I,\,\pi,\,\tau^\Lambda)}(h^*,y^*,g^*) = (g,y,h)^*.$$
这说明 $\rho^{(\tau^I,\,\pi,\,\tau^\Lambda)}$ 是 $*$-同余. 据定义2.3.7 (1) 和引理2.3.6，$\rho^{(\tau^I,\,\pi,\,\tau^\Lambda)}$ 在 I, Λ 和 S^* 上面的投影分别为 τ^I, τ^Λ 和 π.

反之，设 ρ 是 $(W,\cdot,*)$ 上的 $*$-同余. 据引理 2.3.6，ρ^I 和 ρ^Λ 分别是 I 和 Λ 上的 $*$-正规等价关系，故 ρ^* 是 S^* 上的 $*$-同余且 $\rho^I|_{P^*} = \rho^\Lambda|_{P^*} = \rho^*|_{P^*}$. 若
$$e\rho^I g,\ x\rho^* y,\ z \in S^*,\ (n,e,g) \in R_{z^*z}^{(E,P)} \times L_{xx^*}^{(E,P)} \times L_{yy^*}^{(E,P)},$$
则 $(e,e^*,e^*)\rho(g,g^*,g^*)$, $(xx^*,x,x^*x)\rho(yy^*,y,y^*y)$, 故 $(e,x,x^*x)\rho(g,y,y^*y)$, 于是
$$(zz^*,z,n)(e,x,x^*x)\rho(zz^*,z,n)(g,y,y^*y),$$
$$(zz^*(nen^*)\alpha_z^{-1}, zx, (e^*ne)\alpha_x x^*x)\rho(zz^*(ngn^*)\alpha_z^{-1}, zy, (g^*ng)\alpha_y y^*y).$$
注意到
$$(ngn^*)\alpha_z^{-1}, (nen^*)\alpha_z^{-1} \in \langle zz^*\rangle,\ (g^*ng)\alpha_y \in \langle y^*y\rangle,\ (e^*ne)\alpha_x \in \langle x^*x\rangle,$$
有 $((nen^*)\alpha_z^{-1}, zx, (e^*ne)\alpha_x)\ \rho\ ((ngn^*)\alpha_z^{-1}, zy, (g^*ng)\alpha_y)$. 这表明
$$(nen^*)\alpha_z^{-1}\rho^I(ngn^*)\alpha_z^{-1},\ (e^*ne)\alpha_x\rho^\Lambda(g^*ng)\alpha_y.$$
类似可知定义2.3.7 (3) 也成立，故 $(\rho^I,\rho^*,\rho^\Lambda)$ 是 $*$-同余三元组. 若 $(e,x,f)\rho^{(\rho^I,\rho^*,\rho^\Lambda)}(g,y,h)$，则 $e\rho^I g, x\rho^* y, f\rho^\Lambda h$. 由引理 2.3.6不难看出 $(e,x,f)\rho(g,y,h)$. 因为 $\rho \subseteq \rho^{(\rho^I,\rho^*,\rho^\Lambda)}$ 是显然的，所以就有 $\rho^{(\rho^I,\rho^*,\rho^\Lambda)} = \rho$. □

记 $(W,\cdot,*)$ 上的 $*$-同余和 $*$-同余三元组的全体分别为 $C^*((W,\cdot,*))$ 和 $CT^*((W,\cdot,*))$.

引理 2.3.9[174]　若 $(\tau_1^I, \pi_1, \tau_1^\Lambda)$, $(\tau_2^I, \pi_2, \tau_2^\Lambda) \in CT^*((W,\cdot,*))$，则
$$\rho^{(\tau_1^I,\pi_1,\tau_1^\Lambda)} \subseteq \rho^{(\tau_2^I,\pi_2,\tau_2^\Lambda)} \Longleftrightarrow \tau_1^I \subseteq \tau_2^I,\ \pi_1 \subseteq \pi_2,\ \tau_1^\Lambda \subseteq \tau_2^\Lambda.$$

证明　设 $e\tau_1^I g$，则 $e^*\tau_1^I g^*$. 因为 $e^*,f^* \in P^*$，据定义2.3.7 (1)，有 $e^*\tau_1^\Lambda g^*$ 和 $e^*\pi_1 g^*$，于是
$$((e,e^*e^*),(g,g^*g^*)) \in \rho^{(\tau_1^I,\pi_1,\tau_1^\Lambda)} \subseteq \rho^{(\tau_2^I,\pi_2,\tau_2^\Lambda)},$$
故 $e\tau_2^I g$，于是 $\tau_1^I \subseteq \tau_2^I$. 对偶可得 $\tau_1^\Lambda \subseteq \tau_2^\Lambda$. 设 $x\pi_1 y$，由 π_1 是 S^* 上的 $*$-同余知 $xx^*\pi_1 yy^*$, $x^*x\pi_1 y^*y$. 注意到 $xx^*,yy^*,x^*x,y^*y \in P^*$，再次据定义 2.3.7 (1)，有
$$((xx^*,x,x^*x),(yy^*,y,y^*y)) \in \rho^{(\tau_1^I,\pi_1,\tau_1^\Lambda)} \subseteq \rho^{(\tau_2^I,\pi_2,\tau_2^\Lambda)},$$
故 $x\pi_2 y$，相反方向的包含是显然的. □

在 $CT^*((W,\cdot,*))$ 上定义 "$\leqslant$" 如下：
$$(\tau_1^I, \pi_1, \tau_1^\Lambda) \leqslant (\tau_2^I, \pi_2, \tau_2^\Lambda) \Longleftrightarrow \tau_1^I \subseteq \tau_2^I,\ \pi_1 \subseteq \pi_2,\ \tau_1^\Lambda \subseteq \tau_2^\Lambda.$$
则 "$\leqslant$" 是 $CT^*((W,\cdot,*))$ 上的偏序. 据定理2.3.8 和引理2.3.9，易证 $C^*((W,\cdot,*))$ 和 $CT^*((W,\cdot,*))$ 是同构的偏序集.

命题 2.3.10[174]　设 $\Omega \subseteq C^*((W,\cdot,*))$, $T_\rho = (\rho^I,\rho^*,\rho^\Lambda)$, 其中 $\rho \in \Omega$, 则
$$T_{(\bigcap_{\rho\in\Omega}\rho)} = (\bigcap_{\rho\in\Omega}\rho^I, \bigcap_{\rho\in\Omega}\rho^*, \bigcap_{\rho\in\Omega}\rho^\Lambda),\ T_{(\bigvee_{\rho\in\Omega}\rho)} = (\bigvee_{\rho\in\Omega}\rho^I, \bigvee_{\rho\in\Omega}\rho^*, \bigvee_{\rho\in\Omega}\rho^\Lambda).$$

证明 第一个等式是显然的. 下证第二个等式. 设 $e(\bigvee_{\rho\in\Omega}\rho)^I g$, 则
$$i = (e,e^*,e^*)\bigvee_{\rho\in\Omega}\rho\ (g,g^*,g^*) = j,$$
故存在 $\rho_i \in \Omega$ 及 $a_i = (e_i,x_i,f_i) \in (W,\cdot,*)$ 使得 $i\rho_1 a_1 \rho_2 a_2 \cdots a_{n-1} \rho_n j$, 这表明
$$i = ii^* \rho_1 a_1 a_1^* \rho_2 a_2 a_2^* \cdots a_{n-1} a_{n-1}^* \rho_n j j^* = j,$$
故 $e\rho_1^I e_1 \rho_2^I \cdots \rho_{n-1}^I e_{n-1} \rho_n^I g$, 于是 $(\bigvee_{\rho\in\Omega}\rho)^I \subseteq (\bigvee_{\rho\in\Omega}\rho^I)$. 相反方向的包含关系是显然的, 对偶地等式类似可证. 设 $x(\bigvee_{\rho\in\Omega}\rho)^* y$, 则 $s = (xx^*,x,x^*x)\bigvee_{\rho\in\Omega}\rho\ (yy^*,y,y^*y) = t$, 于是存在 $s_i = (e_i,x_i,f_i) \in (W,\cdot,*)$ 及 $\rho_i \in \Omega$ 使得 $s\rho_1 s_1 \rho_2 s_2 \cdots s_{n-1} \rho_n t$, 故
$$s = s^{**} \rho_1 s_1^{**} \rho_2 s_2^{**} \cdots s_{n-1}^{**} \rho_n t^{**} = t.$$
据引理 2.3.6 和事实 $s_i^{**} = (x_i x_i^*, x_i, x_i^* x_i)$, 有 $x\rho_1^* x_1 \rho_2^* x_2 \cdots \rho_{n-1}^* x_{n-1} \rho_n^* y$, 因此, $(\bigvee_{\rho\in\Omega}\rho)^* \subseteq (\bigvee_{\rho\in\Omega}\rho^*)$. 相反方向的包含关系显然. $\square$

推论 2.3.11[174] $CT^*((W,\cdot,*))$ 关于 "$\leqslant$" 形成完备格且 $C^*((W,\cdot,*))$ 和 $CT^*((W,\cdot,*))$ 作为完备格同构.

下面考虑 $(W,\cdot,*)$ 上的幂等分离同余. 首先注意以下事实

(Γ): 对任意 $(e,x,f) \in (W,\cdot,*)$, $(e,x,f) \in E((W,\cdot,*))$ 当且仅当 $x \in E(S^*)$.

定理 2.3.12[174] 设 ρ 是 $(W,\cdot,*)$ 上的 $*$-同余, 则 ρ 是幂等分离的当且仅当 $\rho^I = \epsilon^I$, $\rho^\Lambda = \epsilon^\Lambda$ 且 ρ^* 是 S^* 上的幂等分离同余, 其中 $\epsilon^I, \epsilon^\Lambda$ 分别是 I, Λ 上的相等关系.

证明 设 ρ 是 $(W,\cdot,*)$ 上的幂等分离同余. 据事实 (Γ) 不难看出 ρ^* 是 S^* 上的幂等分离同余. 设 $e\rho^I g$, 据引理 2.3.6, 有 $(e,e^*,e^*)\rho(g,g^*,g^*)$, 这表明 $(e,e^*,e^*) = (g,g^*,g^*)$, 即 $e = g$, 故 $\rho^I = \epsilon^I$. 类似地, $\rho^\Lambda = \epsilon^\Lambda$. 相反的部分可由事实 (Γ) 和定理 2.3.8 获得. $\square$

命题 2.3.13[174] 若 $(W,\cdot,*)$ 是双简强亚正则 $*$-半群且 π 是 S^* 上幂等分离同余, 则 $\rho^{(\epsilon^I,\pi,\epsilon^\Lambda)}$ 是 $(W,\cdot,*)$ 上幂等分离同余, 其中 $\epsilon^I, \epsilon^\Lambda$ 分别是 I 和 Λ 上的相等关系; 反之, $(W,\cdot,*)$ 上任意幂等分离同余均可如此构造.

证明 容易看出 ϵ^I 和 ϵ^Λ 是 $*$-正规等价关系且 π 是 S^* 上 $*$-同余. 下证 $(\epsilon^I,\pi,\epsilon^\Lambda)$ 满足定义 2.3.7 中的条件. 由 π 幂等分离知定义 2.3.7 中 (1) 成立. 若
$$e\epsilon^I g,\ x,y,z \in S^*,\ x\pi y, (n,e,g) \in R_{z^*z}^{(E,P)} \times L_{xx^*}^{(E,P)} \times L_{yy^*}^{(E,P)},$$
则有 $e = g, zx\pi zy, (zx)^*(zx) = (zy)^*(zy)$ 和 $(nen^*)\alpha_z^{-1}\epsilon^I(ngn^*)\alpha_z^{-1}$. 注意到 $(W,\cdot,*)$ 是双简强亚正则 $*$-半群及命题 2.2.3, 有
$$(zz^*,zz^*,zz^*)(zz^*,z,n)(e,x,x^*x)(x^*x,x^*,x^*x) = ((nen^*)\alpha_z^{-1},zx,(e^*ne)\alpha_x) \in W^*,$$
故 $(e^*ne)\alpha_x \in P^*$. 类似可得 $(g^*ng)\alpha_y \in P^*$. 因为
$$(e^*ne)\alpha_x \in R_{(zx)^*(zx)}^{(E,P)}, (g^*ng)\alpha_y \in R_{(zy)^*(zy)}^{(E,P)},$$
故 $(e^*ne)\alpha_x = (zx)^*(zx) = (zy)^*(zy) = (g^*ng)\alpha_y$, 即 $(e^*ne)\alpha_x \epsilon^\Lambda (g^*ng)\alpha_y$. 这表明定义 2.3.7 中 (2) 成立. 对偶地, 定义 2.3.7 中 (3) 成立. 由定理 2.3.8, $\rho^{(\epsilon^I,\pi,\epsilon^\Lambda)}$ 是 $(W,\cdot,*)$ 上的 $*$-同余. 显然, 这是幂等分离同余. 相反方向的部分可由命题 2.3.5, 定理 2.3.8 和定

理2.3.12获得. □

命题 2.3.14[174] 设π是S^*上群同余, 则$\rho^{(\omega^I,\pi,\omega^\Lambda)}$是$(W,\cdot,*)$上群同余, 其中$\omega^I$和$\omega^\Lambda$分别是$I$和$\Lambda$上的泛关系; 反之, $(W,\cdot,*)$上任何群同余均可如此获得.

证明 由事实(Γ), 命题2.3.5, 引理2.3.6和定理 2.3.8立得. □

2.4 双简亚正则*-半群的代数结构和同余

本节研究双简亚正则*-半群的代数结构和同余. 首先利用正则*-半群和左、右部分正规带给出了这类半群的一个代数结构, 然后利用强亚正则*-半群给出了双简亚正则*-半群另一代数结构, 最后利用所得结构定理刻画了这类半群上的*-同余.

先利用正则*-半群和左、右部分正规带给出双简亚正则*-半群的一个三元组代数结构. 为此, 需要一些基本概念. 部分带Y称为部分半格, 若对任意$p,q \in Y$, $pq \in Y$蕴含$pq = qp$. 显然, 若S是正则*-半群, 据命题1.1.6 (2), $P(S)$关于S的运算构成部分半格.

设Y是部分半格且$\{S_\alpha \mid \alpha \in Y\}$是一族不交的$\mathcal{J}$-型半群, 对任意满足条件$\alpha \geqslant \beta \geqslant \gamma(\alpha\beta = \beta\alpha = \beta, \beta\gamma = \gamma\beta = \gamma)$的$\alpha,\beta,\gamma \in Y$, 设$\phi_{\alpha,\beta} : S_\alpha \to S_\beta$是同态且满足如下条件: (1) 对任意$\alpha \in Y$, $\phi_{\alpha,\alpha}$是S_α上的恒等映射; (2) $\phi_{\alpha,\gamma} = \phi_{\alpha,\beta}\phi_{\beta,\gamma}$. 设$S = \bigcup_{\alpha \in Y} S_\alpha$, 在$S$上定义部分二元运算"$\circ$"如下: 对任意$a_\alpha \in S_\alpha$和$b_\beta \in S_\beta$,

$$a_\alpha \circ b_\beta = \begin{cases} a_\alpha\phi_{\alpha,\alpha\beta}b_\beta\phi_{\beta,\alpha\beta}, & \text{若}\alpha\beta\text{有定义}, \\ \text{不定义}, & \text{若}\alpha\beta\text{无定义}. \end{cases}$$

则易知$(S,\circ)$是部分半群, 称其为$\{S_\alpha \mid \alpha \in Y\}$的强部分半格, 记为$S = (Y; S_\alpha; \phi_{\alpha,\beta})$. 显然, 若$Y$是半格, 则据文献[56, 57], 上述概念恰好是半群的强半格的概念. 称$Y' = \{x_\alpha \in S_\alpha \mid \alpha \in Y\}$为$S = (Y; S_\alpha; \phi_{\alpha,\beta})$的一个骨架, 若下列条件成立: (1) $Y' \cap S_\alpha = \{x_\alpha\}$; (2) $\alpha\beta \in Y$蕴含$x_\alpha x_\beta = x_{\alpha\beta} = x_\beta x_\alpha$. 显然, 此时可以把$Y'$等同于$Y$. 另外, 据文献[56, 57], 左[右]正规带是且仅是一族左零带[右零带]的强半格. 基于以上事实, 称一族左零带[右零带]的强部分半格为左 [右]正规部分带.

下面将利用左正规部分带, 右正规部分带以及正则*-半群给出双简亚正则*-半群的一个结构定理. 设

T: 以Y为投射集的正则*-半群;

$L = (L_\alpha, Y, \phi_{\alpha,\beta})$: 以$Y$为骨架的左正规部分带;

$R = (R_\alpha, Y, \psi_{\alpha,\beta})$: 以$Y$为骨架的右正规部分带;

P: T上的$R \times L$矩阵.

又假定以下条件成立:

(QR$_1$) 若$\beta \in Y, \lambda \in R_\alpha$, 则$p_{\lambda\beta} = \alpha\beta$;

(QR$_2$) 若$\alpha \in Y, i \in L_\beta$, 则$p_{\alpha i} = \alpha\beta$;

(QR$_3$) 若$k \in L, u \in R_\alpha, \alpha \geqslant \beta \in Y$, 则$p_{u\psi_{\alpha,\beta},k} = \beta p_{uk}$;

(QR$_4$) 若$\lambda \in R, j \in L_\alpha, \alpha \geqslant \beta \in Y$, 则$p_{\lambda,j\phi_{\alpha,\beta}} = p_{\lambda j}\beta$.

其中$\alpha\beta, \beta p_{uk}, p_{\lambda j}\beta$均为$T$中的乘积. 在集合

$$QR = QR(L, R, T, Y, P) = \{(i, x, \lambda) \in L \times T \times R \mid i \in L_{xx^*}, \lambda \in R_{x^*x}\}$$

上定义

$$(i, x, \lambda)(j, y, \mu) = (i\phi_{xx^*, mm^*}, m, \mu\psi_{y^*y, m^*m}), \quad (i, x, \lambda)^* = (x^*x, x^*, xx^*),$$

其中 $m = xp_{\lambda j}y$.

命题 2.4.1[176]　$(QR, \cdot, *)$ 形成双简亚正则 $*$-半群, 称为 QR-系.

证明　因为 $xx^*, mm^* \in Y$, $xx^* \geqslant mm^*$, 故 ϕ_{xx^*, mm^*} 是有定义的. 对偶地, ψ_{y^*y, m^*m} 也有定义. 这表明上述 "$\cdot$" 是良好定义的. 另一方面, 对任意 $(i, x, \lambda) \in QR$, 有

$$xx^*, x^*x \in Y, \quad x^*x = x^*x^{**} \in L_{x^*x}, \quad xx^* = x^{**}x^* \in R_{xx^*},$$

故 $(x^*x, x^*, xx^*) \in QR$, 于是上述 "$*$" 也是良好定义的. 设

$$(i, x, \lambda), (j, y, \mu), (k, z, \nu) \in QR, m = xp_{\lambda j}y, n = mp_{\mu\psi_{y^*y, m^*m}, k}z,$$

据 (QR_3), $n = m(m^*mp_{\mu k})z = mp_{\mu k}z = xp_{\lambda j}yp_{\mu k}z$. 因此,

$$\begin{aligned}
\left[(i, x, \lambda)(j, y, \mu)\right](k, z, \nu) &= (i\phi_{xx^*, mm^*}, m, \mu\psi_{y^*y, m^*m})(k, z, \nu) \\
&= (i\phi_{xx^*, mm^*}\phi_{mm^*, nn^*}, n, \nu\psi_{z^*z, n^*n}) \\
&= (i\phi_{xx^*, nn^*}, n, \nu\psi_{z^*z, n^*n}).
\end{aligned} \quad (2.4.1)$$

对偶地, 有 $(i, x, \lambda)[(j, y, \mu)(k, z, \nu)] = (i\phi_{xx^*, nn^*}, n, \nu\psi_{z^*z, n^*n})$. 于是, $(QR, \cdot)$ 是半群.

设 $(i, x, \lambda), (j, y, \mu), (k, z, \nu) \in QR$. 因为 $i \in L_{xx^*}$ 和 $\lambda \in R_{x^*x}$, 据 (QR_1) 和 (QR_2), 有

$$p_{\lambda, x^*x} = x^*xx^*x = x^*x, \quad p_{xx^*, i} = xx^*xx^* = xx^*,$$

因此 $xp_{\lambda, x^*x}x^*p_{xx^*, i}x = x$. 考虑到 (2.4.1) 式, 有

$(i, x, \lambda)(i, x, \lambda)^*(i, x, \lambda) = (i, x, \lambda)(x^*x, x^*, xx^*)(i, x, \lambda) = (i\phi_{xx^*, xx^*}, x, \lambda\psi_{x^*x, x^*x}) = (i, x, \lambda)$.

对偶地, 有 $(i, x, \lambda)^*(i, x, \lambda)(i, x, \lambda)^* = (i, x, \lambda)^*$. 另外, 显然有 $(i, x, \lambda)^{***} = (i, x, \lambda)^* = (x^*x, x^*, xx^*)$. 另一方面, 据 (QR_1) 和 $\lambda \in R_{xx^*}$, 有

$$(i, x, \lambda)(y^*y, y^*, yy^*) = (, xp_{\lambda, y^*y}y^*,) = (, x(x^*xy^*y)y^*,) = (, xy^*,),$$

故 $[(i, x, \lambda)(j, y, \mu)^*]^* = [(i, x, \lambda)(y^*y, y^*, yy^*)]^* = (, yx^*,)$. 注意到事实

$$(j, y, \mu)^{**}(i, x, \lambda)^* = (yy^*, y, y^*y)(x^*x, x^*, xx^*) = (, yx^*,),$$

有 $[(i, x, \lambda)(j, y, \mu)^*]^* = (j, y, \mu)^{**}(i, x, \lambda)^*$. 对偶地, 有

$$[(i, x, \lambda)^*(j, y, \mu)]^* = (j, y, \mu)^*(i, x, \lambda)^{**}.$$

设

$$w_1 = (xx^*, x, x^*x), w_2 = (zz^*, z, z^*z) \in QR^* = \{(uu^*, u, u^*u) \mid u \in T\},$$

且 $w = (j, y, \mu) \in QR$, 则据 (QR_1), (QR_2) 和 $j \in L_{yy^*}, \mu \in R_{y^*y}$, 有 $p_{x^*x, j} = x^*xyy^*$ 和 $p_{\mu, zz^*} = y^*yzz^*$, 这表明 $xp_{x^*x, j}yp_{\mu, zz^*} = xyz$. 因为 $L_{xyz(xyz)^*}$ 是左零带, 从而

$$\begin{aligned}
xyz(xyz)^* &= xx^*[xyz(xyz)^*] = (xx^*\phi_{xx^*, xyz(xyz)^*})(xyz(xyz)^*\phi_{xyz(xyz)^*, xyz(xyz)^*}) \\
&= xx^*\phi_{xx^*, xyz(xyz)^*}.
\end{aligned}$$

对偶地, 有 $z^*z\psi_{z^*z,(xyz)^*xyz} = (xyz)^*xyz$. 据 (2.4.1) 式, 有
$$w_1ww_2 = (xx^*\phi_{xx^*,xyz(xyz)^*}, xyz, z^*z\psi_{z^*z,(xyz)^*xyz}) = (xyz(xyz)^*, xyz, (xyz)^*xyz).$$
于是, $w_1ww_2 \in QR^*$. 据命题2.2.3, $(QR, \cdot, *)$ 形成双简亚正则 $*$-半群. $\square$

以下将证明任何双简亚正则 $*$-半群均 (2,1)-同构于某个 QR-系.

引理 2.4.2[176] 设 $(S, \cdot, *)$ 是双简亚正则 $*$-半群, $e, f \in I_S$, 则 $ef \in I_S$ 当且仅当 $e^*f^* \in P(S^*)$. 此时, $(ef)^* = f^*e^* = e^*f^*$.

证明 设 $e, f \in I$. 据命题2.2.4, 有 $(ef)^* = f^*(e^*eff^*)e^* = f^*(e^*f)e^* = f^*f^*e^*e^* = f^*e^*$. 若 $ef \in I_S$, 则 $(ef)^* \in P(S^*)$, 因此 $f^*e^* \in P(S^*)$, 据命题1.1.6 (2), $f^*e^* = e^*f^* \in P(S^*)$. 反之, 设 $e^*f^* \in P(S^*)$, 据命题1.1.6 (2), 有 $f^*e^* = e^*f^* \in P(S^*)$. 因为 $(S, \cdot, *)$ 是双简亚正则 $*$-半群, 从而 $f^*ee^* = f^*e^{**}e^* = f^*e^*$, 这蕴含
$$efef = ef(f^*ee^*)f = ef(f^*e^*)f = ef(e^*f^*)f = efe^*(f^*f) = efe^*f^*.$$
另一方面, 由 $\mathcal{L}$ 右相容知
$$ef\mathcal{L}e^*f\mathcal{L}(e^*f)^*e^*f = (f^*e^*)e^*f = f^*e^*f = e^*f^*f = e^*f^* = f^*e^* = (ef)^* \in E(S),$$
故 $efef = ef(e^*f^*) = ef \in E(S)$, 这证明了 $ef \in E(S)$ 和 $ef\mathcal{L}(ef)^*$, 于是, $ef \in I_S$. $\square$

引理 2.4.3[176] 设 $(S, \cdot, *)$ 是双简亚正则 $*$-半群. 若 $e, f, g \in I_S$, 则 $efg = ef^*g^*$.

证明 首先, $f^*gg^* = f^*g^{**}g^* = f^*g^*$. 类似可得 $e^*fg^* = e^*f^*g^*$. 于是,
$$efg = ee^*f(f^*gg^*) = ee^*f(f^*g^*) = e(e^*ff^*)g^* = e(e^*fg^*) = ee^*f^*g^* = ef^*g^*,$$
故结论成立. $\square$

引理 2.4.4[176] 设 $(S, \cdot, *)$ 是双简亚正则 $*$-半群, 则 I_S 和 Λ_S 分别是带有共同骨架 $P(S^*)$ 的左正规部分带和右正规部分带.

证明 对任意 $\alpha \in P(S^*)$, 记 $I_\alpha = \{e \in I_S \mid e^* = \alpha\}$ 和 $\Lambda_\alpha = \{e \in \Lambda_S \mid e^* = \alpha\}$, 则 I_α 和 Λ_α 分别是左零带和右零带. 显然, 对满足条件 $\alpha \neq \beta$ 的 $\alpha, \beta \in P(S^*)$, 有 $I_\alpha \cap I_\beta = \varnothing = \Lambda_\alpha \cap \Lambda_\beta$. 进一步有 $I_S = \bigcup_{\alpha \in P(S^*)} I_\alpha$ 和 $\Lambda_S = \bigcup_{\alpha \in P(S^*)} \Lambda_\alpha$. 设 $\alpha, \beta \in P(S^*)$ 且 $\alpha \geqslant \beta$, 定义 $\phi_{\alpha,\beta} : I_\alpha \to I_\beta, e \mapsto e\beta$. 由于 $e^* = \alpha, \beta^* = \beta$ 以及 $\alpha\beta = \beta \in P(S^*)$, 据引理2.4.2, 有 $e\beta \in I_\beta$. 因此, $\phi_{\alpha,\beta}$ 是良好定义的. 注意到 I_α 和 I_β 是左零带, 容易验证 $\phi_{\alpha,\beta}$ 是同态而对任意 $\alpha \in P(S^*)$, $\phi_{\alpha,\alpha}$ 是 I_α 上的恒等映射. 设 $e \in I_\alpha, f \in I_\beta, g \in I_\gamma$ 满足 $\alpha \geqslant \beta \geqslant \gamma$, 则 $e\phi_{\alpha,\beta}\phi_{\beta,\gamma} = (e\beta)\gamma = e(\beta\gamma) = e\gamma = e\phi_{\alpha,\gamma}$. 取 $\alpha, \beta \in P(S^*)$, $e \in I_\alpha$ 和 $f \in I_\beta$, 据引理2.4.2, $ef \in I_S$ 当且仅当 $\alpha\beta \in P(S^*)$, 此时, $ef \in I_{\alpha\beta}$. 进一步地, 若 $ef \in I_S$, 据引理2.4.3, 有 $(e\phi_{\alpha,\alpha\beta})(f\phi_{\beta,\alpha\beta}) = e\phi_{\alpha,\alpha\beta} = e\alpha\beta = e(ef) = ef$. 因为对任意 $\alpha \in P(S^*)$, 有 $P(S^*) \cap I_\alpha = \{\alpha\}$, 故 $I_S = (I_\alpha, P(S^*), \phi_{\alpha,\beta})$ 是以 $P(S^*)$ 为骨架的左正规部分带. 对偶地, 对任意满足 $\alpha \geqslant \beta$ 的 $\alpha, \beta \in P(S^*)$, 定义 $\psi_{\alpha,\beta} : \Lambda_\alpha \to \Lambda_\beta, f \mapsto \beta f$, 则 $\Lambda_S = (\Lambda_\alpha, P(S^*), \psi_{\alpha,\beta})$ 是以 $P(S^*)$ 为骨架的右正规部分带. $\square$

命题 2.4.5[176] 任何双简亚正则 $*$-半群均 $*$-同构于某个 QR-系.

证明 设 $(S, \cdot, *)$ 是双简亚正则 $*$-半群, $I_S = \bigcup_{\alpha \in P(S^*)} I_\alpha, \Lambda_S = \bigcup_{\alpha \in P(S^*)} \Lambda_\alpha$, 其中 $I_\alpha =$

$\{i \in I_S \mid i^* = \alpha\}$ 且 $\Lambda_\alpha = \{\lambda \in \Lambda_S \mid \lambda^* = \alpha\}$. 对任意满足条件 $\alpha \geqslant \beta$ 的 $\alpha, \beta \in P(S^*)$, 定义
$$\phi_{\alpha,\beta} : I_\alpha \to I_\beta, e \mapsto e\beta, \quad \psi_{\alpha,\beta} : \Lambda_\alpha \to \Lambda_\beta, \quad f \mapsto \beta f.$$

据引理2.4.4, $I_S = (I_\alpha, P(S^*), \phi_{\alpha,\beta})$ 是左正规部分带, $\Lambda_S = (\Lambda_\alpha, P(S^*), \psi_{\alpha,\beta})$ 是右正规部分带, 而 $P(S^*)$ 是它们的公共骨架.

定义 S^* 上的 $\Lambda_S \times I_S$-矩阵如下: 对任意 $\lambda \in \Lambda_S$ 和 $i \in I_S$, 设 $p_{\lambda i} = (\lambda i)^{**}$. 设 $\alpha, \beta \in P(S^*)$ 且 $\lambda \in \Lambda_\alpha$, 则 $p_{\lambda\beta} = (\lambda\beta)^{**} = (\beta\lambda^*)^* = (\beta\alpha)^* = \alpha\beta$. 于是, (QR_1) 成立. 对偶地, (QR_2) 成立. 设 $\alpha, \beta \in P(S^*), k \in I_S, \mu \in \Lambda_\alpha$ 使得 $\alpha \geqslant \beta$, 则 $p_{\mu\psi_{\alpha,\beta},k} = p_{\beta\mu,k} = (\beta\mu k)^{**} = \beta(\mu k)^{**} = \beta p_{\mu k}$. 这证明了 (QR_3) 成立. 对偶地, (QR_4) 成立. 据命题 2.4.1, 有 $\mathcal{QR}$-系
$$QR = \{(i, x, \lambda) \in I \times S^* \times \Lambda \mid i \in I_{xx^*}, \lambda \in \Lambda_{x^*x}\}.$$

定义映射 $\tau : QR \to S, (i, x, \lambda) \mapsto ix\lambda$. 设 $s \in S$, 则 $(ss^*, s^{**}, s^*s) \in QR$ 且 $(ss^*, s^{**}, s^*s)\tau = s$. 这说明 τ 是满的. 设 $(i, x, \lambda), (j, y, \mu) \in QR$ 且 $ix\lambda = jy\mu$, 由推论2.1.7知 τ 是单的. 进一步有
$$(i, x, \lambda)(j, y, \mu) = (i\phi_{xx^*, mm^*}, m, \mu\psi_{y^*y, m^*m}) = (imm^*, m, m^*m\mu),$$
其中 $m = xp_{\lambda i}y = x(\lambda j)^{**}y$. 据命题2.2.3, 有 $\lambda j \in S^*$, 因此, $\lambda j = (\lambda j)^{**}$. 这蕴含
$$[(i, x, \lambda)(j, y, \mu)]\tau = (imm^*, m, m^*m\mu)\tau = imm^*mm^*m\mu$$
$$= ix(\lambda j)^{**}y\mu = ix(\lambda j)y\mu = (ix\lambda)(jy\mu) = (i, x, \lambda)\tau(j, y, \mu)\tau,$$
于是, τ 是 QR 到 S 的同构映射. 另外, 对任意 $(i, x, \lambda) \in QR$, 据命题2.2.4, 有
$$(ix\lambda)^* = \lambda^*((ix)^*ix\lambda\lambda^*)^*(ix)^* = \lambda^*(x^*i^*ix\lambda)^*x^*i^* = \lambda^*(x^*i^*x\lambda^*)^*x^*i^*$$
$$= \lambda^*(\lambda^*x^*i^*x)x^*i^* = x^*x(x^*xx^*xx^*)x^*xx^* = x^*.$$
故 $[(i, x, \lambda)^*]\tau = (x^*x, x^*, xx^*)\tau = x^* = (ix\lambda)^* = [(i, x, \lambda)\tau]^*$, 这说明 τ 保持运算 "*". □

定理 2.4.6[176]　在同构意义下, 双简亚正则 *-半群是且仅是某个 $\mathcal{QR}$-系.

定理2.4.6利用 $\mathcal{QR}$-系给出了双简亚正则 *-半群的一种结构. 下面利用强亚正则 *-半群给出这类半群的另一结构定理, 而强亚正则 *-半群的代数结构已在上一节得到刻画. 设 $(S, \cdot, *)$ 是双简亚正则 *-半群. 记
$$L_S = \{x \in S \mid x^*x = x^*x^{**}\}, \quad R_S = \{x \in S \mid xx^* = x^{**}x^*\}.$$

命题 2.4.7[102]　设 $(S, \cdot, *)$ 是双简亚正则 *-半群, 则 $(L_S, \cdot, *)$ 和 $(R_S, \cdot, *)$ 均为强亚正则 *-半群且 $S^*L_S \subseteq S^* = L_S^*, R_SS^* \subseteq S^* = R_S^*$.

证明　设 $x, y \in L_S$, 则 $x = xx^*x^{**}, y = yy^*y^{**}$. 因为 $(S, \cdot, *)$ 是双简亚正则 *-半群, 据命题2.2.3, 有 $(xy)^*xy = (xy)^*xyy^*y^{**} \in S^*$, 从而 $(xy)^*xy = [(xy)^*xy]^{**} = [(xy)^*(xy)^{**}]^* = (xy)^*(xy)^{**}$, 这说明 $xy \in L_S$. 再次据命题2.2.3, 有 $S^*L_S \subseteq S^* = L_S^*$. R_S 的情形类似可证. □

命题 2.4.8[102]　设 $(S, \cdot, *)$ 是亚正则 *-半群. 若 S^* 是 S 的右 [左] 理想, 则 $L_S = S[R_S = S]$.

证明　设 S^* 是右理想, $x \in S$, 则 $x^*x \in S^*$, 于是 $x^*x = (x^*x)^{**} = (x^*x^{**})^* = x^*x^{**}$,

这表明 $S \subseteq L_S$. 对偶可知 S^* 是左理想蕴含 $R_S = S$. □

推论 2.4.9[102] 设 $(S, \cdot, *)$ 是亚正则 $*$-半群. 若 S^* 是 S 的右理想或左理想, 则 $(S, \cdot, *)$ 强亚正则 $*$-半群.

证明 若 S^* 是右理想且 $x, y \in S$, 则据命题 2.4.8 知 $x = xx^*x^{**}$, $y = yy^*y^{**}$ 且 $x^{**}y \in S^*$, 因此, $(xy)^* = (xx^*x^{**}yy^*y^{**})^* = y^*y^{**}y^*x^*x^{**}x^* = y^*x^*$.

对偶可证左理想的情况. □

定理 2.4.10[102] 设 $(L, \cdot, *), (R, \cdot, *)$ 是亚正则 $*$- 半群, $L^* = R^*, L^*L \subseteq L^*, RR^* \subseteq R^*$. 记 $L^* = R^* = S^*$. 又设 $* : R \times L \to S^*, (a, x) \mapsto a * x$, 且对任意 $a, b \in R$ 和 $x, y \in L$, 下述条件成立:

(A) $b(a * x) = ba * x, (a * x)y = a * xy$;

(B) $(a * x)b * y = (a * x)(b * y) = a * x(b * y)$;

(C) 若 $a \in S^*$ 或者 $x \in S^*$, 则 $a * x = ax$.

在集合 $M = \{(x, a) \in L \times R \mid x^* = a^*\}$ 上定义
$$(x, a)(y, b) = (xx^*(a * y), (a * y)b^*b), \quad (x, a)^* = (x^*, x^*),$$

则 $(M, \cdot, *)$ 是双简亚正则 $*$-半群. 反之, 任何双简亚正则 $*$-半群均可如此获得.

证明 设 $(x, a), (y, b), (z, c) \in M$, 则据条件 (A),
$$[xx^*(a * y)]^* = (a * y)^*(xx^*)^* = (a * y)^*x^{**}x^* = (x^{**}x^* \cdot a * y)^*$$
$$= ((x^{**}x^*a) * y)^* = ((a^{**}a^*a) * y)^* = (a * y)^*.$$

对偶地, $[(a * y)b^*b]^* = (a * y)^*$. 故上述二元运算合理. 显然, 上述一元运算也是合理的. 另外,
$$[(x, a)(y, b)](z, c) = (xx^*(a * y), (a * y)y^*b)(z, c)$$
$$= (xx^*(a * y) \cdot (a * y)^* \cdot [(a * y)y^*b * z], [(a * y)y^*b * z]c^*c)$$
$$= (xx^*(a * y) \cdot (a * y)^* \cdot (a * y)(y^*b * z), (a * y)(y^*b * z)c^*c) \quad \text{(据条件(B))}$$
$$= (xx^*(a * y)(b^*b * z), (a * y)(b^*b * z)c^*c)$$
$$= (xx^*(a * yb^*)(b * z), (a * yb^*)(b * z)c^*c) \quad \text{(据条件(A))}$$
$$= (xx^*[a * yb^*(b * z)], [a * yb^*(b * z)](b * z)^* \cdot (b * z)c^*c) \quad \text{(据条件(B))}$$
$$= (x, a)(yy^*(b * z), (b * z)c^*c) = (x, a)[(y, b)(z, c)].$$

这就证明了 $(M, \cdot)$ 是半群. 据条件 (A) 和条件 (C), 有
$$(x, a)(x^*, x^*) = (xx^*(a * x^*), (a * x^*)x^{**}x^*) = (xx^*, ax^*),$$
$$(xx^*, ax^*)(x, a) = (xx^*(ax^* * x), (ax^* * x)a^*a) = (xx^*x, a(x^* * xa^*)a) = (x, a).$$

类似可证 $(x^*, x^*)(x, a)(x^*, x^*) = (x^*, x^*)$. 再次利用条件 (A) 和条件 (C), 有
$$((x, a)(y, b)^*)^* = ((x, a)(y^*, y^*))^*$$
$$= (xx^*(a * y^*), (a * y^*)y^{**}y^*)^* = (xx^*ay^*, ay^*)^* = (y^{**}a^*, y^{**}a^*)$$

和 $(y,b)^{**}(x,a)^* = (y^{**}, y^{**})(a^*, a^*) = (y^{**}a^*, y^{**}a^*)$, 故 $((x,a)(y,b)^*)^* = (y,b)^{**}(x,a)^*$. 对偶地, $((x,a)^*(y,b))^* = (y,b)^*(x,a)^{**}$. 显然,
$$(x,a)^{***} = (x^*, x^*)^{**} = (x^{***}, x^{***}) = (x^*, x^*) = (x,a)^*.$$

设 $(x,x), (y,y) \in M^* = \{(u,u) \mid u \in S^*\}$ 且 $(z,a) \in M$, 则
$$\begin{aligned}(x,x)(z,a)(y,y) &= (xx^*(x*z), (x*z)a^*a)(y,y)\\ &= (xx^*(x*z) \cdot (x*z)^* \cdot ((x*z)a^*a*y), ((x*z)a^*a*y)y^*y)\\ &= ((x*z)a^*a*y, (x*z)a^*a*y) \in M^*.\end{aligned}$$

据命题2.2.3, $(M, \cdot, *)$ 是双简亚正则 $*$-半群.

反之, 设 $(M, \cdot, *)$ 是双简亚正则 $*$-半群, 定义 L_S 和 R_S 如命题2.4.7并设
$$* : R_S \times L_S \to S^*, (a,x) \mapsto ax.$$
容易看出定理2.4.10之条件 (A), (B) 和条件 (C) 均成立. 据正面部分的证明, 可以建立半群 $M = \{(x,a) \in L_S \times R_S \mid x^* = a^*\}$. 设 $\varphi : M \to S$, $(x,a) \mapsto xx^*a$, $(x,a), (y,b) \in M$ 且 $xx^*a = yy^*b$, 则据命题2.2.4, 有 $(xx^*a)^* = a^*(x^{**}x^*aa^*)^*x^{**}x^* = a^*x^{**}x^* = x^*$. 类似可知 $(yy^*b)^* = y^*$. 据命题2.4.8及其证明,
$$x = xx^*ax^*x = xx^*ax^*x^{**} = yy^*by^*y^{**} = yy^*by^*y = y.$$
对偶地, 有 $a = b$. 故 φ 是单的. 设 $m \in S$, 则 $\theta = (mm^*m^{**}, m^{**}m^*m) \in M$ 且 $\varphi(\theta) = m$, 这表明 φ 是满的. 另外,
$$\varphi((x,a)(y,b)) = \varphi(xx^*(ay), (ay)b^*b) = xx^*ayb^*b = \varphi((x,a))\varphi((y,b)).$$
最后, $\varphi((x,a)^*) = \varphi(x^*, x^*) = x^*x^{**}x^* = x^* = (xx^*a)^* = (\varphi(x,a))^*$. 故 φ 是 (2,1)-同构. □

本节的最后一部分研究双简亚正则 $*$-半群上的 $*$-同余. 事实上, 据定理2.4.6就是研究 $\mathcal{QR}$-系上的同余. 为此, 需要以下概念. 部分群胚 G 上的等价关系 ρ 称为正规的, 若对任意 $e, p, g, q \in G$, 事实 $e\rho g$, $p\rho q$, $ep, gq \in G$ 蕴含 $ep\rho gq$. 例如, 若 $L = (L_\alpha, F, \varphi_{\alpha, \beta})$ 是左正规部分带, 则关系
$$(\forall x, y \in L) \quad x\eta y \iff (\exists \alpha \in Y) \ x, y \in L_\alpha$$
是 L 上的正规等价关系. 易见, 若 G 是半群, 则 G 上的正规关系就是 G 上的同余.

定义 2.4.11[176] 设 $QR = QR(L, R, T, Y, P)$ 是 $\mathcal{QR}$-系, π^T 是 T 上的 $*$-同余, ρ^L 和 ρ^R 分别是 L 和 R 上的正规等价关系. 则 (ρ^L, π^T, ρ^R) 称为 QR 上的 $*$-同余三元组, 若

(C1) $\rho^L|_Y = \rho^R|_Y = \pi^T|_Y$;

(C2) $(\forall \lambda \in R)(\forall i, j \in L) \quad i\rho^L j \implies p_{\lambda i}\pi^T p_{\lambda j}$;

(C3) $(\forall i \in L)(\forall \lambda, \mu \in R) \quad \lambda\rho^R \mu \implies p_{\lambda i}\pi^T p_{\mu i}$.

定义 QR 上的关系 $\rho^{(\rho^L, \pi^T, \rho^R)}$ 如下:
$$(i, x, \lambda)\rho^{(\rho^L, \pi^T, \rho^R)}(j, y, \mu) \iff i\rho^L j, x\pi^T y, \lambda\rho^R \mu.$$

定理 2.4.12[176] 设 QR 是 $\mathcal{QR}$-系且 (ρ^L, π^T, ρ^R) 是 QR 上的 $*$-同余三元组, 则 $\rho^{(\rho^L, \pi^T, \rho^R)}$ 是 QR 上的 $*$-同余. 反之, QR 上的任何 $*$-同余均可如此获得.

证明 显然，$\rho^{(\rho^L,\pi^T,\rho^R)}$ 是等价关系. 设

$$(i,x,\lambda),(j,y,\mu),(k,z,\nu)\in QR, (i,x,\lambda)\rho^{(\rho^L,\pi^T,\rho^R)}(j,y,\mu),$$

则 $i\rho^L j, x\pi^T y$ 且 $\lambda\rho^R\mu$. 记 $m=zp_{\nu i}x$ 和 $n=zp_{\nu j}y$, 由于 $k\in L_{zz^*}, mm^*\in L_{mm^*}$ 且 $zz^*mm^* = mm^*\in Y$, 考虑到 L_{mm^*} 是左零带, 有

$$kmm^* = (k\phi_{zz^*,mm^*})(mm^*\phi_{zz^*,mm^*}) = k\phi_{zz^*,mm^*}.$$

对偶地, $\lambda\psi_{x^*x,m^*m} = m^*m\lambda$, 因此,

$$(k,z,\nu)(i,x,\lambda) = (k\phi_{zz^*,mm^*},m,\lambda\psi_{x^*x,m^*m}) = (kmm^*,m,m^*m\lambda).$$

类似地, 有 $(k,z,\nu)(j,y,\mu) = (knn^*,n,n^*n\mu)$. 据 $i\rho^L j$ 和 (C2), 有 $p_{\nu i}\pi^T p_{\nu j}$. 由于 $x\pi^T y$, 故 $m\pi^T n$. 注意到 π^T 是 *-同余, 我们立得 $mm^*\pi^T nn^*$. 考虑到 (C1) 和事实 $mm^*, nn^* \in Y$, 有 $mm^*\rho^L nn^*$. 因为 ρ^L 是正规的且 $kmm^*, knn^*\in L$, 从而 $kmm^*\rho^L knn^*$. 类似地, 有 $n^*n\mu\rho^R m^*m\lambda$, 于是

$$(k,z,\nu)(i,x,\lambda)\rho^{(\rho^L,\pi^T,\rho^R)}(k,z,\nu)(j,y,\mu).$$

对称地, 有 $(i,x,\lambda)(k,z,\nu)\rho^{(\rho^L,\pi^T,\rho^R)}(j,y,\mu)(k,z,\nu)$, 于是 $\rho^{(\rho^L,\pi^T,\rho^R)}$ 是同余. 注意到事实 $x\pi^T y$ 以及 π^T 是 T 上的 *-同余, 有 $x^*\pi^T y^*$, 故 $xx^*\pi^T yy^*$. 据 (C1) 和事实 $xx^*, yy^*\in Y$, 有 $xx^*\rho^R yy^*$. 对偶地, $x^*x\rho^L y^*y$. 由于 $(i,x,\lambda)^* = (x^*x,x^*,xx^*), (j,y,\mu)^* = (y^*y,y^*,yy^*)$, 结合上述事实立得 $(i,x,\lambda)^*\rho^{(\rho^L,\pi^T,\rho^R)}(j,y,\mu)^*$, 于是 $\rho^{(\rho^L,\pi^T,\rho^R)}$ 是 *-同余.

反之, 设 ρ 是 QR 上的 *-同余. 定义如下的关系:

$$(\forall i\in L_\alpha, j\in L_\beta) \quad i\rho_L j \Longleftrightarrow (i,\alpha,\alpha)\rho(j,\beta,\beta);$$

$$(\forall \lambda\in R_\alpha, \mu\in R_\beta) \quad \lambda\rho_R\mu \Longleftrightarrow (\alpha,\alpha,\lambda)\rho(\beta,\beta,\mu);$$

$$(\forall x,y\in T) \quad x\rho_T y \Longleftrightarrow (xx^*,x,x^*x)\rho(yy^*,y,y^*y),$$

则由 ρ 是 QR 上的 *-同余知 ρ_L, ρ_R 分别是 L 和 R 上的等价关系, ρ_T 是 T 上的 *-同余, 且有以下事实:

(i) ρ_L 和 ρ_R 正规. 事实上, 设 $i\in L_\alpha, j\in L_\beta, i'\in L_\gamma, j'\in L_\delta, ii', jj'\in L, i\rho_L j, i'\rho_L j'$, 则 $\alpha\gamma = \gamma\alpha\in Y, \beta\delta = \delta\beta\in Y$ 且

$$ii'\in L_{\alpha\gamma}, jj'\in L_{\beta\delta}, (i,\alpha,\alpha)\rho(j,\beta,\beta), (i',\gamma,\gamma)\rho(j',\delta,\delta).$$

据 (QR$_2$), $L_{\alpha\gamma}$ 是左零带以及 $R_{\alpha\gamma}$ 是右零带这些事实, 有 $(i,\alpha,\alpha)(i',\gamma,\gamma) = (ii',\alpha\gamma,\alpha\gamma)$. 类似地, 有 $(j,\beta,\beta)(j',\delta,\delta) = (jj',\beta\delta,\beta\delta)$, 故

$$(ii',\alpha\gamma,\alpha\gamma) = (i,\alpha,\alpha)(i',\gamma,\gamma)\rho(j,\beta,\beta)(j',\delta,\delta) = (jj',\beta\delta,\beta\delta).$$

从而 $ii'\rho_L jj'$, 即 ρ_L 是正规的. 对偶地, ρ_R 也是正规的.

(ii) 显然, $\rho_L|_Y = \rho_R|_Y = \rho_T|_Y$, 故 (C1) 成立.

(iii) 设 $\lambda\in R_\gamma, i\in L_\alpha, j\in L_\beta$ 且 $i\rho_L j$, 则 $(i,\alpha,\alpha)\rho(j,\beta,\beta)$, 因此 $(\gamma,\gamma,\lambda)(i,\alpha,\alpha)\rho(\gamma,\gamma,\lambda)(j,\beta,\beta)$. 由 ρ 是 *-同余知

$$(ss^*,s,s^*s) = [(\gamma,\gamma,\lambda)(i,\alpha,\alpha)]^{**}\rho[(\gamma,\gamma,\lambda)(j,\beta,\beta)]^{**} = (tt^*,t,t^*t),$$

其中 $s = \gamma p_{\lambda i}\alpha, t = \gamma p_{\lambda j}\beta$. 然而, 据 (QR_3) 和 (QR_4), 有 $s = \gamma p_{\lambda i}\alpha = p_{\lambda\psi_{\gamma,\gamma},i}\alpha = p_{\lambda i}\alpha = p_{\lambda, i\phi_{\alpha,\alpha}} = p_{\lambda i}$. 类似地, $t = p_{\lambda j}$, 这表明 $p_{\lambda i}\rho_T p_{\lambda j}$, 于是 (C2) 成立.

(iv) (C3) 是 (C2) 的对偶.

因此, 由直接部分的证明知, (ρ_L, ρ_T, ρ_R) 是 QR 上的 $*$-同余三元组, 于是, $\rho^{(\rho_L, \rho_T, \rho_R)}$ 是 QR 上的 $*$-同余. 容易验证, $\rho = \rho^{(\rho_L, \rho_T, \rho_R)}$. □

据命题2.3.5, $\mathcal{QR}$-系 QR 上的幂等分离同余和群同余是 $*$-同余. 故有下面的推论.

推论 2.4.13[176] $\mathcal{QR}$-系 QR 上的幂等分离同余是且仅是 $\rho^{(\varepsilon^L, \pi^T, \varepsilon^R)}$, 其中 π^T 是 T 上的幂等分离同余, ε^L 与 ε^R 分别是 L 和 R 上的相等关系.

推论 2.4.14[176] $\mathcal{QR}$-系 QR 上的群同余是且仅是 $\rho^{(\omega^L, \pi^T, \omega^R)}$, 其中 π^T 是 T 上的群同余, ω^L 与 ω^R 分别是 L 和 R 上的泛关系.

2.5 双简亚正则 $*$-半群的基本表示

本节的目的是给出双简亚正则 $*$-半群的基本表示. 首先构建了基本双简亚正则 $*$-半群, 然后利用这个半群给出了这类半群的基本表示定理, 最后借助构建的这个基本双简亚正则 $*$-半群获得了双简亚正则 $*$-半群的一个新的结构定理.

先构建基本双简亚正则 $*$-半群. 设 $(S, \cdot, *)$ 是双简亚正则 $*$-半群, 对任意 $e \in I_S$ 和 $f \in \Lambda_S$, 记

$$\langle e \rangle = eI_S e = \{eie \mid i \in I_S\}, \quad \langle f \rangle = f\Lambda_S f = \{f\lambda f \mid \lambda \in \Lambda_S\}.$$

引理 2.5.1[179] 设 $(S, \cdot, *)$ 是双简亚正则 $*$-半群, $a \in S, e \in I_S, f \in \Lambda_S, p \in P(S^*)$, 则

(1) $\langle e \rangle = eP(S^*)e^* = \{x \in I_S \mid exe = x\}$.

(2) $\langle f \rangle = f^*P(S^*)f = \{x \in \Lambda_S \mid fxf = x\}$.

(3) 对任意 $x, y \in \langle e \rangle$, 有 $xyx \in \langle e \rangle$.

(4) 对任意 $x, y \in \langle f \rangle$, 有 $xyx \in \langle f \rangle$.

(5) 对任意 $x \in \langle aa^* \rangle$, 有 $a^*xa \in \langle a^*a \rangle$.

(6) 对任意 $y \in \langle a^*a \rangle$, 有 $aya^* \in \langle aa^* \rangle$.

(7) $\langle p \rangle \subseteq P(S^*)$.

证明 (1) 若存在 $i \in I_S$ 使得 $x = eie \in \langle e \rangle$, 则据引理2.4.3知 $x = eie = ei^*e^* \in eP(S^*)e^*$. 设存在 $s \in P(S^*)$ 使得 $x = ese^*$, 则 $s = s^*$, 从而 $x = esse^* = es(es)^* \in I_S$. 另外, $exe = eese^*e = ese^* = x$, 这表明 $eP(S^*)e^* \subseteq \{x \in I_S \mid exe = x\}$. 显然, $\{x \in I_S \mid exe = x\} \subseteq \langle e \rangle$. 故结论成立.

(2) 这是条款 (2) 的对偶.

(3) 由 $x, y \in \langle e \rangle \subseteq I_S$ 及引理 2.4.3知 $xyx = xy^*x^* \in xP(S^*)x^*$. 据本引理的条款 (1) 知 $xyx \in \langle x \rangle$. 故有 $xyx \in I_S$ 和 $exyxe = xyx$. 再次利用本引理的条款 (1) 便知 $xyx \in \langle e \rangle$.

(4) 这是条款 (3) 的对偶.

(5) 设 $x \in \langle aa^* \rangle$, 则 $x \in I_S$, 从而 $x = xx^*, x^* = x^{**}x^*$. 这表明 $a^*xa = a^*xx^*a = a^*x^{**}x^*a = (x^*a)^*x^*a \in \Lambda_S$. 由条款 (2) 及事实 $a^*a(a^*xa)a^*a = a^*xa$ 便知 $a^*xa \in \langle a^*a \rangle$.

(6) 这是条款(5)的对偶.

(7) 由事实 $p \in P(S^*)$, 本引理条款(1)及命题1.1.6知 $\langle p \rangle = pP(S^*)p^* \subseteq P(S^*)$. □

本节以下假定 $(C, \cdot)$ 是半带, $(C, \cdot, *)$ 是双简亚正则 $*$-半群并分别用 I 和 Λ 表示 I_C 和 Λ_C. 据引理2.5.1, 对任意 $x, y \in \langle e \rangle$ 和 $e \in I \cup \Lambda$, 有 $xyx \in \langle e \rangle$. 设 $e, f \in I \cup \Lambda$, 称 $\langle e \rangle$ 到 $\langle f \rangle$ 的双射 α 为伪同构, 若

$$(\forall x, y \in \langle e \rangle) \quad (xyx)\alpha = (x\alpha)(y\alpha)(x\alpha). \tag{2.5.1}$$

易见 $e\alpha = f$. 称 $\langle e \rangle$ 伪同构于 $\langle f \rangle$, 若存在 $\langle e \rangle$ 到 $\langle f \rangle$ 的伪同构. 此时, 记作 $\langle e \rangle \simeq \langle f \rangle$. 进一步地, 记 $\langle e \rangle$ 到 $\langle f \rangle$ 的全体伪同构构成的集合为 $T_{e,f}$.

下面的结构表明了伪同构的存在性. 按照惯例, 对一个非空集合 M, 用 ι_M 来表示 M 上的恒等变换. 利用引理2.5.1并通过简单的计算可得下面的命题.

命题 2.5.2[179] 设 $a \in C$ 且 $\pi_a : \langle aa^* \rangle \to \langle a^*a \rangle, x \mapsto a^*xa$, 则 $\pi_a \in T_{aa^*, a^*a}$. 另外, π_a 的逆映射为 $\pi_a^{-1} : \langle a^*a \rangle \to \langle aa^* \rangle, y \mapsto aya^*$ 且 $\pi_a^{-1} \in T_{a^*a, aa^*}$. 特别地, 对任意 $p \in P(C^*)$, 有 $\pi_p = \iota_{\langle p \rangle} = \pi_p^{-1}$.

对于一般的伪同构, 有以下事实.

引理 2.5.3[179] 设 $e \in I, f \in \Lambda, x \in \langle e \rangle, y \in \langle f \rangle$ 且 $\alpha \in T_{e,f}$.

(1) $\alpha^{-1} \in T_{f,e}$.

(2) $\langle x \rangle \alpha = \langle x\alpha \rangle, \langle y \rangle \alpha^{-1} = \langle y\alpha^{-1} \rangle$.

(3) $(x\alpha)^* = (x\alpha)f^*, x\alpha = (x\alpha)^*f$.

(4) $(y\alpha^{-1})^* = e^*(y\alpha^{-1}), y\alpha^{-1} = e(y\alpha^{-1})^*$.

证明 (1) 显然, α^{-1} 是双射. 设 $x', y' \in \langle f \rangle$, 则存在 $x, y \in \langle e \rangle$ 使得 $x' = x\alpha$ 和 $y' = y\alpha$. 由 $\alpha \in T_{e,f}$ 知 $(xyx)\alpha = (x\alpha)(y\alpha)(x\alpha)$, 这导致 $(x'\alpha^{-1})(y'\alpha^{-1})(x'\alpha^{-1}) = (x'y'x')\alpha^{-1}$, 于是 $\alpha^{-1} \in T_{f,e}$.

(2) 显然, $\langle x \rangle \subseteq \langle e \rangle$, $x\alpha \in \langle f \rangle$. 设 $u \in \langle x \rangle$, 则 $u\alpha \in \langle f \rangle$. 注意到 $(x\alpha)(u\alpha)(x\alpha) = (xux)\alpha = u\alpha$, 据引理2.5.1有 $u\alpha \in \langle x\alpha \rangle$, 这表明 $\langle x \rangle \alpha \subseteq \langle x\alpha \rangle$. 反之, 设 $u' \in \langle x\alpha \rangle$, 则 $u' \in \langle f \rangle$, 从而存在 $u \in \langle e \rangle$ 使得 $u' = u\alpha$, $u\alpha = u' = (x\alpha)u'(x\alpha) = (x\alpha)(u\alpha)(x\alpha) = (xux)\alpha$. 由于 α 是双射, 故 $xux = u$. 据引理2.5.1, 有 $u \in \langle x \rangle$. 这表明 $\langle x\alpha \rangle \subseteq \langle x \rangle \alpha$. 类似可证另一等式.

(3) 由引理2.4.3的对偶及 $x\alpha \in \langle f \rangle \subseteq \Lambda$ 可知 $x\alpha = f(x\alpha)f = f^*(x\alpha)^*f$, 从而 $(x\alpha)^* = f^*(x\alpha)^{**}f^*$. 注意到 $f^* \in S^*$ 和 $x\alpha = f(x\alpha)f$, 据命题2.2.3和引理2.1.2有

$$(x\alpha)^* = f^*(x\alpha)^{**}f^* = (f^*(x\alpha)f^*)^{**} = f^*(x\alpha)f^* = f^*f(x\alpha)ff^* = f(x\alpha)ff^* = (x\alpha)f^*.$$

故 $(x\alpha)^*f = (x\alpha)f^*f = (x\alpha)f = x\alpha$.

(4) 这是条款(3)的对偶. □

记 $\mathcal{U} = \{(e, f) \in I \times \Lambda \mid \langle e \rangle \simeq \langle f \rangle\}$ 并在集合 $T_C = \bigcup_{(e,f) \in \mathcal{U}} T_{e,f}$ 上定义运算 "∘" 如下: 对任意 $\alpha \in T_{e,f}$ 和 $\beta \in T_{g,h}$, $\alpha \circ \beta = \alpha \pi_{g(fg)^*f}^{-1} \beta$, 这里的合成是 $I \cup \Lambda$ 上的对称逆半群中的合成.

引理 2.5.4[179] 若 $\alpha, \beta \in T_C$, $\alpha \in T_{e,f}$, $\beta \in T_{g,h}$, 则 $\alpha \circ \beta \in T_{j,k}$, 其中 $j = $

$(fg(fg)^*f)\alpha^{-1}, k = (g(fg)^*fg)\beta$, 于是上述运算 "∘" 是良好定义的.

证明 据命题2.2.4, 有 $(g(fg)^*f)^* = fg$, 故 $\operatorname{ran}(\pi^{-1}_{g(fg)^*f}) = \langle g(fg)^*fg \rangle$, 据引理2.5.3 (2), 有

$$\operatorname{dom}(\pi^{-1}_{g(fg)^*f}\beta) = (\langle g(fg)^*fg \rangle \cap \langle g \rangle)\pi_{g(fg)^*f} = \langle g(fg)^*fg \rangle \pi_{g(fg)^*f} = \langle fg(fg)^*f \rangle.$$

再次利用引理2.5.3 (2) 便知

$$\operatorname{dom}(\alpha \circ \beta) = (\operatorname{dom}(\pi^{-1}_{g(fg)^*f}\beta) \cap \langle f \rangle)\alpha^{-1} = \langle fg(fg)^*f \rangle \alpha^{-1} = \langle j \rangle,$$

$$\operatorname{ran}(\alpha \circ \beta) = (\operatorname{dom}(\pi^{-1}_{g(fg)^*f}\beta) \cap \langle f \rangle)\pi^{-1}_{g(fg)^*f}\beta = \langle g(fg)^*fg \rangle \beta = \langle k \rangle.$$

据命题2.5.2, $\alpha, \beta, \pi^{-1}_{g(fg)^*f}$ 满足 (2.5.1) 式, 故 $\alpha \circ \beta$ 也满足这一条件, 于是 $\alpha \circ \beta \in T_{j,k}$. □

引理 2.5.5[179] 运算 "∘" 满足结合律, 从而 T_C 关于运算 "∘" 构成半群.

证明 设 $\alpha \in T_{e,f}, \beta \in T_{g,h}, \gamma \in T_{s,t}$ 且

$$\alpha \circ \beta \in T_{j,k}, (\alpha \circ \beta) \circ \gamma \in T_{m,n}, \beta \circ \gamma \in T_{p,q}, \alpha \circ (\beta \circ \gamma) \in T_{a,b},$$

其中

$$j = (fg(fg)^*f)\alpha^{-1}, k = (g(fg)^*fg)\beta, p = (hs(hs)^*h)\beta^{-1}, q = (s(hs)^*hs)\gamma,$$

$$m = (ks(ks)^*k)(\alpha \circ \beta)^{-1}, n = (s(ks)^*ks)\gamma, a = (fp(fp)^*f)\alpha^{-1}, b = (p(fp)^*fp)(\beta \circ \gamma).$$

一方面, 据引理 2.5.3 (3) 及事实 $k \in \langle h \rangle$, 有 $k = k^*h = kh$. 另外, 据命题2.2.3, 有 $(hs)^* = (h^*hs)^* = (hs)^*h^*$ 和 $(hs)^*h^{**}k^* = (hs)^*hk^*$, 故

$$(ks)(ks)^*k = (khs)(k^*hs)^*k \quad (因为 k = k^*h = kh)$$

$$= k(hs)(hs)^*k^{**}k \quad (因为 (k^*hs)^* = (hs)^*k^{**})$$

$$= k(hs)(hs)^*h^{**}k^*k \quad (因为 (hs)^* = (hs)^*h^*, h^* = h^{**}, k^{**} = k^*)$$

$$= k(hs)(hs)^*hk^*k \quad (因为 (hs)^*h^{**}k^* = (hs)^*hk^*)$$

$$= k((hs)(hs)^*h)k \quad (因为 k^*k = k)$$

$$= k(p\beta)k. \quad (因为 p = ((hs)(hs)^*h)\beta^{-1})$$

因为 $k = (g(fg)^*fg)\beta$ 且 β 是伪同构, 所以有

$$ks(ks)^*k = k(p\beta)k = (g(fg)^*fg)\beta \cdot p\beta \cdot (g(fg)^*fg)\beta = (g(fg)^*fgpg(fg)^*fg)\beta,$$

$$m = (ks(ks)^*k)(\alpha \circ \beta)^{-1} = (ks(ks)^*k)\beta^{-1}\pi_{g(fg)^*f}\alpha^{-1} = (fgpg(fg)^*f)\alpha^{-1}.$$

另一方面, 据引理 2.5.3 (4) 及事实 $p \in \langle g \rangle$, 有 $gp^* = p = gp$. 另外, 据命题2.2.3, $(fg)^* = (fgg^*)^* = g^*(fg)^*$ 和 $p^*g^*(fg)^* = p^*g^{**}(fg)^* = p^*g(fg)^*$, 故

$$(fp)(fp)^*f = (fgp)(fgp^*)^*f \quad (因为 gp = p = gp^*)$$

$$= fgpp^{**}(fg)^*f \quad (因为 (fgp)^* = p^{**}(fg)^*)$$

$$= fgpp^*g^*(fg)^*f \quad (因为 (fg)^* = g^*(fg)^*, p^* = p^{**})$$

$$= fgpp^*g(fg)^*f \quad (因为 p^*g^*(fg)^* = p^*g(fg)^*)$$

$$= fgpg(fg)^*f. \quad (因为 pp^* = p)$$

这表明 $a = (fp(fp)^*f)\alpha^{-1} = m$. 对偶可证 $n = b$.

设 $x \in \langle m \rangle$ 并记 $y = x\alpha$. 一方面, 由 $k = kh = k^*h$ 可得 $ks = k^*hs$ 和
$$(ks)^*k = (k^*hs)^*k = (hs)^*k^{**}k = (hs)^*k^*k = (hs)^*k.$$

注意到 $k \cdot (g(fg)^*fyfg)\beta \cdot k = (g(fg)^*fg)\beta \cdot (g(fg)^*fyfg)\beta \cdot (g(fg)^*fg)\beta = (g(fg)^*fyfg)\beta$, 有
$$x[(\alpha \circ \beta) \circ \gamma] = (s(ks)^*k \cdot (g(fg)^*fyfg)\beta \cdot ks)\gamma = (s(hs)^*k \cdot (g(fg)^*fyfg)\beta \cdot khs)\gamma$$
$$= (s(hs)^*[k \cdot (g(fg)^*fyfg)\beta \cdot k]hs)\gamma = (s(hs)^* \cdot (g(fg)^*fyfg)\beta \cdot hs)\gamma.$$

另一方面, 由 $p = gp^* = gp$ 知 $p(fp)^*f = p(fgp^*)^*f = pp^{**}(fg)^*f = pp^*g(fg)^*f = pp^*g(fg)^*f = pg(fg)^*f$. 注意到 $p\beta = hs(hs)^*h$ 及 β 是伪同构, 有
$$x[\alpha \circ (\beta \circ \gamma)] = (s(hs)^*h \cdot (p(fp)^*fyfp)\beta \cdot hs)\gamma = (s(hs)^*h \cdot (pg(fg)^*fyfgp)\beta \cdot hs)\gamma$$
$$= (s(hs)^*h \cdot p\beta \cdot (g(fg)^*fyfg)\beta \cdot p\beta \cdot hs)\gamma = ((s(hs)^*h \cdot p\beta) \cdot (g(fg)^*fyfg)\beta \cdot (p\beta \cdot hs))\gamma$$
$$= (s(hs)^*h \cdot (g(fg)^*fyfg)\beta \cdot hs)\gamma = (s(hs)^*(h \cdot (g(fg)^*fyfg)\beta) \cdot hs)\gamma$$
$$= (s(hs)^* \cdot (g(fg)^*fyfg)\beta \cdot hs)\gamma = x[(\alpha \circ \beta) \circ \gamma].$$

故 $(\alpha \circ \beta) \circ \gamma = \alpha \circ (\beta \circ \gamma)$. 这表明运算 "$\circ$" 满足结合律, 从而 $(T_C, \circ)$ 是半群. $\square$

定理 2.5.6[179] 在 T_C 上定义一元运算 "$*$": 对任意 $\alpha \in T_{e,f}$, $\alpha^* = \pi_f \alpha^{-1} \pi_e$, 则 $(T_C, \circ, *)$ 是双简亚正则 $*$-半群. 此时, $T_C^* = \{\alpha \in T_C \mid \alpha \in T_{p,q}, p, q \in P(C^*)\}$.

证明 由引理2.5.4和引理2.5.5, $(T_C, \circ)$ 是半群. 对任意 $\alpha \in T_{e,f}$, 容易验证 α^* 是 $\langle f^* \rangle$ 到 $\langle e^* \rangle$ 的双射且满足(2.5.1)式, 从而 $\alpha^* \in T_{f^*,e^*}$, 故运算 "$*$" 定义合理. 设 $\alpha \in T_{e,f}, \beta \in T_{g,h} \in T_C$, 则有以下事实:

(1) 因为 $\alpha^* \in T_{f^*,e^*}$, 故有
$$\alpha \circ \alpha^* = \alpha \pi_{f^*(ff^*)^*f}^{-1} \alpha^* = \alpha \pi_f^{-1} \pi_f \alpha^{-1} \pi_e = \pi_e. \tag{2.5.2}$$

类似可证 $\pi_e \circ \alpha = \alpha$ 和 $\alpha^* \circ \pi_e = \alpha^*$. 这表明 $\alpha \circ \alpha^* \circ \alpha = \alpha$ 且 $\alpha^* \circ \alpha \circ \alpha^* = \alpha^*$.

(2) 据命题2.5.2, 有 $\alpha^* = \pi_f \alpha^{-1} \pi_e \in T_{f^*,e^*}$ 和 $\pi_{e^*} = \iota_{\langle e^* \rangle}, \pi_{f^*} = \iota_{\langle f^* \rangle}$, 进而有
$$\alpha^{**} = \pi_{e^*}(\alpha^*)^{-1}\pi_{f^*} = \pi_{e^*}\pi_e^{-1}\alpha\pi_f^{-1}\pi_{f^*} = \pi_e^{-1}\alpha\pi_f^{-1} \in T_{e^*,f^*}. \tag{2.5.3}$$

这表明 $\alpha^{***} = \pi_{f^*}\pi_f\alpha^{-1}\pi_e\pi_{e^*} = \pi_f\alpha^{-1}\pi_e = \alpha^*$.

(3) 据引理2.1.2及引理2.4.3的对偶, 有
$$fh^*(fh^*)^*f = fh^*f^*f = fh^*f, h^*(fh^*)^*(fh^*) = h^*h^*f^*fh^* = h^*fh^* = h^*f^*h^*.$$

又 $\alpha^* \in T_{f^*,e^*}, \beta^* \in T_{h^*,g^*}$, 从而据引理2.5.4, 有 $\alpha \circ \beta^* \in T_{(fh^*f)\alpha^{-1},(h^*fh^*)\beta^*}$. 由于 $(h^*fh^*)\beta^* \in \langle g^* \rangle, g^* \in P(C^*)$, 据引理2.5.1, 有 $(h^*fh^*)\beta^* \in P(C^*)$, 这导致 $((h^*fh^*)\beta^*)^* = (h^*fh^*)\beta^*$. 另外, 据引理2.5.3和引理2.1.2, 有
$$((fh^*f)\alpha^{-1})^* = e^*(f^*fh^*f)\alpha^{-1} = e^*(f^*f^{**}h^*f)\alpha^{-1} = e^*(f^*h^*f)\alpha^{-1}. \tag{2.5.4}$$

这表明 $(\alpha \circ \beta^*)^* \in T_{(h^*f^*h^*)\beta^*, e^*(f^*h^*f)\alpha^{-1}}$. 另一方面, 因为 $\beta^{**} \in T_{g^*,h^*}$ 且 $(\beta^{**})^{-1} = (\pi_g^{-1}\beta\pi_h^{-1})^{-1} = \pi_h\beta^{-1}\pi_g = \beta^*$, 故 $(h^*f^*(h^*f^*)^*h^*)(\beta^{**})^{-1} = (h^*f^*h^*)(\beta^{**})^{-1} = (h^*f^*h^*)\beta^*$.

另外,
$$(f^*(h^*f^*)^*h^*f^*)\alpha^* = (f^*h^*f^*)\alpha^* = (f^*h^*f^*)\pi_f\alpha^{-1}\pi_e$$
$$= e^* \cdot (f^*f^*h^*f^*f)\alpha^{-1} \cdot e = e^* \cdot (f^*h^*f)\alpha^{-1}.$$

这表明 $\beta^{**} \circ \alpha^* \in T_{(h^*f^*h^*)\beta^*, e^*(f^*h^*f)\alpha^{-1}}$. 设 $x \in \langle(h^*f^*h^*)\beta^*\rangle$. 由 $\alpha \circ \beta^* = \alpha\pi_{h^*(fh^*)^*f}^{-1}\beta^* = \alpha\pi_{h^*f}^{-1}(\pi_h\beta^{-1}\pi_g) \in T_{(fh^*f)\alpha^{-1},(h^*f^*h^*)\beta^*}$ 知

$$(\alpha \circ \beta^*)^* = \pi_{(h^*f^*h^*)\beta^*}(\alpha \circ \beta^*)^{-1}\pi_{(fh^*f)\alpha^{-1}} = \pi_{(h^*f^*h^*)\beta^*}\pi_g^{-1}\beta\pi_h^{-1}\pi_{h^*f}\alpha^{-1}\pi_{(fh^*f)\alpha^{-1}}.$$

而由 $(h^*f^*h^*)\beta^* \in P(C^*)$ 可知 $\pi_{(h^*f^*h^*)\beta^*} = \iota_{\langle(h^*f^*h^*)\beta^*\rangle}$. 据 (2.5.4) 式, 有 $((fh^*f)\alpha^{-1})^* = e^*(f^*h^*f)\alpha^{-1}$. 据命题2.2.3, 引理2.1.2和命题1.1.6, 有

$$f^*h^*ff^*h^*h = f^*h^*h^*h = f^*h, \quad h^*h^*ffh^*f = h^*fh^*f = h^*f^*h^*f = h^*f^*f = h^*f,$$

进而有

$$x(\alpha \circ \beta^*)^* = ((fh^*f)\alpha^{-1})^* \cdot (f^*h^*h((gxg^*)\beta)h^*h^*f)\alpha^{-1} \cdot (fh^*f)\alpha^{-1}$$
$$= e^*(f^*h^*f)\alpha^{-1} \cdot (f^*h^*h((gxg^*)\beta)h^*h^*f)\alpha^{-1} \cdot (fh^*f)\alpha^{-1} = e^* \cdot (f^*h \cdot (gxg^*)\beta \cdot h^*f)\alpha^{-1}.$$

注意到 $\beta^{**} \circ \alpha^* = \beta^{**}\pi_{f^*(h^*f^*)^*h^*}^{-1}\alpha^* = \beta^{**}\pi_{f^*h^*}^{-1}\alpha^* = \pi_g^{-1}\beta\pi_h^{-1}\pi_{f^*h^*}^{-1}\pi_f\alpha^{-1}\pi_e$, 有

$$x(\beta^{**} \circ \alpha^*) = e^* \cdot (f^*f^*h^*h((gxg^*)\beta)h^*h^*f^*f)\alpha^{-1} \cdot e = e^* \cdot (f^*h \cdot (gxg^*)\beta \cdot h^*f)\alpha^{-1}.$$

这表明 $x(\alpha \circ \beta^*)^* = x(\beta^{**} \circ \alpha^*)$, 故 $(\alpha \circ \beta^*)^* = \beta^{**} \circ \alpha^*$. 类似可知 $(\alpha^* \circ \beta)^* = \beta^* \circ \alpha^{**}$.

(4) 据条款 (1), (2) 和 (3) 知 $(T_C, \circ, *)$ 是亚正则 $*$-半群. 我们断言 $T_C^* = \{\alpha \mid \alpha \in T_{p,q}, p, q \in P(C^*)\}$. 显然, $T_C^* \subseteq \{\alpha \mid \alpha \in T_{p,q}, p, q \in P(C^*)\}$. 反之, 若 $\alpha \in T_{p,q}, p, q \in P(C^*)$, 则 $\pi_p^{-1} = \iota_{\langle p\rangle}, \pi_q^{-1} = \iota_{\langle q\rangle}$, 进而有 $\alpha^{**} = \pi_p^{-1}\alpha\pi_q^{-1} = \alpha \in T_C^*$. 这表明 $\{\alpha \mid \alpha \in T_{p,q}, p, q \in P(C^*)\} \subseteq T_C^*$. 设 $\alpha \in T_{p,q}, \gamma \in T_{s,t}$ 且 $\beta \in T_{g,h}$, 其中 $p, q, s, t \in P(C^*)$ 且 $g \in I$, $h \in \Lambda$. 据引理2.5.1 (7) 知 $\langle p\rangle, \langle q\rangle, \langle s\rangle, \langle t\rangle \subseteq P(C^*)$. 据引理2.5.5的证明, 存在 $a \in \text{ran}(\alpha^{-1})$ 和 $b \in \text{ran}(\gamma)$ 使得 $\alpha \circ \beta \circ \gamma \in T_{a,b}$. 因为 $\text{ran}(\alpha^{-1}) = \langle p\rangle \subseteq P(C^*)$ 且 $\text{ran}(\gamma) = \langle t\rangle \subseteq P(C^*)$, 故 $\alpha \circ \beta \circ \gamma \in T_C^*$. 据命题2.2.3, $(T_C, \circ, *)$ 是双简亚正则 $*$-半群. □

下面的例子可对定理 2.5.6做一定程度上的解释.

例 2.5.7[179] 设 $(E, \cdot)$ 是半格. 定义运算 "$*$" 如下: 对任意 $u \in E$, $u^* = u$. 则 $(E, \cdot, *)$ 是双简亚正则 $*$-半群且是一个半带. 显然, 有 $I = \Lambda = E = P(E) = E^* = P(E^*)$, 而对任意 $e \in E$, $\langle e\rangle = eE$ 是 E 的子半格. 设 $e, f, g, h \in E$ 且 $\alpha \in T_{e,f}, \beta \in T_{g,h}$. 由于 $gf \in P(E^*)$, 据命题2.5.2, 有 $\pi_{g(fg)^*f}^{-1} = \pi_{gf}^{-1} = \iota_{\langle gf\rangle}$, 这表明 $\alpha \circ \beta = \alpha\iota_{\langle gf\rangle}\beta = \alpha\beta$. 由(2.5.1)式知, 对任意 $e, f \in E$, $\langle e\rangle$ 和 $\langle f\rangle$ 之间的伪同构映射正好是他们之间的同构映射. 故 T_E 正好是由半格 E 确定的Munn半群.

例 2.5.8[179] 设 $(C, \cdot)$ 是矩形带. 定义运算 "$*$" 如下: 对于任意 $u \in C$, $u^* = e^\circ$, 其中 e° 是 C 中一个固定元素, 则 $(C, \cdot, *)$ 是双简亚正则 $*$-半群(半带)且 $C^* = \{e^\circ\}$. 据引理2.1.2, $I = \{e \in C \mid e\mathcal{L}e^\circ\}, \Lambda = \{f \in C \mid f\mathcal{R}e^\circ\}$. 另外, 对任意 $e \in I$ 和 $f \in \Lambda$, 有 $\langle e\rangle = \{e\}$ 和 $\langle f\rangle = \{f\}$. 记 $\sigma_{e,f} : \langle e\rangle \to \langle f\rangle, e \mapsto f$. 据引理2.5.4及 C 是矩形带这一事实, 对任意

$\sigma_{e,f}, \sigma_{g,h} \in T_C$,有 $T_C = \{\sigma_{e,f} \mid e \in I, f \in \Lambda\}$ 和
$$\sigma_{e,f} \circ \sigma_{g,h} \in T_{(fg(fg)^*f)\sigma_{e,f}^{-1},(g(fg)^*fg)\sigma_{g,h}} = T_{f\sigma_{e,f}^{-1},g\sigma_{g,h}} = T_{e,h},$$
这表明 $\sigma_{e,f} \circ \sigma_{g,h} = \sigma_{e,h}$,故 T_C 同构于矩形带 $I \times \Lambda$ 且 $T_C^* = \{\iota_{\{e^\circ\}}\}$. 事实上,$T_C$ 同构于 C.

例 2.5.9[179] 设 $C = \{e, f, p, q\}$ 是矩形带且 $p\mathcal{R}e\mathcal{L}q\mathcal{R}f\mathcal{L}p$. 定义运算 $p^* = p, q^* = q, e^* = f, f^* = e$,则 $(S, \cdot, *)$ 是双简亚正则 $*$-半群且是半带. 容易验证 $C = C^*$ 且 $I = \Lambda = P(C^*) = \{p, q\}$. 另外,有 $\langle p \rangle = \{p\}, \langle q \rangle = \{q\}$,故 $T_C = T_C^* = \{\iota_{\{p\}}, \iota_{\{q\}}, \sigma_{p,q}, \sigma_{q,p}\}$,其中 $\sigma_{p,q}: \langle p \rangle \to \langle q \rangle, p \mapsto q, \sigma_{q,p}: \langle q \rangle \to \langle p \rangle, q \mapsto p$. 事实上,$T_C^*$ 也同构于 C.

推论 2.5.10[179] 设 $\alpha \in T_{e,f}, \beta \in T_{g,h}$,则

(1) $\alpha^* \in T_{f^*, e^*}$,$\alpha^{**} \in T_{e^*, f^*}$.

(2) $\alpha \circ \alpha^* = \pi_e, \alpha^* \circ \alpha = \pi_f$,从而有 $I_{T_C} = \{\pi_e \mid e \in I\}$ 和 $\Lambda_{T_C} = \{\pi_f \mid f \in \Lambda\}$.

(3) 若 $e, f \in P(C^*)$,则 $\alpha \circ \alpha^* = \iota_{\langle e \rangle}, \alpha^* \circ \alpha = \iota_{\langle f \rangle}$,进而有 $P(T_C^*) = \{\iota_{\langle c \rangle} \mid c \in P(C^*)\}$.

(4) $\alpha \mathcal{R}(T_C)\beta [\alpha \mathcal{L}(T_C)\beta]$ 当且仅当 $e = g [f = h]$.

证明 条款 (1)—(3) 可由命题 2.5.2 及定理 2.5.6 的证明直接获得,而条款 (4) 可由条款 (2) 及推论 2.1.6 获得. □

定理 2.5.11[179] 设 $(U, \circ, *)$ 是 $(T_C, \circ, *)$ 的子代数使得 $P(U^*) = P(T_C^*)$,则 U 是基本的. 特别地,T_C 是基本的.

证明 据推论 2.5.10 (3) 知 $P(T_C^*) = \{\iota_{\langle c \rangle} \mid c \in P(C^*)\} = P(U^*)$. 设 $\alpha, \beta \in U, \alpha \in T_{e,f}, \beta \in T_{g,h}$ 且 $\alpha \mu_U \beta$,从而 $\alpha \mathcal{H}^U \beta$. 据推论 2.5.10 (4) 知 $e = g$ 且 $f = h$. 再据推论 2.5.10 (1) 便知 $\alpha^{**}, \beta^{**} \in T_{e^*, f^*}$. 另一方面,据命题 2.3.5 可得 $\alpha^* \mu_U \beta^*$ 和 $\alpha^{**} \mu_U \beta^{**}$. 设 $c \in P(C^*)$,则 $\alpha^* \circ \iota_{\langle c \rangle} \circ \alpha^{**} \mu_U \beta^* \circ \iota_{\langle c \rangle} \circ \beta^{**}$. 据命题 1.1.6,有 $\alpha^* \circ \iota_{\langle c \rangle} \circ \alpha^{**}, \beta^* \circ \iota_{\langle c \rangle} \circ \beta^{**} \in P(U^*)$. 由于 μ_U 是幂等分离同余,故 $\alpha^* \circ \iota_{\langle c \rangle} \circ \alpha^{**} = \beta^* \circ \iota_{\langle c \rangle} \circ \beta^{**}$. 据引理 2.5.5 的证明,有
$$\langle (e^*ce^*)\alpha^{**} \rangle = \mathrm{ran}(\alpha^* \circ \iota_{\langle c \rangle} \circ \alpha^{**}) = \mathrm{ran}(\beta^* \circ \iota_{\langle c \rangle} \circ \beta^{**}) = \langle (e^*ce^*)\beta^{**} \rangle,$$
进而有 $(e^*ce^*)\alpha^{**} = (e^*ce^*)\beta^{**}$. 由 c 的任意性知 $\alpha^{**} = \beta^{**}$,从而有 $\alpha^* = \beta^*$. 由 $\alpha \mathcal{H}^U \beta$ 和 $\alpha^* = \beta^* \in V(\alpha) \cap V(\beta)$ 知 $\alpha = \beta$,故 μ_U 是 U 上相等关系,从而 $(U, \cdot, *)$ 是基本的. □

下面考虑双简亚正则 $*$-半群的基本表示. 设 $(S, \cdot, *)$ 是双简亚正则 $*$-半群,$(C, \cdot)$ 是由 $E(S)$ 生成的半带. 据文献 [57] 之习题 2.23 可得下面的引理.

引理 2.5.12[179] 设 $(S, \cdot, *)$ 是双简亚正则 $*$-半群,则 $(C, \cdot, *)$ 是双简亚正则 $*$-半群. 此时,$C^* = C \cap S^*, I_S = I_C, \Lambda_S = \Lambda_C$ 且 $P(S^*) = P(C^*)$.

为方便起见,记 $I = I_C$ 和 $\Lambda = \Lambda_C$. 据定理 2.5.6,$(T_C, \circ, *)$ 是基本的双简亚正则 $*$-半群. 设 $a \in S$ 并定义 $\rho_a: \langle aa^* \rangle \to \langle a^*a \rangle, x \mapsto a^*xa$,则 $\rho_a^{-1}: \langle a^*a \rangle \to \langle aa^* \rangle, y \mapsto aya^*$. 于是对任意 $a \in C$,有 $\rho_a = \pi_a$,其中 π_a 由命题 2.5.2 定义.

引理 2.5.13[179] 设 $a, b \in S$,则有 $\rho_a \in T_{aa^*, a^*a}$ 和 $\rho_a^{-1} \in T_{a^*a, aa^*}$. 另外,有 $\rho_a \circ \rho_b = \rho_{ab}$.

证明 据引理 2.5.1,容易验证 $\rho_a \in T_{aa^*, a^*a}$ 且 $\rho_a^{-1} \in T_{a^*a, aa^*}$. 显然,$\rho_{ab} \in T_{ab(ab)^*, (ab)^*ab}$. 据引理 2.5.4 和命题 2.2.4,有 $\rho_a \circ \rho_b \in T_{j,k}$,其中
$$j = (a^*abb^*(a^*abb^*)^*a^*a)\rho_a^{-1} = a(a^*abb^*(a^*abb^*)^*a^*a)a^* = ab(b^*(a^*abb^*)^*a^*) = ab(ab)^*,$$

$$k = (bb^*(a^*abb^*)^*a^*abb^*)\rho_b = b^*(bb^*(a^*abb^*)^*a^*abb^*)b = b^*(a^*abb^*)^*a^*ab = (ab)^*ab.$$

这表明 ρ_{ab} 和 $\rho_a \circ \rho_b$ 有相同的定义域和值域. 设 $x \in \mathrm{dom}\rho_{ab}$, 据命题2.2.4和命题2.2.3知 $x\rho_{ab} = (ab)^*xab$ 和

$$\begin{aligned}x[\rho_a \circ \rho_b] &= x\rho_a \pi_{bb^*(a^*abb^*)^*a^*a}^{-1} \rho_b \\ &= b^*(bb^*(a^*abb^*)^*a^*a)a^*xa(bb^*(a^*abb^*)^*a^*a)^*b \\ &= (ab)^*xa(bb^*(a^*abb^*)^*a^*a)^*b = (ab)^*xa(a^*abb^*)b = (ab)^*xab,\end{aligned}$$

故 $\rho_a \circ \rho_b = \rho_{ab}$. □

下面给出双简亚正则 *-半群 $(S, \cdot, *)$ 的基本表示.

定理 2.5.14[179] 设 $(S, \cdot, *)$ 是双简亚正则 *-半群, $(C, \cdot, *)$ 是由 $E(S)$ 生成的半带. 定义 $\rho: S \to T_C, a \mapsto \rho_a$, 则 ρ 是 $(S, *)$ 到 $(T_C, *)$ 的 *-同态映射且 $\ker \rho$ 是 S 上的最大幂等分离同余. 另外, ρ 满足下列条件:

(1) $\rho|_{E(S)}$ 是由 $E(S)$ 到 $E(T_C)$ 的双射.
(2) $S^*\rho \subseteq T_C^*$ 且 $\rho|_{P(S^*)}$ 是 $P(S^*)$ 到 $P(T_C^*)$ 的双射.
(3) $\rho|_C$ 是 $(C, *)$ 到 $(\langle E(T_C) \rangle, *)$ 的 *-同态.
(4) $\rho|_I[\rho|_\Lambda]$ 由 I 到 $I_{T_C}[\Lambda_{T_C}]$ 的双射.

证明 据引理2.5.13知 $\rho_a \in T_{aa^*,a^*a} \subseteq T_C$. 这表明 ρ 是良好定义的. 再次据引理2.5.13知 $(ab)\rho = \rho_{ab} = \rho_a \circ \rho_b$, 从而 ρ 是同态. 另外, 据推论2.5.10 (1), 有 $(\rho_a)^* \in T_{(a^*a)^*,(aa^*)^*} = T_{a^*a^{**},a^{**}a^*} \ni \rho_{a^*}$. 注意到 $(\rho_a)^* = \pi_{a^*a}\rho_a^{-1}\pi_{aa^*}$, 对任意 $x \in \mathrm{dom}\rho_{a^*}$, 有

$$x(\rho_a)^* = x\pi_{a^*a}\rho_a^{-1}\pi_{aa^*} = (aa^*)^*a(a^*a)^*xa^*aa^*aa^* = a^{**}xa = x\rho_{a^*}.$$

这表明 $(\rho_a)^* = \rho_{a^*}$, 故 ρ 保持运算" $*$ ".

另一方面, 有 $\ker \rho = \{(a, b) \in S \times S | \rho_a = \rho_b\}$. 若 $\rho_a = \rho_b$, 则有 $\langle aa^* \rangle = \mathrm{dom}\rho_a = \mathrm{dom}\rho_b = \langle bb^* \rangle$ 和 $\langle a^*a \rangle = \mathrm{ran}\rho_a = \mathrm{ran}\rho_b = \langle b^*b \rangle$, 这表明 $aa^* = bb^*$ 和 $a^*a = b^*b$. 据推论2.1.6, $a\mathcal{H}b$, 故 $\ker \rho \subseteq \mathcal{H}$, 从而 $\ker \rho$ 幂等分离. 设 σ 是 S 上幂等分离同余且 $a\sigma b$, 由于 σ 幂等分离, 据命题2.3.5知 $a^*\sigma b^*$. 这表明 $aa^*\sigma bb^*$ 且 $a^*a\rho b^*b$, 于是有 $aa^* = bb^*$ 和 $a^*a = b^*b$. 因此 $\mathrm{dom}\rho_a = \mathrm{dom}\rho_b$, $\mathrm{ran}\rho_a = \mathrm{ran}\rho_b$. 另外, 对任意 $x \in \mathrm{dom}\rho_a$, 有 $x\rho_a = a^*xa \in E(S)$ 和 $x\rho_b = b^*xb \in E(S)$. 注意到 $a^*xa\sigma b^*xb$ 及 σ 是幂等分离的, 有 $a^*xa = b^*xb$, 这表明 $\rho_a = \rho_b$, 从而 $\sigma \subseteq \ker \rho$. 故 $\ker \rho$ 是最大幂等分离同余.

(1) 显然, $E(S)\rho \subseteq E(T_C)$. 由 $\ker \rho$ 幂等分离知 $\rho|_{E(S)}$ 是双射. 若 $\alpha \in T_{e,f}$ 且 $\alpha \in E(T_C)$, 则 $\alpha = \alpha \circ \alpha = \alpha\pi_{e(fe)^*f}^{-1}\alpha$. 据引理2.5.4, 有 $\alpha \circ \alpha \in T_{j,k}$, 其中 $j = (fe(fe)^*f)\alpha^{-1}$, $k = (e(fe)^*fe)\alpha$. 这表明 $j = e$ 且 $k = f$, 从而 $e = e(fe)^*fe$, $f = fe(fe)^*f$. 据命题2.2.4, $(e(fe)^*f)^* = fe$, 所以 $\rho_{e(fe)^*f} \in T_{e(fe)^*fe,fe(fe)^*f} = T_{e,f} \ni \alpha$. 对任意 $x \in \langle e \rangle$, 有

$$x\alpha = x\alpha \circ \alpha = x\alpha\pi_{e(fe)^*f}^{-1}\alpha = (e(fe)^*f(x\alpha)(e(fe)^*f)^*)\alpha = (e(fe)^*f(x\alpha)fe)\alpha.$$

由 α 是双射知 $x = e(fe)^*f(x\alpha)fe$. 据事实 $(e(fe)^*f)^* = fe$, $fe(fe)^*f = f$ 和 $x\alpha \in \langle f \rangle$, 有

$$x\rho_{e(fe)^*f} = (fe)x(e(fe)^*f) = fe(e(fe)^*f(x\alpha)fe)e(fe)^*f = f(x\alpha)f = x\alpha,$$

故 $\alpha = \rho_{e(fe)^*f}$. 因为 $e(fe)^*f \in E(S)$, 所以 $\alpha = \rho_{e(fe)^*f} = (e(fe)^*f)\rho \in E(S)\rho$. 这表明 $\rho|_{E(S)}$ 是满射.

(2) 若 $a \in S^*$, 则 $aa^*, a^*a \in P(C^*)$ 且 $\rho_a \in T_{aa^*,a^*a}$. 这表明 $a\rho = \rho_a \in T_C^*$. 据命题2.5.2和推论2.5.10 (3), 映射 $\rho|_{F_{S^*}} : P(S^*) \to P(T_C^*)$, $c \mapsto \rho_c = \pi_c = \iota_{\langle c \rangle}$ 是双射.

(3) 由条款 (1) 可知.

(4) 由推论2.5.10 (2) 可知. □

推论 2.5.15[179] 设 $(C, \cdot)$ 是半带且 $(C, \cdot, *)$ 是双简亚正则 *-半群. 又设 $(S, \cdot, *)$ 是双简亚正则 *-半群且 $(\langle E(S) \rangle, \cdot, *)$ *-同构于 $(C, \cdot, *)$, 则 $(S, \cdot, *)$ 是基本的当且仅当 $(S, \cdot, *)$ *-同构于 T_C 的 (2,1)-子代数 $(U, \cdot, *)$ 且 $P(U^*) = P(T_C^*)$.

证明 若 $(S, \cdot, *)$ 是基本的, 则定理2.5.14中的 $\ker \rho$ 是 S 上的恒等同余, 从而 ρ 是单射. 另外, ρ 是 $(S, \cdot, *)$ 到 $(T_C, \circ, *)$ 的 (2,1)-子代数 $(U, \circ, *) = (S\rho, \circ, *)$ 的 *-同构. 据定理2.5.14 (2), 有 $P(U^*) = P(T_C^*)$. 反之, 设 $(S, \cdot, *)$ *-同构于 $(T_C, \circ, *)$ 的 (2,1)-子代数 $(U, \circ, *)$ 且 $P(U^*) = P(T_C^*)$. 由 $(S, \cdot, *)$ 是双简亚正则 *-半群知 $(U, \circ, *)$ 也是双简亚正则 *-半群. 据定理2.5.11, $(U, \cdot, *)$ 基本, 从而 $(S, \cdot, *)$ 也基本. □

推论2.5.15给出了基本双简亚正则 *-半群的结构. 本节的最后一部分用基本双简亚正则 *-半群和正则 *-半群给出一般双简亚正则 *-半群的结构定理. 设 $(C, \cdot)$ 是半带, $(C, \cdot, *)$ 是双简亚正则 *-半群, $(R, \cdot, *)$ 是正则 *-半群. 又设 $(C^*, \cdot, *)$ 是 $(R, \cdot, *)$ 和 $(C, \cdot, *)$ 的公共 (2,1)-子代数且 $R \cap C = C^*, P(R) = P(C^*)$. 据定理2.5.6和定理2.5.11, $(T_C, \circ, *)$ 是基本双简亚正则 *-半群. 设 $a \in R$, 则据命题1.1.6, 对任意 $x \in aa^*P(R)aa^*$, 有 $a^*xa \in a^*aP(R)a^*a$. 因此, 可定义映射:

$$\lambda_a : aa^*P(R)aa^* \to a^*aP(R)a^*a, x \mapsto a^*xa.$$

易证 $xyx \in aa^*P(R)aa^*$ 且对任意 $x, y \in aa^*P(R)aa^*$, 有

$$(xyx)\lambda_a = (x\lambda_a)(y\lambda_a)(x\lambda_a). \tag{2.5.5}$$

引理 2.5.16[180] 在上面的记号下, 对任意 $a, b \in R$, 下列结论成立:

(1) $\lambda_a \in T_{aa^*,a^*a} \subseteq T_C^*$. 特别地, 若 $a \in C^*$, 则 $\lambda_a = \pi_a$, 其中 π_a 由命题2.5.2所定义.

(2) 在 $(T_C, \circ, *)$ 中有 $(\lambda_a)^* = \lambda_{a^*}, \lambda_a \circ \lambda_b = \lambda_{ab}$, 其中乘积 ab 为 R 中的乘积.

证明 (1) 由 $P(R) = P(C^*)$ 及 $aa^*, a^*a \in P(R)$ 知 $aa^*, a^*a \in P(C^*) = I_C \cap \Lambda_C$ 且在 C 中有 $(aa^*)^* = aa^*, (a^*a)^* = a^*a$. 据引理2.5.1, 在 C 中有

$$\langle aa^* \rangle = aa^*P(C^*)aa^* = aa^*P(R)aa^*, \quad \langle a^*a \rangle = a^*aP(C^*)a^*a = a^*aP(R)a^*a,$$

这表明 $\mathrm{dom}\lambda_a = \langle aa^* \rangle$, $\mathrm{ran}\lambda_a = \langle a^*a \rangle$. 容易验证 λ_a 是双射. 事实上, λ_a 的逆映射为 $\lambda_{a^*} : \langle a^*a \rangle \to \langle aa^* \rangle, y \mapsto aya^*$. 结合 (2.5.1) 式和 (2.5.5) 式, 有 $\lambda_a \in T_{aa^*,a^*a}$. 若 $a \in C^*$, 则对任意 $x \in \langle aa^* \rangle$, 乘积 a^*xa 在 C 和 R 中均有意义, 故 $\lambda_a = \pi_a$, 其中 π_a 由命题2.5.2定义.

(2) 由于 $aa^*, a^*a \in P(C^*) = P(R)$, 据命题2.5.2有 $\pi_{a^*a} = \iota_{\langle a^*a \rangle}$ 和 $\pi_{aa^*} = \iota_{\langle aa^* \rangle}$. 这表明在 $(T_C, \circ, *)$ 中, 有 $(\lambda_a)^* = \pi_{a^*a}\lambda_a^{-1}\pi_{aa^*} = \iota_{\langle a^*a \rangle}\lambda_a^{-1}\iota_{\langle aa^* \rangle} = \lambda_a^{-1} = \lambda_{a^*}$. 另一方面, 由于 $a^*a, bb^* \in P(C^*) = P(R)$, 据条款 (1) 及事实 $(bb^*)(a^*a) \in C^*$ 知

$$\lambda_a \circ \lambda_b = \lambda_a \pi_{bb^*(a^*abb^*)^*a^*a}^{-1} \lambda_b = \lambda_a \pi_{bb^*bb^*a^*aa^*a}^{-1} \lambda_b = \lambda_a \pi_{bb^*a^*a}^{-1} \lambda_b = \lambda_a \lambda_{bb^*a^*a}^{-1} \lambda_b,$$

$$(a^*abb^*a^*a)\lambda_a^{-1} = a(a^*abb^*a^*a)a^* = ab(ab)^*, \quad (bb^*a^*abb^*)\lambda_b = b^*(bb^*a^*abb^*)b = (ab)^*ab.$$

据引理2.5.4, $\lambda_a \circ \lambda_b \in T_{ab(ab)^*,(ab)^*ab}$. 另外, 对任意 $x \in \mathrm{dom}(\lambda_a \circ \lambda_b) = \mathrm{dom}\lambda_{ab}$, 有

$$x(\lambda_a \circ \lambda_b) = x(\lambda_a \lambda_{bb^*a^*a}^{-1} \lambda_b) = b^*(bb^*a^*a(a^*xa)(bb^*a^*a)^*)b = b^*a^*xab = (ab)^*xab = x\lambda_{ab}.$$

这表明 $\lambda_a \circ \lambda_b = \lambda_{ab}$. □

设 $W = \{(\alpha, a) \in T_C \times R \mid \alpha^{**} = \lambda_a\}$ 并在 W 上定义一元元算和二元运算如下: 对任意 $\alpha \in T_{e,f}, \beta \in T_{g,h}$ 及 $(\alpha, a), (\beta, b) \in W$,

$$(\alpha, a)(\beta, b) = (\alpha \circ \beta, a(fg)b), \quad (\alpha, a)^* = (\alpha^*, a^*),$$

其中 $fg \in C^* \subseteq R$(据命题 2.2.3)且乘积 $a(fg)b$ 是 R 中的乘积.

定理 2.5.17[180] 在上述符号下, $(W, \cdot, *)$ 是双简亚正则 $*$-半群. 反之, 任意双简亚正则 $*$-半群均可如此构作.

证明 设 $\alpha \in T_{e,f}, \beta \in T_{g,h}, (\alpha, a), (\beta, b) \in W$, 则 $\alpha^{**} = \lambda_a, \beta^{**} = \lambda_b$. 据命题2.2.3, 命题2.2.4, 推论2.5.10 (2) 和引理 2.5.13, 有

$$(\alpha \circ \beta)^{**} = \alpha^{**} \circ (\alpha^* \circ \alpha \circ \beta \circ \beta^*) \circ \beta^{**} = \lambda_a \circ (\pi_f \circ \pi_g) \circ \lambda_b = \lambda_a \circ \pi_{fg} \circ \lambda_b.$$

由事实 $fg \in C \cap R = C^*$ 及引理2.5.16 (1)知 $\pi_{fg} = \lambda_{fg}$. 据引理2.5.16 (2), $(\alpha \circ \beta)^{**} = \lambda_a \circ \lambda_{fg} \circ \lambda_b = \lambda_{a(fg)b}$, 进而有 $(\alpha, a)(\beta, b) = (\alpha \circ \beta, a(fg)b) \in W$. 另一方面, 再次据引理2.5.16 (2), 有 $(\alpha^*)^{**} = (\alpha^{**})^* = (\lambda_a)^* = \lambda_{a^*}$, 进而有 $(\alpha, a)^* = (\alpha^*, a^*) \in W$. 这说明上述一元运算和二元运算的定义是合理的.

设 $\alpha \in T_{e,f}, \beta \in T_{g,h}, \gamma \in T_{s,t}, \alpha \circ \beta \in T_{j,k}, \beta \circ \gamma \in T_{p,q}, (\alpha, a), (\beta, b), (\gamma, c) \in W$, 其中 $k = (f(fg)^*fg)\beta$(引理2.5.4). 据引理 2.5.3 (3)知 $k = k^*h$, 从而 $ks = k^*(hs)$. 由 $(\alpha \circ \beta, a(fg)b) \in W, \alpha \circ \beta \in T_{j,k}$ 及推论2.5.10知

$$T_{j^*,k^*} \ni (\alpha \circ \beta)^{**} = \lambda_{a(fg)b} \in T_{a(fg)b(a(fg)b)^*,(a(fg)b)^*a(fg)b},$$

进而有 $k^* = (a(fg)b)^*a(fg)b$, 故

$$(a(fg)b)(ks)c = (a(fg)b)k^*(hs)c = (a(fg)b) \cdot (a(fg)b)^*a(fg)b \cdot (hs)c = a(fg)b(hs)c.$$

对偶地, 有 $a(fp)(b(hs)c) = a(fg)b(hs)c$. 故

$$[(\alpha, a)(\beta, b)](\gamma, c) = ((\alpha \circ \beta) \circ \gamma, (a(fg)b)(ks)c)$$

$$= (\alpha \circ (\beta \circ \gamma), a(fp)(b(hs)c)) = (\alpha, a)[(\beta, b)(\gamma, c)].$$

于是上述二元运算是结合的.

设 $\alpha \in T_{e,f}, \beta \in T_{g,h}, (\alpha, a), (\beta, b) \in W$, 据推论 2.5.10和引理 2.5.16,有

$$\begin{aligned} \alpha^* \in T_{f^*,e^*}, \quad \beta^* \in T_{h^*,g^*}, \quad T_{e^*,f^*} \ni \alpha^{**} = \lambda_a \in T_{aa^*,a^*a}, \\ T_{g^*,h^*} \ni \beta^{**} = \lambda_b \in T_{bb^*,b^*b}. \end{aligned} \tag{2.5.6}$$

这表明 $e^* = aa^*$ 且 $f^* = a^*a$, 故
$$(\alpha,a)(\alpha,a)^*(\alpha,a) = (\alpha,a)(\alpha^*,a^*)(\alpha,a) = (\alpha\circ\alpha^*\circ\alpha, a(ff^*)a^*(e^*e)a) = (\alpha,a).$$
类似可证 $(\alpha,a)^*(\alpha,a)(\alpha,a)^* = (\alpha,a)^*$. 另一方面, 注意到 $(fh^*)^* = h^{**}f^* = h^*f^*$, 有
$$[(\alpha,a)(\beta,b)^*]^* = [(\alpha,a)(\beta^*,b^*)]^* = ((\alpha\circ\beta^*)^*, b^{**}(fh^*)^*a^*)$$
$$= (\beta^{**}\circ\alpha^*, b^{**}(h^*f^*)a^*) = (\beta^{**},b^{**})(\alpha^*,a^*) = (\beta,b)^{**}(\alpha,a)^*.$$
对偶可证 $[(\alpha,a)^*(\beta,b)]^* = (\beta,b)^*(\alpha,a)^{**}$. 显然, $(\alpha,a)^{***} = (\alpha^{***},a^{***}) = (\alpha^*,a^*) = (\alpha,a)^*$.

据定理2.5.6, $T_C^* = \{\alpha\in T_C\mid\alpha\in T_{p,q}, p,q\in P(C^*)\}$. 我们断言 $W^* = \{(\alpha,a)\in W\mid\alpha\in T_C^*\}$. 显然, $W^*\subseteq\{(\alpha,a)\in W\mid\alpha\in T_C^*\}$. 若 $(\alpha,a)\in W$ 且 $\alpha\in T_C^*$, 则有 $\alpha = \alpha^{**}, a^{**} = a$ 和 $(\alpha^*,a^*)\in W$, 这表明 $(\alpha,a) = (\alpha^*,a^*)^*\in W^*$, 故 $\{(\alpha,a)\in W\mid\alpha\in T_C^*\}\subseteq W^*$. 设 $(\alpha,a),(\gamma,c)\in W^*$, $(\beta,b)\in W$. 由 $(T_C,\circ,*)$ 是双简亚正则 $*$-半群和命题2.2.3可知 $\alpha\circ\beta\circ\gamma\in T_C^*$, 这表明 $(\alpha,a)(\beta,b)(\gamma,c)\in W^*$, 据命题2.2.3, $(W,\circ,*)$ 也是双简亚正则 $*$-半群.

反之, 设 $(S,\cdot,*)$ 是双简亚正则 $*$-半群, $(C,\cdot)$ 是由 $E(S)$ 生成的半带. 据引理2.5.12, $(C,\cdot,*)$ 是双简亚正则 $*$-半群. 此时, $(C^*,\cdot,*)$ 是 $(S^*,\cdot,*)$ 和 $(C,\cdot,*)$ 的共同的 $(2,1)$-子代数且 $C^* = C\cap S^*$, $I_S = I_C$, $\Lambda_S = \Lambda_C$, $P(S^*) = P(C^*)$. 据正面部分的证明, 有双简亚正则 $*$-半群
$$W = \{(\alpha,a)\in T_C\times S^*\mid \alpha^{**} = \lambda_a\},$$
其中
$$(\alpha,a)(\beta,b) = (\alpha\circ\beta, a(fg)b), (\alpha,a)^* = (\alpha^*,a^*),$$
$(\alpha,a),(\beta,b)\in W$, $\alpha\in T_{e,f}$, $\beta\in T_{g,h}$, $fg\in C^*$(命题2.2.3), 而 $\lambda_a = \rho_a$(ρ_a 的定义见引理2.5.13 之前的陈述). 下证 $\psi:S\to W, x\mapsto(\rho_x, x^{**})$ 是 $*$-同构.

(1) 据引理2.5.13及定理2.5.14的证明知 $(\rho_x)^* = \rho_{x^*}$, 从而有 $(\rho_x)^{**} = \rho_{x^{**}} = \lambda_{x^{**}}$ 和 $(x\psi)^* = (\rho_x,x^{**})^* = ((\rho_x)^*,x^{***}) = (\rho_{x^*},x^{***}) = x^*\psi$. 这表明 ψ 是良好定义的且保持一元运算 " $*$ ".

(2) 由引理2.5.13知 $\rho_x\in T_{xx^*,x^*x}, \rho_y\in T_{yy^*,y^*y}$. 据命题2.2.4和命题2.2.3得
$$(xy)\psi = (\rho_{xy},(xy)^{**}) = (\rho_x\circ\rho_y, x^{**}(x^*xyy^*)y^{**}) = (\rho_x,x^{**})(\rho_y,y^{**}).$$

(3) 若 $x,y\in S$ 且 $(\rho_x,x^{**}) = (\rho_y,y^{**})$, 则 $T_{xx^*,x^*x}\ni\rho_x = \rho_y\in T_{yy^*,y^*y}, x^{**} = y^{**}$, 故 $xx^* = yy^*, x^*x = y^*y, x^{**} = y^{**}$, 于是 $x = xx^*x^{**}x^*x = yy^*y^{**}y^*y = y$.

(4) 若 $(\alpha,a)\in W$ 且 $\alpha\in T_{e,f}$, 则由 $a\in S^*$ 知 $\alpha^{**} = \lambda_a = \rho_a$. 据推论2.5.10, 引理2.5.13和事实 $e,f\in C$, 有 $\alpha = \alpha\circ\alpha^*\circ\alpha^{**}\circ\alpha^*\circ\alpha = \pi_e\circ\rho_a\circ\pi_f = \rho_e\circ\rho_a\circ\rho_f = \rho_{eaf}$, 这表明 $(\alpha,a) = (\rho_{eaf},a)$. 由 $(\alpha,a)\in W$, $\alpha\in T_{e,f}$ 和 (2.5.6) 式知 $a\in S^*, e^* = aa^*$ 和 $f^* = a^*a$. 据命题2.2.4和命题2.2.3, 有 $(eaf)^{**} = (ea)^{**}((ea)^*eaff^*)f^{**} = e^*aa^*e^*eaff^* = a$, 故 $(eaf)\psi = (\alpha,a)$. $\square$

本节最后给出定理2.5.17的一个应用.

例 2.5.18[180]　设 $(S,\cdot)$ 是完全单半群, H 是 S 的 $\mathcal{H}$-类, 则 H 是 S 的子群且对任意 $a \in S$, H 恰含 a 的一个逆元 (见文献 [57] 第 3 节). 记 H 的单位元为 e°, 而对任意 $a \in S$, 记 a 在 H 中的唯一逆元为 a^*, 则易证 $(S,\cdot,*)$ 是双简亚正则 $*$-半群. 显然, $H = S^*$, $P(S^*) = \{e^\circ\}$. 考虑 $C = \langle E(S)\rangle$, 则 $(C,\cdot,*)$ 是双简亚正则 $*$-半带, $C^* = H \cap C$, $P(C^*) = \{e^\circ\}$. 据引理 2.1.2 和引理 2.5.12, 有

$$I = I_C = I_S = \{e \in E(S) \mid e\mathcal{L}e^\circ\}, \Lambda = \Lambda_C = \Lambda_S = \{f \in E(S) \mid f\mathcal{R}e^\circ\}.$$

对任意 $a \in S^* = H$, 映射 $\lambda_a : \langle aa^*\rangle = \{e^\circ\} \to \langle a^*a\rangle = \{e^\circ\}, x \mapsto a^*xa$ 是 $\iota_{\{e^\circ\}}$. 另一方面, 对任意 $e \in I$ 和 $f \in \Lambda$, 有 $\langle e\rangle = \{e\}$ 和 $\langle f\rangle = \{f\}$. 记 $\sigma_{e,f} : \langle e\rangle \to \langle f\rangle, e \mapsto f, e \in I, f \in \Lambda$, 则对任意 $e \in I$ 和 $f \in \Lambda$, 有 $T_{e,f} = \{\sigma_{e,f}\}$, 从而 $T_C = \{\sigma_{e,f} \mid e \in I, f \in \Lambda\}$. 据引理 2.5.4, 对任意 $\sigma_{e,f}, \sigma_{g,h} \in T_C$, 有

$$\sigma_{e,f} \circ \sigma_{g,h} \in T_{(fg(fg)^*f)\sigma_{e,f}^{-1},(g(fg)^*fg)\sigma_{g,h}} = T_{f\sigma_{e,f}^{-1},g\sigma_{g,h}} = T_{e,h},$$

故对任意 $e, g \in I$ 和 $f, h \in \Lambda$, 有 $\sigma_{e,f} \circ \sigma_{g,h} = \sigma_{e,h}$, $\sigma_{e,f}^* = \iota_{\{e^\circ\}}$. 由定理 2.5.17 可得双简亚正则 $*$-半群 $W = \{(\alpha, a) \in T_C \times H \mid \alpha^{**} = \lambda_a\}$, 其中 $(\sigma_{e,f}, a)(\sigma_{g,h}, b) = (\sigma_{e,h}, a(fg)b)$, $fg \in S^* = H$ (命题 2.2.3). 因为对任意 $a \in H$ 和 $e \in I, f \in \Lambda$, 都有 $\lambda_a = \iota_{\{e^\circ\}} = \sigma_{e,f}^{**}$, 所以 $W = T_C \times H$. 可以验证, W 同构于 $M = I \times H \times \Lambda$ 关于运算 $(e, a, f)(g, b, h) = (e, a(fg)b, h)$ 形成的半群. 据定理 2.5.17, S 同构于 M. 显然, M 正好是群 H 上的 Rees 矩阵半群. 于是由定理 2.5.17 又重新获得了著名的完全单半群的 Rees 矩阵构造.

2.6　第 2 章的注记

正如 2.1 节提到的那样, 亚正则 $*$-半群是李勇华在文献 [95, 96] 中以 "具有正则 $*$ 断面的正则半群" 的名称首先提出来进行研究的. 这类半群是 "具有逆断面的正则半群" 的一种推广形式. 正则半群的逆断面是在 Blyth, McAlister, McFadden 等人对可分裂纯正半群[111] 和具有最大幂等元的自然序正则半群[10] 的研究基础上由 Blyth 和 McFadden 于 1982 年在文献 [11] 中提出来的. 随后, 人们对具有逆断面的正则半群的经典代数结构[14-16, 112, 135] [163, 169], 双序集结构[170], 簇理论[121, 122, 171], 序理论[12, 17] 和同余理论[13, 168] 等进行了系统的研究, 取得了丰硕的成果, 其中不乏中国学者的贡献. 2000 年以前的关于逆断面的成果已被 Blyth 总结在了文献 [14] 中, 2000 年以后的成果可参考文献 [15-17, 121, 122, 163, 170, 171] 及其参考文献.

在逆断面的研究不断取得成果的同时, 逆断面的各种推广形式也相继出现. 特别地, 鉴于正则 $*$- 半群是逆半群的推广的事实, 张荣华于 1998 年在文献 [212] 中对一类特殊的正则半群——$\mathcal{P}$-正则半群[204] 提出了正则 $*$-断面的概念. 2002 年, 李勇华在文献 [95, 96] 中对一般正则半群提出了正则 $*$-断面和强正则 $*$-断面的概念, 开启了 "具有正则 $*$-断面的正则半群"(即本书中所说的 "亚正则 $*$-半群") 的研究. 2008 年, 王守峰和刘云在文献 [174] 中证明了 "具有正则 $*$-断面的 $\mathcal{P}$-正则半群类 (在文献 [212] 的意义上)" 与 "具有强正则 $*$-断面的正则半群类 (在文献 [95] 的意义上)" 是相同的, 本书将这类半群称为强亚正则 $*$-半群.

目前, 亚正则 *-半群的研究已取得了一些成果. 李勇华, 张荣华等在文献 [95, 100, 212] 中研究了强亚正则 *-半群的三元组代数结构; 李勇华, 张荣华, 王守峰和李映辉在文献 [96, 102, 176] 中讨论了双简亚正则 *-半群的三元组和二元组代数结构, 而李勇华在文献 [97] 中则讨论了这类半群的嵌入定理. 李勇华在文献 [101] 中给出了一般的亚正则 *-半群的三元组结构定理, 而王守峰在文献 [177] 中则讨论了亚正则 *-半群的分类问题. 另一方面, 王守峰在文献 [179, 180] 中用 "基本方式" 研究了双简亚正则 *-半群, 得到了这类半群的广义 Munn 表示定理和基于广义 Munn 半群而建立的结构定理. 除代数结构外, 亚正则 *-半群的同余理论和序理论目前也有一些结果. 王守峰, 刘云和陈迪三在文献 [20, 174] 中研究了强亚正则 *-半群上的同余, 李勇华和王守峰在文献 [98, 99, 176] 中研究了双简亚正则 *-半群上的同余和同余格, 而王威丽和张晓敏则在文献 [195] 中研究了双简亚正则 *-半群上的偏序. 最近, 王守峰和严庆富在文献 [188, 209] 中将文献 [176] 中的结果拓展到了非正则半群. 当前, 亚正则 *-半群的研究主要集中于强亚正则 *-半群和双简亚正则 *-半群. 对比逆断面和正则 *-半群的丰硕成果可以看出, 亚正则 *-半群的理论还有待继续研究.

如前所述, 逆断面还有很多其他的推广形式. 目前, 在正则半群范围内, 逆断面的推广形式主要有可裂断面 (Loganathan 和 Chandrasekaran[104]), 纯正断面 (陈建飞[21]), 广义逆断面 (张荣华和王守峰[214]), 广义纯正断面 (王守峰和孔祥军[86, 175]); 在非正则半群范围内, 逆断面的推广形式主要有适当断面 (El-Qallali[30]), 广义适当断面 (张荣华和王守峰[213]), 广义拟适当断面和拟适当断面 (王守峰, 倪翔飞和孔祥军[87, 117, 175]), Ehresmann 断面 (马思遥, 任学明和宫春梅[105]), 强 Ehresmann 断面 (杨丹丹[210]), 限制断面 (王守峰[184]) 和拟 Ehresmann 断面 (王守峰[178]), 等等. 具有某种断面的半群当前仍有研究价值, 但需要进一步开发研究的新途径并尝试与其他课题和领域进行结合. 由于篇幅等原因, 上面仅列举了部分文献, 感兴趣的读者可根据上述文献搜索更多的相关成果.

第 3 章

dr–半群

本章研究的内容是 d-半群, r-半群和 dr-半群. 3.1 节讨论 d-半群和 r-半群及其若干子类, 给出了这些子类的等式刻画及大小关系. 3.2 节研究 dr-半群, 用等式刻画了这类半群的若干子类, 给出了它们的大小关系. 3.3 节和 3.4 节分别给出了 d-半群, r-半群和 dr-半群及它们的一些子类的基本表示定理. 3.5 节讨论了 d-半群, r-半群和 dr-半群及其若干子类的范畴同构定理.

3.1　d-半群和 r-半群

本节讨论 d-半群和 r-半群及其若干子类的性质和刻画. 先给出 d-半群的概念.

定义 3.1.1[192]　设 $(S,\cdot)$ 是半群, $+: S \to S, x \mapsto x^+$ 是映射. 称一元半群 $(S,\cdot,^+)$ 为 d-半群, 若下列公理成立:
$$x^+x = x, \ (xy)^+ = (xy^+)^+. \tag{3.1.1}$$
此时, 集合 $P_S = \{x^+ \mid x \in S\}$ 称为 S 的投射集. 记 d-半群形成的一元半群簇为 **d**.

引理 3.1.2[192]　设 $(S,\cdot,^+)$ 是 d-半群, 则对任意 $x \in S$, 有 $x^{++} = x^+$ 和 $x^+x^+ = x^+$. 于是, 对任意 $e \in P_S$, 有 $e^+ = e = e^2$.

证明　设 $x \in S$. 据 (3.1.1) 式, 有
$$x = x^+x = x^{++}x^+x = x^{++}x, \ (x^{++}x)^+ = (x^{++}x^+)^+ = x^{++}.$$
这蕴含 $x^+ = (x^{++}x)^+ = x^{++}$, 从而 $x^+x^+ = x^{++}x^+ = x^+$.　□

注记 3.1.3　下面是 d-半群的一些子类.

- 据文献 [158] 之命题 3.4, 一元半群 $(S,\cdot,^+)$ 称为魔鬼半群, 若下列公理成立:
$$x^+x = x, \ x^+x^+ = x^+, \ (xy)^+ = (xy^+)^+.$$

据引理 3.1.2, d-半群就是所谓的魔鬼半群.

- 据文献 [33], 一元半群 $(S,\cdot,^+)$ 称为左可定域的, 若下列公理成立:
$$x^+x = x, \ (xy)^+ = (xy^+)^+, \ (x^+y^+)^+ = x^+y^+.$$

- 据文献 [157], 一元半群 $(S,\cdot,^+)$ 称为具有左同余条件的广义辖区半群, 简称为 GDC 半群, 若下列公理成立:

$$x^+x = x,\ x^{++} = x^+,\ x^+(xy)^+ = (xy)^+,\ ((x^+y^+)^+x^+)^+ = (x^+y^+)^+, (xy)^+ = (xy^+)^+.$$

- 据文献 [79], 一元半群 $(S, \cdot, ^+)$ 称为左 P-Ehresmann 半群, 若下列公理成立:
$$x^+x = x,\ x^{++} = x^+,\ (x^+y^+)^+ = x^+y^+x^+,\ (xy)^+ = (xy^+)^+.$$

- 据文献 [155], 一元半群 $(S, \cdot, ^+)$ 称为具有左同余条件的辖区半群, 简称为 DC 半群, 若下列公理成立:
$$x^+x = x,\ x^{++} = x^+,\ x^+(xy)^+ = (xy)^+,\ (xy)^+ = (xy)^+x^+,\ (xy)^+ = (xy^+)^+.$$

- 据文献 [18], 一元半群 $(S, \cdot, ^+)$ 称为具有左同余条件的广义左限制半群, 简称为 glrc 半群, 若下列公理成立:
$$x^+x = x,\ x^{++} = x^+,\ (x^+y^+)^+ = x^+y^+,\ x^+y^+x^+ = x^+y^+,$$
$$x^+x^+ = x^+,\ x^+(xy)^+ = (xy)^+,\ (xy)^+ = (xy^+)^+.$$

glrc 半群 $(S, \cdot, ^+)$ 称为 glrac 半群, 若它还满足公理 $(xy)^+x = xy^+$. 进一步地, 据文献 [84], glrc 半群 $(S, \cdot, ^+)$ 称为 glrwac 半群, 若它还满足公理 $xy^+z^+ = (xy^+z^+)^+xz^+y^+$.

- 据文献 [43, 88], 一元半群 $(S, \cdot, ^+)$ 称为左 Ehresmann 半群, 若下列公理成立:
$$x^+x = x,\ (xy)^+ = (xy^+)^+,\ (x^+y^+)^+ = x^+y^+, x^+y^+ = y^+x^+.$$

左 Ehresmann 半群 $(S, \cdot, ^+)$ 称为左限制半群, 若它还满足公理 $(xy)^+x = xy^+$.

注意到注记3.1.3中出现的等式, 以下将考虑下面的一元半群的公理:

(i) $\quad ((x^+y^+)^+x^+)^+ = (x^+y^+)^+$ \qquad (ii) $\quad x^+(xy)^+ = (xy)^+$

(iii) $\quad x^+y^+x^+ = x^+y^+$ \qquad (iv) $\quad (xy)^+x^+ = (xy)^+$

(v) $\quad x^+(y^+x^+)^+ = x^+y^+$ \qquad (vi) $\quad (x^+y^+)^+ = x^+y^+x^+$

(vii) $\quad (x^+y^+)^+ = x^+y^+$ \qquad (viii) $\quad x^+y^+z^+ = (x^+y^+z^+)^+xz^+y^+$

(ix) $\quad xy^+z^+ = (xy^+z^+)^+xz^+y^+$ \qquad (x) $\quad (x^+y^+)^+x^+ = x^+y^+$

(xi) $\quad x^+y^+ = y^+x^+$ \qquad (xii) $\quad (xy)^+x = xy^+$

方便起见, 用 $[u_i = v_i, i \in I]$ 表示由等式集 $u_i = v_i\,(i \in I)$ 确定的 d-半群子簇, 即 $[u_i = v_i, i \in I]$ 是由等式集

$$(xy)z = x(yz),\ x^+x = x,\ (xy)^+ = (xy^+)^+,\ u_i = v_i\,(i \in I)$$

确定的一元半群簇. 例如, $[(\mathrm{i})]$ 是由等式集

$$(xy)z = x(yz),\ x^+x = x,\ (xy)^+ = (xy^+)^+,\ ((x^+y^+)^+x^+)^+ = (x^+y^+)^+$$

确定的 d-半群子簇.

据引理3.1.2和 (3.1.1) 式, 有下面的结果.

引理 3.1.4[192] 沿用上面的记号, 下列事实成立:

$[(\mathrm{i})] = [((ef)^+e)^+ = (ef)^+]$, \qquad $[(\mathrm{ii})] = [e(ef)^+ = (ef)^+]$,

$[(\mathrm{iii})] = [efe = ef]$, \qquad $[(\mathrm{iv})] = [(ef)^+e = (ef)^+]$,

$[(\mathrm{v})] = [e(fe)^+ = ef]$, \qquad $[(\mathrm{vi})] = [(ef)^+ = efe]$,

$[(\mathrm{vii})] = [(ef)^+ = ef]$, \qquad $[(\mathrm{viii})] = [efg = (efg)^+egf]$,

$$[(\text{ix})] = [xef = (xef)^+xfe],$$
$$[(\text{x})] = [(ef)^+e = ef],$$
$$[(\text{xi})] = [ef = fe],$$
$$[(\text{xii})] = [(xe)^+x = xe],$$

其中 e, f, g 是任意投射元, x 是任意元.

证明 由投射元的定义, 仅需证明情形 $[(\text{ii})], [(\text{iv})]$ 和 $[(\text{xii})]$. 我们仅证 $[(\text{ii})] = [e(ef)^+ = (ef)^+]$, 其余情形类似可证. 若 $S \in [(\text{ii})]$ 且 $e, f \in P_S$, 则据 (3.1.1) 式和引理 3.1.2, 有 $e(ef)^+ = e^+(ef)^+ = (ef)^+$. 反之, 设 $S \in [e(ef)^+ = (ef)^+]$ 且 $x, y \in S$, 则 $x^+, (xy)^+ \in P_S$. 据 (3.1.1) 式,

$$x^+(xy)^+ = x^+(x^+xy)^+ = x^+(x^+(xy)^+)^+ = (x^+(xy)^+)^+ = (x^+xy)^+ = (xy)^+,$$

于是 $S \in [(\text{ii})]$. □

引理 3.1.5[192] 下面的陈述是正确的:

(1) $[(\text{xi})] \subseteq [(\text{ix})] \subseteq [(\text{viii})] \subseteq [(\text{iii})] \subseteq [(\text{i})]$.

(2) $[(\text{vii})] \subseteq [(\text{ii})], [(\text{vi})] \subseteq [(\text{v})] \subseteq [(\text{iv})] \subseteq [(\text{i}), (\text{ii})]$.

(3) $[(\text{ii}), (\text{iii})] \subseteq [(\text{v})], [(\text{ii}), (\text{xi})] = [(\text{ii}), (\text{ix}), (\text{xi})] = [(\text{vii}), (\text{ix}), (\text{xi})] = [(\text{vii}), (\text{xi})]$.

(4) $[(\text{xii})] \subseteq [(\text{vii}), (\text{ix})] \subseteq [(\text{i}), (\text{vii})] = [(\text{x})] = [(\text{iii}), (\text{vii})] = [(\text{vi}), (\text{vii})] = [(\text{ii}), (\text{vii}), (\text{viii})] = [(\text{vii}), (\text{viii})]$.

证明 (1) 若 $S \in [(\text{xi})]$, $x \in S$ 且 $e, f \in P_S$, 则 $ef = fe$, 从而据 (3.1.1) 式, 有 $(xef)^+xfe = (xef)^+xef = xef$. 这证明了第一个包含关系. 第二个包含关系是平凡的. 若 $S \in [(\text{viii})]$ 且 $e, f \in P_S$, 则据引理 3.1.2 和 (3.1.1) 式, 有 $ef = eef = (eef)^+efe = (ef)^+efe = efe$. 这证明了第三个包含关系. 设 $S \in [(\text{iii})]$ 且 $e, f \in P_S$, 则

$$((ef)^+e)^+ = ((ef)^+e(ef)^+)^+ = ((ef)^+eef)^+ = ((ef)^+ef)^+ = (ef)^+,$$

这证明了最后一个包含关系.

(2) 若 $S \in [(\text{vii})]$ 且 $e, f \in P_S$, 则据引理 3.1.2 和 (3.1.1) 式, 有 $(ef)^+ = ef = e(ef) = e(ef)^+$. 这证明了第一个包含关系. 若 $S \in [(\text{vi})]$ 且 $e, f \in P_S$, 则再次据引理 3.1.2 和 (3.1.1) 式, 有 $e(fe)^+ = efef = efeef = (ef)^+ef = ef$, 这证明了第二个包含关系. 若 $S \in [(\text{v})]$ 且 $e, f \in P_S$, 则

$$(ef)^+ = (ef)^+(ef)^+ = (ef)^+(eef)^+ = (ef)^+(e(ef)^+)^+ = (ef)^+e.$$

这表明第三个包含关系是正确的. 若 $S \in [(\text{iv})]$ 且 $e, f \in P_S$, 则据引理 3.1.2 可知 $((ef)^+e)^+ = (ef)^{++} = (ef)^+$. 另一方面, 据引理 3.1.2 和 (3.1.1) 式, 有

$$e(ef)^+ = (e(ef)^+)^+e(ef)^+ = (eef)^+e(ef)^+ = (ef)^+e(ef)^+ = (ef)^+(ef)^+ = (ef)^+,$$

于是 $S \in [(\text{i}), \text{ii})]$. 这就证明了最后一个包含关系.

(3) 设 $S \in [(\text{ii}), (\text{iii})]$ 且 $e, f \in P_S$, 则 $(ef)^+e = (e(ef)^+)e = e(ef)^+ = (ef)^+$. 对偶可证 $(fe)^+f = (fe)^+$. 据 (3.1.1) 式, 有 $(ef)^+f = (ef)^+ef = ef$. 用 $(fe)^+$ 替代 f, 据 (3.1.1) 式和事实 $S \in [(\text{ii}), (\text{iii})]$ 可得

$$e(fe)^+ = (e(fe)^+)^+(fe)^+ = (efe)^+(fe)^+ = (ef)^+(fe)^+$$
$$= (ef)^+e(fe)^+ = (ef)^+e(fe)^+e = (ef)^+e(fe)^+fe = (ef)^+efe = (ef)^+ef = ef.$$

这证明了 $[(ii),(iii)] \subseteq [(v)]$.

由条款 (2) 知 $[(vii),(xi)] \subseteq [(ii),(xi)]$. 反过来, 设 $S \in [(ii),(xi)]$ 且 $e,f \in P_S$, 则
$$(ef)^+ = e(ef)^+ = (ef)^+e = (fe)^+e = f(fe)^+e = (fe)^+fe = fe = ef,$$
于是 $S \in [(vii),(xi)]$, 故 $[(vii),(xi)] = [(ii),(xi)]$. 由条款 (1) 可知 $[(xi)] \subseteq [(ix)]$, 故结论成立.

(4) 若 $S \in [(xii)]$, $x \in S$ 且 $e,f \in P_S$, 则据 (3.1.1) 式和引理 3.1.2 知
$$ef = (ef)^+e = ((ef)^+e)^+(ef)^+ = (ef)^+(ef)^+ = (ef)^+,$$
从而 $efe = (ef)^+e = ef$, 这证明了 $S \in [(vii)]$. 另一方面,
$$(xef)^+xfe = (x(ef)^+)^+xfe = x(ef)^+fe = xeffe = xefe = xef.$$
这说明 $S \in [(ix)]$, 故 $[(xii)] \subseteq [(vii),(ix)]$.

据条款 (1), 有 $[(ix)] \subseteq [(i)]$, 从而 $[(vii),(ix)] \subseteq [(i),(vii)]$. 若 $S \in [(i),(vii)]$, 则对任意 $e,f \in P_S$, 有 $(ef)^+e = ((ef)^+e)^+ = (ef)^+ = ef$, 这表明 $S \in [(x)]$. 反之, 若 $S \in [(x)]$, 则对任意 $e,f \in P_S$, 有 $(ef)^+e = ef$. 这表明, 对任意 $e,f \in P_S$, 有 $((ef)^+e)^+ = (ef)^+$ 和
$$(ef)^+ = (ef)^+(ef)^+ = ((ef)^+e)^+(ef)^+ = (ef)^+e = ef.$$
于是 $S \in [(i),(vii)]$, 故 $[(x)] = [(i),(vii)]$.

在 (vii) 的假设下, (i) 等价于 (iii), 从而 $[(i),(vii)] = [(iii),(vii)]$. 据条款 (1) 和 (2), 有
$$[(vii),(viii)] = [(ii),(vii),(viii)] \subseteq [(i),(ii),(vii)], \quad [(vi),(vii)] \subseteq [(i),(ii),(vii)],$$
从而 $[(vii),(viii)]$ 和 $[(vi),(vii)]$ 均含于 $[(i),(vii)]$. 为了得到所需结果, 据条款 (2), 仅需证明
$$[(i),(vii)] \subseteq [(ii),(vi),(vii),(viii)] = [(vi),(vii),(viii)].$$

事实上, 设 $S \in [(i),(vii)]$ 且 $e,f,g \in P_S$, 则 $efe = (ef)^+e = ((ef)^+e)^+ = (ef)^+ = ef$, 这表明 $(gef)^+gfe = gefgfe = gefgf = gefg = gef$. $\square$

推论 3.1.6[192] 沿用上述记号, 有以下事实:

$[(vii)] = \{$左可定域半群$\}$ $\qquad$ $[(i),(ii)] = \{$GDC 半群$\}$

$[(vi)] = \{$左 P-Ehresmann 半群$\}$ $\qquad$ $[(iv)] = \{$DC 半群$\}$

$[(x)] = \{$glrc 半群$\}$ $\qquad$ $[(xii)] = \{$glrac 半群$\}$

$[(vii),(ix)] = \{$glrwac 半群$\}$ $\qquad$ $[(vii),(xi)] = \{$左 Ehresmann 半群$\}$

$[(xi),(xii)] = \{$左限制半群$\}$

证明 前三个等式可由引理 3.1.2 和注记 3.1.3 得到. 由注记 3.1.3 和引理 3.1.2 可知 $[(ii),(iv)] = \{$DC 半群$\}$. 但引理 3.1.5 (2) 蕴含 $[(iv)] \subseteq [(i),(ii)]$, 从而 $[(iv)] = \{$DC 半群$\}$. 据引理 3.1.2, 注记 3.1.3 和引理 3.1.5 (2), (4), 有
$$[(ii),(iii),(vii)] = \{\text{glrc 半群}\} = [(iii),(vii)] = [(i),(vii)] = [(x)].$$
据此事实与注记 3.1.3 可得
$$\{\text{glrac 半群}\} = [(i),(vii),(xii)] \text{ 且} \{\text{glrwac 半群}\} = [(i),(vii),(ix)].$$

但引理3.1.5 (4) 蕴含 $[(\text{xii})] \subseteq [(\text{vii}),(\text{ix})]$, 而引理3.1.5 (1) 蕴含 $[(\text{ix})] \subseteq [(\text{i})]$, 故
$$\{\text{glrac 半群}\} = [(\text{xii})] 且 \{\text{glrwac 半群}\} = [(\text{vii}),(\text{ix})].$$

最后, 据注记3.1.3, 有
$$[(\text{vii}),(\text{xi})] = \{\text{左 Ehresmann 半群}\}, \quad [(\text{vii}),(\text{xi}),(\text{xii})] = \{\text{左限制半群}\}.$$

但据引理3.1.5 (4), 有 $[(\text{xii})] \subseteq [(\text{vii}),(\text{ix})]$, 故最后两等式也成立. □

为了得到本节的主要结果, 需要构造一些反例. 为此, 回忆一些构造半群的方法. 首先, 由文献 [124] 之定义 I.9.4 和定理 I.9.5 可得以下结果.

引理 3.1.7[192] 设 S 和 Q 是半群. 又设 $\Omega(S)$ 是 S 的平移壳且
$$\varphi : Q \to \Omega(S), \quad a \mapsto (\lambda^a, \rho^a)$$

是半群同态. 在 $V = S \cup Q$ 上定义乘法 "·" 如下:
$$a \cdot b = \begin{cases} a\rho^b & \text{若 } a \in S, b \in Q, \\ \lambda^a(b) & \text{若 } a \in Q, b \in S, \end{cases}$$

而其余的乘积分别为 S 和 Q 中的乘积, 则 V 是以 S 为理想的半群.

引理 3.1.8[192] 设 T 是半群, e 是 T 中幂等元. 设 f 是不在 T 中的一个符号, 在 $S = T \cup \{f\}$ 上定义乘法如下: 对任意 $x \in S$, $xf = xe$, $fx = ex$, $ff = f$, 则 S 形成半群. 此时, 称 S 是通过 f 复制 e 得到的半群.

证明 此时, T 恰好是平凡半群 $\{f\}$ 和 S 在同态 $\{f\} \to S$, $f \mapsto e$ 下的强半格. □

定理 3.1.9[192] 由引理3.1.4中的子簇及 **d** 本身决定的下半格可用图3.1表示.

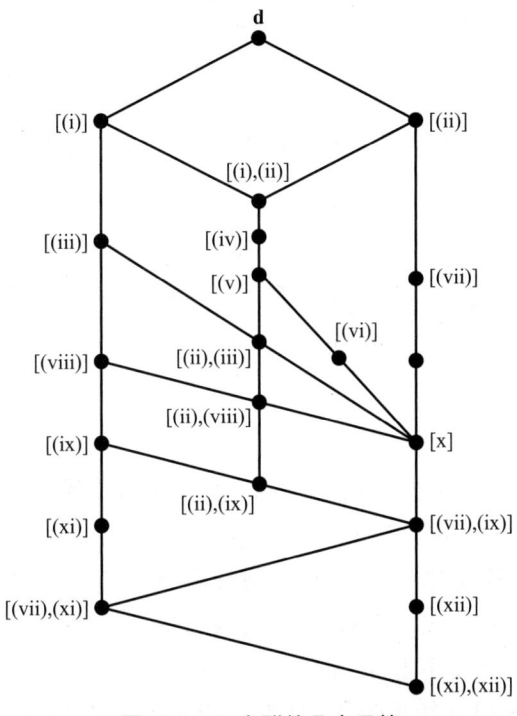

图 3.1 d-半群的几个子簇

证明 据引理3.1.5, 容易验证图3.1成立. 下证图3.1中的子簇两两不同. 据图3.1, 仅需证明以下事实:

(1) $[(xi),(xii)] \subset [(vii),(xi)] \subset [(xi)]$, $[(xi),(xii)] \subset [(xii)]$.

(2) $[(vii),(ix)] \subset [(i),(vii)](= [(x)]$, 据引理3.1.5$) \subset [(vii)]$.

(3) $[(x)] = [(i),(vii)] \subset [(vi)], [(v)] \subset [(iv)] \subset [(i),(ii)]$.

(4) $[(ii),(viii)] \subset [(ii),(iii)], [(vii),(ix)] \subset [(ii),(ix)]$.

事实上, 假设前面的包含均为真包含. 据图3.1及条款(1)中的第一个真包含, 有

$$[(vii),(ix)] \cap [(vii),(xi)] = [(vii),(xi)] \neq [(xi),(xii)] = [(xii)] \cap [(vii),(xi)],$$

故 $[(vii),(xi)] \neq [(xii)]$. 用类似的方法, 可证明图3.1中的所有包含均为真包含.

(1) 设 $S_1 = \{x,e\}$ 是右零带并定义 $x^+ = e^+ = e$. 显然, (3.1.1)式成立, $P_{S_1} = \{e\}$ 且 $S_1 \in [(vii),(xi)]$. 注意到 $(xe)^+x = x \neq e = xe$, 有 $S_1 \notin [(xi),(xii)]$. 设 $S_2 = \{e,f,0\}$ 是半格, 其中0是最小元且 $ef = 0$. 定义 $e^+ = e, f^+ = f$ 和 $0^+ = e$, 则可以验证, (3.1.1)式成立 且 $P_{S_2} = \{e,f\}$, 进一步, 有 $S_2 \in [(xi)]$. 由 $(ef)^+ = 0^+ = e \neq 0 = ef$ 知 $S_2 \notin [(vii),(xi)]$. 设 $S_3 = \{e,f\}$ 是左零带且对任意 $x \in S_3$, 定义 $x^+ = x$. 显然, (3.1.1)式成立, $P_{S_3} = \{e,f\}$ 且 $S_3 \in [(xii)]$. 但 $ef \neq fe$, 故 $S_3 \notin [(xi),(xii)]$.

(2) 设 $L = \{a,b,c\}$ 是左零带, $R = \{e,f\}$ 是右零带. 定义

$$\psi: R \to \Omega(L), \quad e \mapsto (\lambda^e, \rho^e), \quad f \mapsto (\lambda^f, \rho^f),$$

其中 $\Omega(L)$ 是 L 的平移壳, ρ^e, ρ^f 是 L 上恒等右平移,

$$\lambda^e = \begin{pmatrix} a & b & c \\ b & b & c \end{pmatrix}, \quad \lambda^f = \begin{pmatrix} a & b & c \\ c & b & c \end{pmatrix}$$

是 L 上左平移, 则 $\{(\lambda^e, \rho^e), (\lambda^f, \rho^f)\}$ 形成 $\Omega(L)$ 的一个右零子半群, 从而 ψ 是同态. 据引理3.1.7及直接计算可得半群 $T_1 = L \cup R$, 其乘法表为

·	e	f	a	b	c
e	e	f	b	b	c
f	e	f	c	b	c
a	a	a	a	a	a
b	b	b	b	b	b
c	c	c	c	c	c

定义 $e^+ = f^+ = b^+ = f$ 和 $a^+ = a, c^+ = c$, 则(3.1.1)式成立, $P_{T_1} = \{f,a,c\}$ 且 $T_1 \in [(i),(vii)]$. 注意到 $ea^+e^+ = eaf = bf = b$ 和 $(ea^+e^+)^+ee^+a^+ = b^+ee^+a^+ = fefa = c$, 有 $T_1 \notin [(vii),(ix)]$. 设 T_2 是非左正则的带, 对任意 $x \in T_2$, 定义 $x^+ = x$, 则 $T_2 \in [(vii)]$ 且 $P_{T_2} = T_2$. 若 $T_2 \in [(i),(vii)]$, 则对任意 $e, f \in P_{T_2}$, 有 $efe = (ef)^+e = ((ef)^+e)^+ = (ef)^+ = ef$. 这表明 T_2 形成左正则带, 矛盾.

(3) 设 $U_1 = \{e,f,g,h\}$ 是矩形带且 $e\mathcal{R}f\mathcal{L}h\mathcal{R}g\mathcal{L}e$. 定义 $e^+ = f^+ = e$ 和 $g^+ = h^+ = h$, 则 $U_1 \in [(vi)]$ 且 $P_{U_1} = \{e,h\}$. 由 $(eh)^+ = f^+ = e$ 和 $eh = f$ 可得 $U_1 \notin [(i),(vii)]$. 设

$B = \{e, a, b, c\}$ 是矩形带且 $e \, \mathcal{R} \, a \, \mathcal{L} \, c \, \mathcal{R} \, b \, \mathcal{L} \, e$. 又设 $Q = \{f\}$ 是平凡半群, 定义 $\psi: Q \to \Omega(B), f \mapsto (\lambda, \rho)$, 其中 $\Omega(B)$ 是 B 的平移壳, 而

$$\lambda = \begin{pmatrix} e & a & b & c \\ e & a & e & a \end{pmatrix}, \quad \rho = \begin{pmatrix} e & a & b & c \\ e & a & b & c \end{pmatrix}$$

分别是 B 上的左右平移, 则 (λ, ρ) 是 $\Omega(B)$ 中幂等元, 从而 ψ 是同态. 据引理 3.1.7 及一些直接的计算, 可得半群 $U_2 = B \cup Q$, 其凯莱表为

·	f	e	a	b	c
f	f	e	a	e	a
e	e	e	a	e	a
a	a	a	e	a	e
b	b	b	b	c	b	c
c	c	c	b	c	b

定义 $f^+ = f, e^+ = a = a^+$ 和 $b^+ = b = c^+$, 则 (3.1.1) 式成立, $P_{U_2} = \{f, a, b\}$ 且 $U_2 \in [\text{(iv)}]$. 注意到 $b(fb)^+ = be^+ = ba = c \neq b = bf$, 有 $U_2 \notin [\text{(v)}]$. 设 $R = \{f, g\}$ 是右零带, $e \notin R$, 据引理 3.1.8, 可通过 e 复制 g 得到半群 $U_3 = \{e, f, g\}$, 其凯莱表为

·	e	f	g
e	e	f	g
f	g	f	g
g	g	f	g

定义 $e^+ = e$ 和 $f^+ = f = g^+$, 则 (3.1.1) 式成立, $P_{U_3} = \{e, f\}$ 且 $U_3 \in [\text{(i), (ii)}]$. 由于 $(ef)^+ e = fe = g \neq f = (ef)^+$, 故 $U_3 \notin [\text{(iv)}]$.

(4) 设 $V_1 = \{f, a, b, c\}$ 是条款 (2) 中 T_1 的子半群. 定义 $f^+ = f = c^+, a^+ = a, b^+ = b$, 则 (3.1.1) 式成立, $P_{V_1} = \{f, a, b\}$ 且 $V_1 \in [\text{(ii), (iii)}]$. 注意到 $fab = cb = c, (fab)^+ fba = c^+ fba = ffba = fba = b$, 有 $V_1 \notin [\text{(ii), (viii)}]$. 设 $L = \{f, g\}$ 是左零带, $e \notin L$. 据引理 3.1.8, 可通过 e 复制 g 得半群 $V_2 = \{e, f, g\}$, 其凯莱表为

·	e	f	g
e	e	g	g
f	f	f	f
g	g	g	g

定义 $e^+ = e = g^+$ 和 $f^+ = f$, 则 (3.1.1) 式成立, $P_{V_2} = \{e, f\}$ 且 $V_2 \in [\text{(ii), (ix)}]$. 注意到 $(ef)^+ = g^+ = e \neq g = ef$, 有 $V_2 \notin [\text{(vii), (ix)}]$. □

本节最后解释一下如何对偶化前面获得的关于 d-半群的一些结果. 在本书中, 将 d-半群的有关事实对偶化的含义是: 所有表达式反序书写, 用 $*$ 代替 $+$. 按照这一原则, 我们可定义 r-半群. 一元半群 $(S, \cdot, *)$ 称为 r-半群, 若以下公理成立:

$$xx^* = x, \quad (yx)^* = (y^*x)^*. \tag{3.1.2}$$

此时, $P_S = \{x^* \mid x \in S\}$ 称为 S 的投射集. 记 r-半群形成的一元半群簇为 **r**. 为方便起见, 若 (j) 是关于 d-半群的一个等式, 则用 (j)′ 表示 (j) 的对偶等式. 例如, 在 d-半群簇中有等式 (i) $((x^+y^+)^+x^+)^+ = (x^+y^+)^+$, 故在 r-半群簇中有等式 (i)′ $(y^*x^*)^* = (x^*(y^*x^*)^*)^*$. 通过这种方式, 可得到关于 r-半群的全部结果.

3.2 dr-半群

本节讨论 dr-半群及其若干子类的性质和刻画, 先给出以下概念.

定义 3.2.1[192] 称双一元半群 $(S, \cdot, ^+, ^*)$ 为 dr-半群, 若 $(S, \cdot, ^+)$ 是 d-半群, $(S, \cdot, ^*)$ 是 r-半群, 且下列公理成立:
$$x^{+*} = x^+, \quad x^{*+} = x^*. \tag{3.2.1}$$

此时, 由 (3.2.1) 式知 $\{x^+ \mid x \in S\} = \{x^* \mid x \in S\}$, 称其为 S 的投射集并记之为 P_S. 记 dr-半群形成的双一元半群簇为 **dr**.

与前面类似, 记由等式集 $u_i = v_i\,(i \in I)$ 确定的 dr-半群子簇为 $[u_i = v_i, i \in I]$. 也就是说, $[u_i = v_i, i \in I]$ 是由等式集
$$(xy)z = x(yz),\ x^{+*} = x^+,\ x^{*+} = x^*,\ x^+x = x,$$
$$(xy)^+ = (xy^+)^+,\ xx^* = x,\ (y^*x)^* = (yx)^*,\ u_i = v_i\,(i \in I)$$
确定的双一元半群簇. 例如, $[(i), (i)']$ 是等式集
$$(xy)z = x(yz),\ x^{+*} = x^+,\ x^{*+} = x^*,\ x^+x = x, (xy)^+ = (xy^+)^+,$$
$$xx^* = x,\ (y^*x)^* = (yx)^*,\ ((x^+y^+)^+x^+)^+ = (x^+y^+)^+,\ (x^*(y^*x^*)^*)^* = (y^*x^*)^*$$
决定的 dr-半群子簇.

下面考虑 dr-半群簇的一些子簇. 首先, 考虑子簇 $[(u), (u)']$, 其中
$$u \in \{\mathrm{i, ii, iii, iv, v, vi, vii, viii, ix, x, xi, xii}\}.$$

引理 3.2.2[192] 沿用上面的记号, 有以下事实:
$$[(iii), (iii)'] = [(viii), (viii)'] = [(ix), (ix)'] = [(xi), (xi)'].$$

证明 据引理 3.1.5 (1) 及其对偶, 仅需证明 $[(iii), (iii)'] \subseteq [(xi), (xi)']$. 若 $S \in [(iii), (iii)']$, 据引理 3.1.4 及其对偶, 对任意 $e, f \in P_S$, 有 $ef = efe = fe$, 从而 $S \in [(xi), (xi)']$. □

据文献 [18, 33, 43, 79, 84, 88, 155, 157], 注记 3.1.3, 推论 3.1.6 及其对偶, 我们有以下 dr-半群的子类:

$[(vii), (vii)'] = \{\text{可定域半群}\}, \qquad [(vii), (vii)', (xi), (xi)'] = \{\text{Ehresmann 半群}\},$

$[(vi), (vi)'] = \{P\text{-Ehresmann 半群}\}, \quad [(i), (i)', (ii), (ii)'] = \{\text{GDRC 半群}\},$

$[(iv), (iv)'] = \{\text{DRC 半群}\}, \qquad\qquad [(xi), (xi)', (xii), (xii)'] = \{\text{限制半群}\}.$

注意到引理 3.1.5 (4), 有 $[(x)] = [(iii), (vii)]$, 于是由引理 3.2.2 可得
$$\{\text{Ehresmann 半群}\} = [(vii), (vii)', (xi), (xi)'] = [(vii), (vii)', (iii), (iii)'] = [(x), (x)'].$$

另一方面, 引理3.1.5 (4) 还蕴含 $[(\text{xii})] \subseteq [(\text{vii}), (\text{ix})]$. 据引理3.2.2, 有

$$\{\text{限制半群}\} = [(\text{xi}), (\text{xi})', (\text{xii}), (\text{xii})']$$

$$= [(\text{xi}), (\text{xi})', (\text{xii}), (\text{xii})', (\text{ix}), (\text{ix})'] = [(\text{xii}), (\text{xii})', (\text{ix}), (\text{ix})'] = [(\text{xii}), (\text{xii})'].$$

由于上述原因, 记

$$\mathbf{R} = [(\text{xii}), (\text{xii})'], \quad \mathbf{E} = [(\text{x}), (\text{x})'] = [(\text{vii}), (\text{vii})', (\text{xi}), (\text{xi})'], \quad \mathbf{L} = [(\text{vii}), (\text{vii})'],$$

$$\mathbf{PE} = [(\text{vi}), (\text{vi})'], \quad \mathbf{DRC} = [(\text{iv}), (\text{iv})'], \quad \mathbf{GDRC} = [(\text{i}), (\text{i})', (\text{ii}), (\text{ii})'].$$

再记

$$\mathbf{Sudr} = [(\text{i}), (\text{i})'], \quad \mathbf{Stdr} = [(\text{ii}), (\text{ii})'], \quad \mathbf{Pcdr} = [(\text{xi}), (\text{xi})'], \quad \mathbf{Sydr} = [(\text{v}), (\text{v})'],$$

并分别称 $\mathbf{Sudr}$, $\mathbf{Stdr}$, $\mathbf{Pcdr}$, $\mathbf{Sydr}$ 中的成员为超, 强, 投射交换和对称dr-半群.

据定理3.1.9及其对偶和引理3.2.2, 有以下结果.

引理 3.2.3[192]　由子簇 $[(\text{i}), (\text{i})'], [(\text{ii}), (\text{ii})'], \cdots, [(\text{xii}), (\text{xii})']$ 决定的下半格可由图3.2 表示.

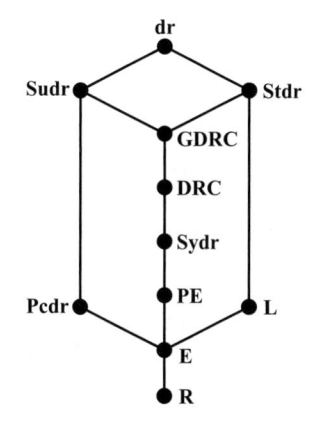

图 3.2　dr-半群的几个子簇

下面介绍dr-半群的两个新子簇. 记

$$\mathbf{Bdr} = [(ef)^+ = (fe)^*], \quad \mathbf{WSydr} = [(e(fe)^+)^* = (ef)^*, ((ef)^*e)^+ = (fe)^+],$$

其中 e, f 是任意投射元, 并分别称 $\mathbf{Bdr}$ 和 $\mathbf{WSydr}$ 中的成员为平衡和弱对称dr-半群. 对任意一类dr-半群 $\mathbf{U}$, 记

$$\mathbf{IU} = \{S \in \mathbf{U} \mid S \text{上有对合} S \to S, x \mapsto x^\circ \text{使得} x^{\circ *} = x^+\}.$$

易见, 若 $(S, \cdot, {}^+, {}^*, {}^\circ) \in \mathbf{Idr}$, 则对任意 $x \in S$, 有

$$x^* = x^{\circ \circ *} = x^{\circ +}. \tag{3.2.2}$$

注记 3.2.4[192]　当 $\mathbf{U}$ 是dr-半群的子簇时, $\mathbf{IU}$ 未必是dr-半群的子簇. 事实上, 设 $B^1 = (I \times I)^1$ 是矩形带添加了一个单位元构成的半群且 $|I| > 1$. 对任意 $(i, j) \in B$, 定义

$$(i, j)^+ = 1^+ = 1 = 1^* = (i, j)^*, 1^\circ = 1, (i, j)^\circ = (j, i),$$

则 "$\circ$" 是 B^1 上的对合且 $(B^1, \cdot, {}^+, {}^*) \in \mathbf{IE}$. 固定 $i \in I$ 并记 $L_i^1 = \{(i, j) \mid j \in I\} \cup \{1\}$, 则 L_i^1 是 B^1 的 ${}^+$-和 *-子半群. 然而, L_i^1 上不存在对合, 从而 $L_i^1 \notin \mathbf{IE}$. 这表明 $\mathbf{IE}$ 不是dr-半群

的子簇.

为考虑上面提到的那些dr-半群的子簇之间的关系,需要以下术语. 称dr-半群$(S,\cdot,^+,^*)$

左对称, 若对任意$e,f \in P_S$, 有 $e(fe)^+ = ef$;
右对称, 若对任意$e,f \in P_S$, 有 $(ef)^*e = fe$;
弱左对称, 若对任意$e,f \in P_S$, 有 $(e(fe)^+)^* = (ef)^*$;
弱右对称, 若对任意$e,f \in P_S$, 有 $((ef)^*e)^+ = (fe)^+$.

引理 3.2.5[192] dr-半群(弱)对称当且仅当它既(弱)左对称又(弱)右对称, (左,右)对称dr-半群是弱(左,右)对称dr-半群.

引理 3.2.6[192] 设 $(S,\cdot,^+,^*)$ 是弱左(右)对称dr-半群, 则对任意$e,f \in P_S$, 有 $e(ef)^+ = (ef)^+e\ ((fe)^*e = e(fe)^*)$. 这蕴含$S$满足公理 $x^+(xy)^+ = (xy)^+x^+\ ((yx)^*x^* = x^*(yx)^*)$.

证明 设 $e,f \in P_S$, 据引理3.1.2和(3.1.1)式, 有 $(ef)^+ = (eef)^+ = (e(ef)^+)^+$. 据$S$的弱左对称性, 有

$$((ef)^+e)^* = ((ef)^+(e(ef)^+)^+)^* = ((ef)^+(ef)^+)^* = (ef)^{+*} = (ef)^+. \quad (3.2.3)$$

据(3.1.1)式和 (3.1.2)式, 这蕴含
$(ef)^+e = (ef)^+e((ef)^+e)^* = (ef)^+e(ef)^+ = (eef)^+e(ef)^+ = (e(ef)^+)^+e(ef)^+ = e(ef)^+$.
另外, 若$x,y \in S$, 则 $x^+, (xy)^+ \in P_S$, 从而据(3.1.1)式, 有

$$x^+(xy)^+ = x^+(x^+xy)^+ = x^+(x^+(xy)^+)^+ = (x^+(xy)^+)^+x^+ = (xy)^+x^+.$$

剩余结论对偶可证. □

引理 3.2.7[192] 设 $(S,\cdot,^+,^*)$ 是dr-半群, 则下述任意两条可推出第三条:
(1) S 平衡, 即 $S \in \mathbf{Bdr}$.
(2) S 弱左对称.
(3) S 弱右对称.

作为推论, 有 $\mathbf{Wsydr} \subseteq \mathbf{Bdr}$.

证明 由(1)和(2)推(3): 设 $e,f \in P_S$, 则由(1)和(2)知$((ef)^*e)^+ = (e(ef)^*)^* = (e(fe)^+)^* = (ef)^* = (fe)^+$, 故(3)成立.

由(1)和(3)推(2): 这是(1)和(2)推(3)的对偶.

由(2)和(3)推(1): 据引理3.2.6和(3.2.3)式, 对任意$e,f \in P_S$, 有 $(e(ef)^+)^* = ((ef)^+e)^* = (ef)^+$. 据此事实及条件(3)和(3.1.2)式, 对任意$e,f \in P_S$, 有

$$(fe)^+ = ((ef)^*e)^+ = ((ef)^*((ef)^*e)^+)^* = ((ef)^*(fe)^+)^* = (ef(fe)^+)^*.$$

另一方面, 据引理3.2.6, (3.1.2)式和条件(2), 对任意$e,f \in P_S$, 有

$$(ef(fe)^+)^* = (e(fe)^+f)^* = ((e(fe)^+)^*f)^* = ((ef)^*f)^* = (eff)^* = (ef)^*,$$

故对任意$e,f \in P_S$, $(ef)^+ = (fe)^*$. 这表明(1)成立. □

引理 3.2.8[192] 设 $(S,\cdot,^+,^*)$ 是dr-半群, 则下述任意两条可推出第三条:
(1) S 平衡, 即 $S \in \mathbf{Bdr}$.

(2) S 左对称.

(3) S 右对称.

证明 由引理3.2.7及其证明, 仅需证明(1)和(2)蕴含(3). 事实上, 设 $e, f \in P_S$, 则引理3.2.6蕴含 $f(fe)^+ = (fe)^+f$, 而条件(2)蕴含 $e(fe)^+ = ef$, 故

$$e(fe)^+e = e(fe)^+(fe)^+e = ef(fe)^+e = e(fe)^+fe = efe.$$

用 $(fe)^+$ 替换 e, 则据事实 $f(fe)^+ = (fe)^+f$, 有

$$(fe)^+ = (fe)^+(fe)^+(fe)^+ = (fe)^+(f(fe)^+)(fe)^+ = (fe)^+f(fe)^+ = (fe)^+f.$$

故由条件(1)和(3.1.1)式知 $(ef)^*e = (fe)^+e = (fe)^+fe = fe$. 于是(3)成立. □

引理 3.2.9[192] 设 $S \in \mathbf{Stdr}$.

(1) S 弱右(左)对称当且仅当 S 右(左)对称.

(2) S 平衡当且仅当 S 弱对称, 当且仅当 S 对称.

证明 由 S 是强的可知对任意 $e, f \in P_S$, 有 $e(ef)^+ = (ef)^+$ 和 $(fe)^*e = (fe)^*$. 条款(1)的充分性是显然的. 为证必要性, 设 S 弱对称且 $e, f \in P_S$, 则 $(fe)^+ = ((ef)^*e)^+ = (ef)^*((ef)^*e)^+ = (ef)^*(fe)^+$. 另一方面,

$$(ef)^*e = ((ef)^*e)^+(ef)^*e = (fe)^+(ef)^*e = f(fe)^+(ef)^*e = f(ef)^*e.$$

由 S 弱右对称及引理3.2.6可知 $(ef)^*f = f(ef)^*$, 故

$$fe = (fe)^+fe = (ef)^*(fe)^+fe = (ef)^*fe = f(ef)^*e = (ef)^*e,$$

这表明 S 右对称. 类似可证对偶的结果. 故(1)成立. 为证条款(2), 据引理3.2.7和引理3.2.8, 只需证明 S 平衡蕴含 S 对称. 事实上, 设 S 平衡且 $e, f \in P_S$, 则 $(ef)^+ = (fe)^*$. 由于 S 是强的, 故 $e(fe)^+ = ef(fe)^+ = ef(ef)^* = ef$, 这表明 S 左对称. 据引理3.2.8, S 也右对称. □

注记 3.2.10[192] 由引理3.2.9, 对强的dr-半群来说, "弱左对称, 弱右对称, 弱对称"和"平衡"都等价于"对称".

引理 3.2.11[192] 下列陈述是正确的:

(1) $\mathbf{Idr} \subseteq \mathbf{Bdr} \subseteq \mathbf{Sudr}$.

(2) $\mathbf{Sydr} \subseteq \mathbf{WSydr} \subseteq \mathbf{Bdr}$.

(3) $\mathbf{Bdr} \cap \mathbf{Stdr} = \mathbf{Bdr} \cap \mathbf{GDRC} = \mathbf{Bdr} \cap \mathbf{DRC} = \mathbf{Sydr} = \mathbf{WSydr} \cap \mathbf{Stdr} = \mathbf{WSydr} \cap \mathbf{GDRC} = \mathbf{WSydr} \cap \mathbf{DRC}$.

(4) $\mathbf{E} \subseteq \mathbf{Bdr} \cap \mathbf{Pcdr} = \mathbf{WSydr} \cap \mathbf{Pcdr}$.

证明 (1) 设 $(S, \cdot, ^+, ^*, ^\circ) \in \mathbf{Idr}$ 且 $e \in P_S$, 则由(3.2.2)式知 $e^{\circ+} = e^* = e$, 从而 $e^\circ = e^{\circ+}e^\circ = ee^\circ$. 这表明 $e = e^{\circ\circ} = (ee^\circ)^\circ = e^{\circ\circ}e^\circ = ee^\circ = e^\circ$. 另外, 对任意 $e, f \in P_S$, 有 $ef = e^\circ f^\circ = (fe)^\circ$, 从而 $(ef)^+ = (fe)^{\circ+} = (fe)^*$, 故 $S \in \mathbf{Bdr}$. 这证明了第一个包含关系. 设 $S \in \mathbf{Bdr}$, 则对任意 $e, f \in P_S$, 有 $ef(fe)^+ = ef(ef)^* = ef$, 从而据引理3.1.2和(3.1.1)式, 有 $(ef)^+ = (ef(fe)^+)^+ = (effe)^+ = (efe)^+$. 分别用 $(ef)^+$ 替换 e, e 替换 f, 有

$$((ef)^+e)^+ = ((ef)^+e(ef)^+)^+ = ((ef)^+eef)^+ = ((ef)^+ef)^+ = (ef)^+.$$

据此事实及其对偶可得 $S \in \mathbf{Sudr}$. 这证明了第二个包含关系.

(2) 第一个包含关系是显然的, 第二个包含关系可由引理3.2.7直接得到.

(3) 由引理3.2.3和引理3.2.9 (2)立得.

(4) 设 $S \in \mathbf{E}$ 且 $e, f \in P_S$, 则 $(ef)^+ = ef = fe = (fe)^*$. 这表明 $S \in \mathbf{Bdr} \cap \mathbf{Pcdr}$. 为证明等式, 据条款(2), 只需证明 $\mathbf{Bdr} \cap \mathbf{Pcdr} \subseteq \mathbf{WSydr} \cap \mathbf{Pcdr}$. 设 $S \in \mathbf{Bdr} \cap \mathbf{Pcdr}$, 则 $(ef)^+ = (fe)^*$ 且 $ef = fe$, 从而对任意 $e, f \in P_S$, 有 $(ef)^+ = (ef)^*$. 这表明, 对任意 $e, f \in P_S$, 有 $(e(fe)^+)^* = (e(fe)^+)^+ = (efe)^+ = (ef)^+ = (ef)^*$, 故 S 弱左对称. 此事实与其对偶蕴含 $S \in \mathbf{WSydr} \cap \mathbf{Pcdr}$. □

定理 3.2.12[192] 由dr-半群的子类

$$\mathbf{dr}, \mathbf{Sudr}, \mathbf{Stdr}, \mathbf{Pcdr}, \mathbf{DRC}, \mathbf{Bdr}, \mathbf{Idr}, \mathbf{WSydr}, \mathbf{PE}, \mathbf{L}, \mathbf{R}$$

确定的下半格可由图3.3表示.

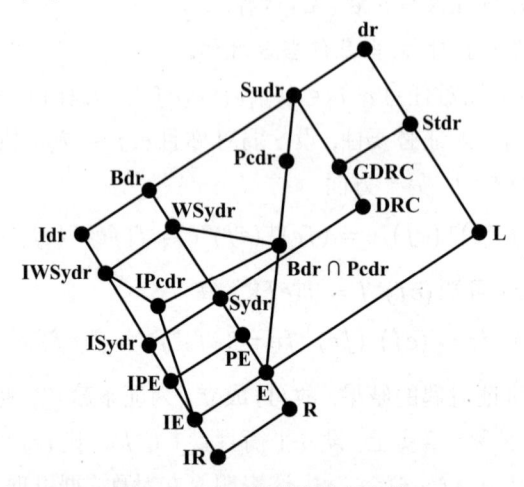

图 3.3 dr-半群的几个子类

证明 容易证明, 由引理3.2.3和引理3.2.11可得到图3.3. 下证图3.3中的子类两两不同. 我们只需证明以下事实.

(1) $\mathbf{IE} \subset \mathbf{IPcdr}$, $\mathbf{WSydr} \cap \mathbf{Pcdr}(= \mathbf{Bdr} \cap \mathbf{Pcdr}$, 引理3.2.11 (4)) $\subset \mathbf{Pcdr}$.

(2) $\mathbf{R} \supset \mathbf{IR} \subset \mathbf{IE} \subset \mathbf{IPE} \subset \mathbf{ISydr}$, $\mathbf{IWSydr} \subset \mathbf{Idr}$.

(3) $\mathbf{E} \subset \mathbf{L}$, $\mathbf{Sydr} \subset \mathbf{DRC} \subset \mathbf{GDRC}$.

事实上, 设上述条款 (1), (2)和条款(3)成立, 则据条款(1)和图3.3, 有

$$\mathbf{IWSydr} \cap \mathbf{IPcdr} = \mathbf{IPcdr} \neq \mathbf{IE} = \mathbf{ISydr} \cap \mathbf{IPcdr},$$

从而 $\mathbf{IWSydr} \neq \mathbf{ISydr}$. 利用类似的方法, 可以证明图3.3中的子类两两不同. 下证上述三个条款成立.

(1) 设 $T = \{e, f, 0\}$ 是以0为最小元的半格且 $ef = 0$. 定义 $e^+ = e = e^* = 0^+ = 0^*$ 和 $f^+ = f = f^*$, 则 $T \in \mathbf{Pcdr}$ 且 $P_T = \{e, f\}$. 对任意 $x \in T$, 定义 $x° = x$, 则"°"是对合且对任意 $x \in T$, 有 $x°^* = x^+$, 从而 $T \in \mathbf{IPcdr}$. 由 $(ef)^+ = 0^+ = e \neq 0 = ef$ 可得 $T \notin \mathbf{E}$, 从而 $(T, \cdot, ^+, ^*) \notin \mathbf{IE}$. 这证明了第一个真包含关系. 若定义 $e^\clubsuit = e = e^\spadesuit = 0^\clubsuit$ 和 $f^\clubsuit = f = f^\spadesuit = 0^\spadesuit$, 则 $(T, \cdot, ^\clubsuit, ^\spadesuit) \in \mathbf{Pcdr}$. 由 $(e(fe)^\clubsuit)^\spadesuit = (e0^\spadesuit)^\spadesuit = e^\spadesuit = e \neq f = 0^\spadesuit = (ef)^\spadesuit$ 知

$(T, \cdot, \clubsuit, \spadesuit) \notin \mathbf{WSydr}$. 这证明了第二个真包含关系.

(2) 设 S_1 是至少含两个元素的左零带. 在 S_1^1 上定义 $^+$ 和 * 如下: 对任意 $x \in S_1^1$, 令 $x^+ = x^* = 1$. 显然, $S_1^1 \in \mathbf{R}$. 但 S_1^1 上没有对合, 从而 $S_1^1 \notin \mathbf{IR}$. 设 $S_2 = \{1, e, a, b, c\}$ 是矩形带 $\{e, a, b, c\}$ 添加单位元 1 构成的半群且 $e\mathcal{R}a\mathcal{L}c\mathcal{R}b\mathcal{L}e$, 定义

$$1^+ = e^+ = a^+ = 1 = 1^* = a^* = c^*, \quad b^+ = c^+ = b = b^* = e^*$$

和 $1^\circ = 1, e^\circ = c, a^\circ = a, b^\circ = b, c^\circ = e$, 则 $(S_2, \cdot, ^+, ^*, ^\circ) \in \mathbf{IE}$ 且 $P_{S_2} = \{1, b\}$. 注意到 $cb = b \neq c = bc = b^+c = (cb)^+c$, 有 $S_2 \notin \mathbf{IR}$. 设 $S_3 = \{e, f, g, h\}$ 是矩形带且 $e\mathcal{R}f\mathcal{L}h\mathcal{R}g\mathcal{L}e$, 定义 $f^+ = e^+ = e = e^* = g^*$, $g^+ = h^+ = h = h^* = f^*$ 和 $e^\circ = e, h^\circ = h, f^\circ = g, g^\circ = f$, 则 $S_3 \in \mathbf{IPE}$ 且 $P_{S_3} = \{e, h\}$. 但由 $he = g \neq f = eh$ 知 $S_3 \notin \mathbf{IE}$. 设 $B = \{e, f, g, h\}$ 是矩形带, $e\mathcal{R}f\mathcal{L}h\mathcal{R}g\mathcal{L}e$, $u \notin B$, 据引理3.1.8, 有通过 u 复制 g 得到的半群 $S_4 = \{e, f, g, h, u\}$, 其乘法表为

$\cdot$	u	e	f	g	h
u	u	g	h	g	h
e	e	e	f	e	f
f	e	e	f	e	f
g	g	g	h	g	h
h	g	g	h	g	h

定义 $e^* = g^* = u^* = u = u^+ = h^+ = g^+$ 和 $h^* = f^* = f = f^+ = e^+$. 再定义 $h^\circ = e, e^\circ = h, g^\circ = g, u^\circ = u, f^\circ = f$, 则 $(S_4, \cdot, ^+, ^*, ^\circ) \in \mathbf{ISydr}$ 且 $P_{S_4} = \{u, f\}$. 但由 $(uf)^+ = h^+ = u \neq g = ufu$ 知 $S_4 \notin \mathbf{IPE}$. 设 $B^g = \{e, a, b, c, g\}$ 是矩形带 $\{e, a, b, c\}$ 添加单位元 g 形成的半群且 $e\mathcal{R}a\mathcal{L}c\mathcal{R}b\mathcal{L}e$. 设 $Q = \{f\}$ 是平凡半群并定义 $\psi: Q \to \Omega(B^g), f \mapsto (\lambda, \rho)$, 其中 $\Omega(B^g)$ 是 B^g 的平移壳且

$$\lambda = \begin{pmatrix} g & e & a & b & c \\ c & b & c & b & c \end{pmatrix}, \quad \rho = \begin{pmatrix} g & e & a & b & c \\ c & a & a & c & c \end{pmatrix}$$

分别是 B^g 上的左右平移, 则 (λ, ρ) 是 $\Omega(B^g)$ 中的幂等元, 从而 ψ 是同态. 据引理3.1.7和直接计算, 有半群 $S_5 = B^g \cup Q = \{e, a, b, c, g, f\}$, 其乘法表为

$\cdot$	f	g	e	a	b	c
f	f	c	b	c	b	c
g	c	g	e	a	b	c
e	a	e	e	a	e	a
a	a	a	e	a	e	a
b	c	b	b	c	b	c
c	c	c	b	c	b	c

定义 $f^+ = f = f^*, a^* = c^* = g^* = g^+ = g = b^+ = c^+, e^+ = a^+ = e = e^* = b^*$ 和 $f^\circ = f, g^\circ = g, e^\circ = e, a^\circ = b, b^\circ = a, c^\circ = c$, 则 $S_5 \in \mathbf{Idr}$ 且 $P_{S_5} = \{e, f, g\}$. 注意到

$(e(fe)^+)^* = (eb^+)^* = (eg)^* = e^* = e \neq g = a^* = (ef)^*$，有 $S_5 \notin \mathbf{IWSysdr}$.

(3) 设 U_1 是非交换带. 定义 $x^+ = x = x^*$，则 $U_1 \in \mathbf{L}$，但 $U_1 \notin \mathbf{E}$. 考虑半群 $U_2 = \{a, b, c, d\}$（文献 [123] 中的 178 页），其乘法表为

·	a	b	c	d
a	a	a	a	a
b	a	a	b	a
c	a	a	c	a
d	a	b	b	d

定义 $a^+ = a = a^*, b^+ = d = d^+ = d^*$ 且 $c^+ = c = c^* = b^*$，则 $U_2 \in \mathbf{DRC}$ 且 $P_{U_2} = \{a, c, d\}$. 但由 $(cd)^*c = a^*c = ac = a \neq b = dc$ 可得 $U_2 \notin \mathbf{Sydr}$. 设 $Y = \{\alpha, \beta, \gamma\}$ 是半格且 $\alpha \geqslant \beta \geqslant \gamma$. 设 $N_\alpha = \{u\}$ 是平凡半群，$N_\beta = \{e, f\}$ 是左零带，$N_\gamma = \{g, h\}$ 是右零带. 定义同态
$$\psi_{\alpha,\beta}: N_\alpha \to N_\beta, u \mapsto e, \quad \psi_{\alpha,\gamma}: N_\alpha \to N_\gamma, u \mapsto g, \quad \psi_{\beta,\gamma}: N_\beta \to N_\gamma, e \mapsto g, f \mapsto g,$$
则 $U_3 = \{u, e, f, g, h\}$ 是正规带，其乘法表是

·	u	e	f	g	h
u	u	e	e	g	h
e	e	e	e	g	h
f	f	f	f	g	h
g	g	g	g	g	h
h	g	g	g	g	h

定义 $f^+ = f = f^* = g^* = e^*, g^+ = h^+ = h = h^*$ 且 $e^+ = u^+ = u = u^*$，则 $U_3 \in \mathbf{GDRC}$ 且 $P_{U_3} = \{f, h, u\}$. 注意到 $(fh)^+f = h^+f = hf = g \neq h = (fh)^+$，有 $U_3 \notin \mathbf{DRC}$. □

注记 3.2.13[192] 设 $R = \{e, f\}$ 是右零带且 $g \notin R$. 据引理 3.1.8，有通过 g 复制 f 得到的半群 $S = \{e, f, g\}$，其乘法表为

·	e	f	g
e	e	f	f
f	e	f	f
g	e	f	g

定义 $e^+ = e = e^*$ 且 $f^+ = g^+ = g = f^* = g^*$，则 $S \in \mathbf{dr}$ 且 $P_S = \{e, g\}$. 由 $(eg)^*e = f^*e = ge$ 和 $(ge)^*g = e^*g = eg$ 知 S 右对称. 但由 $(e(ge)^+)^* = (ee^+)^* = (ee)^* = e^* = e \neq g = f^* = (eg)^*$ 和 $(eg)^+ = f^+ = g \neq e = e^* = (ge)^*$ 知 S 既非弱左对称也非平衡. 此半群和其对偶半群以及定理 3.2.12 的证明中的半群 $(S_5, \cdot, ^+, ^*)$ 说明，在引理 3.2.7 和引理 3.2.8 中，任何一款推不出另一款.

注记 3.2.14[192] 据引理 3.2.7 和引理 3.2.8，在 $(S, \cdot, ^+, ^*) \in \mathbf{Bdr}$ 的假设下，S(弱)左对称当且仅当 S(弱)右对称. 但一般情况下，这个结论不成立 (即使在 $S \in \mathbf{DRC}$ 的情况下). 设 $B = \{e, a, c, b, d, g\}$ 是矩形带，其乘法表为

e	a	c
b	d	g

设 $Q = \{f\}$ 是平凡半群而 $\psi : Q \to \Omega(B)$, $f \mapsto (\lambda, \rho)$, 其中 $\Omega(B)$ 是 B 的平移壳且

$$\lambda = \begin{pmatrix} e & a & b & g & c & d \\ b & d & b & g & g & d \end{pmatrix}, \rho = \begin{pmatrix} e & a & b & g & c & d \\ a & a & d & g & c & d \end{pmatrix}$$

分别是 B 上的左平移和右平移, 则 (λ, ρ) 是 $\Omega(B)$ 中的幂等元, 从而 ψ 是同态. 据引理3.1.7和一些计算, 我们有半群 $S = B \cup Q = \{e, a, b, c, g, d, f\}$, 其乘法表为

$\cdot$	f	e	a	b	g	c	d
f	f	b	d	b	g	g	d
e	a	e	a	e	c	c	a
a	a	e	a	e	c	c	a
b	d	b	d	b	g	g	d
g	g	b	d	b	g	g	d
c	c	e	a	e	c	c	a
d	d	b	d	b	g	g	d

定义

$+$	e	f	a	b	g	c	d
	e	f	e	g	g	e	g

,

$*$	e	f	a	b	g	c	d
	e	f	f	e	g	g	f

则 $(S, \cdot, +, *)$ 是右对称DRC-半群且 $P_S = \{e, f, g\}$. 由 $e(fe)^+ = eb^+ = eg = c \neq a = ef$ 知 S 非左对称. 显然, $(S, \cdot, +, *)$ 的对偶半群必为非右对称的左对称DRC-半群. 据引理3.2.3和引理3.2.9, 在DRC-半群范围内, 弱左(右)对称性和左(右)对称一致. 故论断正确.

本节最后介绍后面几节用到的基本d-半群, r-半群和dr-半群. d-半群 $(S, \cdot, +)$ (r-半群 $(S, \cdot, *)$, dr-半群 $(S, \cdot, +, *)$) 称为基本的, 若 S 上的最大投射分离(2,1)-同余((2,1)-同余, (2,1,1)-同余) $\mu_R(\mu_L, \mu)$ 是相等关系. 另外, S 的一元子半群 U 称为P-满的, 若 $P_S \subseteq U$.

引理 3.2.15[192]   设 $(S, \cdot, +)$ $((S, \cdot, *), (S, \cdot, +, *))$ 是d-半群(r-半群, dr-半群), 则

$$\mu_R = \{(a, b) \in S \times S \mid (\forall e \in P_S)\, a^+ = b^+, (ae)^+ = (be)^+\}$$

$(\mu_L = \{(a, b) \in S \times S \mid (\forall e \in P_S)\, a^* = b^*, (ea)^* = (eb)^*\}$, $\mu = \mu_R \cap \mu_L)$, 于是, 若 S 基本, 则 S 的任意P-满一元子半群也基本.

证明   记 $\rho = \{(a, b) \in S \times S \mid (\forall e \in P_S)\, a^+ = b^+, (ae)^+ = (be)^+\}$, 则 ρ 是等价关系. 设 $(a, b) \in \rho$, $x \in S$, $e \in P_S$, 则 $a^+ = b^+, (ae)^+ = (be)^+$, 从而有 $(a^+, b^+) \in \rho$. 据(3.1.1)式, 有

$$(xa)^+ = (xa^+)^+ = (xb^+)^+ = (xb)^+,\ (xae)^+ = (x(ae)^+)^+ = (x(be)^+)^+ = (xbe)^+.$$

另一方面, 由 $x^+, (xe)^+ \in P_S$, (3.1.1)式及 $(a, b) \in \rho$ 可得

$$(ax)^+ = (ax^+)^+ = (bx^+)^+ = (bx)^+,\ (axe)^+ = (a(xe)^+)^+ = (b(xe)^+)^+ = (bxe)^+,$$

故 ρ 是 (2,1)-同余. 若 $e, f \in P_S$ 且 $(e, f) \in \rho$, 则 $e = e^+ = f^+ = f$, 这说明 ρ 是投射分离的. 设 σ 是 S 上投射分离 (2,1)-同余且 $(a, b) \in \sigma$, 则 $(ae, be) \in \sigma$, 从而 $(a^+, b^+), ((ae)^+, (be)^+) \in \sigma$. 由 σ 的投射分离性可得 $a^+ = b^+$ 和 $(ae)^+ = (be)^+$, 这说明 $(a, b) \in \rho$, 故 $\sigma \subseteq \rho$, 这就证明了 $\rho = \mu_R$. 关于 μ_L 和 μ 的结果类似可证. 最后的结果由 μ_R, μ_L 和 μ 的刻画立得. □

3.3 d-半群和r-半群的基本表示

本节引入弱左(右)Jones 代数并给出 d(r)-半群及其若干子类的基本表示. 首先给出弱左 Jones 代数的概念. 设 $(P, \times)$ 是带有二元运算 "$\times$" 的非空集合, 称 $(P, \times)$ 是弱左 Jones 代数, 若下述公理成立:

(L1) $e \times e = e$.

(L2) $e \times (e \times f) = e \times f$.

(L3) $(e \times f) \times (e \times (f \times g)) = e \times (f \times g)$.

设 $(P, \times)$ 是弱左 Jones 代数. 考虑以下公理:

(L∗) $e \times (f \times e) = e \times f$.

(Li) $(e \times f) \times e = e \times f$.

(Lii) $(e \times f) \times g = e \times ((e \times f) \times g)$.

(Liii) $e \times (f \times (e \times g)) = e \times (f \times g)$.

(Liv) $(e \times f) \times (e \times g) = (e \times f) \times g$.

(Lv) $e \times ((f \times e) \times g) = e \times (f \times g)$.

(Lvi) $(e \times f) \times g = e \times (f \times (e \times g))$.

(Lvii) $(e \times f) \times g = e \times (f \times g)$.

(Lviii1) $e \times (f \times (g \times h)) = (e \times (f \times g)) \times (e \times (g \times (f \times h)))$.

(Lviii2) $e \times (f \times g) = (e \times (f \times g)) \times (e \times (g \times f))$.

(Lx) $e \times (f \times g) = (e \times f) \times (e \times g)$.

(Lxi1) $e \times (f \times g) = f \times (e \times g)$.

(Lxi2) $e \times f = f \times e$.

下面的结果表明, d-半群可以产生弱左 Jones 代数.

引理 3.3.1[192] 设 $(S, \cdot, ^+)$ 是 d-半群, 则对任意 $e, f \in P_S$, 定义 $e \times f = (ef)^+$, 则 $(P_S, \times)$ 形成弱左 Jones 代数. 另外, 有以下事实:

(1) 若 $S \in [(i)]$, 则 P_S 满足 (Li).

(2) 若 $S \in [(ii)]$, 则 P_S 满足 (Lii).

(3) 若 $S \in [(iii)]$, 则 P_S 满足 (Liii) 和 (L∗).

(4) 若 $S \in [(iv)]$, 则 P_S 满足 (Liv) 和 (Li).

(5) 若 $S \in [(v)]$, 则 P_S 满足 (Lv) 和 (L∗).

(6) 若 $S \in [(vi)]$, 则 P_S 满足 (Lvi) 和 (L∗).

(7) 若 $S \in [(vii)]$, 则 P_S 满足 (Lvii).

(8) 若 $S \in [(\text{viii})]$，则 P_S 满足 (Lviii1) 和 (Lviii2).

(9) 若 $S \in [(\text{ix})]$，则 P_S 满足 (Lviii1) 和 (Lviii2).

(10) 若 $S \in [(\text{x})]$，则 P_S 满足 (Lx) 和 (Li).

(11) 若 $S \in [(\text{xi})]$，则 P_S 满足 (Lxi1) 和 (Lxi2).

(12) 若 $S \in [(\text{xii})]$，则 P_S 满足 (Lx) 和 (Li).

证明 设 $(S, \cdot, ^+)$ 是 d-半群，$e, f, g \in P_S$，则据引理3.1.2和(3.1.1)式，有 $e \times e = (ee)^+ = e^+ = e$ 和 $e \times (e \times f) = (e(ef)^+)^+ = (eef)^+ = (ef)^+ = e \times f$. 这证明了 (L1) 和 (L2). 再次据引理3.1.2和(3.1.1)式,
$$(e \times f) \times (e \times (f \times g)) = ((ef)^+(e(fg)^+)^+)^+ = ((ef)^+ e(fg)^+)^+$$
$$= ((ef)^+ efg)^+ = (efg)^+ = (e(fg)^+)^+ = e \times (f \times g),$$
这证明了 (L3). 故 $(P_S, \times)$ 形成弱左 Jones 代数.

在下面的陈述中，我们将不加说明地反复使用引理3.1.2，引理3.1.4和(3.1.1)式. 设 $e, f, g, h \in P_S$.

(1) 若 $S \in [(\text{i})]$，则 $(e \times f) \times e = ((ef)^+ e)^+ = (ef)^+ = e \times f$，这正是 (Li).

(2) 若 $S \in [(\text{ii})]$，则
$$(e \times f) \times g = ((ef)^+ g)^+ = (e(ef)^+ g)^+ = (e((ef)^+ g)^+)^+ = e \times ((e \times f) \times g),$$
这得到了 (Lii).

(3) 若 $S \in [(\text{iii})]$，则有 $e \times (f \times e) = (e(fe)^+)^+ = (efe)^+ = (ef)^+ = e \times f$ 和
$$e \times (f \times g) = (e(fg)^+)^+ = (efg)^+ = (efeg)^+ = (e(f(eg)^+)^+)^+ = e \times (f \times (e \times g)),$$
这表明 (L*) 和 (Liii) 成立.

(4) 若 $S \in [(\text{iv})]$，则
$$(e \times f) \times e = ((ef)^+ e)^+ = ((ef)^+)^+ = (ef)^+ = e \times f,$$
$$(e \times f) \times (e \times g) = ((ef)^+(eg)^+)^+ = ((ef)^+ eg)^+ = ((ef)^+ g)^+ = (e \times f) \times g,$$
从而 (Li) 和 (Liv) 成立.

(5) 若 $S \in [(\text{v})]$，则 $e \times (f \times e) = (e(fe)^+)^+ = (ef)^+ = e \times f$ 且
$$e \times ((f \times e) \times g) = (e((fe)^+ g)^+)^+ = (e(fe)^+ g)^+ = (efg)^+ = (e(fg)^+)^+ = e \times (f \times g),$$
于是 (L*) 和 (Lv) 成立.

(6) 若 $S \in [(\text{vi})]$，则
$$e \times (f \times e) = (e(fe)^+)^+ = (efe)^+ = ((ef)^+)^+ = (ef)^+ = e \times f,$$
$$(e \times f) \times g = ((ef)^+ g)^+ = (efeg)^+ = (e(f(eg)^+)^+)^+ = e \times (f \times (e \times g)),$$
从而 (L*) 和 (Lvi) 成立.

(7) 若 $S \in [(\text{vii})]$，则 $(e \times f) \times g = ((ef)^+ g)^+ = (efg)^+ = (e(fg)^+)^+ = e \times (f \times g)$，故 (Lvii) 成立.

(8) 若 $S \in [(\text{viii})]$, 则
$$e \times (f \times (g \times h)) = (e(f(gh)^+)^+)^+ = (efgh)^+ = ((efg)^+ egfh)^+$$
$$= ((e(fg)^+)^+ (e(g(fh)^+)^+)^+)^+ = (e \times (f \times g)) \times (e \times (g \times (f \times h))),$$
$$e \times f \times g = (efg)^+ = ((efg)^+ egf)^+ = ((efg)^+ (egf)^+)^+$$
$$= ((e(fg)^+)^+ (e(gf)^+)^+)^+ = (e \times (f \times g)) \times (e \times (g \times f)),$$

这说明 (Lviii1) 和 (Lviii2) 成立.

(9) 若 $S \in [(\text{ix})]$, 则据引理3.1.5 (1) 知 $S \in [(\text{viii})]$, 从而据条款 (8) 可得 (Lviii1) 和 (Lviii2).

(10) 若 $S \in [(\text{x})]$, 则有
$$e \times (f \times g) = (e(fg)^+)^+ = (efg)^+ = ((ef)^+ eg)^+ = ((ef)^+ (eg)^+)^+ = (e \times f) \times (e \times g)$$
和 $(e \times f) \times e = ((ef)^+ e)^+ = (ef)^+ = e \times f$, 这表明 (Lx) 和 (Li) 成立.

(11) 若 $S \in [(\text{xi})]$, 则有
$$e \times (f \times g) = (e(fg)^+)^+ = (efg)^+ = (feg)^+ = (f(eg)^+)^+ = f \times (e \times g)$$
和 $e \times f = (ef)^+ = (fe)^+ = f \times e$, 这说明 (Lxi1) 和 (Lxi2) 成立.

(12) 若 $S \in [(\text{xii})]$, 据引理3.1.5 (4), 有 $S \in [(\text{x})]$, 从而据条款 (10) 得 (Lx) 和 (Li). □

设 $(P, \times)$ 是弱 Jones 代数. 称 P 含幺元, 若它含元素 1 使得对任意 $e \in P$, 有 $1 \times e = e \times 1 = e$. 若 P 不含幺元, 记 P^1 是添加新元素 1 并定义
$$(\forall e \in P) \quad e \times 1 = 1 \times e = e, 1 \times 1 = 1$$
后得到的代数. 若 P 已含幺元, 则令 $P^1 = P$. 通过简单的计算, 可得以下结论.

引理 3.3.2[192] 设 $(P, \times)$ 是弱左 Jones 代数, 则 $(P^1, \times)$ 是含幺元弱左 Jones 代数.

设 $(P, \times)$ 是弱左 Jones 代数. 考虑 $(P^1, \times)$ 上的全变换半群 $\mathcal{T}(P^1)$ (从右到左复合) 的下述子集:
$$T_P^l = \{\alpha \in \mathcal{T}(P^1) \mid \alpha(P^1) \subseteq P \text{ 且对任意 } e, f \in P^1, \text{ 有 } \alpha(e) \times \alpha(e \times f) = \alpha(e \times f)\}.$$

设 $e \in P, \alpha \in T_P^l$, 定义
$$\sigma_e : P^1 \to P^1, x \mapsto e \times x, \quad \alpha^+ : P^1 \to P^1, x \mapsto \alpha(1) \times x,$$
则
$$\alpha^+ = \sigma_{\alpha(1)}, \sigma_e(1) = e, \alpha^+(1) = \alpha(1). \tag{3.3.1}$$

显然, 对任意 $e, f \in P$, $\sigma_e = \sigma_f$ 当且仅当 $e = f$.

定理 3.3.3[192] 沿用上面的记号, $(T_P^l, \cdot, {}^+)$ 形成基本的 d-半群, 其投射集为 $P' = P_{T_P^l} = \{\sigma_e \mid e \in P\}$. 进一步地, $e \mapsto \sigma_e$ 是 $(P, \times)$ 到 $(P', \times)$ 的 $\times$-同构; 即对任意 $e, f \in P$,
$$(\sigma_e \sigma_f)^+ = \sigma_e \times \sigma_f = \sigma_{e \times f}. \tag{3.3.2}$$

另外, 下列陈述成立:

(1) $T_P^l \in [(\text{i})]$ 当且仅当 P 满足 (Li).

(2) $T_P^l \in [(\text{ii})]$ 当且仅当 P 满足 (Lii).

(3) $T_P^l \in [(\text{iii})]$ 当且仅当 P 满足 (Liii) 和 (L*).

(4) $T_P^l \in [(\text{iv})]$ 当且仅当 P 满足 (Liv) 和 (Li).

(5) $T_P^l \in [(\text{v})]$ 当且仅当 P 满足 (Lv) 和 (L*).

(6) $T_P^l \in [(\text{vi})]$ 当且仅当 P 满足 (Lvi) 和 (L*).

(7) $T_P^l \in [(\text{vii})]$ 当且仅当 P 满足 (Lvii).

(8) $T_P^l \in [(\text{viii})]$ 当且仅当 P 满足 (Lviii1) 和 (Lviii2).

(9) 记
$$\widetilde{T}_P^l = \{\alpha \in T_P^l \mid (\forall e, f \in P)(\forall g \in P^1)\ \alpha(e \times (f \times g)) = \alpha(e \times f) \times \alpha(f \times (e \times g))\}. \quad (3.3.3)$$
则 $(\widetilde{T}_P^l, \cdot, {}^+)$ 形成 $(T_P^l, \cdot, {}^+)$ 的 P-满的一元子半群当且仅当 P 满足 (Lviii1) 和 (Lviii2). 此时, $\widetilde{T}_P^l \in [(\text{ix})]$.

(10) $T_P^l \in [(\text{x})]$ 当且仅当 P 满足 (Lx) 和 (Li).

(11) $T_P^l \in [(\text{xi})]$ 当且仅当 P 满足 (Lxi1) 和 (Lxi2).

(12) 记
$$\widehat{T}_P^l = \{\alpha \in T_P^l \mid (\forall e \in P)(\forall f \in P^1)\ \alpha(e \times f) = \alpha(e) \times \alpha(f)\}, \quad (3.3.4)$$
则 $(\widehat{T}_P^l, \cdot, {}^+)$ 形成 $(T_P^l, \cdot, {}^+)$ 的 P-满的一元子半群当且仅当 P 满足 (Lx) 和 (Li). 此时, $\widetilde{T}_P^l \in [(\text{xii})]$.

证明 设 $\alpha, \beta \in T_P^l, e, f \in P^1$, 则 $\alpha(P^1) \subseteq P, \beta(P^1) \subseteq P$ 且
$$\alpha(e) \times \alpha(e \times f) = \alpha(e \times f), \beta(e) \times \beta(e \times f) = \beta(e \times f),$$
这表明 $(\alpha\beta)(P^1) \subseteq \alpha(P) \subseteq P$ 且
$$(\alpha\beta)(e) \times (\alpha\beta)(e \times f) = \alpha(\beta(e)) \times \alpha(\beta(e \times f))$$
$$= \alpha(\beta(e)) \times \alpha(\beta(e) \times \beta(e \times f)) = \alpha(\beta(e) \times \beta(e \times f)) = \alpha(\beta(e \times f)) = (\alpha\beta)(e \times f).$$
这说明, 在 T_P^l 非空的情况下, T_P^l 关于变换的通常乘法形成半群. 设 $e \in P$, 显然, $\sigma_e(P^1) \subseteq P$. 设 $f, g \in P$, 则 (L3) 蕴含
$$\sigma_e(f) \times \sigma_e(f \times g) = (e \times f) \times (e \times (f \times g)) = e \times (f \times g) = \sigma_e(f \times g).$$
进一步地, 据 (L2) 和 (L1), 有 $\sigma_e(1) \times \sigma_e(1 \times 1) = \sigma_e(1) \times \sigma_e(1) = \sigma_e(1) = \sigma_e(1 \times 1)$ 和
$$\sigma_e(1) \times \sigma_e(1 \times g) = (e \times 1) \times (e \times (1 \times g)) = e \times (e \times g) = e \times g = \sigma_e(g) = \sigma_e(1 \times g),$$
$$\sigma_e(f) \times \sigma_e(f \times 1) = \sigma_e(f) \times \sigma_e(f) = \sigma_e(f) = \sigma_e(f \times 1),$$
故 $\sigma_e \in T_P^l$, 这也表明 T_P^l 非空. 另外, 若 $\alpha \in T_P^l$, 则 $\alpha^+ = \sigma_{\alpha(1)} \in T_P^l$. 设 $e \in P^1$ 且 $\alpha, \beta \in T_P^l$, 则
$$\alpha(1) \times \alpha(e) = \alpha(1) \times \alpha(1 \times e) = \alpha(1 \times e) = \alpha(e), \quad (3.3.5)$$
这表明 $(\alpha^+\alpha)(e) = \alpha^+(\alpha(e)) = \alpha(1) \times \alpha(e) = \alpha(e)$, 故 $\alpha^+\alpha = \alpha$. 进一步地, 据 (3.3.1) 式
$$(\alpha\beta)^+ = \sigma_{(\alpha\beta)(1)} = \sigma_{\alpha(\beta(1))} = \sigma_{\alpha(\beta^+(1))} = \sigma_{(\alpha\beta^+)(1)} = (\alpha\beta^+)^+,$$
于是 $(T_P^l, \cdot, {}^+)$ 是 d-半群. 据 (3.3.1) 式, 对任意 $\alpha \in T_P^l$, 有 $\alpha^+ = \sigma_{\alpha(1)}, \alpha(1) \in P$, 而对任意 $e \in P$, $\sigma_e = \sigma_{\sigma_e(1)} = \sigma_e^+$, 故 $P' = P_{T_P^l} = \{\sigma_e \mid e \in P\}$, 这表明 $e \mapsto \sigma_e$ 是满射. 若

$e, f \in P, \sigma_e = \sigma_f$, 则 $e = 1 \times e = \sigma_e(1) = \sigma_f(1) = 1 \times f = f$, 这又说明 $e \mapsto \sigma_e$ 是单射. 另外, 对任意 $e, f \in P$,
$$\sigma_e \times \sigma_f = (\sigma_e \sigma_f)^+ = \sigma_{\sigma_e \sigma_f(1)} = \sigma_{\sigma_e(f)} = \sigma_{e \times f}.$$

设 $\alpha, \beta \in T_P^l$ 且 $(\alpha, \beta) \in \mu_{T_P^l}$, 则据引理3.2.15, 有 $\alpha^+ = \beta^+$, 且对任意 $e \in P$, 有 $(\alpha \sigma_e)^+ = (\beta \sigma_e)^+$. 据 (3.3.1) 式可得 $\alpha(1) = \alpha^+(1) = \beta^+(1) = \beta(1)$ 和
$$\alpha(e) = \sigma_{\alpha(e)}(1) = \sigma_{\alpha \sigma_e(1)}(1) = (\alpha \sigma_e)^+(1) = (\beta \sigma_e)^+(1) = \sigma_{\beta \sigma_e(1)}(1) = \sigma_{\beta(e)}(1) = \beta(e),$$
故 $\alpha = \beta$. 这证明了 $\mu_{T_P^l}$ 是相等关系, 从而 T_P^l 基本.

下面考虑特殊情况. 条款 (1) 可由下述事实得到: 对任意 $e, f \in P$,
$$((\sigma_e \sigma_f)^+ \sigma_e)^+ = (\sigma_e \sigma_f)^+ \iff (\sigma_e \times \sigma_f) \times \sigma_e = \sigma_e \times \sigma_f$$
$$\iff \sigma_{(e \times f) \times e} = \sigma_{e \times f} \iff (e \times f) \times e = e \times f.$$

为证条款 (2), 首先注意以下事实: 对任意 $e, f \in P$,
$$\sigma_e (\sigma_e \sigma_f)^+ = (\sigma_e \sigma_f)^+ \iff \sigma_e \sigma_{e \times f} = \sigma_{e \times f} \iff (\forall g \in P^1)\ e \times ((e \times f) \times g) = (e \times f) \times g$$
$$\iff (\forall g \in P)\ e \times ((e \times f) \times g) = (e \times f) \times g\ \&\ e \times (e \times f) = (e \times f).$$

因为后一等式正好是 (L2), 故结论成立.

条款 (3)—(8) 和条款 (10)—(11) 可按照上面的方法类似证明. 下证条款 (9). 设 $\alpha, \beta \in \widetilde{T}_P^l$, $e, f \in P$ 且 $g \in P^1$, 则 $\beta(e \times f) = \beta(e \times f) \times \beta(f \times e)$ (在 (3.3.3) 式取 $g = 1$). 方便起见, 记
$$x = \beta(e \times f), y = \beta(f \times e), z = \beta(e \times (f \times g)), w = \beta(f \times (e \times g)).$$
注意到 $\beta \in \widetilde{T}_P^l$, 有 $x \times y = x, z = x \times w, w = y \times z$. 由 (L2) 知 $x \times (x \times w) = x \times w$, 这表明
$$(\alpha \beta)(e \times (f \times g)) = \alpha(\beta(e \times (f \times g))) = \alpha(z) = \alpha(x \times (y \times (x \times w)))$$
$$= \alpha(x \times y) \times \alpha(y \times (x \times (x \times w))) = \alpha(x) \times \alpha(y \times (x \times w)) = \alpha(x) \times \alpha(w)$$
$$= \alpha(\beta(e \times f)) \times \alpha(\beta(f \times (e \times g))) = (\alpha \beta)(e \times f) \times (\alpha \beta)(f \times (e \times g)),$$
从而 $\alpha \beta \in \widetilde{T}_P^l$, 于是, 若 $\widetilde{T}_P^l$ 非空, 则它是 T_P^l 的子半群. 另外,
$$(\widetilde{T}_P^l, \cdot, ^+) \text{ 形成 }(T_P^l, \cdot, ^+) \text{ 的}P\text{-满的一元子半群} \iff (\forall e \in P)\ \sigma_e \in \widetilde{T}_P^l$$
$$\iff (\forall e, f, g \in P)(\forall h \in P^1)\ \sigma_e(f \times (g \times h)) = \sigma_e(f \times g) \times \sigma_e(g \times (f \times h))$$
$$\iff (\forall e, f, g \in P)(\forall h \in P^1)\ e \times (f \times (g \times h)) = (e \times (f \times g)) \times (e \times (g \times (f \times h)))$$
$$\iff P \text{ 满足}(\text{Lviii1})\text{和}(\text{Lviii2}).$$

此时, 设 $\alpha \in \widetilde{T}_P^l$ 且 $e, f \in P$, 则对任意 $g \in P^1$, 据 (3.3.3) 式, 有
$$(\alpha \sigma_e \sigma_f)(g) = \alpha(e \times (f \times g)) = \alpha(e \times f) \times \alpha(f \times (e \times g))$$
$$= (\sigma_{\alpha \sigma_e \sigma_f(1)} \alpha)(f \times (e \times g)) = ((\alpha \sigma_e \sigma_f)^+ \alpha \sigma_f \sigma_e)(g).$$
这表明 $\alpha \sigma_e \sigma_f = (\alpha \sigma_e \sigma_f)^+ \alpha \sigma_f \sigma_e$, 于是 $\widetilde{T}_P^l \in [(\text{ix})]$.

最后考虑条款 (12). 设 $\alpha, \beta \in \widehat{T}_P^l$, $e \in P$ 且 $f \in P^1$, 则
$$(\alpha \beta)(e \times f) = \alpha(\beta(e \times f)) = \alpha(\beta(e) \times \beta(f))) = \alpha(\beta(e)) \times \alpha(\beta(f)) = (\alpha \beta)(e) \times (\alpha \beta)(f).$$

这表明 $\alpha\beta \in \widehat{T}_P^l$, 于是, 若 $\widehat{T}_P^l$ 不空, 则它是 T_P^l 的子半群. 另外,

$(\widehat{T}_P^l, \cdot, {}^+)$ 形成 $(T_P^l, \cdot, {}^+)$ 的 P-满的一元子半群

$\iff (\forall e \in P)\ \sigma_e \in \widehat{T}_P^l \iff (\forall e, f \in P)(\forall g \in P^1)\ \sigma_e(f \times g) = \sigma_e(f) \times \sigma_e(g)$

$\iff (\forall e, f \in P)(\forall g \in P^1)\ e \times (f \times g) = (e \times f) \times (e \times g) \iff P$ 满足 (Lx) 和 (Li).

此时, 设 $\alpha \in \widehat{T}_P^l$ 且 $e \in P$, 则对任意 $f \in P^1$, 据 (3.3.4) 式, 有

$((\alpha\sigma_e)^+\alpha)(f) = (\sigma_{\alpha\sigma_e(1)}\alpha)(f) = \alpha(e) \times \alpha(f) = \alpha(e \times f) = (\alpha\sigma_e)(f),$

这表明 $\alpha\sigma_e = (\alpha\sigma_e)^+\alpha$, 故 $\widehat{T}_P^l \in [(\text{xii})]$. □

设 $(S, \cdot, {}^+)$ 是 d-半群. 对任意 $a \in S$, 定义 $\psi_a : P_S^1 \to P_S^1$, $x \mapsto (ax)^+$.

定理 3.3.4[192] 设 $(S, \cdot, {}^+)$ 是 d-半群, 则 $\psi : S \to T_{P_S}^l$, $a \mapsto \psi_a$ 是 S 到 d-半群 $(T_{P_S}^l, \cdot, {}^+)$ 的某个 P-满的一元子半群的投射分离 $(2,1)$-满同态, 它诱导了从 $(P_S, \times)$ 到 $(P_{T_{P_S}^l}, \times)$ 的 $\times$-同构. 由 ψ 诱导的 S 上的 $(2,1)$-同余是 μ_R, $\psi(S)$ 是基本的. 另外, 以下陈述是正确的:

(1) 若 $S \in [(j)]$, 则 $T_{P_S}^l \in [(j)]$, 其中 $j \in \{\text{i, ii, iii, iv, v, vi, vii, viii, x, xi}\}$.

(2) 若 $S \in [\text{ix}](S \in [\text{xii}])$, 则 $\widetilde{T}_{P_S}^l \in [\text{ix}](\widehat{T}_{P_S}^l \in [\text{xii}])$ 且 $\psi(S)$ 含于 $\widetilde{T}_{P_S}^l(\widehat{T}_{P_S}^l)$.

证明 设 $a \in S$, 显然, $\psi_a(P_S^1) \subseteq P_S$. 若 $e, f \in P_S^1$, 则由 (3.1.1) 式得

$\psi_a(e) \times \psi_a(e \times f) = ((ae)^+(a(ef)^+)^+)^+ = ((ae)^+aef)^+ = (aef)^+ = (a(ef)^+)^+ = \psi_a(e \times f),$

故 $\psi_a \in T_{P_S}^l$. 设 $e, f \in P_S$, 据 (3.3.1) 式可得 $\psi_e(f) = (ef)^+ = e \times f = \sigma_e(f)$ 和 $\psi_e(1) = e^+ = e = \sigma_e(1)$, 故 $\psi_e = \sigma_e$. 由 $P_{T_{P_S}^l} = \{\sigma_e \mid e \in P_S\}$ 可知 $\psi|_{P_S}$ 是 P_S 到 $P_{T_{P_S}^l}$ 的双射. 设 $a, b \in S, e \in P_S^1$. 据 (3.1.1) 式, $\psi_a\psi_b(e) = (a(be)^+)^+ = (abe)^+ = \psi_{ab}(e)$. 另外, $(\psi_a)^+ = \sigma_{\psi_a(1)} = \sigma_{a^+} = \psi_{a^+}$. 据引理 3.2.15 可知 ψ 诱导的 S 上的 $(2,1)$-同余是 μ_R, 而 $\psi(S)$ 是基本的.

现考虑第二部分. 由引理 3.3.1 和定理 3.3.3 可得条款 (1) 和条款 (2) 的第一部分. 若 $S \in [\text{ix}]$ 且 $a \in S, e, f \in P_S, g \in P_S^1$, 则

$\psi_a(e \times f) \times \psi_a(f \times (e \times g)) = (a(ef)^+)^+ \times (a(f(eg)^+)^+)^+ = ((a(ef)^+)^+(a(f(eg)^+)^+)^+)^+$

$= ((aef)^+afeg)^+ = (aefg)^+ = (a(e(fg)^+)^+)^+ = \psi_a((e(fg)^+)^+) = \psi_a(e \times (f \times g)),$

这表明 $\psi_a \in \widetilde{T}_{P_S}^l$. 若 $S \in [\text{xii}]$ 且 $a \in S, e \in P_S, f \in P_S^1$, 则

$\psi_a(e \times f) = (a(ef)^+)^+ = (aef)^+ = ((ae)^+af)^+ = ((ae)^+(af)^+)^+ = \psi_a(e) \times \psi_a(f),$

这表明 $\psi_a \in \widehat{T}_{P_S}^l$. 这就证明了条款 (2) 的第二部分. □

据定理 3.3.3, 定理 3.3.4 和引理 3.2.15 可得下面的各类基本 d-半群的代数结构.

推论 3.3.5[192] 一个 d-半群 $(S, \cdot, {}^+)$ 是基本的当且仅当存在某个弱左 Jones 代数 P 使得 $(S, \cdot, {}^+)$ 与 $(T_P^l, \cdot, {}^+)$ 的某个 P-满的一元子半群 $(2,1)$-同构. 若 $S \in [(j)]$, 则 T_P^l 可在 $[(j)]$ 中选择, 其中 $j \in \{\text{i, ii, iii, iv, v, vi, vii, viii, x, xi}\}$. 若 $S \in [\text{ix}](S \in [\text{xii}])$, 则 T_P^l 应该替换成 $\widetilde{T}_P^l \in [\text{ix}](\widehat{T}_P^l \in [\text{xii}])$.

注记 3.3.6[192] 在文献 [79] 中, Jones 提出了左投射代数 (即文献 [83] 中的特殊左投射代数), 借助这类投射代数, Jones 构造了基本左 P-Ehresmann 半群, 得到左 P-Ehresmann

半群的 Munn 型表示定理. 本书以下称特殊左投射代数为强左 Jones 代数. 称非空集合 P 连同其上的二元运算"×"构成的系统 $(P, \times)$ 为强 Jones 代数, 若公理 (L1), (L2), (L3), (Li) 和 (Lvi) 成立, 此时, 若在 (Lvi) 中令 $g = e$, 则由 (L1) 可得 $(e \times f) \times e = e \times (f \times (e \times e)) = e \times (f \times e)$, 故在公理 (L1), (L2), (L3) 和 (Lvi) 的前提下, (Li) 等价于 (L*). 据推论3.1.6, 定理3.3.3 (6) 和定理3.3.4, 本节实际上又获得了 Jones 关于左 P-Ehresmann 半群的结果.

另一方面, 在文献 [83] 中, Jones 介绍了左投射代数并获得了 DC-半群的相应结果. 本书以下称左投射代数为左 Jones 代数. 称非空集合 P 连同其上的二元运算"×"构成的系统 $(P, \times)$ 为左 Jones 代数, 若它满足公理 (L1), (Li), (Liv) 和 (L): $e \times (f \times g) = (e \times f) \times (f \times g)$, 我们断言这套公理等价于公理: (L1), (L2), (L3), (Li) 和 (Liv). 事实上, 设公理 (L1), (Li) 和 (Liv) 成立, 若 (L) 成立, 在 (Liv) 中分别用 e 替换 f, f 替换 g, 据 (L1), 有 $e \times (e \times f) = (e \times e) \times (e \times f) = (e \times e) \times f = e \times f$. 这恰好是 (L2). 另外, 据 (L) 和 (L2),
$(e \times f) \times (e \times (f \times g)) = (e \times f) \times ((e \times f) \times (f \times g)) = (e \times f) \times (f \times g) = e \times (f \times g),$
这证明了 (L3). 反之, 若 (L2) 和 (L3) 成立, 在 (Liv) 用 $f \times g$ 替换 g, 有 $e \times (f \times g) = (e \times f) \times (e \times (f \times g)) = (e \times f) \times (f \times g)$. 这正是 (L). 据推论3.1.6, 定理3.3.3 (4) 和定理3.3.4, 本节实际上又获得了 Jones 关于 DC-半群的结果.

下面对偶化前面获得的关于 d-半群和弱左 Jones 代数的相关结果. 设 $(P, \star)$ 是带有二元运算"$\star$"的非空集合. 称 $(P, \star)$ 是弱右 Jones 代数, 若下述公理成立:

(R1) $e \star e = e$.

(R2) $f \star e = (f \star e) \star e$.

(R3) $((g \star f) \star e) \star (f \star e) = (g \star f) \star e$.

若 (Lj) 是关于弱左 Jones 代数的一个等式, 则用 (Rj) 去记在弱右 Jones 代数中与 (Lj) 对偶的等式. 例如, 在弱左 Jones 代数中, 有等式

(L*) $e \times (f \times e) = e \times f$ 和 (Li) $(e \times f) \times e = e \times f,$

从而在弱右 Jones 代数中, 有等式

(R*) $f \star e = (e \star f) \star e$ 和 (Ri) $f \star e = e \star (f \star e).$

下面我们给出对偶化弱 d-半群的部分结果, 但省略其证明过程.

命题 3.3.7[192] 设 $(S, \cdot, *)$ 是 r-半群, 对任意 $e, f \in P_S$, 定义 $e \star f = (ef)^*$, 则 $(P_S, \star)$ 形成弱右 Jones 代数.

设 $(P, \star)$ 是弱右 Jones 代数. 考虑 $(P^1, \star)$ 上全变换半群 (从左到右复合) $\mathcal{T}(P^1)$ 的如下子集:
$$T_P^r = \{\alpha \in \mathcal{T}(P^1) \mid P^1 \alpha \subseteq P \text{ 且对任意} e, f \in P^1, \text{有} f\alpha \star e\alpha = (f\alpha \star e\alpha) \star e\alpha\}.$$

设 $e \in P$ 且 $\alpha \in T_P^r$, 定义
$$\pi_e : P^1 \to P^1, x \mapsto x \star e, \quad \alpha^* : P^1 \to P^1, x \mapsto x \star 1\alpha,$$

则 $\alpha^* = \pi_{1\alpha}$, $1\pi_e = e$, $1\alpha^+ = 1\alpha$. 另外, 对任意 $e, f \in P$, $\pi_e = \pi_f$ 当且仅当 $e = f$.

命题 3.3.8[192] 设 $(P, \star)$ 是弱右 Jones 代数, 则 $(T_P^r, \cdot, *)$ 形成基本的 r-半群, 其投射集

为 $P' = P_{T_P^r} = \{\pi_e \mid e \in P\}$. 另外, 映射 $e \mapsto \pi_e$ 是从 $(P, \star)$ 到 $(P', \star)$ 的一个 $\star$-同构; 即对任意 $e, f \in P$, 有 $(\pi_e \pi_f)^* = \pi_e \star \pi_f = \pi_{e \star f}$.

设 $(S, \cdot, *)$ 是 r-半群, 对任意 $a \in S$, 定义 $\theta_a : P_S^1 \to P_S^1, x \mapsto (xa)^*$.

命题 3.3.9[192] 设 $(S, \cdot, *)$ 是 r-半群, 则 $\theta : S \to T_{P_S}^r, a \mapsto \theta_a$ 是从 S 到 $(T_{P_S}^r, \cdot, *)$ 的一个 P-满的一元子半群的投射分离 (2,1)-同态, 它诱导了从 $(P_S, \star)$ 到 $(P_{T_{P_S}^r}, \star)$ 的一个 $\star$-同构. 由 θ 诱导的 S 的同余是 μ_L 且 $S\theta$ 是基本的.

推论 3.3.10[192] r-半群 $(S, \cdot, *)$ 基本当且仅当存在弱右 Jones 代数 P 使得 $(S, \cdot, *)$ 与 $(T_P^r, \cdot, *)$ 的某个 P-满的一元子半群 (2,1)-同构.

3.4 dr-半群的基本表示

本节的目的是给出 dr-半群及其子类的基本表示. 先给出各类弱 Jones 代数的概念.

定义 3.4.1[192] (2,2)-代数 $(P, \times, \star)$ 称为弱 Jones 代数, 若 $(P, \times)$ 形成弱左 Jones 代数, $(P, \star)$ 形成弱右 Jones 代数且下述公理成立:

(P) $((g \star (e \times f)) \star e) \star f = (g \star e) \star f$, $f \times (e \times ((f \star e) \times g)) = f \times (e \times g)$.

设 $(P, \times, \star)$ 是弱 Jones 代数.

(1) P 称为强弱 Jones 代数, 若它满足 (Lii), (Rii) 和

(Pst1) $(g \star e) \star (e \times f) = g \star (e \times f)$, $e \star (e \times f) = e \times f$;

(Pst2) $(f \star e) \times g = (f \star e) \times (e \times g)$, $f \star e = (f \star e) \times e$.

(2) P 称为超弱 Jones 代数, 若它满足 (Li) 和 (Ri).

(3) P 称为投射交换弱 Jones 代数, 若它满足 (Lxi1), (Lxi2) 和 (Rxi1), (Rxi2).

(4) P 称为 DRC 弱 Jones 代数, 若它满足 (Liv), (Li), (Riv), (Ri) 和

(Pdr1) $(g \star (e \times f)) \star e = g \star (e \times f)$, $(e \times f) \star e = e \times f$;

(Pdr2) $(f \star e) \times g = e \times ((f \star e) \times g)$, $f \star e = e \times (f \star e)$.

(5) P 称为平衡弱 Jones 代数, 若它满足

(Pb) $e \times f = f \star e$.

(6) P 称为 P-Ehresmann 弱 Jones 代数, 若它满足 (Lvi), (L*) 和 (Pb).

(7) P 称为可定域的弱 Jones 代数, 若它满足 (Lvii) 和

(Pl) $e \times f = e \star f$.

(8) P 称为弱对称弱 Jones 代数, 若它满足

(Pws) $e \star (f \times e) = e \star f$, $f \times e = (e \star f) \times e$.

引理 3.4.2[192] 设 $(S, \cdot, ^+, ^*)$ 是 dr-半群, 对任意 $e, f \in P_S$, 定义 $e \times f = (ef)^+$ 和 $e \star f = (ef)^*$. 则 $(P_S, \times, \star)$ 形成弱 Jones 代数. 特别地, 若 S 是强(超, 投射交换, DRC, 平衡, P-Ehresmann, 可定域, 弱对称) dr-半群, 则 P_S 是强(超, 投射交换, DRC, 平衡, P-Ehresmann, 可定域, 弱对称) 弱 Jones 代数.

证明 设 $(S, \cdot, ^+, ^*)$ 是 dr-半群, 则据引理 3.3.1 及其对偶, 为证 $(P_S, \times, \star)$ 形成弱 Jones 代

数, 只需证明 (P) 成立. 设 $e, f, g \in P$. 据 (3.1.1) 式和 (3.1.2) 式, 有
$$((g \star (e \times f)) \star e) \star f = (((g(ef)^+)^* e)^* f)^* = (g(ef)^+ ef)^* = (gef)^* = ((ge)^* f)^* = (g \star e) \star f,$$
据此事实及其对偶可得条件 (P).

若 S 是强的, 即 $S \in [(ii),(ii)']$, 则据引理 3.3.1(2) 及其对偶, P_S 满足 (Lii) 和 (Rii). 另外,
$$(g \star e) \star (e \times f) = ((ge)^* (ef)^+)^* = (ge(ef)^+)^* = (g(ef)^+)^* = g \star (e \times f),$$
$$e \star (e \times f) = (e(ef)^+)^* = ((ef)^+)^* = (ef)^+ = e \times f,$$
这证明了 (Pst1). 对偶可得 (Pst2). 故 P_S 是强的.

超 dr-半群和投射交换 dr-半群的情形可由引理 3.3.1 及其对偶直接获得. 设 S 是 DRC 半群, 即 $S \in [(iv),(iv)']$, 则据引理 3.3.1(2) 及其对偶, P_S 满足 (Liv), (Li) 和 (Riv), (Ri). 另外, 对任意 $e, f, g \in P_S$, 有
$$(g \star (e \times f)) \star e = ((g(ef)^+)^* e)^* = (g(ef)^+ e)^* = (g(ef)^+)^* = g \star (e \times f),$$
$$(e \times f) \star e = ((ef)^+ e)^* = ((ef)^+)^* = (ef)^+ = e \times f.$$
这证明了 (Pdr1). 对偶可得 (Pdr2). 故 P_S 是 DRC 弱 Jones 代数.

若 S 是平衡的, 则对任意 $e, f \in P_S$, 有 $e \times f = (ef)^+ = (fe)^* = f \star e$, 这证明了 (Pb) 成立, 故 P_S 是平衡的. 设 S 是 P-Ehresmann 半群, 即 $S \in [(vi),(vi)']$, 则据引理 3.3.1, P_S 满足 (Lvi) 和 (L*). 另外, 对任意 $e, f \in P_S$, 据 (vi) 和 (vi)', 有 $e \times f = (ef)^+ = efe = (fe)^* = f \star e$, 这证明了 (Pb), 故 P_S 是 P-Ehresmann 弱 Jones 代数.

若 S 是可定域的, 即 $S \in [(vii),(vii)']$, 则由引理 3.3.1 知 P_S 满足 (Lvii). 另外, 对任意 $e, f \in P_S$, 有 $e \times f = (ef)^+ = ef = (ef)^* = e \star f$, 这证明了 (Pl), 故 P_S 是可定域的. 最后, 设 S 弱对称, 则对任意 $e, f \in P_S$, 有
$$e \star (f \times e) = (e(fe)^+)^* = (ef)^* = e \star f, \quad f \times e = (fe)^+ = ((ef)^* e)^+ = (e \star f) \times e,$$
这证明了 (Pws), 从而 P_S 弱对称. □

设 $(P, \times, \star)$ 是弱 Jones 代数, 则可构建 d-半群 T_P^l 和 r-半群 T_P^r. 另外, 对任意 $e \in P$, 定义
$$\sigma_e : P^1 \to P^1, x \mapsto e \times x, \quad \pi_e : P^1 \to P^1, x \mapsto x \star e,$$
则 $\sigma_e \in T_P^l, \pi_e \in T_P^r$ 且 $\sigma_e(1) = e = 1\pi_e$. 进一步地, 对任意 $e, f \in P$, 有 $\sigma_e = \sigma_f (\pi_e = \pi_f)$ 当且仅当 $e = f$.

定理 3.4.3[192] 设 $(P, \times, \star)$ 是弱 Jones 代数,
$$C(P) = \{(\alpha, \beta) \in T_P^r \times T_P^l \mid \text{对任意} f \in P, \text{有}$$
$$\pi_{\beta(1)}\alpha = \alpha, \ \pi_{\beta(f)}\alpha\pi_f = \alpha\pi_f, \beta\sigma_{1\alpha} = \beta, \ \sigma_f \beta \sigma_{f\alpha} = \sigma_f \beta\}.$$
对任意 $(\alpha, \beta), (\gamma, \delta) \in C(P)$, 定义
$$(\alpha, \beta)(\gamma, \delta) = (\alpha\gamma, \beta\delta), \ (\alpha, \beta)^+ = (\pi_{\beta(1)}, \sigma_{\beta(1)}), \ (\alpha, \beta)^* = (\pi_{1\alpha}, \sigma_{1\alpha}),$$
则 $(C(P), \cdot, ^+, ^*)$ 是基本的 dr-半群, $P_{C(P)} = \{(\pi_e, \sigma_e) \mid e \in P\}$, 且映射 $e \mapsto (\pi_e, \sigma_e)$ 是 P 到 $P_{C(P)}$ 的 $(\times, \star)$-同构. 另外, $C(P)$ 是强 (超, 投射交换, DRC, 平衡, P-Ehresmann, 可定域, 弱对称) dr-半群当且仅当 P 是强 (超, 投射交换, DRC, 平衡, P-Ehresmann, 可定域, 弱对

称) 弱 Jones 代数.

证明 首先证明对任意 $e \in P$, 有 $(\pi_e, \sigma_e) \in C(P)$. 设 $e, f, g \in P$, 由事实 $\pi_{\sigma_e(1)} = \pi_{e \times 1} = \pi_e$ 及命题3.3.8可得 $\pi_{\sigma_e(1)}\pi_e = \pi_e\pi_e = \pi_e$. 易见, $\pi_{\sigma_e(f)}\pi_e\pi_f = \pi_{e \times f}\pi_e\pi_f$. 据条件 (P), 有

$$g\pi_{e \times f}\pi_e\pi_f = ((g \star (e \times f)) \star e) \star f = (g \star e) \star f = g\pi_e\pi_f.$$

这表明 $\pi_{\sigma_e(f)}\pi_e\pi_f = \pi_e\pi_f$. 由上述事实及对偶可知, 对任意 $e \in P$, 有 $(\pi_e, \sigma_e) \in C(P)$, 从而有 $C(P) \neq \varnothing$ 且上述运算 "$+$" 和 "$*$" 是良好定义的.

设 $(\alpha, \beta), (\gamma, \delta) \in C(P)$, 则对任意 $f \in P$, 有

$$\pi_{\beta(1)}\alpha = \alpha, \pi_{\beta(f)}\alpha\pi_f = \alpha\pi_f \text{ 和 } \pi_{\delta(1)}\gamma = \gamma, \pi_{\delta(f)}\gamma\pi_f = \gamma\pi_f.$$

这表明

$$\pi_{\beta\delta(1)}\alpha\gamma = \pi_{\beta(\delta(1))}\alpha\pi_{\delta(1)}\gamma = \alpha\pi_{\delta(1)}\gamma = \alpha\gamma,$$

$$\pi_{\beta\delta(f)}\alpha\gamma\pi_f = \pi_{\beta(\delta(f))}\alpha\pi_{\delta(f)}\gamma\pi_f = \alpha\pi_{\delta(f)}\gamma\pi_f = \alpha\gamma\pi_f.$$

由此事实及其对偶可得 $(\alpha, \beta)(\gamma, \delta) = (\alpha\gamma, \beta\delta) \in C(P)$, 从而上述二元运算是良好定义的且 $C(P)$ 关于此元算形成半群. 另一方面, 据事实 $\pi_{\beta(1)}\alpha = \alpha$ 和

$$(\forall e \in P^1) \quad (\sigma_{\beta(1)}\beta)(e) = \beta(1) \times \beta(e) = \beta(e)(\text{由 }(3.3.5)\text{ 式及 }\beta \in T_P^l),$$

有 $(\alpha, \beta)^+(\alpha, \beta) = (\pi_{\beta(1)}, \sigma_{\beta(1)})(\alpha, \beta) = (\pi_{\beta(1)}\alpha, \sigma_{\beta(1)}\beta) = (\alpha, \beta)$. 进一步地, 有

$$((\alpha, \beta)(\gamma, \delta)^+)^+ = ((\alpha, \beta)(\pi_{\delta(1)}, \sigma_{\delta(1)}))^+ = (\alpha\pi_{\delta(1)}, \beta\sigma_{\delta(1)})^+ = (\pi_{\beta\sigma_{\delta(1)}(1)}, \sigma_{\beta\sigma_{\delta(1)}(1)})$$

$$= (\pi_{\beta(\delta(1))}, \sigma_{(\beta(\delta(1)))}) = (\pi_{(\beta\delta)(1)}, \sigma_{(\beta\delta)(1)}) = (\alpha\gamma, \beta\delta)^+ = ((\alpha, \beta)(\gamma, \delta))^+,$$

$$(\alpha, \beta)^{+*} = (\pi_{\beta(1)}, \sigma_{\beta(1)})^* = (\pi_{1\pi_{\beta(1)}}, \sigma_{1\pi_{\beta(1)}}) = (\pi_{\beta(1)}, \sigma_{\beta(1)}) = (\alpha, \beta)^+.$$

据此事实与其对偶可知 $(C(P), \cdot, ^+, ^*)$ 是 dr-半群. 注意到 $(\pi_e, \sigma_e)^+ = (\pi_{\sigma_e(1)}, \sigma_{\sigma_e(1)}) = (\pi_e, \sigma_e)$, 有 $P_{C(P)} = \{(\pi_e, \sigma_e) \mid e \in P\}$. 若 $(\alpha, \beta)\mu(\gamma, \delta)$, 则据引理3.2.15, 有 $(\alpha, \beta)^+ = (\gamma, \delta)^+$ 和

$$(\forall e \in P) \quad ((\alpha, \beta)(\pi_e, \sigma_e))^+ = ((\gamma, \delta)(\pi_e, \sigma_e))^+.$$

这表明 $\pi_{\beta(1)} = \pi_{\delta(1)}, \pi_{\beta(e)} = \pi_{\beta\sigma_e(1)} = \pi_{\delta\sigma_e(1)} = \pi_{\delta(e)}$, 从而 $\beta(1) = \delta(1)$, 且对任意 $e \in P$, 有 $\beta(e) = \delta(e)$, 故 $\beta = \delta$. 对偶可证 $\alpha = \gamma$. 于是 $(C(P), \cdot, ^+, ^*)$ 是基本的. 最后的论断由事实

$$(\forall e, f \in P) \quad (\pi_e, \sigma_e) \times (\pi_f, \sigma_f) = ((\pi_e, \pi_e)(\pi_f, \pi_f))^+ = (\pi_{\sigma_e\sigma_f(1)}, \sigma_{\sigma_e\sigma_f(1)}) = (\pi_{e \times f}, \sigma_{e \times f})$$

及其对偶可得.

若 $C(P)$ 是强的, 则据引理3.4.2知 $P_{C(P)}$ 也是强的, 但 P 同构于 $P_{C(P)}$, 从而 P 也是强的. 反之, 设 P 是强的且 $e, f, g \in P$, 据 (L2) 和 (Lii), 有

$$\sigma_e\sigma_{e \times f}(1) = e \times ((e \times f) \times 1) = e \times (e \times f) = e \times f = (e \times f) \times 1 = \sigma_{e \times f}(1),$$

$$\sigma_e\sigma_{e \times f}(g) = e \times ((e \times f) \times g) = (e \times f) \times g = \sigma_{e \times f}(g),$$

这说明 $\sigma_e\sigma_{e \times f} = \sigma_{e \times f}$. 另一方面, 据 (Pst1), 有

$$1\pi_e\pi_{e \times f} = (1 \star e) \star (e \times f) = e \star (e \times f) = e \times f = 1 \star (e \times f) = 1\pi_{e \times f},$$

$$g\pi_e\pi_{e\times f} = (g\star e)\star(e\times f) = g\star(e\times f) = g\pi_{e\times f},$$

这说明 $\pi_e\pi_{e\times f} = \pi_{e\times f}$. 设 $(\pi_e,\sigma_e),(\pi_f,\sigma_f) \in P_{C(S)}$, 由上述 $(\times,\star)$-同构可得

$$((\pi_e,\sigma_e)(\pi_f,\sigma_f))^+ = (\pi_e,\sigma_e)\times(\pi_f,\sigma_f) = (\pi_{e\times f},\sigma_{e\times f}),$$

从而

$$(\pi_e,\sigma_e)((\pi_e,\sigma_e)(\pi_f,\sigma_f))^+ = (\pi_e,\sigma_e)(\pi_{e\times f},\sigma_{e\times f})$$
$$= (\pi_e\pi_{e\times f},\sigma_e\sigma_{e\times f}) = (\pi_{e\times f},\sigma_{e\times f}) = ((\pi_e,\sigma_e)(\pi_f,\sigma_f))^+.$$

由此事实及其对偶知 $C(P)$ 是强的. 其他情形类似可证. □

设 $(S,\cdot,^+,^*)$ 是 dr-半群, 对任意 $a \in S$, 定义

$$\psi_a : P_S^1 \to P_S^1, x \mapsto (ax)^+, \quad \theta_a : P_S^1 \to P_S^1, x \mapsto (xa)^*.$$

如前所述, 在 S 的弱 Jones 代数 $(P_S,\times,\star)$ 中, 对任意 $e,f \in P_S$, 有 $e\times f = (ef)^+$ 和 $e\star f = (ef)^*$, 这表明对任意 $e \in P_S$, 有 $\pi_e = \theta_e$ 和 $\sigma_e = \psi_e$.

下面给出 dr-半群及其若干子类的基本表示定理.

定理 3.4.4[192] 设 $(S,\cdot,^+,^*)$ 是 dr-半群, 定义

$$\phi : S \to C(P_S), a \mapsto (\theta_a,\psi_a).$$

则 ϕ 是 S 到 $C(P_S)$ 的 P-满的双一元子半群的投射分离双一元同态, 它诱导了 P_S 到 $C(P_S)$ 的投射代数同构, ϕ 的核是 μ 且 $S\phi$ 是基本的. 若 S 是强 (超, 投射交换, DRC, 平衡, P-Ehresmann, 可定域, 弱对称) dr-半群, 则 $C(P_S)$ 是强 (超, 投射交换, DRC, 平衡, P-Ehresmann, 可定域, 弱对称) 弱 Jones 代数.

证明 据定理 3.3.4 及其对偶, 有 $(\theta_a,\psi_a) \in T_{P_S}^r \times T_{P_S}^l$. 设 $x \in P_S^1$ 且 $f \in P_S$, 则据 (3.1.1) 式和 (3.1.2) 式,

$$x\pi_{\psi_a(1)}\theta_a = x\pi_{a^+}\theta_a = (x\star a^+)\theta_a = ((xa^+)^*a)^* = (xa^+a)^* = (xa)^* = x\theta_a,$$
$$x\pi_{\psi_a(f)}\theta_a\pi_f = x\pi_{(af)^+}\theta_a\pi_f = ((x(af)^+)^*f)^* = (x(af)^+af)^*$$
$$= (xaf)^* = ((xa)^*f)^* = x\theta_a\pi_f,$$

由此事实及其对偶可得 $(\theta_a,\psi_a) \in C(P_S)$, 从而 $S\phi$ 含于 $C(P_S)$. 据本定理前的论述, 对任意 $e,f \in P_S$, 有 $e\phi = (\pi_e,\sigma_e) \in P_{C(P_S)}$, 从而据定理 3.3.4 及其对偶和定理 3.4.3 可知 ϕ 满足定理中陈述的条件. 另外, 据引理 3.2.15, 有

$$\ker\phi = \{(a,b) \in S\times S \mid \theta_a = \theta_b, \psi_a = \psi_b\}$$
$$= \{(a,b) \in S\times S \mid (\forall e \in P_S^1)\ (ae)^+ = (be)^+, (ae)^* = (be)^*\} = \mu,$$

这说明 $S\phi$ 是基本的. 剩余部分可由引理 3.4.2 及定理 3.4.3 立得. □

最后, 据定理 3.4.3 和定理 3.4.4 可得以下推论.

推论 3.4.5[192] dr-半群 $(S,\cdot,^+,^*)$ 是基本的当且仅当存在弱 Jones 代数 P 使得 $(S,\cdot,^+,^*)$ (2,1,1)-同构于 $(C(P),\cdot,^+,^*)$ 的某个 P-满双一元子半群. 若 S 是强 (超, 投射交换, DRC, 平衡, P-Ehresmann, 可定域, 弱对称) dr-半群, 则 $C(P)$ 是强 (超, 投射交换, DRC, 平衡, P-Ehresmann, 可定域, 弱对称) 弱 Jones 代数.

注记 3.4.6[192]　DRC 弱 Jones 代数和 P-Ehresmann 弱 Jones 代数本质上是由 Jones 分别在文献 [83] 和文献 [79] 中提出来的. 像注记 3.3.6 中说的那样, 可以验证 DRC 弱 Jones 代数和 P-Ehresmann 弱 Jones 代数恰好是 Jones 在文献 [83] 和文献 [79] 中提出来的代数, 此处不再赘述. 这样一来, 定理 3.4.3 和定理 3.4.4 实际上又获得了 Jones 关于 DRC 半群和 P-Ehresmann 半群的结果.

3.5　d-半群, r-半群和 dr-半群的范畴同构定理

本节的目的是给出 d-半群, r-半群和 dr-半群的范畴同构定理. 先介绍 "constellations" 的概念. 设 C 是非空集, "$\cdot$" 是 C 上部分运算. 称 $e \in C$ 为 C 的右单位, 若对任意 $a \in C$, $a \cdot e$ 有定义蕴含 $a \cdot e = a$. 进一步地, 据文献 [42, 47, 156, 158], 称 $(C, \cdot)$ 为 constellation, 若对任意 $x, y, z \in C$, 下述条件成立:

(C1) 若 $x \cdot (y \cdot z)$ 有定义, 则 $(x \cdot y) \cdot z$ 有定义, 此时它们相等.

(C2) 若 $x \cdot y$ 和 $y \cdot z$ 都有定义, 则 $x \cdot (y \cdot z)$ 也有定义.

(C3) 存在 C 的唯一的右单位 $\mathbf{d}(x)$ 使得 $\mathbf{d}(x) \cdot x = x$.

此时, 记 $D(C) = \{\mathbf{d}(x) \mid x \in C\}$. 显然, $\mathbf{d} : C \to D(C), x \mapsto \mathbf{d}(x)$ 是映射. 考虑到这个原因, 记 constellation $(C, \cdot)$ 为 $(C, \cdot, \mathbf{d})$.

引理 3.5.1[47]　设 $(C, \cdot, \mathbf{d})$ 是 constellation, $e \in D(C)$ 且 $x, y \in C$, 则 $\mathbf{d}(e) = e = e \cdot e$, 且 $x \cdot y$ 有定义当且仅当 $x \cdot \mathbf{d}(y)$ 有定义. 此时, $\mathbf{d}(x \cdot y) = \mathbf{d}(x)$.

证明　由 (C3) 知 $\mathbf{d}(e) \cdot e = e$, 从而 $\mathbf{d}(e) \cdot e$ 有定义. 由 $e \in D(C)$ 知 e 是右单位, 于是 $\mathbf{d}(e) \cdot e = \mathbf{d}(e)$, 故 $\mathbf{d}(e) = e = e \cdot e$. 由 (C3) 知 $\mathbf{d}(y) \cdot y = y$. 设 $x \cdot y$ 有定义, 则 $x \cdot (\mathbf{d}(y) \cdot y)$ 有定义. 据 (C1) 知 $(x \cdot \mathbf{d}(y)) \cdot y$ 有定义, 从而 $x \cdot \mathbf{d}(y)$ 有定义. 反之, 设 $x \cdot \mathbf{d}(y)$ 有定义, 据 (C2) 知 $x \cdot (\mathbf{d}(y) \cdot y)$ 有定义, 即 $x \cdot y$ 有定义. 这就证明了引理的第一部分. 设 $x \cdot y$ 有定义, 由 (C3) 知 $\mathbf{d}(x) \cdot x = x$, 再由 (C2) 可知 $\mathbf{d}(x) \cdot (x \cdot y)$ 有定义, 故由 (C1) 可得 $\mathbf{d}(x) \cdot (x \cdot y) = (\mathbf{d}(x) \cdot x) \cdot y = x \cdot y$. 由 $\mathbf{d}(x)$ 是右单位及 (C3) 中的唯一性知 $\mathbf{d}(x) = \mathbf{d}(x \cdot y)$.　□

设 $(C, \cdot, \mathbf{d})$ 是 constellation, $| : C \times D(C) \to C, (x, e) \mapsto x|e$ 是映射. 据文献 [158], 称 $(C, \cdot, \mathbf{d}, |)$ 为广义余限制 constellation, 若对任意 $x, y \in C$ 和 $e, f \in D(C)$, 下列条件成立:

(Gc1) $x \cdot e$ 有定义当且仅当 $x|e = x$.

(Gc2) $e|f = f$ 蕴含 $(x|e)|f = x|f$.

(Gc3) $x|\mathbf{d}(y|e) \cdot y|e = ((x|\mathbf{d}(y)) \cdot y)|e$.

注记 3.5.2[156]　设 $(C, \cdot, \mathbf{d})$ 是 constellation, (Gc1) 和 (Gc2) 成立, $x, y \in C, e \in D(C)$, 则由引理 3.5.1 知 $e \cdot e = e$. 由 (Gc1) 知 $e|e = e$. 据 (Gc2) 可得 $(x|e)|e = x|e$. 再次利用 (Gc1) 可知 $(x|e) \cdot e$ 有意义. 注意到 $\mathbf{d}(y|e) \in D(C)$, 由上面的讨论可知 $x|\mathbf{d}(y|e) \cdot \mathbf{d}(y|e)$ 有意义. 据引理 3.5.1, $x|\mathbf{d}(y|e) \cdot y|e$ 有定义. 类似可知 $x|\mathbf{d}(y) \cdot \mathbf{d}(y)$ 和 $x|\mathbf{d}(y) \cdot y$ 有定义. 这表明, 在 (Gc1) 和 (Gc2) 的前提下, (Gc3) 两边的元素都是有定义的.

命题 3.5.3[158]　设 $(C, \cdot, \mathbf{d}, |)$ 是广义余限制 constellation. 定义 C 上二元运算 "$\otimes$" 和一元运算 "♣" 如下: 对任意 $x, y \in C$, $x \otimes y = x|\mathbf{d}(y) \cdot y$, $x^{\clubsuit} = \mathbf{d}(x)$. 则 $(C, \otimes, \clubsuit)$ 是 d-半群.

证明 设 $a, b, c \in C$, 由引理3.5.1知 $\mathbf{d}((b|\mathbf{d}(x)) \cdot c) = \mathbf{d}(b|\mathbf{d}(x))$, 于是
$$a \otimes (b \otimes c) = a \otimes (b|\mathbf{d}(c) \cdot c) = a|\mathbf{d}((b|\mathbf{d}(c)) \cdot c) \cdot (b|\mathbf{d}(c) \cdot c) = a|\mathbf{d}(b|\mathbf{d}(x)) \cdot (b|\mathbf{d}(c) \cdot c)$$
$$\xlongequal{(C1)} (a|\mathbf{d}(b|\mathbf{d}(c)) \cdot b|\mathbf{d}(c)) \cdot c \xlongequal{(Gc3)} (a|\mathbf{d}(b) \cdot b)|\mathbf{d}(c) \cdot c = (a|\mathbf{d}(b) \cdot b) \otimes c = (a \times b) \otimes c.$$

这表明 $(S, \otimes)$ 是半群. 由注记3.5.2可得 $\mathbf{d}(a) \otimes a = (\mathbf{d}(a)|\mathbf{d}(a)) \cdot a = \mathbf{d}(a) \cdot a \xlongequal{(C3)} a$. 最后, $(a \otimes b)^\clubsuit = \mathbf{d}(a \otimes b) = \mathbf{d}(a|\mathbf{d}(b) \cdot b) \xlongequal{\text{引理3.5.1}} \mathbf{d}(a|\mathbf{d}(b)) \xlongequal{\text{引理3.5.1}} \mathbf{d}(a|\mathbf{d}(b) \cdot \mathbf{d}(b)) = \mathbf{d}(a \otimes b^\clubsuit)$. 故 $(C, \otimes, \clubsuit)$ 是 d-半群. □

设 $(S, \cdot, ^+)$ 是 d-半群, 定义 S 上的限制积 "$\cdot$" 如下:
$$x \cdot y = \begin{cases} xy, & \text{若 } xy^+ = x, \\ \text{不定义}, & \text{否则}. \end{cases} \tag{3.5.1}$$

定义 $\mathbf{d} : S \to P_S, x \mapsto x^+$; $| : S \times P_S \to S, (x, e) \mapsto xe$.

命题 3.5.4[158] 设 $(S, \cdot, ^+)$ 是 d-半群, 则 $(S, \cdot, \mathbf{d}, |)$ 形成广义余限制 constellation.

证明 首先确定 $(S, \cdot)$ 的右单位. 设 f 是右单位, 则由 $f^+ f^+ = f^+$ 知 $f^+ \cdot f$ 有定义且 $f^+ \cdot f = f^+ f = f$. 但由右单位的定义知 $f^+ \cdot f = f^+$, 故 $f^+ = f$. 这说明 $f \in P_S$. 反过来, 设 $e \in P_S, a \in S$ 且 $a \cdot e$ 有定义, 则 $ae^+ = a$, 从而 $a \cdot e = ae = ae^+ = a$. 这说明 e 是右单位, 故右单位的集合是 P_S. 下面证明 (C1)—(C3) 和 (Gc1)—(Gc3). 设 $x, y, z \in S$,

(C1) 若 $x \cdot (y \cdot z)$ 有定义, 则 $yz^+ = y, x(yz)^+ = x$, 从而 $x = x(yz)^+ = x(yz^+)^+ = xy^+, xyz^+ = xy$, 这说明 $(x \cdot y) \cdot z$ 有定义, 显然有 $x \cdot (y \cdot z) = xyz = (x \cdot y) \cdot z$.

(C2) 若 $x \cdot y$ 和 $y \cdot z$ 有定义, 则 $xy^+ = x, yz^+ = y$, 从而 $x(yz)^+ = x(yz^+)^+ = xy^+ = x$, 于是 $x \cdot (y \cdot z)$ 有定义.

(C3) 由第一段的论述, $\mathbf{d}(x) = x^+$ 是右单位, 由 $x^+ x^+ = x^+$ 知 $x^+ \cdot x$ 有定义且 $\mathbf{d}(x) \cdot x = x^+ \cdot x = x^+ x = x$. 设 f 是右单位且 $f \cdot x = x$, 则由第一段的论述可知 $f \in P_S$, 从而 $f^+ = f$. 由 $f \cdot x$ 有定义知 $fx^+ = f$, 而由 $f \cdot x = x$ 可得 $x = fx$, 故 $x^+ = (fx)^+ = (fx^+)^+ = f^+ = f$.

(Gc1) 设 $e \in D(S) = P_S$. 若 $x \cdot e$ 有定义, 则 $x|e = xe = xe^+ = x$. 若 $x|e = x$, 则 $xe^+ = xe = x$, 从而 $x \cdot e$ 有定义.

(Gc2) 若 $e, f \in D(S) = P_S, e|f = f$, 则 $ef = f$, 从而 $(x|e)|f = xef = xf = x|f$.

(Gc3) 若 $e \in D(S) = P_S$, 则
$$x|\mathbf{d}(y|e) \cdot y|e = x(ye)^+ ye = xye = xy^+ ye = x\mathbf{d}(y)ye = ((x|\mathbf{d}(y)) \cdot y)|e.$$

上述讨论表明, $(S, \cdot, \mathbf{d}, |)$ 形成广义余限制 constellation. □

设 $(C_1, \cdot, \mathbf{d}, |)$ 和 $(C_2, \cdot, \mathbf{d}, |)$ 是广义余限制 constellations. 据文献[158], 称 $\rho : C_1 \to C_2$, $x \mapsto x\rho$ 为 radiant, 若对任意 $x, y \in C_1$ 和 $e \in D(C_1)$, 下列条件成立:

(Ra1) 若 $x \cdot y$ 有定义, 则 $(x\rho) \cdot (y\rho)$ 也有定义且 $(x\rho) \cdot (y\rho) = (x \cdot y)\rho$.

(Ra2) $(\mathbf{d}(x))\rho = \mathbf{d}(x\rho)$.

(Ra3) $(x|e)\rho = (x\rho)|(e\rho)$.

据命题3.5.3和命题3.5.4, 易证下面的 d-半群的范畴同构定理.

3.5 d-半群, r-半群和dr-半群的范畴同构定理

定理 3.5.5[158] d-半群连同 (2,1)-同态构成的范畴同构于广义余限制 constellations 连同 radiants 构成的范畴.

下面考虑 dr-半群的范畴同构定理. 设 $(C, \cdot, \mathbf{d}, |)$ 是广义余限制 constellation, $\mathbf{r} : C \to D(C)$, $x \mapsto \mathbf{r}(x)$ 是映射. 称 $(C, \cdot, \mathbf{d}, \mathbf{r}, |)$ 为弱 Stokes constellation, 若对任意 $x, y \in C$,

(D1) $\mathbf{r}(\mathbf{d}(x)) = \mathbf{d}(x)$.

(D2) $x \cdot \mathbf{r}(x)$ 有定义.

(D3) $\mathbf{r}(x|\mathbf{d}(y) \cdot y) = \mathbf{r}(\mathbf{r}(x)|\mathbf{d}(y) \cdot y)$.

类似于注记3.5.2中的方法可知(D3)两边的元素均有意义.

命题 3.5.6[192] 设 $(C, \cdot, \mathbf{d}, |)$ 是弱 Stokes constellation. 在 C 上定义二元运算 "$\otimes$" 和一元运算 "♣" 和 "♠" 如下: 对任意 $x, y \in C$,
$$x \otimes y = x|\mathbf{d}(y) \cdot y, \quad x^{♣} = \mathbf{d}(x), \quad x^{♠} = \mathbf{r}(x),$$
则 $(C, \otimes, ♣, ♠)$ 是 dr-半群.

证明 据命题3.5.3知 $(C, \otimes, ♣)$ 是 d-半群. 设 $x, y \in C$, 则 $\mathbf{r}(x) \in D(C)$, 从而 $\mathbf{r}(x)$ 是 C 的右单位. 由条件 (D2), (Gc1) 和右单位的定义可知 $x \cdot \mathbf{r}(x)$ 有定义且 $x \cdot \mathbf{r}(x) = x = x|\mathbf{r}(x)$. 首先, 据引理3.5.1, 有
$$x \otimes x^{♠} = x \otimes \mathbf{r}(x) = x|\mathbf{d}(\mathbf{r}(x)) \cdot \mathbf{r}(x) = x|\mathbf{r}(x) \cdot \mathbf{r}(x) = x \cdot \mathbf{r}(x) = x.$$
其次, (D3) 蕴含 $(x \otimes y)^{♠} = (x^{♠} \otimes y)^{♠}$. 最后, (D1) 和引理3.5.1分别蕴含
$$x^{♣♠} = \mathbf{r}(\mathbf{d}(x)) = \mathbf{d}(x) = x^{♣}, \quad x^{♠♠} = \mathbf{d}(\mathbf{r}(x)) = \mathbf{r}(x) = x^{♠}.$$
故 $(C, \otimes, ♣, ♠)$ 是 dr-半群. □

设 $(S, \cdot, ^+, ^*)$ 是 dr-半群. 定义 S 上的限制积 "$\cdot$" 如 (3.5.1) 式. 定义
$$\mathbf{d} : S \to P_S, \; x \mapsto x^+; \quad \mathbf{r} : S \to P_S, \; x \mapsto x^*, \quad | : S \times P_S \to S, \; (x, e) \mapsto xe.$$

命题 3.5.7[192] 设 $(S, \cdot, ^+, ^*)$ 是 dr-半群, 则 $(S, \cdot, \mathbf{d}, \mathbf{r}, |)$ 形成弱 Stokes constellation.

证明 据命题3.5.4, $(C, \cdot, \mathbf{d}, |)$ 是广义余限制 constellation. 下证 $\mathbf{r}$ 满足 (D1)—(D3). 事实上, 设 $x, y \in S$, 则 $x^{+*} = x^+$, $xx^{*+} = xx^* = x$, $(xy)^* = (x^*y)^*$, 故 (D1), (D2) 和 (D3) 都成立. □

设 $(C_1, \cdot, \mathbf{d}, \mathbf{r}, |)$ 和 $(C_2, \cdot, \mathbf{d}, \mathbf{r}, |)$ 是 Stokes constellations. 称 $\rho : C_1 \to C_2$, $x \mapsto x\rho$ 为 Stokes radiant, 若对任意 $x, y \in C_1$ 和 $e \in D(C_1)$, (Ra1)—(Ra3) 均成立且 $(\mathbf{r}(x))\rho = \mathbf{r}(x\rho)$. 据命题3.5.6和命题3.5.7, 易证下面的 dr-半群的范畴同构定理.

定理 3.5.8[192] dr-半群连同双一元同态构成的范畴同构于 Stokes constellations 连同 Stokes radiants 构成的范畴.

注记 3.5.9[192] 用类似的方法, 我们可以通过相应的特殊广义余限制 constellations 和 Stokes constellations 得到图3.1和图3.3中所列的 d-半群和 dr-半群的子类的范畴同构定理. 当然, 将 d-半群的结果对偶化就得到 r-半群的相应结果.

3.6　第3章的注记

d-半群, r-半群和dr-半群是王守峰在文献[192]中提出来研究的. 事实上, d-半群就是Stokes在文献[158]中定义的魔鬼(demonic)半群. Stokes在文献[158]中用范畴方式刻画了d(r)-半群的代数结构. d(r)-半群是很大的半群类, 它包含以下半群类作为子类: (左, 右)Ehresmann半群, (左, 右)限制半群(Lawson[88], Gould[43]), glrac(grrac)半群(Branco, Gomes和Gould[18]), glrwac(grrwac)半群(Jones[84]), DRC (DC, RC)半群(Stokes[155]), GDRC(GDC, GRC)半群(Stokes[157]), (左, 右)可定域半群(Fitzgerald和Kinyon[33]), 广义Ehresmann半群(王守峰[183]), 伪Ehresmann半群(王守峰[181, 185])和具有恰当断面的富足半群(El-Qallali[30]), 等等. 最近, Stokes在文献[161, 162]中又提出了几类新的双一元半群, 这些双一元半群未必是dr(d,r)-半群.

3.3节和3.4节的处理技巧首先是由Fountain, Gomes和Gould于1999年在文献[36]中对一类特殊的Ehresmann半群建立的. 2001年, Gomes和Gould在文献[39]中又将这个技巧推广到了整个Ehresmann半群类. 2017年, 王守峰在文献[183]中将Gomes和Gould的结果做了进一步推广. 2021年, Jones通过他建立的(左,右)Jones代数的概念建立了DRC (DC, RC)半群的基本表示定理, 将Gomes和Gould的结果推广到了DRC(DC, RC)半群类. 3.3节和3.4节的内容沿用了Jones的框架, 对(左,右)Jones代数做了必要的推广, 建立了dr(d,r)-半群的基本表示定理.

3.5节的处理技巧首先是由Gould和Hollings于2009年在文献[42]中对左限制半群引入的. 2017年, Stokes在文献[156]中利用constellations理论给出了DC半群的代数结构, 2021年他又在文献[158]中用该理论给出了d-半群的代数结构. 3.5节沿用了Stokes的框架, 利用constellations理论建立了dr-半群的代数结构, 更多的constellations理论及应用可参见文献[44, 47, 48, 159]. 本质上讲, 前述的用constellations理论刻画半群的方法考虑的就是constellations的某些作用. 近期, Lawson[91]和Stokes[160]也做了这方面的工作. 本章侧重于研究一般的dr(d,r)-半群, 其重要子类DRC半群和P-Ehresmann半群将在下两章进行研究.

第 4 章

DRC半群

本章的目的是研究DRC半群. 由第3章可知, DRC半群是一类特殊的dr-群, 而同时又包含对称DRC半群, P-Ehresmann半群和Ehremann半群等重要子类(见图3.2). 4.1节建立一般DRC半群的范畴同构定理, 作为推论也得到了对称DRC半群, P-Ehresmann半群和Ehresmann半群的范畴同构定理, 4.2节讨论一类特殊的DRC半群, 即DRC-限制半群, 给出了这类半群的基本表示定理.

4.1 DRC半群的范畴同构定理

本节的目的是给出一般DRC半群的范畴同构定理, 特别地, 给出对称DRC半群, P-Ehresmann半群和Ehresmann半群的范畴同构定理. 先回顾下这些半群的概念.

定义 4.1.1[83] 称双一元半群 $(S, \cdot, ^+, ^*)$ 为DRC半群, 若下列公理成立:

(i)	$x^+ x = x$	(i)′	$x x^* = x$
(ii)	$(xy)^+ = (xy^+)^+$	(ii)′	$(xy)^* = (x^*y)^*$
(iii)	$(xy)^+ = x^+(xy)^+ x^+$	(iii)′	$(xy)^* = y^*(xy)^* y^*$
(iv)	$x^{++} = x^+$	(iv)′	$x^{**} = x^*$
(v)	$x^{+*} = x^+$	(v)′	$x^{*+} = x^*$

DRC条件

此时, 称 $P_S = \{x^+ \mid x \in S\}$ 为 S 的投射元集. 据(v)和(v)′知 $P_S = \{x^* \mid x \in S\}$. 称DRC半群 $(S, \cdot, ^+, ^*)$ 为 P-Ehresmann半群 (对称 DRC半群), 若对任意 $e, f \in P_S$, 有

$$(ef)^+ = efe = (fe)^* \quad ((ef)^+ = (fe)^*). \tag{4.1.1}$$

称 P-Ehresmann半群 $(S, \cdot, ^+, ^*)$ 为Ehresmann半群, 若 P_S 是 S 的子半格.

注记 4.1.2 上面陈述的DRC半群, 对称DRC半群, P-Ehresmann半群和Ehresmann半群的概念与第3章阐述的相应的概念是一致的(见3.1节和3.2节). 为了引述方便, 仍采用上面最初的定义方式. 另外, 约定在本章和第5章中出现的罗马数字 (i)—(v) 和 (i)′—(v)′ 均指上述 "DRC条件" 中的数字.

下面的引理给出了DRC半群的一些基本性质.

引理 4.1.3[190] 在 "DRC 条件"中, 公理 (iii) ((iii)′) 可被下述公理替代:
$$(x^+y^+)^+ = x^+(x^+y^+)^+x^+ \ ((x^*y^*)^* = y^*(x^*y^*)^*y^*).$$

证明 在公理 (iii) 中用 x^+ 和 y^+ 分别替换 x, y 并利用公理 (v), 有
$$(x^+y^+)^+ = x^{++}(x^+y^+)^+x^{++} = x^+(x^+y^+)^+x^+.$$

反之, 设公理 $(x^+y^+)^+ = x^+(x^+y^+)^+x^+$ 成立, 则对任意 $x, y \in S$, 据 (i), (ii), 有
$$x^+(xy)^+x^+ = x^+(x^+xy)^+x^+ = x^+(x^+(xy)^+)^+x^+ = (x^+(xy)^+)^+ = (x^+xy)^+ = (xy)^+,$$
这正是公理 (iii). 剩余部分对偶可证. □

引理 4.1.4[83, 155, 190] 设 $(S, \cdot, ^+, ^*)$ 是 DRC 半群, $e, f \in P_S$.

(1) $e^+ = e = e^* \in E(S)$.

(2) $(ef)^+ = e(ef)^+e$, $(ef)^* = f(ef)^*f$.

(3) $(ef)^+f = ef = e(ef)^*$.

(4) $(ef)^+(ef)^* = ef$.

(5) 若 $e\mathcal{L}f\ (e\mathcal{R}f)$, 则 $e = f$.

证明 条款 (1) 可由引理 3.1.2 及其对偶获得. 条款 (2) 由引理 4.1.3 立知. 据条款 (2) 和公理 (i), $(ef)^+f = (ef)^+ef = ef$. 对偶可证 $e(ef)^* = ef$. 这说明条款 (3) 正确. 据条款 (1), (2), (i) 和 (i)′,
$$(ef)^+(ef)^* = e((ef)^+e)(f(ef)^*)f = e(ef)^+ef(ef)^*f = ef,$$
故条款 (4) 成立. 设 $e\mathcal{L}f$, 则 $e = e^* = (ef)^* = f(ef)^*f = fef = f$. 另一结论对偶可证. 于是条款 (5) 成立. □

命题 4.1.5[190] 设 $(S, \cdot, ^+, ^*)$ 是 DRC 半群 (下面的 e, f 代表任意投射元).

(1) 公理 $(ef)^+ = efe$ 成立当且仅当公理 $(fe)^* = efe$ 成立, 此时, S 是 P-Ehresmann 半群.

(2) 若公理 $ef = fe$ 成立, 则 S 是 Ehresmann 半群.

证明 (1) 设 $e, f \in P_S$ 且 $(ef)^+ = efe$, 则 $efe \in P_S$ 且据引理 4.1.4 (3) 可得 $ef = (ef)^+f = efef \in E(S)$. 对偶可得 $fef \in P_S$ 和 $fe \in E(S)$. 据公理 (i)′ 可得 $fe(fe)^* = fe$, 故由引理 4.1.4 (2) 可知
$$(fe)^* = (fefefe)^* = ((fef)(efe))^* = (efe)((fef)(efe))^*(efe)$$
$$= efe(fe)^*efe = e(fe(fe)^*)efe = efeefe = efe.$$

对偶可证相反方向的蕴含. 据 (4.1.1) 式可知 S 是 P-Ehresmann 半群.

(2) 设 $e, f \in P_S$, 据引理 4.1.4 (1), (2) 和 (i),
$$(ef)^+ = e(ef)^+e = e(fe)^+e = ef(fe)^+fe = effe = efe = eef = ef = fe.$$

由条款 (1), S 是 P-Ehresmann 半群且 P_S 是 S 的子半格, 故 S 是 Ehresmann 半群. □

引理 4.1.6[190] (对称, P-Ehresmann, Ehresmann)DRC 半群连同 (2,1,1)-同态形成范畴.

接下来讨论 Jones 代数的一些基本性质. 设 P 是非空集, "$\times$" 是 P 上二元运算. 据 Jones[83], 称 $(P, \times)$ 为左 Jones 代数, 若下列条件成立:

(L1) $e \times e = e$.

(L2) $(e \times f) \times e = e \times f$.

(L3) $e \times (f \times g) = (e \times f) \times (f \times g)$.

(L4) $(e \times f) \times g = (e \times f) \times (e \times g)$.

设 P 是非空集, "$\star$" 是 P 上二元运算, 称 $(P, \star)$ 为右 Jones 代数, 若下列条件成立:

(R1) $e \star e = e$.

(R2) $f \star e = e \star (f \star e)$.

(R3) $(g \star f) \star (f \star e) = (g \star f) \star e$.

(R4) $(g \star e) \star (f \star e) = g \star (f \star e)$.

称 (2,2)-型代数 $(P, \times, \star)$ 为 Jones 代数, 若下列条件成立:

(J1) $(P, \times)$ 是左 Jones 代数.

(J2) $(P, \star)$ 是右 Jones 代数.

(J3) 对任意 $e, f, g \in P$, 有 $(e \star (f \times g)) \star g = (e \star f) \star g$ 和 $g \times ((g \star f) \times e) = g \times (f \times e)$.

(J4) 对任意 $e, f \in P$, 有 $(e \times f) \star e = e \times f$ 和 $f \times (e \star f) = e \star f$.

Jones 代数 $(P, \times, \star)$ 称为对称 Jones 代数 (Ehresmann Jones 代数), 若对任意 $e, f \in P$, 有 $e \times f = f \star e$ ($e \times f = f \times e$).

注记 4.1.7 可以验证, Jones 代数和对称 Jones 代数分别是第 3 章中提到的 DRC 弱 Jones 代数和平衡弱 Jones 代数, 此处不再赘述. 为了引述方便和尊重原文献, 我们仍采用上面的 Jones 最初的定义方式.

设 $(P, \times)$ 是左 Jones 代数, 定义 P 上的关系 "$\leqslant_P$" 如下: 对任意 $e, f \in P$,

$$e \leqslant_P f \text{ 当且仅当 } e = f \times e. \tag{4.1.2}$$

则 "$\leqslant_P$" 是 P 上的偏序, 称其为 P 上的自然偏序. 事实上, 设 $e, f, g \in P$, 由 (L1) 知 $e \times e = e$, 从而 $e \leqslant_P e$. 设 $e \leqslant_P f$ 且 $f \leqslant_P e$, 则 $e = f \times e$ 且 $f = e \times f$, 据 (L2) 可得 $e = f \times e = (e \times f) \times e = e \times f = f$. 设 $e \leqslant_P f$ 且 $f \leqslant_P g$, 则 $e = f \times e$ 且 $f = g \times f$. 据 (L3), $e = f \times e = (g \times f) \times (f \times e) = g \times (f \times e) = g \times e$, 这表明 $e \leqslant_P g$. 这就证明了 "$\leqslant_P$" 是 P 上的偏序.

引理 4.1.8[83, 190] 设 $(P, \times, \star)$ 是 Jones 代数且 $e, f, g \in P$.

(1) $e \times (e \times f) = e \times f$, $e \star (e \star f) = (e \star f) \star f$.

(2) $e \leqslant_P f$ 当且仅当 $e = e \times f = f \times e$, 从而 $e \times f \leqslant_P e$.

(3) $e \leqslant_P f$ 当且仅当 $e = e \star f = f \star e$, 从而 $e \star f \leqslant_P f$.

(4) $(e \times f) \star f = e \star f$, $e \times (e \star f) = e \times f$.

(5) $(e \times f) \times (e \star f) = e \times f$, $(e \times f) \star (e \star f) = e \star f$.

(6) 若 $e \leqslant_P f$, 则有 $g \times e \leqslant_P g \times f$ 和 $e \star g \leqslant_P f \star g$.

证明 (1) 在 (L4) 中用 e 和 f 分别替换 f 和 g, 并用 (L1) 可得 $e \times f = (e \times e) \times f =$

$(e \times e) \times (e \times f) = e \times (e \times f)$. 另一等式对偶可证.

(2) 若 $e \leqslant_P f$, 则 $e = f \times e$. 据(L2), 有 $e \times f = (f \times e) \times f = f \times e = e$. 充分性是显然的. 另外, 据条款(1), 有 $e \times f \leqslant_P e$.

(3) 设 $e \leqslant_P f$, 则 $e = f \times e$, 从而据(J4)可知 $e \star f = (f \times e) \star f = f \times e = e$. 进一步地, 由(R2)可得 $f \star e = f \star (e \star f) = e \star f = e$. 反之, 若 $e = e \star f$, 据(J4)有 $f \times e = f \times (e \star f) = e \star f = e$, 这表明 $e \leqslant_P f$. 最后由条款(1)可得 $e \star f \leqslant_P f$.

(4) 据条款(2)和条款(3), 有 $e \times f \leqslant_P e$ 和 $e \star (e \times f) = e \times f$, 注意到(J3)的第一等式和(R1), 有 $(e \times f) \star f = (e \star (e \times f)) \star f = (e \star e) \star f = e \star f$. 对偶可证 $e \times (e \star f) = e \times f$.

(5) 据(L4), 条款(4)和(L1), 有 $(e \times f) \times (e \star f) = (e \times f) \times (e \times (e \star f)) = (e \times f) \times (e \times f) = e \times f$. 对偶可证 $(e \times f) \star (e \star f) = e \star f$.

(6) 设 $e \leqslant_P f$, 则 $e = f \times e$. 据(L4)和(L3), 有 $(g \times f) \times (g \times e) = (g \times f) \times e = (g \times f) \times (f \times e) = g \times (f \times e) = g \times e$, 故 $g \times e \leqslant_P g \times f$. 对偶可证 $e \star g \leqslant_P f \star g$. □

命题 4.1.9[190] 设 $(P, \times, \star)$ 是 Jones 代数.

(1) 若 P 对称, 则对任意 $e, f \in P$, 有 $e \times (f \times e) = e \times f$ 和 $(e \star f) \times e = f \times e$.

(2) 若 P 是 Ehresmann Jones 代数, 则 P 对称. 进一步地, 运算 $\times$ 和 $\star$ 相同, 从而 P 实际上是半格.

证明 (1) 设 $e, f \in P$, 据(L1), (J3)的第二等式, P 的对称性和(L2), 有
$$e \times f = e \times (f \times f) = e \times ((e \star f) \times f) = e \times ((f \times e) \times f) = e \times (f \times e).$$
另一方面, 据 P 的对称性, (L4)和(L1), 有 $(e \star f) \times e = (f \times e) \times e = (f \times e) \times (f \times e) = f \times e$.

(2) 设 $e, f \in P$, 据(J4)的第一等式和(R2), 有
$$e \star (e \times f) = e \star ((e \times f) \star e) = (e \times f) \star e = e \times f. \tag{4.1.3}$$
此事实连同(J3)的第一等式和(R1)蕴含 $(e \times f) \star f = (e \star (e \times f)) \star f = (e \star e) \star f = e \star f$. 在(4.1.3)式中调换 e 和 f 的位置, 有 $f \times e = (f \times e) \star f$. 因为 P 是 Ehresmann 的, 故 $e \times f = f \times e = (f \times e) \star f = (e \times f) \star f = e \star f$, 这表明 P 对称且 $\times$ 和 $\star$ 一致. 为证 P 是半格, 仅需证 $\times$ 结合. 事实上, 若 $e, f, g \in P$, 则据 $\times$ 的交换性, (L4)和(L3), 有 $(f \times e) \times g = (e \times f) \times g = (e \times f) \times (e \times g) = (f \times e) \times (e \times g) = f \times (e \times g)$. □

下面讨论 DRC 广义范畴的性质, 先介绍广义范畴的概念. 设 C 是非空集, P 是 C 的非空子集, $(P, \times, \star)$ 是 Jones 代数, "·" 是 C 上部分二元运算. 又设 $\mathbf{d} : C \to P, x \mapsto \mathbf{d}(x)$, $\mathbf{r} : C \to P, x \mapsto \mathbf{r}(x)$ 是满足下列条件的映射:
$$(\forall e \in P) \quad \mathbf{d}(e) = e = \mathbf{r}(e). \tag{4.1.4}$$
称 $(C, \cdot, \mathbf{d}, \mathbf{r}, P)$ 为 Jones 代数 $(P, \times, \star)$ 上的广义范畴, 若下列条件成立:

(G1) 对任意 $x, y \in C$, $x \cdot y$ 有定义当且仅当 $\mathbf{r}(x) = \mathbf{r}(x) \times \mathbf{d}(y), \mathbf{d}(y) = \mathbf{r}(x) \star \mathbf{d}(y)$, 此时, $\mathbf{d}(x \cdot y) = \mathbf{d}(x), \mathbf{r}(x \cdot y) = \mathbf{r}(y)$.

(G2) 若 $x, y, z \in C$ 且 $x \cdot y$ 和 $y \cdot z$ 有定义, 则 $(x \cdot y) \cdot z = x \cdot (y \cdot z)$.

(G3) 对任意 $x \in C$, $\mathbf{d}(x) \cdot x$ 和 $x \cdot \mathbf{r}(x)$ 有定义且 $\mathbf{d}(x) \cdot x = x = x \cdot \mathbf{r}(x)$.

据 (4.1.4) 式和 (G3), 有以下结果.

命题 4.1.10[190] 设 $(C, \cdot, \mathbf{d}, \mathbf{r}, P)$ 是 $(P, \times, \star)$ 上的广义范畴, 则 $P = \{\mathbf{d}(x) \mid x \in C\} = \{\mathbf{r}(x) \mid x \in C\}$, 且对任意 $e \in P$, 有 $\mathbf{d}(e) = \mathbf{r}(e) = e \cdot e = e$.

称 $(C, \cdot, \mathbf{d}, \mathbf{r}, P, \leqslant)$ 为序广义范畴, 若 $(C, \cdot, \mathbf{d}, \mathbf{r}, P)$ 是广义范畴且下列条件成立:

(O1) $(C, \leqslant)$ 是偏序集.

(O2) $x \leqslant y$ 蕴含 $\mathbf{d}(x) \leqslant \mathbf{d}(y)$ 和 $\mathbf{r}(x) \leqslant \mathbf{r}(y)$.

称 $(C, \cdot, \mathbf{d}, \mathbf{r}, P, \leqslant_l, \leqslant_r)$ 为 DRC 广义范畴, 若下列条件成立:

(D1) $(C, \cdot, \mathbf{d}, \mathbf{r}, P, \leqslant_r)$ 是序广义范畴, 且对任意 $x \in C, e \in P$, 若 $e \leqslant_r \mathbf{d}(x)$, 则存在唯一元素 $_e|x \in C$ 使得 $\mathbf{d}(_e|x) = e$ 且 $_e|x \leqslant_r x$, 其中 $_e|x$ 称为 x 在 e 上的左限制.

(D1)′ $(C, \cdot, \mathbf{d}, \mathbf{r}, P, \leqslant_l)$ 是序广义范畴, 且对任意 $x \in C, e \in P$, 若 $e \leqslant_l \mathbf{r}(x)$, 则存在唯一元素 $x|_e \in C$ 使得 $\mathbf{r}(x|_e) = e$ 且 $x|_e \leqslant_l x$, 其中 $x|_e$ 称为 x 在 e 上的右限制.

(D2) 若 $e, f \in P$, 则 $e \leqslant_l f \iff e \leqslant_r f \iff e \leqslant_P f$.

(D3) 若 $x \cdot y$ 有定义且 $e \leqslant_P \mathbf{d}(x)$, 则 $_e|(x \cdot y) = {_e|x} \cdot {_{\mathbf{r}(_e|x) \star \mathbf{d}(y)}|y}$.

(D3)′ 若 $x \cdot y$ 有定义且 $e \leqslant_P \mathbf{r}(y)$, 则 $(x \cdot y)|_e = x|_{\mathbf{r}(x) \times \mathbf{d}(y|_e)} \cdot y|_e$.

(D4) 若 $x, y, z \in C$ 且 $v = {_{\mathbf{r}(x) \star \mathbf{d}(y)}|y}$, $w = v|_{\mathbf{r}(v) \times \mathbf{d}(z)}$, $a = y|_{\mathbf{r}(y) \times \mathbf{d}(z)}$, $c = {_{\mathbf{r}(x) \star \mathbf{d}(a)}|a}$, 则

$$(x|_{(\mathbf{r}(x) \times \mathbf{d}(y)) \times \mathbf{d}(w)} \cdot w) \cdot {_{\mathbf{r}(v) \star \mathbf{d}(z)}|z} = x|_{\mathbf{r}(x) \times \mathbf{d}(a)} \cdot (c \cdot {_{\mathbf{r}(c) \star (\mathbf{r}(y) \star \mathbf{d}(z))}|z}).$$

应该指出, (D3) 及其对偶的两边元素都是有定义的. 只证 (D3). 事实上, 设 $e \leqslant_P \mathbf{d}(x)$ 和 $x \cdot y$ 有定义. 据条件 (G1), 有

$$e \leqslant_P \mathbf{d}(x) = \mathbf{d}(x \cdot y), \quad \mathbf{r}(x) = \mathbf{r}(x) \times \mathbf{d}(y), \quad \mathbf{d}(y) = \mathbf{r}(x) \star \mathbf{d}(y),$$

从而据引理 4.1.8 (3) 可得 $\mathbf{r}(_e|x) \star \mathbf{d}(y) \leqslant_P \mathbf{d}(y)$. 这表明 $_e|(x \cdot y)$, $_e|x$ 和 $_{\mathbf{r}(_e|x) \star \mathbf{d}(y)}|y$ 有意义. 由事实 $_e|x \leqslant_r x$ 和 (O2) 可得 $\mathbf{r}(_e|x) \leqslant_r \mathbf{r}(x)$. 注意到 (D2) 和引理 4.1.8 (2), 有 $\mathbf{r}(x) \times \mathbf{r}(_e|x) = \mathbf{r}(_e|x) = \mathbf{r}(_e|x) \times \mathbf{r}(x)$, 故

$$\mathbf{r}(_e|x) \times \mathbf{d}(_{\mathbf{r}(_e|x) \star \mathbf{d}(y)}|y) = \mathbf{r}(_e|x) \times (\mathbf{r}(_e|x) \star \mathbf{d}(y)) \quad (\text{据 (D1)})$$
$$= \mathbf{r}(_e|x) \times \mathbf{d}(y) \quad (\text{引理 4.1.8 (4)})$$
$$= (\mathbf{r}(x) \times \mathbf{r}(_e|x)) \times \mathbf{d}(y) = (\mathbf{r}(x) \times \mathbf{r}(_e|x)) \times (\mathbf{r}(x) \times \mathbf{d}(y)) \quad (\text{据 (L4)})$$
$$= \mathbf{r}(_e|x) \times \mathbf{r}(x) = \mathbf{r}(_e|x). \quad (\text{因为 } \mathbf{r}(x) = \mathbf{r}(x) \times \mathbf{d}(y))$$

另一方面, 据 (D1), (R4) 和 (R1), 有

$$\mathbf{r}(_e|x) \star \mathbf{d}(_{\mathbf{r}(_e|x) \star \mathbf{d}(y)}|y) = \mathbf{r}(_e|x) \star (\mathbf{r}(_e|x) \star \mathbf{d}(y)) = \mathbf{r}(_e|x) \star \mathbf{d}(y) = \mathbf{d}(_{\mathbf{r}(_e|x) \star \mathbf{d}(y)}|y).$$

这表明 $_e|x \cdot {_{\mathbf{r}(_e|x) \star \mathbf{d}(y)}|y}$ 有定义. 条件 (D4) 的两边元素也都是有定义的 (见引理 4.1.22 的证明).

引理 4.1.11[190] 设 $(C, \cdot, \mathbf{d}, \mathbf{r}, P, \leqslant_l, \leqslant_r)$ 是 DRC 广义范畴, $x, y \in C$.

(1) $_{\mathbf{d}(x)}|x = x$ $(x|_{\mathbf{r}(x)} = x)$.

(2) 若 $x \leqslant_r y$ 且 $e \leqslant_P \mathbf{d}(x)$ $(x \leqslant_l y$ 且 $e \leqslant_P \mathbf{r}(x))$, 则 $_e|x = {_e|y}$ $(x|_e = y|_e)$.

(3) 若 $e, f \in P$ 且 $x \in C$, $e \leqslant_P f \leqslant_P \mathbf{d}(x)$ $(e \leqslant_P f \leqslant_P \mathbf{r}(x))$, 则 $_e|(_f|x) = {_e|x}$ $(x|_e =$

$(x|_f)|_e)$，此时，$_e|x \leqslant_r {}_f|x$ $(x|_e \leqslant_l x|_f)$.

(4) 若 $e, f \in P$ 且 $e \leqslant_P f$，则 $_e|f = e$ ($e = f|_e$).

证明 仅证左限制的部分.

(1) 由左限制的唯一性立得.

(2) 此时，由 (O2) 知 $\mathbf{d}(x) \leqslant_r \mathbf{d}(y)$，从而由 (D2) 可得 $e \leqslant_P \mathbf{d}(y)$. 另外，据 (D1)，有 $\mathbf{d}(_e|x) = \mathbf{d}(_e|y) = e$ 和 $_e|x \leqslant_r x \leqslant_r y$, $_e|y \leqslant_r y$. 据 y 在 e 上的左限制的唯一性可得 $_e|x = {}_e|y$.

(3) 据 (D1)，有 $\mathbf{d}(_f|x) = f$，从而 $_e|(_f|x)$ 是有意义的. 注意到事实 $\mathbf{d}(_e|(_f|x)) = e$ 和 $_e|(_f|x) \leqslant_r {}_f|x \leqslant_r x$，据 x 在 e 上的左限制的唯一性知 $_e|(_f|x) = {}_e|x$. 再次据 (D1) 可得 $_e|x = {}_e|(_f|x) \leqslant_r {}_f|x$.

(4) 由 (D2) 知 $e \leqslant_r f$，由命题 4.1.10 知 $\mathbf{d}(e) = e$. 据 f 在 e 上的左限制的唯一性知 $e = {}_e|f$. □

设 $(C_1, \cdot, \mathbf{d}, \mathbf{r}, P_1, \leqslant_l, \leqslant_r)$ 和 $(C_2, \cdot, \mathbf{d}, \mathbf{r}, P_2, \leqslant_l, \leqslant_r)$ 是 DRC 广义范畴. 称 C_1 到 C_2 的映射 φ 为一个 DRC 映射，若下面的条件成立:

(M1) 对任意 $x \in C_1$，有 $\mathbf{d}(x\varphi) = (\mathbf{d}(x))\varphi$ 和 $\mathbf{r}(x\varphi) = (\mathbf{r}(x))\varphi$.

(M2) 若 $x, y \in C_1$ 且 $x \cdot y$ 在 C_1 中有定义，则 $(x\varphi) \cdot (y\varphi)$ 在 C_2 中有定义，此时 $(x\varphi) \cdot (y\varphi) = (x \cdot y)\varphi$.

(M3) 若 $x, y \in C_1$ 且 $x \leqslant_l y$ $(x \leqslant_r y)$，则 $x\varphi \leqslant_l y\varphi$ $(x\varphi \leqslant_r y\varphi)$.

(M4) φ 在 P_1 上的限制是 $(P_1, \times, \star)$ 到 $(P_2, \times, \star)$ 的同态.

引理 4.1.12[190] 设 $(C_1, \cdot, \mathbf{d}, \mathbf{r}, P_1, \leqslant_l, \leqslant_r)$ 和 $(C_2, \cdot, \mathbf{d}, \mathbf{r}, P_2, \leqslant_l, \leqslant_r)$ 是 DRC 广义范畴. 若 φ 是 C_1 到 C_2 的 DRC 映射，$x, y \in C_1, e, f \in P_1$，$e \leqslant_r \mathbf{d}(x)$，$f \leqslant_l \mathbf{r}(x)$，则 $(_e|x)\varphi = {}_{e\varphi}|(x\varphi)$ 且 $(x|_f)\varphi = (x\varphi)|_{f\varphi}$.

证明 据命题 4.1.10, (M1) 和 (M3)，有 $e\varphi = (\mathbf{d}(e))\varphi = \mathbf{d}(e\varphi) \in P_2$ 和 $e\varphi \leqslant_r (\mathbf{d}(x))\varphi = \mathbf{d}(x\varphi)$，故 $_{e\varphi}|(x\varphi)$ 有定义. 据 (D1)，有 $_e|x \leqslant_r x$，从而据 (M3)，有 $(_e|x)\varphi \leqslant_r x\varphi$. 据 (M1) 和 (D1)，$\mathbf{d}((_e|x)\varphi) = (\mathbf{d}(_e|x))\varphi = e\varphi$，由 $x\varphi$ 在 $e\varphi$ 上的左限制的唯一性知 $(_e|x)\varphi = {}_{e\varphi}|(x\varphi)$. 对偶可证 $(x|_f)\varphi = (x\varphi)|_{f\varphi}$. □

DRC 广义范畴 $(C, \cdot, \mathbf{d}, \mathbf{r}, P, \leqslant_l, \leqslant_r)$ 称为对称 (Ehresmann) DRC 广义范畴，若 P 是对称 (Ehresmann) Jones 代数. 另外，对称 DRC 广义范畴 $(C, \cdot, \mathbf{d}, \mathbf{r}, P, \leqslant_l, \leqslant_r)$ 称为 P-Ehresmann DRC 广义范畴，若下列条件成立:

$$(\forall e, f \in P) \ e \cdot f 有定义蕴含 (e \cdot f) \cdot e = e \times f. \tag{4.1.5}$$

引理 4.1.13[190] 设 C_1, C_2 和 C_3 是 DRC 广义范畴且 $\varphi_1 : C_1 \to C_2$ 和 $\varphi_2 : C_2 \to C_3$ 是 DRC 映射，则 $\varphi_1\varphi_2 : C_1 \to C_3$ 也是 DRC 映射.

引理 4.1.14[190] (对称，P-Ehresmann, Ehresmann) DRC 广义范畴连同 DRC 映射形成范畴.

下面介绍如何由 DRC 半群构作 DRC 广义范畴.

引理 4.1.15[190] 设 $(S, \cdot, {}^+, {}^*)$ 是 DRC 半群，在 P_S 上定义二元运算 "$\times_S$" 和 "$\star_S$"

如下:
$$(\forall e, f \in P_S)\ e \times_S f = (ef)^+,\ e \star_S f = (ef)^*,$$
则 $(P_S, \times_S, \star_S)$ 形成 Jones 代数, 称其为 S 的 Jones 代数. 若 S 对称 (Ehresmann), 则 P_S 也对称 (Ehresmann). 另外, 若 S 是 P-Ehresmann 的, 则 P_S 对称.

证明 设 $e, f, g \in P_S$, 则 $e \times_S e = (ee)^+ = e^+ = e$. 这说明 (L1) 成立. 由引理 4.1.4 知 $(e \times f) \times e = ((ef)^+ e)^+ = (ef)^{++} = (ef)^+ = e \times_S f$, 从而 (L2) 成立. 据 DRC 条件及引理 4.1.4 可得
$$e \times_S (f \times_S g) = (e(fg)^+)^+ = (efg)^+ = ((ef)^+ fg)^+ = ((ef)^+ (fg)^+)^+ = (e \times_S f) \times_S (f \times_S g),$$
$$(e \times_S f) \times_S g = ((ef)^+ g)^+ = ((ef)^+ eg)^+ = ((ef)^+ (eg)^+)^+ = (e \times_S f) \times_S (e \times_S g).$$
这证明了 (L3) 和 (L4). 对偶可证 (R1)—(R4). 另外, 据 DRC 条件及引理 4.1.4, 有
$$(e \star_S (f \times_S g)) \star_S g = ((e(fg)^+)^* g)^* = (e(fg)^+ g)^*$$
$$= (e(fg)^+ fg)^* = (efg)^* = ((ef)^* g)^* = (e \star_S f) \star_S g,$$
这证明了 (J3) 中的第一个等式, 对偶可证 (J3) 中的第二个等式. 最后, 据引理 4.1.4 可得 $(e \times_S f) \star_S e = ((ef)^+ e)^* = (ef)^{+*} = (ef)^+ = e \times_S f$, 这证明了 (J4) 中的第一个等式. 对偶可证 (J4) 中的第二个等式. 故 $(P_S, \times_S, \star_S)$ 形成 Jones 代数. 若 S 是对称 DRC 半群, 则 $e \star_S f = (ef)^* = (fe)^+ = f \times_S e$, 从而 P_S 对称. 若 S 是 Ehresmann 的, 则 $e \times_S f = (ef)^+ = ef = fe = (fe)^+ = f \times_S e$. 这表明 P_S 是 Ehresmann 的. 若 S 是 P-Ehresmann 的, 则 S 当然是对称的, 从而 P_S 也对称. □

设 $(S, \cdot, ^+, ^*)$ 是 DRC 半群, 定义 S 的限制积 "$\odot$" 如下:
$$x \odot y = \begin{cases} xy, & \text{若 } x^* = (x^*y^+)^+ \text{ 且 } y^+ = (x^*y^+)^*, \\ \text{不定义}, & \text{否则}, \end{cases} \tag{4.1.6}$$
其中 xy 是 x 和 y 在 S 中的乘积.

引理 4.1.16[190] 设 $(S, \cdot, ^+, ^*)$ 是 DRC 半群, 则 $S\mathbb{C} = (S, \odot, \mathbf{d}, \mathbf{r}, P_S)$ 是 $(P_S, \times_S, \star_S)$ 上的广义范畴, 称其为 S 的广义范畴, 其中 "$\odot$" 是 (4.1.6) 式中定义的 S 的限制积, 而对任意 $x \in S$, $\mathbf{d}(x) = x^+$, $\mathbf{r}(x) = x^*$.

证明 据引理 4.1.4, 有 $\mathbf{d}: S \to P_S, x \mapsto x^+$, $\mathbf{r}: S \to P_S, x \mapsto x^*$, 且对任意 $e \in P_S$, 有 $\mathbf{d}(e) = e^+ = e = e^* = \mathbf{r}(e)$. 进一步地, 对任意 $x, y \in S$,
$$x \odot y \text{ 有定义}$$
$$\iff x^* = (x^*y^+)^+, y^+ = (x^*y^+)^*$$
$$\iff \mathbf{r}(x) = \mathbf{r}(x) \times_S \mathbf{d}(y), \mathbf{d}(y) = \mathbf{r}(x) \star_S \mathbf{d}(y).$$
此时,
$$\mathbf{d}(x \odot y) = \mathbf{d}(xy) = (xy)^+ = (xy^+)^+ = (xx^*y^+)^+$$
$$= (x(x^*y^+)^+)^+ = (xx^*)^+ = x^+ = \mathbf{d}(x). \tag{4.1.7}$$
对偶可知 $\mathbf{r}(x \odot y) = \mathbf{r}(y)$. 故 (G1) 成立. 设 $x, y, z \in S$ 且 $x \odot y$ 和 $y \odot z$ 有定义, 注意到 $\mathbf{r}(x \odot y) = \mathbf{r}(y)$ 和 $\mathbf{d}(y \odot z) = \mathbf{d}(y)$, $(x \odot y) \odot z$ 和 $x \odot (y \odot z)$ 也有定义, 从而 $(x \odot y) \odot$

$z = xyz = x \odot (y \odot z)$. 最后, 容易看出, 对任意 $x \in S$, $\mathbf{d}(x) \odot x$ 和 $x \odot \mathbf{r}(x)$ 有定义且 $\mathbf{d}(x) \odot x = x^+ x = x = xx^* = x \odot \mathbf{r}(x)$. 故 (G2) 和 (G3) 成立. □

设 $(S, \cdot, ^+, ^*)$ 是 DRC 半群, 定义 P_S 上的关系 "ω_S" 如下: 对任意 $e, f \in P_S$, $e\omega_S f$ 当且仅当 $fef = e$. 易见, 对任意 $e, f \in P_S$, 则 $e\omega_S f$ 当且仅当 $e = ef = fe$. 由 P_S 中元素均为幂等元这一事实容易验证 ω_S 是 P_S 上的偏序. 据 DRC 条件和引理 4.1.4, 易证下述结果.

引理 4.1.17[190] 设 $(S, \cdot, ^+, ^*)$ 是 DRC 半群, $x, y \in S, e, f \in P_S$, 则
$$(xy)^+ \omega_S x^+, \ (xy)^* \omega_S y^*, \ (ef)^+ \omega_S e, \ (ef)^* \omega_S f.$$

设 $(S, \cdot, ^+, ^*)$ 是 DRC 半群, 定义 S 上的关系 "$\leqslant_S^r$" 和 "$\leqslant_S^l$" 如下: 对任意 $a, b \in S$,
$$a \leqslant_S^r b \text{ 当且仅当 } a = a^+ b, \ a^+ \omega_S b^+, \tag{4.1.8}$$
$$a \leqslant_S^l b \text{ 当且仅当 } a = ba^*, \ a^* \omega_S b^*, \tag{4.1.9}$$
$$a \leqslant_S^e b \text{ 当且仅当 } a^+ \omega_S b^+, a^* \omega_S b^* \text{ 且 } a = a^+ b a^*. \tag{4.1.10}$$

引理 4.1.18[190] 设 $(S, \cdot, ^+, ^*)$ 是 DRC 半群, 则关系 "$\leqslant_S^r$", "$\leqslant_S^l$" 和 $\leqslant_S^e$ 是 S 上的偏序, 以后将称 "$\leqslant_S^r$" 和 "$\leqslant_S^l$" 是 S 上的自然偏序. 另外, 对任意 $e, f \in P_S$, 有
$$e \leqslant_S^r f \iff e\omega_S f \iff e \leqslant_S^e f \iff e \leqslant_S^l f \iff e \leqslant_{P_S} f, \tag{4.1.11}$$
其中 $\leqslant_{P_S}$ 是 $(P_S, \times_S, \star_S)$ 上的自然偏序.

证明 只证关于 "$\leqslant_S^r$" 的结果, 关于 "$\leqslant_S^l$" 的结论对偶可证. 设 $a, b, c \in S$, 由 $a^+ a = a, a^+ \omega_S a^+$ 知 $a \leqslant_S^r a$. 若 $a \leqslant_S^r b$ 且 $b \leqslant_S^r a$, 则有 $a = a^+ b, a^+ \omega_S b^+$ 和 $b = b^+ a, b^+ \omega_S a^+$. 这表明 $a^+ = b^+$, 从而 $a = a^+ b = b^+ b = b$. 若 $a \leqslant_S^r b$ 且 $b \leqslant_S^r c$, 则有 $a = a^+ b, a^+ \omega_S b^+$ 和 $b = b^+ c, b^+ \omega_S c^+$, 从而 $a^+ \omega_S c^+$ 且 $a = a^+ b = a^+ b^+ c = a^+ c$, 于是 $a \leqslant_S^r c$, 故 "$\leqslant_S^r$" 是偏序. 下证 $\leqslant_S^e$ 是偏序. 由 $a = a^+ a a^*, a^+ \omega_S a^+, a^* \omega_S a^*$ 知 $a \leqslant_S^e a$. 若 $a \leqslant_S^e b, b \leqslant_S^e a$, 则 $a^+ \omega_S b^+, a^* \omega_S b^*, a = a^+ b a^*, b^+ \omega_S a^+, b^* \omega_S a^*, b = b^+ a b^*$, 这表明 $a^+ = b^+, a^* = b^*$, 从而 $a = a^+ b a^* = b^+ b b^* = b$. 若 $a \leqslant_S^e b, b \leqslant_S^e c$, 则 $a^+ \omega_S b^+, a^* \omega_S b^*, a = a^+ b a^*, b^+ \omega_S c^+, b^* \omega_S c^*$, $b = b^+ c b^*$, 故 $a^+ \omega_S c^+, a^* \omega_S c^*, a = a^+ b^+ c b^* a^* = a^+ c a^*$, 于是 $a \leqslant_S^e c$. 最后, 据引理 4.1.4, (4.1.11) 式是明显的. □

引理 4.1.19[190] 设 $(S, \cdot, ^+, ^*)$ 是 DRC 半群, $a, b \in S$.

(1) 若 $a \leqslant_S^r b$ 或 $a \leqslant_S^l b$, 则 $a^+ \omega_S b^+$ 且 $a^* \omega_S b^*$.

(2) $a \leqslant_S^r b (a \leqslant_S^l b)$ 当且仅当存在 $e \in P_S$ 使得 $a = eb$ 且 $e\omega_S b^+ (a = be$ 且 $e\omega_S b^*)$.

(3) 对任意 $x, y \in S, e \in P_S$, 若 $e\omega_S x^+ (e\omega_S x^*)$, 则存在唯一的元素 $z = ex \in S (z = xe \in S)$ 使得 $z^+ = e (z^* = e)$ 且 $z \leqslant_S^r x (z \leqslant_S^l x)$.

证明 由对称性, 仅对 "$\leqslant_S^r$" 的结论进行证明.

(1) 设 $a \leqslant_S^r b$, 则 $a = a^+ b$ 且 $a^+ \omega_S b^+$. 据 (iii)′, 有 $a^* = (a^+ b)^* = b^* (a^+ b)^* b^* = b^* a^* b^*$. 这表明 $a^* \omega_S b^*$.

(2) 必要性显然. 设 $a = eb$ 且 $e\omega_S b^+$, 其中 $e \in P_S$, 据引理 4.1.4 和 (ii) 知 $a^+ = (eb)^+ = (eb^+)^+ = e^+ = e$. 这说明 $a \leqslant_S^r b$.

(3) 首先, 由 $(ex)^+ = (ex^+)^+ = e^+ = e$ 和本引理的条款 (2) 知 $ex \leqslant_S^r x$. 另外, 若

$z \leqslant_S^r x$ 且 $z^+ = e$, 则 $z = z^+x = ex$. □

设 $(S, \cdot, ^+, ^*)$ 是 DRC 半群, 下证 $S\mathbb{C} = (S, \cdot, \mathbf{d}, \mathbf{r}, P_S)$ 可配备适当的左限制和右限制使其成为 DRC 广义范畴. 对任意 $x \in S, e, f \in P_S$, 若 $e \leqslant_{P_S} \mathbf{d}(x)$ 且 $f \leqslant_{P_S} \mathbf{r}(x)$, 则定义 x 在 e 和 f 上的左限制和右限制分别为 $_e|x = ex$ 和 $x|_f = xf$.

引理 4.1.20[190] 关于上述左限制和右限制, $S\mathbb{C} = (S, \odot, \mathbf{d}, \mathbf{r}, P_S, \leqslant_S^r, \leqslant_S^l)$ 形成 DRC 广义范畴, 其中 $\leqslant_S^r$ 和 $\leqslant_S^l$ 由 (4.1.8) 式和 (4.1.9) 式定义. 若 S 对称 (P-Ehresmann, Ehresmann), 则 $S\mathbb{C}$ 也对称 (P-Ehresmann, Ehresmann).

证明 由对称性, 只需证明条件 "(D1)-(D4)" 成立. 首先, 引理 4.1.18 和引理 4.1.19 分别蕴含 (D2) 和 (D1). 下证 (D3). 若 $e \in P_S, x, y \in S, e \leqslant_{P_S} \mathbf{d}(x) = x^+$ 且 $x \odot y$ 有定义, 则 $_e|(x \odot y) = _e|(xy) = exy$, 从而

$$_e|x \odot _{\mathbf{r}(_e|x) \star_S \mathbf{d}(y)}|y = ex \odot _{((ex)^*y^+)^*}|y = ex((ex)^*y^+)^*y$$
$$= ex(ex)^*((ex)^*y^+)^*y \quad (\text{用 (i)}')$$
$$= ex(ex)^*y^+((ex)^*y^+)^*y \quad (\text{据引理 4.1.4 (2)})$$
$$= exy =\, _e|(x \odot y). \quad (\text{据 (i) 和 (i)}')$$

为证 (D4), 设 $x, y, z \in S$ 且

$$u = x|_{\mathbf{r}(x) \times_S \mathbf{d}(y)}, \quad v = _{\mathbf{r}(x) \star_S \mathbf{d}(y)}|y, \quad w = v|_{\mathbf{r}(v) \times_S \mathbf{d}(z)},$$
$$a = y|_{\mathbf{r}(y) \times_S \mathbf{d}(z)}, \quad b = _{\mathbf{r}(y) \star_S \mathbf{d}(z)}|z, \quad c = _{\mathbf{r}(x) \star_S \mathbf{d}(a)}|a,$$

则 $u = x(x^*y^+)^+, v = (x^*y^+)^*y$ 且 $w = v(v^*z^+)^+$, 这表明

$$\mathbf{d}(w) = w^+ = (v(v^*z^+)^+)^+ = (v(v^*z^+))^+ = (vz^+)^+ = (vz)^+ = ((x^*y^+)^*yz)^+,$$

据 (ii), 引理 4.1.4 (4) 和 (i),

$$(\mathbf{r}(x) \times_S \mathbf{d}(y)) \times_S \mathbf{d}(w) = ((x^*y^+)^+((x^*y^+)^*yz)^+)^+$$
$$= ((x^*y^+)^+(x^*y^+)^*yz)^+ = (x^*y^+yz)^+ = (x^*yz)^+.$$

注意到 $_{\mathbf{r}(v) \star_S \mathbf{d}(z)}|z = (v^*z^+)^*z$, 有

$$(x|_{(\mathbf{r}(x) \times_S \mathbf{d}(y))} \times_S \mathbf{d}(w) \odot w) \odot _{\mathbf{r}(v) \star_S \mathbf{d}(z)}|z$$
$$= (x(x^*yz)^+)(v(v^*z^+)^+)((v^*z^+)^*z)$$
$$= x(x^*yz)^+v[(v^*z^+)^+(v^*z^+)^*]z$$
$$= x(x^*yz)^+vv^*z^+z \quad (\text{据引理 4.1.4 (4)})$$
$$= x(x^*yz)^+vz \quad (\text{据 (i) 和 (i)}')$$
$$= x(x^*yz)^+(x^*y^+)^*yz \quad (\text{因为 } v = (x^*y^+)^*y)$$
$$= x(x^*yz)^+(x^*y)^+(x^*y^+)^*yz \quad (\text{据 (iii)})$$
$$= x(x^*yz)^+(x^*y^+)^+(x^*y^+)^*yz \quad (\text{据 (ii)})$$
$$= x(x^*yz)^+x^*y^+yz \quad (\text{据引理 4.1.4 (4)})$$
$$= x(x^*yz)^+x^*yz = xx^*yz = xyz. \quad (\text{据 (i) 和 (i)}')$$

对偶可知 $x|_{\mathbf{r}(x)\times_S\mathbf{d}(a)} \odot (c \odot_{\mathbf{d}(z)\times_S\mathbf{r}(y))\times_S\mathbf{r}(c)}|z) = xyz$. 另外, 若 S 是 P-Ehresmann 半群且 $e, f \in P_S$, 则据引理 4.1.15 知 P_S 对称. 若 $e \odot f$ 有定义, 则 $(e \odot f) \odot e = efe = (ef)^+ = e \times_S f$. 这表明 (4.1.5) 式成立, 从而 $S\mathbb{C}$ 是 P-Ehresmann 半群. 其余部分可由引理 4.1.15 获得. □

引理 4.1.21[190] 设 $(S_1, \cdot, ^+, ^*), (S_2, \cdot, ^+, ^*)$ 和 $(S_3, \cdot, ^+, ^*)$ 是 DRC 半群且 θ 是 S_1 到 S_2 的 (2,1,1)-同态, 则由规则 $x(\theta\mathbb{C}) = x\theta$ 确定的 S_1 到 S_2 的映射提供了 $S_1\mathbb{C}$ 到 $S_2\mathbb{C}$ 的 DRC 映射. 另外, 若 $\theta_1 : S_1 \to S_2$ 和 $\theta_2 : S_2 \to S_3$ 是 (2,1,1)-同态, 则 $(\theta_1\theta_2)\mathbb{C} = (\theta_1\mathbb{C})(\theta_2\mathbb{C})$.

证明 设 θ 是 S_1 到 S_2 的 (2,1,1)-同态. 首先, 对 $x \in S_1$, 有
$$\mathbf{d}(x\theta) = (x\theta)^+ = x^+\theta = (\mathbf{d}(x))\theta, \mathbf{r}(x\theta) = (x\theta)^* = x^*\theta = (\mathbf{r}(x))\theta,$$
这证明了 (M1). 其次, 若 $x, y \in S_1$ 且 $x \odot y$ 在 $S_1\mathbb{C}$ 中有定义, 则 $\mathbf{r}(x) = \mathbf{r}(x) \times_{S_1} \mathbf{d}(y)$ 且 $\mathbf{d}(y) = \mathbf{r}(x) \star_{S_1} \mathbf{d}(y)$, 故
$$\mathbf{r}(x\theta) = (\mathbf{r}(x))\theta = (\mathbf{r}(x) \times_{S_1} \mathbf{d}(y))\theta = (x^+y^*)^+\theta = ((x\theta)^+(y\theta)^*)^+ = \mathbf{r}(x\theta) \times_{S_2} \mathbf{d}(y\theta).$$
对偶可得 $\mathbf{d}(y\theta) = \mathbf{r}(x\theta) \star_{S_2} \mathbf{d}(y\theta)$. 这表明 $(x\theta) \odot (y\theta)$ 也有定义. 另外, $(x \odot y)\theta = (xy)\theta = (x\theta)(y\theta) = (x\theta) \odot (y\theta)$, 故 (M2) 成立. 再次, 因为 θ 是 (2,1,1)-同态, 由 (4.1.8) 式和 (4.1.9) 式立得 (M3). 最后, 对 $e, f \in P_{S_1}$, 有 $e\theta = (e^+)\theta = (e\theta)^+ \in P_{S_2}$. 另外, $(e \times_{S_1} f)\theta = (ef)^+\theta = ((e\theta)(f\theta))^+ = (e\theta) \times_{S_2} (f\theta)$, 此事实连同其对偶可推出 (M4). 引理的剩余部分是显然的. □

下面由 DRC 广义范畴构建 DRC 半群. 设 $(C, \cdot, \mathbf{d}, \mathbf{r}, P, \leqslant_r, \leqslant_l)$ 是 DRC 广义范畴, 定义 C 上二元运算 "$\otimes$" 如下: 对任意 $x, y \in C$, $x \otimes y = x|_{\mathbf{r}(x)\times\mathbf{d}(y)} \cdot _{\mathbf{r}(x)\star\mathbf{d}(y)}|y$. 首先说明上述定义是合理的. 事实上, 设 $x, y \in C$. 据引理 4.1.8, 有 $\mathbf{r}(x) \times \mathbf{d}(y) \leqslant_P \mathbf{r}(x)$ 和 $\mathbf{r}(x) \star \mathbf{d}(y) \leqslant_P \mathbf{d}(y)$, 从而 $x|_{\mathbf{r}(x)\times\mathbf{d}(y)}$ 和 $_{\mathbf{r}(x)\star\mathbf{d}(y)}|y$ 是有意义的. 据 (D1) 和 (D1)′, 有
$$\mathbf{r}(x|_{\mathbf{r}(x)\times\mathbf{d}(y)}) = \mathbf{r}(x) \times \mathbf{d}(y), \mathbf{d}(_{\mathbf{r}(x)\star\mathbf{d}(y)}|y) = \mathbf{r}(x) \star \mathbf{d}(y).$$
由引理 4.1.8 可知
$$(\mathbf{r}(x) \times \mathbf{d}(y)) \times (\mathbf{r}(x) \star \mathbf{d}(y)) = \mathbf{r}(x) \times \mathbf{d}(y), (\mathbf{r}(x) \times \mathbf{d}(y)) \star (\mathbf{r}(x) \star \mathbf{d}(y)) = \mathbf{r}(x) \star \mathbf{d}(y).$$
这就证明了上述二元运算是合理的.

引理 4.1.22[190] 沿用上述记号, $(C, \otimes)$ 形成半群.

证明 设 $x, y, z \in C$ 且 $u = x|_{\mathbf{r}(x)\times\mathbf{d}(y)}$, $v = _{\mathbf{r}(x)\star\mathbf{d}(y)}|y$, $w = v|_{\mathbf{r}(v)\times\mathbf{d}(z)}$, 则由 (D1)′ 可知 $\mathbf{r}(u) = \mathbf{r}(x) \times \mathbf{d}(y)$. 另外, 由 (G1) 可知 $\mathbf{r}(u \cdot v) = \mathbf{r}(v)$, 故

$$(x \otimes y) \otimes z$$
$$= (u \cdot v) \otimes z = (u \cdot v)|_{\mathbf{r}(v)\times\mathbf{d}(z)} \cdot _{\mathbf{r}(v)\star\mathbf{d}(z)}|z$$
$$= (u|_{\mathbf{r}(u)\times\mathbf{d}(w)} \cdot w) \cdot _{\mathbf{r}(v)\star\mathbf{d}(z)}|z \quad (\text{据 (D3)}′)$$
$$= (u|_{(\mathbf{r}(x)\times\mathbf{d}(y))\times\mathbf{d}(w)} \cdot w) \cdot _{\mathbf{r}(v)\star\mathbf{d}(z)}|z \quad (\text{因为 } \mathbf{r}(u) = \mathbf{r}(x) \times \mathbf{d}(y))$$
$$= (x|_{(\mathbf{r}(x)\times\mathbf{d}(y))\times\mathbf{d}(w)} \cdot w) \cdot _{\mathbf{r}(v)\star\mathbf{d}(z)}|z$$

(引理 4.1.11 (3) 和 $(\mathbf{r}(x) \times \mathbf{d}(y)) \times \mathbf{d}(w) \leqslant_P \mathbf{r}(x) \times \mathbf{d}(y)$).

类似地,若令 $a = y|_{\mathbf{r}(y) \times \mathbf{d}(z)}, c = {}_{\mathbf{r}(x) \star \mathbf{d}(a)}|a$, 则
$$x \otimes (y \otimes z) = x|_{\mathbf{r}(x) \times \mathbf{d}(a)} \cdot (c \cdot {}_{\mathbf{r}(c) \star (\mathbf{r}(y) \star \mathbf{d}(z))}|z).$$
据 (D4), 有 $(x \otimes y) \otimes z = x \otimes (y \otimes z)$. □

引理 4.1.23[190] 在半群 $(C, \otimes)$ 中, 若 $x, y \in C$ 且 $x \cdot y$ 在 C 中有定义, 则 $x \otimes y = x \cdot y$.

证明 由假设可知 $\mathbf{r}(x) = \mathbf{r}(x) \times \mathbf{d}(y)$ 和 $\mathbf{d}(y) = \mathbf{r}(x) \star \mathbf{d}(y)$, 从而由引理4.1.11 (1) 可得
$$x \otimes y = x|_{\mathbf{r}(x) \times \mathbf{d}(y)} \cdot {}_{\mathbf{r}(x) \star \mathbf{d}(y)}|y = x|_{\mathbf{r}(x)} \cdot {}_{\mathbf{d}(y)}|y = x \cdot y,$$
这就证明了引理中的结论. □

引理 4.1.24[190] 对半群 $(C, \otimes)$ 中的任意元素 $e, f \in P$, 下列陈述成立:

(1) $e \otimes f = (e \times f) \cdot (e \star f)$, 从而 $\mathbf{d}(e \otimes f) = e \times f$, $\mathbf{r}(e \otimes f) = e \star f$.

(2) $e \otimes (e \times f) \otimes e = e \times f$.

(3) $f \otimes (e \star f) \otimes f = e \star f$.

(4) $e \leqslant_P f$ 当且仅当 $e = f \otimes e \otimes f$.

证明 (1) 据命题4.1.10, 引理4.1.8和引理4.1.11, 对任意 $e, f \in P$,
$$e \otimes f = e|_{\mathbf{r}(e) \times \mathbf{d}(f)} \cdot {}_{\mathbf{r}(e) \star \mathbf{d}(f)}|f = e|_{e \times f} \cdot {}_{e \star f}|f = (e \times f) \cdot (e \star f).$$
其余部分由 (G1) 和命题4.1.10立得.

(2) 由条款 (1), 引理4.1.8及 (L1), 有
$$e \otimes (e \times f) = (e \times (e \times f)) \cdot (e \star (e \times f)) = (e \times f) \cdot (e \times f) = e \times f.$$
类似可证 $(e \times f) \otimes e = e \times f$. 这就证明了条款 (2).

(3) 这是 (2) 的对偶.

(4) 若 $e \leqslant_P f$, 据引理4.1.8, 有 $e \times f = e \star f = e = f \times e = f \star e$. 由条款 (1), 有
$$e \otimes f = (e \times f) \cdot (e \star f) = e \cdot e = e = (f \times e) \cdot (f \star e) = f \otimes e,$$
故 $f \otimes e \otimes f = f \otimes e = e$. 反之, 设 $e = f \otimes e \otimes f$, 据命题4.1.10, 条款 (1), 条款 (G1), 引理4.1.11及引理4.1.8, 有
$$e = f \otimes e \otimes f = f|_{f \times (e \times f)} \cdot {}_{f \star (e \times f)}|e \otimes f = f \times (e \times f) \cdot {}_{f \star (e \times f)}|e \otimes f,$$
从而 $e = \mathbf{d}(e) = \mathbf{d}(f \times (e \times f)) = f \times (e \times f) \leqslant_P f$. □

引理 4.1.25[190] 在半群 $(C, \otimes)$ 中, 定义
$$x^{\clubsuit} = \mathbf{d}(x), \quad x^{\spadesuit} = \mathbf{r}(x), \tag{4.1.12}$$
则 $C\mathbb{S} = (C, \otimes, \clubsuit, \spadesuit)$ 形成 DRC 半群.

证明 首先, 由 (G3), $\mathbf{d}(x) \cdot x$ 有定义且 $\mathbf{d}(x) \cdot x = x$, 从而据引理4.1.23, 有
$$x^{\clubsuit} \otimes x = \mathbf{d}(x) \otimes x = \mathbf{d}(x) \cdot x = x. \tag{4.1.13}$$
注意到 $x \otimes y = x|_{\mathbf{r}(x) \times \mathbf{d}(y)} \cdot {}_{\mathbf{r}(x) \star \mathbf{d}(y)}|y$, 由 (G1) 可知 $\mathbf{d}(x \otimes y) = \mathbf{d}(x|_{\mathbf{r}(x) \times \mathbf{d}(y)})$. 类似可得 $\mathbf{d}(x \otimes y^{\clubsuit}) = \mathbf{d}(x|_{\mathbf{r}(x) \times \mathbf{d}(y^{\clubsuit})})$, 据命题4.1.10, $\mathbf{d}(y^{\clubsuit}) = \mathbf{d}(\mathbf{d}(y)) = \mathbf{d}(y)$. 这表明 $(x \otimes y)^{\clubsuit} = \mathbf{d}(x \otimes y) = \mathbf{d}(x \otimes y^{\clubsuit}) = (x \otimes y^{\clubsuit})^{\clubsuit}$. 据引理4.1.24 (1), 有

$$(x^{\clubsuit} \otimes y^{\clubsuit})^{\clubsuit} = (\mathbf{d}(x) \otimes \mathbf{d}(y))^{\clubsuit} = \mathbf{d}(\mathbf{d}(x) \otimes \mathbf{d}(y)) = \mathbf{d}(x) \times \mathbf{d}(y), \tag{4.1.14}$$

从而由引理4.1.24 (2),

$$x^{\clubsuit} \otimes (x^{\clubsuit} \otimes y^{\clubsuit})^{\clubsuit} \otimes x^{\clubsuit} = \mathbf{d}(x) \otimes (\mathbf{d}(x) \times \mathbf{d}(y)) \otimes \mathbf{d}(x) = \mathbf{d}(x) \times \mathbf{d}(y) = (x^{\clubsuit} \otimes y^{\clubsuit})^{\clubsuit}.$$

据命题4.1.10, $(x^{\clubsuit})^{\spadesuit} = (\mathbf{d}(x))^{\spadesuit} = \mathbf{r}(\mathbf{d}(x)) = \mathbf{d}(x) = x^{\clubsuit}$. 由前述事实及其对偶可得 $C\mathbb{S} = (C, \otimes, \clubsuit, \spadesuit)$ 形成 DRC 半群. 据命题4.1.10, 其投射集为

$$P_{C\mathbb{S}} = \{x^{\clubsuit} \mid x \in C\} = \{\mathbf{d}(x) \mid x \in C\} = \{\mathbf{r}(x) \mid x \in C)\} = \{x^{\spadesuit} \mid x \in C\} = P. \tag{4.1.15}$$

这就完成了证明. □

推论 4.1.26[190] 若 $(C, \cdot, \mathbf{d}, \mathbf{r}, P, \leqslant_l, \leqslant_r)$ 对称 (P-Ehresmann, Ehresmann), 则 $C\mathbb{S} = (C, \otimes, \clubsuit, \spadesuit)$ 对称 (P-Ehresmann, Ehresmann).

证明 设 C 对称且 $e, f \in P(C\mathbb{S}) = P$, 则 $e \star f = f \times e$. 此事实连同引理4.1.24 (1) 蕴含

$$(e \otimes f)^{\spadesuit} = \mathbf{r}(e \otimes f) = e \star f = f \times e = \mathbf{d}(f \otimes e) = (f \otimes e)^{\clubsuit},$$

从而 $C\mathbb{S}$ 对称. 若 C 是 Ehresmann 的且 $e, f \in P$, 则据命题4.1.9 (2) 知 $e \star f = e \times f = f \times e = f \star e$. 由引理4.1.24 (1) 和命题4.1.10, $e \otimes f = (e \times f) \cdot (e \star f) = (e \times f) \cdot (e \times f) = e \times f$, 从而 $e \otimes f = e \times f = f \times e = f \otimes e$, 故由命题4.1.5 (2) 可知 $C\mathbb{S}$ 是 Ehresmann 的. 最后, 设 C 是 P-Ehresmann 的且 $e, f \in P$. 则 C 对称. 据 (D3)′ 和引理4.1.8及一些简单的计算,

$$e \otimes f \otimes e = ((e \times f) \times ((e \star f) \times e) \cdot (e \star f) \times e) \cdot (e \star f) \star e.$$

注意到 C 对称, 据命题4.1.9 (1), 有 $(e \star f) \times e = f \times e$ 和 $(e \star f) \star e = e \times (f \times e) = e \times f$. 另外, 由 (L3) 可得

$$(e \times f) \times ((e \star f) \times e) = (e \times f) \times (f \times e) = e \times (f \times e) = e \times f.$$

据 (4.1.5) 式和引理4.1.24 (1),

$$e \otimes f \otimes e = (e \times f \cdot f \times e) \cdot (e \times f) = (e \times f) \times (f \times e) = e \times f = \mathbf{d}(e \otimes f) = (e \otimes f)^{\clubsuit}.$$

这表明 $C\mathbb{S}$ 是 P-Ehresmann 的. □

引理 4.1.27[190] $C\mathbb{S}$ 的限制积就是 C 上的部分运算 "·" 且 $(P_{C\mathbb{S}}, \times_{C\mathbb{S}}, \star_{C\mathbb{S}}) = (P, \times, \star)$.

证明 考虑 $C\mathbb{S}$ 的限制积: 对任意 $x, y \in C$,

$$x \odot y = \begin{cases} x \otimes y, & \text{如果 } x^{\clubsuit} = (x^{\clubsuit} \otimes y^{\clubsuit})^{\clubsuit} \text{ 且 } y^{\clubsuit} = (x^{\clubsuit} \otimes y^{\clubsuit})^{\spadesuit}, \\ \text{不定义}, & \text{否则}, \end{cases}$$

由 $x^{\spadesuit} = \mathbf{r}(x), y^{\clubsuit} = \mathbf{d}(y) \in P$ 及引理4.1.24 (1) 可得

$$(x^{\spadesuit} \otimes y^{\clubsuit})^{\clubsuit} = \mathbf{d}(\mathbf{r}(x) \otimes \mathbf{d}(y)) = \mathbf{r}(x) \times \mathbf{d}(y). \tag{4.1.16}$$

对偶地, $(x^{\spadesuit} \otimes y^{\clubsuit})^{\spadesuit} = \mathbf{r}(x) \star \mathbf{d}(y)$. 故对任意 $x, y \in C$, $x \odot y$ 有定义当且仅当 $\mathbf{r}(x) \times \mathbf{d}(y) = \mathbf{r}(x)$ 且 $\mathbf{d}(y) = \mathbf{r}(x) \star \mathbf{d}(y)$, 当且仅当 $x \cdot y$ 在 C 中有定义. 此时, 据引理4.1.23, 有 $x \odot y = x \otimes y = x \cdot y$. 另一方面, 据引理4.1.15, 有 $C\mathbb{S}$ 的 Jones 代数 $(P_{C\mathbb{S}}, \times_{C\mathbb{S}}, \star_{C\mathbb{S}})$, 其中, 对任意 $u, v \in P_{C\mathbb{S}}$, 有 $u \times_{C\mathbb{S}} v = (u \otimes v)^{\clubsuit}$, $u \star_{C\mathbb{S}} v = (u \otimes v)^{\spadesuit}$. 据 (4.1.15) 式, $P_{C\mathbb{S}} = P$. 设 $e, f \in P = P_{C\mathbb{S}}$. 据 (4.1.16) 式及其对偶, 有 $e \times_{C\mathbb{S}} f = e \times f$ 和 $e \star_{C\mathbb{S}} f = e \star f$. □

引理 4.1.28[190] $\leqslant^r_{C\mathbb{S}}=\leqslant_r, \leqslant^l_{C\mathbb{S}}=\leqslant_l$.

证明   对任意 $x,y\in C$, 有

$x \leqslant^r_{C\mathbb{S}} y$

$\Longleftrightarrow x^{\clubsuit}=y^{\clubsuit}\otimes x^{\clubsuit}\otimes y^{\clubsuit}, x=x^{\clubsuit}\otimes y$ （据 (4.1.8) 式）

$\Longleftrightarrow \mathbf{d}(x)=\mathbf{d}(y)\otimes \mathbf{d}(x)\otimes \mathbf{d}(y)$ 且 $x=\mathbf{d}(x)\otimes y$ （据 (4.1.12) 式）

$\Longleftrightarrow \mathbf{d}(x)\leqslant_P \mathbf{d}(y)$ 且 $x=\mathbf{d}(x)|_{\mathbf{d}(x)\times \mathbf{d}(y)}\cdot {}_{\mathbf{d}(x)\star \mathbf{d}(y)}|y$ （据引理 4.1.24 (4) 和命题 4.1.10）

$\Longleftrightarrow \mathbf{d}(x)\leqslant_P \mathbf{d}(y)$ 且 $x=\mathbf{d}(x)|_{\mathbf{d}(x)}\cdot {}_{\mathbf{d}(x)}|y$ （据引理 4.1.8 (2), (3)）

$\Longleftrightarrow \mathbf{d}(x)\leqslant_P \mathbf{d}(y)$ 且 $x=\mathbf{d}(x)\cdot {}_{\mathbf{d}(x)}|y$ （据引理 4.1.11 (4)）

$\Longleftrightarrow \mathbf{d}(x)\leqslant_P \mathbf{d}(y)$ 且 $x=\mathbf{d}({}_{\mathbf{d}(x)}|y)\cdot {}_{\mathbf{d}(x)}|y$ （据 (D1)）

$\Longleftrightarrow \mathbf{d}(x)\leqslant_P \mathbf{d}(y)$ 且 $x={}_{\mathbf{d}(x)}|y$.   （据 (G3)）

$\Longleftrightarrow x\leqslant_r y$.   （据 (D1), (D2) 和 (O2)）

由上述结果及其对偶可得相应的结果.   □

引理 4.1.29[190]   设 $(C_1,\cdot,\mathbf{d},\mathbf{r},P_1),(C_2,\cdot,\mathbf{d},\mathbf{r},P_2)$ 和 $(C_3,\cdot,\mathbf{d},\mathbf{r},P_3)$ 是 DRC 广义范畴. 若 φ 是 C_1 到 C_2 的 DRC 映射, 则 $\varphi\mathbb{S}: C_1\to C_2, x\mapsto x\varphi$ 提供了 $C_1\mathbb{S}$ 到 $C_2\mathbb{S}$ 的 (2,1,1)-同态. 若 φ_1 和 φ_2 分别是 C_1 到 C_2 和 C_2 到 C_3 的 DRC 映射, 则 $(\varphi_1\varphi_2)\mathbb{S}=(\varphi_1\mathbb{S})(\varphi_2\mathbb{S})$.

证明   设 φ 是 DRC 映射. 据 (M1), $x^{\clubsuit}(\varphi\mathbb{S})=x^{\clubsuit}\varphi=(\mathbf{d}(x))\varphi=\mathbf{d}(x\varphi)=(x\varphi)^{\clubsuit}=(x(\varphi\mathbb{S}))^{\clubsuit}$, 这说明 $\varphi\mathbb{S}$ 保持 "$\clubsuit$". 对偶可得 $\varphi\mathbb{S}$ 也保持 "$\spadesuit$". 设 $x,y\in C_1$, 利用 (M2), 引理 4.1.12, (M4) 和 (M1),

$$(x\otimes y)\varphi = (x|_{\mathbf{r}(x)\times \mathbf{d}(y)}\cdot {}_{\mathbf{r}(x)\star \mathbf{d}(y)}|y)\varphi$$
$$=(x|_{\mathbf{r}(x)\times \mathbf{d}(y)})\varphi\cdot ({}_{\mathbf{r}(x)\star \mathbf{d}(y)}|y)\varphi=x\varphi|_{(\mathbf{r}(x)\times \mathbf{d}(y))\varphi}\cdot {}_{(\mathbf{r}(x)\star \mathbf{d}(y))\varphi}|y\varphi$$
$$=x\varphi|_{\mathbf{r}(x)\varphi\times \mathbf{d}(y)\varphi}\cdot {}_{\mathbf{r}(x)\varphi\star \mathbf{d}(y)\varphi}|y\varphi=x\varphi|_{\mathbf{r}(x\varphi)\times \mathbf{d}(y\varphi)}\cdot {}_{\mathbf{r}(x\varphi)\star \mathbf{d}(y\varphi)}|y\varphi=x\varphi\otimes y\varphi.$$

故 $\varphi\mathbb{S}$ 是 (2,1,1)-同态. 其余部分显然.   □

引理 4.1.30[190]   设 $(S,\cdot,{}^+,{}^*)$ 是 DRC 半群, 则 $(S\mathbb{C})\mathbb{S}=S$.

证明   据引理 4.1.16 和引理 4.1.20, $S\mathbb{C}=(S,\cdot,\mathbf{d},\mathbf{r},P_S)$ 是 DRC 广义范畴且对任意 $x\in S$ 及 $e,f\in P_S$, 有

$$\mathbf{d}(x)=x^+, \mathbf{r}(x)=x^*, e\times_S f=(ef)^+, e\star_S f=(ef)^*. \qquad (4.1.17)$$

对任意 $x,y\in S$, $x\cdot y=xy$ 当且仅当

$$x^*=\mathbf{r}(x)=\mathbf{r}(x)\times_S \mathbf{d}(y)=(x^*y^+)^+,\ y^+=\mathbf{d}(y)=\mathbf{r}(x)\star_S \mathbf{d}(y)=(x^*y^+)^*, \qquad (4.1.18)$$

其中 xy 是 x 和 y 在 S 中的乘积. 另外, 对任意 $x\in S, e,f\in P_S$, 若 $e\leqslant_{P_S}\mathbf{d}(x), f\leqslant_{P_S}\mathbf{r}(x)$, 则有 ${}_e|x=ex$ 和 $x|_f=xf$. 在 S 上定义 $x\otimes y=x|_{\mathbf{r}(x)\times_S\mathbf{d}(y)}\cdot {}_{\mathbf{r}(x)\star_S\mathbf{d}(y)}|y$, 则有 DRC 半群 $(S\mathbb{C})\mathbb{S}=(S,\otimes,\clubsuit,\spadesuit)$. 由

$$x\otimes y = x|_{\mathbf{r}(x)\times_S\mathbf{d}(y)}\cdot {}_{\mathbf{r}(x)\star_S\mathbf{d}(y)}|y$$
$$=x|_{(x^*y^+)^+}\cdot {}_{(x^*y^+)^*}|y=x(x^*y^+)^+(x^*y^+)^*y$$

$$=xx^*y^+y=xy \quad \text{(据引理4.1.4 (4), (i), (i)$'$)} \tag{4.1.19}$$

可知 S 和 $(S\mathbb{C})\mathbb{S}$ 的二元运算是一致的. 据 (4.1.12) 式和 (4.1.17) 式, 对 $x\in S$, 有 $x^{\clubsuit}=\mathbf{d}(x)=x^+$ 和 $x^{\spadesuit}=\mathbf{r}(x)=x^*$. 故 $(S\mathbb{C})\mathbb{S}=S$. □

引理 4.1.31[190] 设 $(C,\cdot,\mathbf{d},\mathbf{r},P,\leqslant_r,\leqslant_l)$ 是 $(P,\times,\star)$ 上的 DRC 广义范畴, 则 $(C\mathbb{S})\mathbb{C}=C$.

证明 对任意 $x,y\in C$, 定义 $x\otimes y=x|_{\mathbf{r}(x)\times\mathbf{d}(y)}\cdot{}_{\mathbf{r}(x)\star\mathbf{d}(y)}|y$ 和

$$x^{\clubsuit}=\mathbf{d}(x),\ x^{\spadesuit}=\mathbf{r}(x), \tag{4.1.20}$$

据引理 4.1.25, $C\mathbb{S}=(C,\otimes,\clubsuit,\spadesuit)$ 形成 DRC 半群. 另外, 引理 4.1.27 和引理 4.1.28 分别蕴含 $(P,\times,\star)=(P_{C\mathbb{S}},\times_{C\mathbb{S}},\star_{C\mathbb{S}})$ 和 $\leqslant^r_{C\mathbb{S}}=\leqslant_r,\leqslant^l_{C\mathbb{S}}=\leqslant_l$. 据引理4.1.16和引理4.1.20, 对任意 $x\in C$, 定义

$$\mathbf{d}_1(x)=x^{\clubsuit},\ \mathbf{r}_1(x)=x^{\spadesuit}, \tag{4.1.21}$$

则有 DRC 广义范畴 $(C\mathbb{S})\mathbb{C}=(C,\odot,\mathbf{d}_1,\mathbf{r}_1,P_{C\mathbb{S}},\leqslant^r_{C\mathbb{S}},\leqslant^l_{C\mathbb{S}})$. 由 (4.1.20) 式和 (4.1.21) 式, 对任意 $x\in C$, 有 $\mathbf{d}_1(x)=x^{\clubsuit}=\mathbf{d}(x)$ 和 $\mathbf{r}_1(x)=x^{\spadesuit}=\mathbf{r}(x)$. 这证明了 $\mathbf{d}=\mathbf{d}_1$ 和 $\mathbf{r}=\mathbf{r}_1$, 故对任意的 $x,y\in C$, $x\odot y$ 在 $(C\mathbb{S})\mathbb{C}$ 中有定义当且仅当 $x\cdot y$ 在 C 中有定义. 此时, 据引理4.1.23可得 $x\odot y=x\otimes y=x\cdot y$, 故 $(C\mathbb{S})\mathbb{C}=C$. □

据引理4.1.21和引理4.1.29, 有如下结果.

引理 4.1.32[190] 设 $\theta:S_1\to S_2$ 是 DRC 半群之间的 $(2,1,1)$-同态, $\varphi:C_1\to C_2$ 是 DRC 广义范畴之间的 DRC 映射, 则 $(\theta\mathbb{C})\mathbb{S}=\theta$, $(\varphi\mathbb{S})\mathbb{C}=\varphi$.

引理4.1.25和引理4.1.29表明 $\mathbb{S}$ 是 DRC 广义范畴构成的范畴到 DRC 半群范畴之间的函子, 引理4.1.20和引理4.1.21表明 $\mathbb{C}$ 是 DRC 半群范畴到 DRC 广义范畴构成的范畴之间的函子. 引理4.1.30, 引理4.1.31和引理4.1.32说明 $\mathbb{S}$ 和 $\mathbb{C}$ 互逆. 这就证明了如下的范畴同构定理.

定理 4.1.33[190] (对称, P-Ehresmann, Ehresmann)DRC 半群连同其上的 $(2,1,1)$-同态构成的范畴同构于 (对称, P-Ehresmann, Ehresmann)DRC 广义范畴连同其上的 DRC 映射构成的范畴.

称 DRC 广义范畴 $(C,\cdot,\mathbf{d},\mathbf{r},P,\leqslant_l,\leqslant_r)$ 是对合的, 若它带有一个满足条件 $\mathbf{r}(x^\circ)=\mathbf{d}(x)$ 的对合算子 $\circ:C\to C$, $x\mapsto x^\circ$. 不难验证下面的结论.

定理 4.1.34[190] 对合 (P-Ehresmann, Ehresmann)DRC 半群连同 $(2,1,1)$-同态构成的范畴同构于对合 (P-Ehresmann, Ehresmann)DRC 广义范畴连同 DRC 映射构成的范畴.

注记 4.1.35[190] 需要指出的是, 目前人们已获得了几类半群上的范畴同构定理, 例如逆半群[90], 正则半群[115], 正则 *-半群[25, 26], 一致半群[4], Ehresmann 半群[88, 91], 弱 B-纯正半群[33, 45, 197], 弱 U-正则半群[196] 和 P-Ehresmann 半群[186, 187], 等等. 事实上, 弱 U-正则半群包含前面讲的所有半群类作为子类. 于是文献[196]中获得的关于弱 U-正则半群的一些结果具有很大的应用范围. 但有例子表明, 弱 U-正则半群和 DRC 半群是两类没有包含关系的半群类.

4.2 DRC-限制半群

本节讨论一类特殊的DRC半群,即DRC-限制半群,这类半群是P-限制半群在DRC半群类中的推广. 本节建立这类半群的基本表示定理, 得到了比第3章的相应结论更精细的结果. 首先给出DRC-限制半群的概念.

定义 4.2.1[193] DRC半群$(S, \cdot, {}^+, {}^*)$称为DRC-限制半群, 若S满足下列公理

$$(\text{RGA}) \ x(yx)^* = (yx^+)^*x, \quad (\text{LGA}) \ (xy)^+x = x(x^*y)^+.$$

注记 4.2.2[193] 注意到等式(ii)$'$和(ii), (RGA)((LGA))恰为公理

$$x(y^*x)^* = (y^*x^+)^*x, ((xy^+)^+x = x(x^*y^+)^+).$$

这表明(RGA)和(LGA)分别等价于条件

$$(\forall x \in S)(\forall e \in P_S) \ x(ex)^* = (ex^+)^*x, (xe)^+x = x(x^*e)^+. \tag{4.2.1}$$

设$(S, \cdot, {}^+, {}^*)$是P-Ehresmann半群, $x \in S, e \in P_S$, 则$(ex^+)^* = x^+ex^+, (x^*e)^+ = x^*ex^*$. 此时, (4.2.1)式退化为以下的$P$-充足条件:

$$(\forall x \in S)(\forall e \in P_S) \ x(ex)^* = x^+ex, (xe)^+x = xex^*. \tag{4.2.2}$$

此时, 称S是P-限制半群; 若S是Ehresmann半群, 则(4.2.1)式进一步退化为下面的充足条件:

$$(\forall x \in S)(\forall e \in P_S) \ x(ex)^* = ex, (xe)^+x = xe,$$

此时, S是限制半群.

引理 4.2.3[193] 设$(S, \cdot, {}^+, {}^*)$是DRC半群, 则(RGA)((LGA))等价于下列蕴含式:

$$(\forall e \in P_S)(\forall x \in S) \ e\, \omega_S\, x^+ \Longrightarrow x(ex)^* = ex$$

$$((\forall e \in P_S)(\forall x \in S) \ e\, \omega_S\, x^* \Longrightarrow (xe)^+x = xe).$$

证明 设(RGA)成立且$e \in P_S, x \in S, e\,\omega_S\, x^+$, 则$ex^+ = x^+e = e$. 据(4.2.1)式和引理4.1.4, 有$x(ex)^* = (ex^+)^*x = e^*x = ex$. 反之, 设给定条件成立, $e \in P_S, x \in S$, 则由引理4.1.17得$(ex^+)^*\, \omega_S\, x^+$. 这表明$x(ex)^* = x(ex^+x)^* = x((ex^+)^*x)^* = (ex^+)^*x$, 由此事实和(4.2.1)式可得(RGA). 其余部分对偶可证. □

设$(P, \times, \star)$是Jones代数, 则P上的自然偏序定义如下: 对任意$e, f \in P$, $e \leqslant_P f$当且仅当$e = f \times e$. 对任意$e \in P$, 记$\langle e \rangle = \{x \in P \mid x \leqslant_P e\}$, 据引理4.1.8, 有

$$\langle e \rangle = \{e \times p \mid p \in P\} = \{p \star e \mid p \in P\}. \tag{4.2.3}$$

引理 4.2.4[193] 设$(P, \times, \star)$是Jones代数, $e \in P$, 则$\langle e \rangle$是P的子代数.

证明 设$g, h \in \langle e \rangle$, 则$g \leqslant_P e$且$h \leqslant_P e$. 据引理4.1.8 (2), (3), 有$g \times h \leqslant_P g \leqslant_P e$和$g \star h \leqslant_P h \leqslant_P e$, 从而$g \times h$和$g \star h$均在$\langle e \rangle$中. 这就证明了$\langle e \rangle$是$P$的子代数. □

设$(S, \cdot, {}^+, {}^*)$是DRC半群, 据引理4.1.15和引理4.1.18, $(P_S, \times_S, \star_S)$形成Jones代数且$\omega_S\, =\, \leqslant_{P_S}$, 其中, 对任意$e, f \in P_S, e \times_S f = (ef)^+, e \star_S f = (ef)^*$. 对任意$a \in S$, 则有$P_S$

的子代数
$$\langle a^+ \rangle = \{e \in P_S \mid ea^+ = a^+e = e\}, \quad \langle a^* \rangle = \{e \in P_S \mid ea^* = a^*e = e\}.$$
对任意 $a \in S$, 定义
$$\rho_a : \langle a^+ \rangle \to \langle a^* \rangle, \; x \mapsto (xa)^*; \quad \sigma_a : \langle a^* \rangle \to \langle a^+ \rangle, \; y \mapsto (ay)^+, \qquad (4.2.4)$$
则对任意 $e \in P_S$, 有
$$\rho_e = \sigma_e = \langle e \rangle \text{上的单位变换}. \qquad (4.2.5)$$

定理 4.2.5[193] 设 $(S, \cdot, {}^+, {}^*)$ 是 DRC 半群, 则 S 是 DRC-限制半群当且仅当对任意 $a \in S$, ρ_a 和 σ_a 是互逆的双射, 此时, ρ_a 和 σ_a 是互逆的 Jones 代数同构.

证明 假设对任意 $a \in S$, ρ_a 和 σ_a 是互逆的双射. 设 $a \in S, x \in \langle a^+ \rangle$, 则 $(a(xa)^*)^+ = x$, 从而 $a(xa)^* = (a(xa)^*)^+ a(xa)^* = xa(xa)^* = xa$, 据引理 4.2.3, (RGA) 成立. 对偶可证 (LGA) 成立. 故 S 是 DRC-限制半群.

反之, 设 S 是 DRC-限制半群, 则 (RGA) 和 (LGA) 成立. 设 $a \in S$ 且 $x \in \langle a^+ \rangle$, 据引理 4.2.3, $a(xa)^* = xa$, 从而由引理 4.1.4 和事实 $x \omega_S a^+$ 可得 $(a(xa)^*)^+ = (xa)^+ = (xa^+)^+ = x^+ = x$. 这表明 $\rho_a \sigma_a$ 是 $\langle a^+ \rangle$ 上的单位变换. 对偶可证 $\sigma_a \rho_a$ 也是 $\langle a^* \rangle$ 上的单位变换. 任取 $x, y \in \langle a^+ \rangle$, 则 $x \omega_S a^+$, $y \omega_S a^+$. 据引理 4.2.3, 有 $a(xa)^*(ya)^* = xa(ya)^* = xya$. 注意到 $((xa)^*(ya)^*)^+ \omega_S (xa)^* \omega_S a^*$, 据引理 4.2.3,
$$a((xa)^*(ya)^*)^+ = (a((xa)^*(ya)^*)^+)^+ a$$
$$= (a(xa)^*(ya)^*)^+ a = (xya)^+ a = (xya^+)^+ a = (xy)^+ a,$$
从而由引理 4.1.4 可得
$$(x \times y)\rho_a = ((xy)^+ a)^* = (a((xa)^*(ya)^*)^+)^*$$
$$= (a^*((xa)^*(ya)^*)^+)^* = (((xa)^*(ya)^*)^+)^* = (xa)^*(ya)^* = (x\rho_a) \times (y\rho_a).$$
另一方面, 据引理 4.2.3, 有
$$(x \star y)\rho_a = ((xy)^* a)^* = (x(ya))^* = (xa(ya)^*)^*$$
$$= (a(xa)^*(ya)^*)^* = (a^*(xa)^*(ya)^*)^* = ((xa)^*(ya)^*)^* = (x\rho_a) \star (y\rho_a),$$
故 ρ_a 是同构. 对偶可证 σ_a 也是同构. □

2022 年, Stein 在文献 [152] 中对 DRC 半群 $(S, \cdot, {}^+, {}^*)$ 介绍了如下的广义限制条件:
(GRAI) $(b^*(a(b^*ac^*)^*)^+)^* = (a(b^*ac^*)^*)^+$, (GLAI) $(((c^+ab^+)^+a)^*b^+)^+ = ((c^+ab^+)^+a)^*$.

显然, (GRAI)((GLAI)) 等价于条件: 对任意 $a \in S$ 和 $e, f \in P_S$,
$$(e(a(eaf)^*)^+)^* = (a(eaf)^*)^+ \; ((((fae)^+a)^*e)^+ = ((fae)^+a)^*).$$

命题 4.2.6[193] 设 $(S, \cdot, {}^+, {}^*)$ 是 DRC 半群, 则 (GRAI)((GLAI)) 等价于等式
$$(b^*(a(b^*a)^*)^+)^* = (a(b^*a)^*)^+ \; ((((ab^+)^+a)^*b^+)^+ = ((ab^+)^+a)^*).$$
于是, (GRAI)((GLAI)) 等价于下列条件: 对任意 $a \in S$ 和 $e \in P_S$,
$$(e(a(ea)^*)^+)^* = (a(ea)^*)^+ \; ((((ae)^+a)^*e)^+ = ((ae)^+a)^*).$$

证明 设 (GRAI) 成立, 在 (GRAI) 中取 $c = a$ 并注意到 $ac^* = aa^* = a$, 有 $(b^*(a(b^*a)^*)^+)^* = (a(b^*a)^*)^+$. 反之, 设公理 $(b^*(a(b^*a)^*)^+)^* = (a(b^*a)^*)^+$ 成立. 在此公理中用 ac^* 替代 a 并注意到 $ac^*(b^*ac^*)^* = a(b^*ac^*)^*$ 便知 (GRAI) 成立. 对偶可证另一陈述. 剩余部分是显然的. □

命题 4.2.7[193] 设 $(S, \cdot, ^+, ^*)$ 是 DRC 半群, 则 (RGA)((LGA)) 蕴含 (GRAI)((GLAI)). 特别地, 若 S 是 Ehresmann 半群, 则 (RGA)((LGA)) 等价于 (GRAI)((GLAI)).

证明 设 (RGA) 成立且 $a \in S$, $e \in P_S$, 则据引理 4.1.4 和 (4.2.1) 式, 有
$$(a(ea)^*)^+ = ((ea^+)^*a)^+ = ((ea^+)^*a^+)^+ = (ea^+)^{*+} = (ea^+)^*,$$
$$(e(a(ea)^*)^+))^* = (e(ea^+)^*)^* = (ea^+(ea^+)^*)^* = (ea^+)^* = (a(ea)^*)^+.$$
据此事实及命题 4.2.6 知 (GRAI) 成立. 对偶可证 (LGA) 蕴含 (GLAI).

设 S 是 Ehresmann 半群, (GRAI) 成立且 $a \in S$, $e \in P_S$, 则据命题 4.2.6 及 P_S 是子半格这一事实, 有 $e(a(ea)^*)^+ = (e(a(ea)^*)^+)^* = (a(ea)^*)^+$, 从而
$$ea = ea(ea)^* = e(a(ea)^*)^+ a(ea)^* = (a(ea)^*)^+ a(ea)^* = a(ea)^*.$$
据注记 4.2.2, (RGA) 成立. 对偶可证 (GLAI) 蕴含 (LGA). 最后的陈述由注记 4.2.2 立得. □

注记 4.2.8[193] 设 $(S, \cdot, ^+, ^*)$ 是 DRC 半群. 即使 S 是 P-Ehresmann 半群, (GRAI)((GLAI)) 也不能蕴含 (RGA)((LGA)). 例如, 设 $B = \{f, b, g, c\}$ 是矩形带且 $f \mathcal{R} b \mathcal{L} g \mathcal{R} c \mathcal{L} f$, $Q = \{a\}$ 是平凡半群且 $\psi: Q \to \Omega(B)$, $a \mapsto (\lambda, \rho)$, 其中 $\Omega(B)$ 是 B 的平移壳,

$$\rho = \begin{pmatrix} f & g & b & c \\ b & g & b & g \end{pmatrix}, \quad \lambda = \begin{pmatrix} f & g & b & c \\ f & g & b & c \end{pmatrix}$$

分别是 B 的右平移和左平移, 则 (λ, ρ) 是 $\Omega(B)$ 中的幂等元, 从而 ψ 是同态. 据文献 [124] 之定理 I.9.5, 有 B 被 Q 的理想扩张 $S = B \cup Q$, 其运算表为

·	a	f	g	b	c
a	a	f	g	b	c
f	b	f	b	b	f
g	g	c	g	g	c
b	b	f	b	b	f
c	g	c	g	g	c

考虑添加单位元 e 到 S 得到的幺半群 S^e, 定义 S^e 的运算 "$+$" 和 "$*$" 如下:
$$a^+ = e^+ = a^* = e^* = e, \quad f^+ = f^* = f = b^+ = c^*, \quad g^+ = g^* = g = c^+ = b^*,$$
则 $(S^e, \cdot, ^+, ^*)$ 形成 P-Ehresmann 半群, $P_S = \{e, f, g\}$ 且 S^e 满足 (GRAI) 和 (GLAI). 由
$$a(fa)^* = ab^* = ag = g \neq b = fa = efa = a^+fa,$$
$$(af)^+a = f^+a = fa = b \neq f = fe = fa^* = afa^*$$
和注记 4.2.2 知 (RGA) 和 (LGA) 均不成立.

由命题 4.2.7 和注记 4.2.8, 有下面的问题.

问题 4.2.9[193] 决定 (GRAI)((GLAI)) 蕴含 (RGA)((LGA)) 的 DRC 半群.

下面介绍一类特殊的正则半群, 即伪 ∗-正则半群.

定义 4.2.10[193] 一元半群 $(S, \cdot, °)$ 称为伪 ∗-正则半群, 若下列公理成立:
$$xx°x = x, \quad x°° = x, \quad (xy)° = (xy)°xx°, \quad (xy)° = y°y(xy)°. \tag{4.2.6}$$

此时, 集合 $P(S) = \{e \in E(S) \mid e° = e\}$ 称为 S 的投射元集.

引理 4.2.11[193] 设 $(S, \cdot, °)$ 是伪 ∗-正则半群, $x, y \in S$ 且 $e, f \in P(S)$.

(1) $x°xx° = x°$, 从而 $x° \in V(x)$.

(2) $(xx°)° = xx° \in E(S)$, $(x°x)° = x°x \in E(S)$.

(3) $P(S) = \{uu° \mid u \in S\} = \{u°u \mid u \in S\}$, 且对任意 $t \in P(S)$, 有 $t° = t$.

(4) 若 $e\mathcal{L}f(e\mathcal{R}f)$, 则 $e = f$.

(5) $x\mathcal{L}y(x\mathcal{R}y)$ 当且仅当 $x°x = y°y(xx° = yy°)$.

证明 (1) 据 (4.2.6) 式中的前两个等式可得 $x°xx° = x°x°°x° = x°$.

(2) 据 (4.2.6) 式, 有 $(xx°)° = (xx°)°xx°$, $(xx°)° = x°°x°(xx°)° = xx°(xx°)°$, 从而 $(xx°)° = (xx°)°xx° = xx°(xx°)°xx° = xx°$. 对偶可知 $(x°x)° = x°x$. 事实 $xx°, x°x \in E(S)$ 可由 (4.2.6) 式中的第一个等式获得.

(3) 据 (4.2.6) 式, 对任意 $u \in S$, 有 $uu° = u°°u°$ 和 $u°u = u°u°°$, 从而 $\{uu° \mid u \in S\} = \{u°u \mid u \in S\}$. 记 $M = \{uu° \mid u \in S\}$, 若 $t \in P(S)$, 则有 $t \in E(S)$ 和 $t = t°$, 从而 $t = tt = tt° \in M$. 反之, 若 $t \in M$, 则存在 $u \in S$ 使得 $t = uu°$. 据本引理的条款 (2), 有 $t \in P(S)$. 这证明了条款 (3).

(4) 若 $e, f \in P(S)$, $e\mathcal{L}f$, 则据本引理条款 (3) 和 (4.2.6) 式中的最后一个等式, 有 $e = e° = (ef)° = f°f(ef)° = ffe = fe = f$. 对偶可证 $\mathcal{R}$ 的相关结果.

(5) 若 $x\mathcal{L}y$, 则 $x°x, y°y \in P(S)$, $x°x\mathcal{L}y°y$, 从而据本引理的条款 (1), (3) 和 (4) 知 $x°x = y°y$. 反之, 若 $x°x = y°y$, 由本引理条款 (1) 知 $x° \in V(x)$, 故 $x\mathcal{L}x°x = y°y\mathcal{L}y$. □

命题 4.2.12 设 $(S, \cdot, °)$ 是伪 ∗-正则半群, 则下述等价:

(1) 对任意 $x, y \in S$, 有 $(xy)° = y°x°$.

(2) 对任意 $x \in S$ 和 $e \in P(S)$, 有 $(xe)° = ex°$.

(3) 对任意 $x \in S$ 和 $e \in P(S)$, 有 $(ex)° = x°e$.

证明 设 (1) 成立, 则由引理 4.2.11 (3) 可知 (2) 和 (3) 成立. 设 (2) 成立, $x \in S, e \in P(S)$, 则 $(x°e)° = ex°° = ex$, 从而 $(ex)° = (x°e)°° = x°e$, 这说明 (3) 成立. 对偶可证 (3) 蕴含 (2). 于是, (2) 和 (3) 等价. 设 (2) 和 (3) 成立, $e, f \in P(S)$, 则由条款 (2) 和引理 4.2.11 知 $(ef)° = fe° = fe$, 从而
$$ef = ef(ef)°ef = effeef = efef \in E(S), \quad efe = effe = ef(ef)° \in P(S). \tag{4.2.7}$$

设 $x, y \in S$. 由 (2) 和 (3) 知
$$xyy°x° = (xyy°)yy°x° = xyy°(xyy°)° \in P(S), \quad y°x°xy \in P(S). \tag{4.2.8}$$

另外, 据 (4.2.7) 式, 有 $xyy°x°xy = xx°xyy°x°xyy°y = xx°xyy°y = xy$. 由此事实及其对

偶可得 $y^\circ x^\circ \in V(xy)$. 于是由 (4.2.8) 式可得 $P(S) \ni xyy^\circ x^\circ \mathcal{R} xy \mathcal{R} xy(xy)^\circ \in P(S)$. 据引理4.2.11(4), 有 $xyy^\circ x^\circ = xy(xy)^\circ$. 由此事实及其对偶可得 $(xy)^\circ \mathcal{H} y^\circ x^\circ$. 注意到 $y^\circ x^\circ$ 和 $(xy)^\circ$ 均为 xy 的逆元, 有 $(xy)^\circ = y^\circ x^\circ$. □

命题 4.2.13[193] 设 $(S, \cdot, \circ)$ 是伪 $*$-正则半群, 则下列陈述等价:

(1) S 满足公理 $(xy)^\circ x = (x^\circ xy)^\circ$.

(2) S 满足公理 $x(yx)^\circ = (yxx^\circ)^\circ$.

证明 由对称性, 仅需证明 (1) 蕴含 (2). 设 $x, y \in S$, 则据条款 (1) 和 (4.2.6) 式, 有 $(x(yx)^\circ)^\circ x = (x^\circ x(yx)^\circ)^\circ = (yx)^{\circ\circ} = yx$. 这表明 $(x(yx)^\circ)^\circ = (x(yx)^\circ)^\circ xx^\circ = yxx^\circ$, 再次用 (4.2.6) 式可得 $x(yx)^\circ = (yxx^\circ)^\circ$. □

定义 4.2.14[193] 伪 $*$-正则半群 $(S, \cdot, \circ)$ 称为伪正则 $*$-半群, 若命题4.2.13中的条件成立. 易见, 正则 $*$-半群是伪正则 $*$-半群.

命题 4.2.15[193] 设 $(S, \cdot, \circ)$ 是伪 $*$-正则半群, 对任意 $x \in S$, 定义 $x^+ = xx^\circ$ 和 $x^* = x^\circ x$, 则 $(S, \cdot, \circ)$ 诱导的双一元半群 $(S, \cdot, ^+, ^*)$ 是DRC半群. 若 S 还是伪正则 $*$-半群, 则 $(S, \cdot, ^+, ^*)$ 是DRC-限制半群.

证明 设 $x, y \in S$. 首先, 据 (4.2.6) 式可得 $x^+ x = xx^\circ x = x$. 其次, 由引理4.2.11 (1) 可得 $y \mathcal{R} yy^\circ$, 从而 $xy \mathcal{R} xyy^\circ$, 据引理4.2.11 (5), 有

$$(xy)^+ = xy(xy)^\circ = xyy^\circ(xyy^\circ)^\circ = (xyy^\circ)^+ = (xy^+)^+.$$

再次, 由 (4.2.6) 式可得 $x^+(xy)^+ x^+ = xx^\circ xy(xy)^\circ xx^\circ = xy(xy)^\circ = (xy)^+$. 最后, 据引理4.2.11 (2),

$$x^{++} = (xx^\circ)(xx^\circ)^\circ = xx^\circ = x^+, \quad x^{+*} = (xx^\circ)^\circ(xx^\circ) = xx^\circ = x^+.$$

由上面的论述及对偶可知 $(S, \cdot, ^+, ^*)$ 是DRC半群. 若 S 还是伪正则 $*$-半群, 则由命题4.2.13 (1) 和 (4.2.6) 式, 有

$$(xy)^+ x = (xy)(xy)^\circ x = xy(x^\circ xy)^\circ = xx^\circ xy(x^\circ xy)^\circ = x(x^* y)^+,$$

从而 (LGA) 成立. 对偶可得 (RGA). □

命题 4.2.16[193] 设 $(S, \cdot, ^+, ^*)$ 是DRC半群且

$$(\forall x \in S)(\exists x' \in S) \quad xx' = x^+, x'x = x^*,$$

则对任意 $x \in S$, 存在唯一的 $x^\circ \in V(x)$ 使得 $xx^\circ = x^+, x^\circ x = x^*$. 此时, 定义 $\circ: S \to S, x \mapsto x^\circ$, 则 $(S, \cdot, \circ)$ 是伪 $*$-正则半群. 特别地, 若 S 满足条件 (LGA) 或 (RGA), 则 $(S, \cdot, \circ)$ 是伪正则 $*$-半群.

证明 设 $x \in S$, 由已知条件, 存在 $x' \in S$ 使得 $xx' = x^+, x'x = x^*$. 据 (i), 有 $xx'x = x^+ x = x$, 这说明 S 正则且

$$x'xx' \in V(x), \quad xx'xx' = xx' = x^+, \quad x'xx'x = x'x = x^*,$$

故存在 $x^\circ \in V(x)$ 使得 $xx^\circ = x^+, x^\circ x = x^*$. 实际上这样的 x° 还是唯一的. 事实上, 若 $y \in V(x)$ 且 $xy = x^+, yx = x^*$, 则 $y = yxy = x^* y = x^\circ xy = x^\circ x^+ = x^\circ xx^\circ = x^\circ$.

设 $x, y \in S$, 则有 $x^\circ \in V(x), x^{\circ\circ} \in V(x^\circ)$ 及下述表格:

x	$x^+ = xx^\circ$	
$x^* = x^\circ x$	x°	$x^\circ x^{\circ\circ} = x^{\circ+}$
	$x^{\circ\circ} x^\circ = x^{\circ *}$	$x^{\circ\circ}$

由于 $x^+ \mathcal{L} x^{\circ *}, x^* \mathcal{R} x^{\circ+}, x^+, x^*, x^{\circ+}, x^{\circ *} \in P_S$, 据引理4.1.4 (5), 有 $x^+ = x^{\circ *}$ 和 $x^* = x^{\circ+}$, 故 $x \mathcal{H} x^{\circ\circ}$. 注意到 $x, x^{\circ\circ} \in V(x^\circ)$, 有 $x^{\circ\circ} = x$. 这表明

$$(xy)^\circ = (xy)^\circ (xy)^{\circ\circ}(xy)^\circ = (xy)^\circ (xy)(xy)^\circ = (xy)^\circ (xy)^+,$$

$$(xy)^\circ xx^\circ = (xy)^\circ (xy)^+ x^+ = (xy)^\circ (xy)^+ = (xy)^\circ (xy)(xy)^\circ = (xy)^\circ.$$

对偶可证 $y^\circ y(xy)^\circ = (xy)^\circ$. 故 $(S, \cdot, {}^\circ)$ 形成伪 $*$-正则半群. 若 S 还满足条件 (LGA), 则有

$$(xy)(xy)^\circ x = (xy)^+ x = x(x^*y)^+ = x(x^\circ y)(x^\circ xy)^\circ.$$

据引理4.2.11 (1) 和 (4.2.6) 式, 有

$$(xy)^\circ x = (xy)^\circ (xy)(xy)^\circ x = (xy)^\circ x(x^\circ xy)(x^\circ xy)^\circ = (xy)^\circ xy(x^\circ xy)^\circ = (x^\circ xy)^\circ,$$

于是 $(S, \cdot, {}^\circ)$ 是伪正则 $*$-半群. 利用对偶的论述及命题4.2.13可证 S 满足条件 (RGA) 的情形. □

注记4.2.17[193] 据命题4.2.15和命题4.2.16的证明, 在伪 $*$-正则半群中, (LGA)((RGA)) 等价于命题4.2.13 (1)(命题4.2.13 (2)). 据命题4.2.13, 此时 (RGA) 等价于 (LGA). 然而, 对一般的 DRC 半群 (甚至是 Ehresmann 半群), 这是不对的. 例如, 设 X 是至少含两个元素的半群, $\mathcal{PT}_X$ 是 X 上的部分变换半群. 对 X 的每一个子集 U, 记 U 上的单位变换为 ι_U. 在 $\mathcal{PT}_X$ 上定义一元运算 "+" 和 "*" 如下: 对任意 $\alpha \in \mathcal{PT}_X$, $\alpha^+ = \iota_{\mathrm{dom}\alpha}$, $\alpha^* = \iota_{\mathrm{ran}\alpha}$, 则 $(\mathcal{PT}_X, {}^+, {}^*)$ 形成 Ehresmann 半群且满足 (LGA). 设 $a, b \in X$ 且 α, β 是值分别为 a 和 b 的常值映射, 则 $\alpha(\beta\alpha)^* = \alpha\alpha^* = \alpha$, 这表明 $\alpha(\beta\alpha)^* \neq \beta^*\alpha$ (因为 $X = \mathrm{dom}\alpha \neq \{b\} = \mathrm{dom}(\beta^*\alpha)$), 故 (RGA) 不成立.

下面给出一些例子来解释上面的概念. 半群 S 上的一元运算 "$\diamond$" 称为对合, 若下列等式成立: $(x^\diamond)^\diamond = x, (xy)^\diamond = y^\diamond x^\diamond$, 此时, 对任意 $x \in S$, 记 $(x^\diamond)^\diamond = x^{\diamond\diamond}$.

例 4.2.18[193] 据文献 [116], (2,1,1)-代数 $(S, \cdot, {}^\circ, {}^{-1})$ 称为 $*$-正则半群, 若下列公理成立:

$$(xy)z = x(yz), (xy)^\circ = y^\circ x^\circ, x^{\circ\circ} = x,$$

$$x^{-1}xx^{-1} = x^{-1}, xx^{-1}x = x, (xx^{-1})^\circ = xx^{-1}, (x^{-1}x)^\circ = x^{-1}x.$$

此时, $(S, \cdot, {}^{-1})$ 是伪 $*$-正则半群, 称其为由 $(S, \cdot, {}^\circ, {}^{-1})$ 诱导的伪 $*$-正则半群. 事实上, 因为 "$\circ$" 是对合, 故对任意 $x, y \in S$, $x \mathcal{R} y$ 当且仅当 $x^\circ \mathcal{L} y^\circ$, 而 $x \mathcal{H} y$ 当且仅当 $x^\circ \mathcal{H} y^\circ$. 设 $x \in S$, 则 $x^{-1} x \mathcal{L} \mathcal{R} x x^{-1}$, $x^{-1} \mathcal{R} x^{-1} \mathcal{L} x x^{-1}$. 这表明 $xx^{-1} = (xx^{-1})^\circ \mathcal{L}^\circ \mathcal{R} (x^{-1}x) = x^{-1}x$, 故 $x^{-1} \mathcal{H} x^\circ$, $(x^{-1})^\circ \mathcal{H} x^{\circ\circ} = x$. 用 x° 替换 x 可得 $(x^\circ)^{-1} \mathcal{H} x^{\circ\circ} = x$, 这表明 $(x^\circ)^{-1} \mathcal{H} (x^{-1})^\circ$. 另外, 据事实 $(x^{-1})^\circ x^\circ (x^{-1})^\circ = (x^{-1}xx^{-1})^\circ = (x^{-1})^\circ$ 及其对偶, 有 $(x^{-1})^\circ \in V(x^\circ)$. 此事实连同 $(x^\circ)^{-1} \in V(x^\circ)$ 蕴含 $(x^\circ)^{-1} = (x^{-1})^\circ$, 故 $(x^{-1})^{-1} \mathcal{H} (x^{-1})^\circ = (x^\circ)^{-1} \mathcal{H} x^{\circ\circ} = x$. 因为 $(x^{-1})^{-1}$ 和 x 都是 x^{-1} 的逆元, 故 $(x^{-1})^{-1} = x$. 另一方面, 由 $(xy)^{-1} \mathcal{H} (xy)^\circ = y^\circ x^\circ$ 可

知存在 $u \in S$ 使得 $(xy)^{-1} = uy^\circ x^\circ$, 于是 $(xy)^{-1}xx^{-1} = uy^\circ x^\circ (xx^{-1})^\circ = uy^\circ (xx^{-1}x)^\circ = uy^\circ x^\circ = (xy)^{-1}$. 对偶可证 $y^{-1}y(xy)^{-1} = (xy)^{-1}$. 这就证明了 $(S, \cdot,\,^{-1})$ 是伪 $*$-正则半群. 另外, 对任意 $e, f \in P(S) = \{xx^{-1} \mid x \in S\}$, 有

$$\begin{aligned} ef(ef)^{-1} &= ef(e^\circ f^\circ)^{-1} = ef((fe)^\circ)^{-1} \\ &= e^\circ f^\circ ((fe)^{-1})^\circ = ((fe)^{-1}fe)^\circ = (fe)^{-1}fe. \end{aligned} \tag{4.2.9}$$

下面的例子表明, 存在不能由任何 $*$-正则半群诱导出的伪正则 $*$-半群.

例 4.2.19[193] 考虑完全 0-单半群 $S = \mathcal{M}^0(I, I; G; \boldsymbol{Q})$, 其中 $I = \{1, 2\}, G = \{1\}$, $\boldsymbol{Q} = (q_{ij})_{2 \times 2}$ 且 $q_{22} = 0$, $q_{11} = q_{12} = q_{21} = 1$. 记 $e = (1, 1, 2), f = (2, 1, 1), u = (2, 1, 2), v = (1, 1, 1)$, 则 $S = \{0, e, f, u, v\}$. 在 S 上定义一元运算 "$\circ$" 如下: $0^\circ = 0, e^\circ = e, f^\circ = f, u^\circ = v, v^\circ = u$, 则有以下运算表:

$\circ$	0	e	f	u	v
	0	e	f	v	u

$\cdot$	0	e	f	u	v
0	0	0	0	0	0
e	0	e	0	0	v
f	0	u	f	u	f
u	0	u	0	0	f
v	0	e	v	e	v

可以验证, $(S, \cdot, \circ)$ 形成伪正则 $*$-半群且 $P(S) = \{0, e, f\}$. 因为

$$ef(ef)^\circ = ef0^\circ = ef0 = 0, \quad (fe)^\circ fe = u^\circ fe = u^\circ u = e, \tag{4.2.10}$$

据 (4.2.9) 式, 没有 $*$-正则半群可诱导出 $(S, \cdot, \circ)$. 值得指出的是,

$$0 \mapsto 0, e \mapsto ab, f \mapsto ba, u \mapsto b, v \mapsto a$$

是上述半群 S 到半群

$$A_2 = \langle a, b : a^2 = aba = a, b^2 = 0, bab = b \rangle = \{0, b, ab, ba, a\}$$

的同构映射, 在此同构下, S 的子半群 $T = \{0, e, f, u\}$ 同构于 A_2 的子半群 $A_0 = \{0, b, ab, ba\}$. 半群 A_2 和 A_0 在半群簇的研究中扮演重要角色, 详情可参见 Lee 的论文 [92, 93].

接下来我们指出, 存在 $*$-正则半群, 其诱导的伪 $*$-正则半群不是伪正则 $*$-半群.

例 4.2.20[193] 考虑矩形带 $B = I \times \Lambda$, $I = \Lambda = \{1, 2\}$ 并记 $e = (1, 1), r = (1, 2), p = (2, 1), f = (2, 2)$. 定义 B 上的一元运算如下: $e^\circ = f, f^\circ = e, p^\circ = p, r^\circ = r$, 则 $(B, \cdot, \circ)$ 形成正则 $*$-半群. 据矩形带的平移壳理论, 有 B 的平移壳 $\Omega(B) = \{(\lambda_i, \rho_j) \mid i, j = 1, 2, 3, 4\}$, 其中

$$\lambda_1 = \begin{pmatrix} e & r & p & f \\ e & r & e & r \end{pmatrix}, \lambda_2 = \begin{pmatrix} e & r & p & f \\ p & f & p & f \end{pmatrix},$$

$$\lambda_3 = \begin{pmatrix} e & r & p & f \\ e & r & p & f \end{pmatrix} = \rho_3, \lambda_4 = \begin{pmatrix} e & r & p & f \\ p & f & e & r \end{pmatrix},$$

$$\rho_1 = \begin{pmatrix} e & r & p & f \\ e & e & p & p \end{pmatrix}, \rho_2 = \begin{pmatrix} e & r & p & f \\ r & r & f & f \end{pmatrix}, \rho_4 = \begin{pmatrix} e & r & p & f \\ r & e & f & p \end{pmatrix}.$$

设 $G = \{q, a, b, c\}$ 是 Klein 4-元群, q 是其单位元. 记 G^0 是在 G 上添加零元 0 得到的半群, 易见, 如下定义的一元运算 "$\circ$": $q^\circ = q$, $a^\circ = b$, $b^\circ = a$, $c^\circ = c$ 是 G 上的对合. 定义
$$\psi: G \to \Omega(B), q \mapsto (\lambda_3, \rho_3), a \mapsto (\lambda_4, \rho_3), b \mapsto (\lambda_3, \rho_4), c \mapsto (\lambda_4, \rho_4),$$
则 ψ 是半群同态. 据文献 [124] 之定理 I.9.5 及直接计算, 我们有 B 被 G^0 的理想扩张 $S = B \cup G = \{p, q, r, e, f, a, b, c\}$, 其乘法表为

·	p	q	r	e	f	a	b	c
p	p	p	f	p	f	p	f	f
q	p	q	r	e	f	a	b	c
r	r	r	r	r	r	r	e	e
e	e	e	r	e	r	e	r	r
f	p	f	f	p	f	f	p	p
a	e	a	f	p	r	q	c	b
b	p	b	r	e	f	c	q	a
c	e	c	f	p	r	b	a	q

现考虑 S 上如下定义的一元运算:

$\diamond$	p	q	r	e	f	a	b	c
	p	q	r	f	e	b	a	c

,

$\circ$	p	q	r	e	f	a	b	c
	p	q	r	f	e	a	b	c

则 $(S, \cdot, \diamond, \circ)$ 形成以 q 为单位元的 $*$-正则半群且 $P(S) = \{p, q, r\}$. 因为 $E(S) = \{p, q, r, e, f\}$, 故 S 是纯正半群. 因为 $(ap)^\circ a = e^\circ a = fa = f$, $(a^\circ ap)^\circ = (aap)^\circ = (qp)^\circ = p^\circ = p$. 据命题 4.2.13 (1) 知 $(S, \cdot, \circ)$ 不是伪正则 $*$-半群.

最后指出存在 $*$-正则半群, 它诱导出一个非正则 $*$-半群的伪正则 $*$-半群.

例 4.2.21[193]　考虑完全单半群 $S = \mathcal{M}(I, I; G; \mathbf{Q})$, 其中 $I = \{1, 2\}$, $G = \{1, a\}$ 是由 a 生成的循环群, $\mathbf{Q} = (q_{ij})_{2 \times 2}$ 使得 $q_{12} = a$, $q_{11} = q_{21} = q_{22} = 1$. 记 $e = (1, 1, 1)$, $x = (1, a, 1)$, $g = (1, 1, 2)$, $y = (1, a, 2)$ 和 $h = (2, a, 1)$, $z = (2, 1, 1)$, $f = (2, 1, 2)$, $w = (2, a, 2)$. 定义

$\diamond$	e	x	g	y	h	z	f	w
	e	x	h	z	g	y	f	w

,

$\circ$	e	x	g	y	h	z	f	w
	e	x	z	h	y	g	f	w

则 $(S, \cdot, \diamond, \circ)$ 形成 $*$-正则半群, 其诱导的伪 $*$-正则半群 $(S, \cdot, \circ)$ 是伪正则 $*$-半群. 由 $(hh)^\circ = h^\circ = y \neq g = yy = h^\circ h^\circ$ 知 $(S, \cdot, \circ)$ 不是正则 $*$-半群.

下面建立 DRC-限制半群的基本表示定理, 先给出强 Jones 代数的概念. 据文献 [193], Jones 代数 $(P, \times, \star)$ 称为强的, 若下列公理成立:

(SJ1) $e \times (((e \times f) \times g) \star f) = (e \times f) \times g$,

(SJ2) $(f \times (g \star (f \star e))) \star e = g \star (f \star e)$.

容易看出, (SJ1)((SJ2)) 等价于以下条件: 对任意 $e, f, g \in P$,

$$g \leqslant_P e \times f \implies e \times (g \star f) = g \ (g \leqslant_P f \star e \implies (f \times g) \star e = g). \tag{4.2.11}$$

定义 4.2.22[79]　设 P 是非空集,"$\times$"是 P 上的二元运算. 称 $(P,\times)$ 为 Imaoka-Jones 代数, 若下列公理成立:

(I1) $e \times e = e$.

(I2) $e \times (e \times f) = (e \times f) \times e = e \times f$.

(I3) $(e \times f) \times g = e \times (f \times (e \times g))$.

(I4) $e \times (f \times g) = (e \times f) \times (e \times (f \times g))$.

引理 4.2.23[79]　设 $(P,\times)$ 是 Imaoka-Jones 代数, $e, f, g \in P$.

(1) $e \times (f \times e) = e \times f = (e \times f) \times f$.

(2) $e \times (f \times g) = (e \times f) \times (f \times g)$.

(3) $(e \times f) \times g = (e \times f) \times (e \times g)$.

(4) $(e \times f) \times ((f \times g) \times e) = e \times (f \times g)$.

(5) $(e \times f) \times ((f \times e) \times g) = e \times (f \times g)$.

(6) $g \times ((f \times g) \times e) = g \times (f \times e)$.

(7) $((e \times f) \times g) \times (f \times e) = (e \times f) \times g$.

证明　(1) 首先, 对任意 $e, f \in P$, 有
$$e \times (f \times e) \stackrel{(I1)}{=} e \times (f \times (e \times e)) \stackrel{(I3)}{=} (e \times f) \times e \stackrel{(I2)}{=} e \times f,$$
于是 $f \times (e \times f) = f \times e$, 故 $(e \times f) \times f \stackrel{(I3)}{=} e \times (f \times (e \times f)) = e \times (f \times e) = e \times f$.

(2) 事实上,
$$e \times (f \times g) \stackrel{(I4)}{=} (e \times f) \times (e \times (f \times g)) \stackrel{(I3)}{=} e \times (f \times (e \times (e \times (f \times g))))$$
$$\stackrel{(I2)}{=} e \times (f \times (e \times (f \times g))) \stackrel{(I3)}{=} (e \times f) \times (f \times g).$$

(3) 事实上,
$$(e \times f) \times (e \times g) \stackrel{(I3)}{=} e \times (f \times (e \times (e \times g))) \stackrel{(I2)}{=} e \times (f \times (e \times g)) \stackrel{(I3)}{=} (e \times f) \times g.$$

(4) 据本引理条款 (1) 和条款 (2) 可得
$$(e \times f) \times ((f \times g) \times e) \stackrel{(2)}{=} ((e \times f) \times (f \times g)) \times ((f \times g) \times e)$$
$$\stackrel{(2)}{=} (e \times (f \times g)) \times ((f \times g) \times e) \stackrel{(2)}{=} e \times ((f \times g) \times e) \stackrel{(1)}{=} e \times (f \times g).$$

(5) 利用本引理的条款 (2) 及定义 4.2.22 中的公理 (I3) 可得
$$(e \times f) \times ((f \times e) \times g) \stackrel{(2)}{=} (e \times (f \times e)) \times ((f \times e) \times g)$$
$$\stackrel{(2)}{=} e \times ((f \times e) \times g) \stackrel{(I3)}{=} e \times (f \times (e \times (f \times g))) \stackrel{(I3)}{=} (e \times f) \times (f \times g) \stackrel{(2)}{=} e \times (f \times g).$$

(6) $g \times ((f \times g) \times e) \stackrel{(2)}{=} (g \times (f \times g)) \times ((f \times g) \times e) \stackrel{(1)}{=} (g \times f) \times ((f \times g) \times e) \stackrel{(5)}{=} g \times (f \times e)$.

(7) 利用本引理的条款 (3), 条款 (2), 条款 (1) 和定义 4.2.22 中的公理 (I2) 可得
$$((e \times f) \times g) \times (f \times e) \stackrel{(3)}{=} ((e \times f) \times g) \times ((e \times f) \times (f \times e))$$
$$\stackrel{(2)}{=} ((e \times f) \times g) \times (e \times (f \times e)) \stackrel{(1)}{=} ((e \times f) \times g) \times (e \times f) \stackrel{(I2)}{=} (e \times f) \times g.$$

故 (7) 成立. 　　□

引理 4.2.24　设 P 是非空集,"$\times$"是 P 上的二元运算. 定义 P 上的二元运算"$\star$"如下:

对任意 $e,f \in P$, $e \star f = f \times e$, 则 $(P, \times)$ 是 Imaoka-Jones 代数当且仅当 $(P, \times, \star)$ 是 Jones 代数且定义4.2.22中的公理(I3)成立.

证明 设定义4.2.22中的公理(I1)—(I4)成立, 则公理(I1)和公理(I2)分别蕴含(L1)和(L2). 由引理4.2.23的(2),(3)知(L3)和(L4)成立. 由 "$\star$" 的定义知(R1)—(R4)分别与(L1)—(L4)相同, 故(R1)—(R4)也成立. 由引理4.2.23的(6)知(J3)成立. 最后由(I2)知(J4)成立. 反过来, 设(L1)—(L4)和公理(I3)成立, 则(L1)蕴含公理(I1), (L2)蕴含公理(I2)的第二个等式. 设 $e,f,g \in P$, 则
$$e \times f \stackrel{(L1)}{=} (e \times e) \times f \stackrel{(L4)}{=} (e \times e) \times (e \times f) \stackrel{(L1)}{=} e \times (e \times f).$$
这就证明了公理(I2)的第一个等式. 最后, 由
$$e \times (f \times g) \stackrel{(L3)}{=} (e \times f) \times (f \times g) \stackrel{(L4)}{=} (e \times f) \times (e \times (f \times g))$$
知公理(I4)成立. □

命题 4.2.25[193] Imaoka-Jones 代数是且仅是对称的强 Jones 代数.

证明 设 $(P, \times)$ 是 Imaoka-Jones 代数, 据引理4.2.24知 $(P, \times, \star)$ 是对称的 Jones 代数, 其中, 对任意 $e,f \in P$, $e \times f = f \times e$. 设 $e,f,g \in P$, 由 $(P, \times, \star)$ 对称及 (I3) 和 (L3) 知
$$e \times (((e \times f) \times g) \star f) = e \times (f \times ((e \times f) \times g)) \stackrel{(I3)}{=} e \times (f \times (e \times (f \times (e \times g))))$$
$$\stackrel{(I3)}{=} (e \times f) \times (f \times (e \times g)) \stackrel{(L3)}{=} e \times (f \times (e \times g)) \stackrel{(I3)}{=} (e \times f) \times g.$$
这说明(SJ1)成立. 由 $(P, \times, \star)$ 对称知(SJ2)也成立, 故 $(P, \times, \star)$ 是对称的强 Jones 代数. 反之, 设 $(P, \times, \star)$ 是对称的强 Jones 代数, $e,f,g \in P$, 则据 $(P, \times, \star)$ 对称, (SJ2) 和 (J3) 的第二式, 有
$$(g \times f) \times e = g \times (f \times ((g \times f) \times e)) = g \times (f \times (g \times e)),$$
这正好是(I3). 据引理4.2.24, $(P, \times)$ 形成 Imaoka-Jones 代数. □

命题 4.2.26[193] 设 $(S, \cdot, ^+, ^*)$ 是 DRC-限制 (P-限制半群), 则 $(P_S, \times_S, \star_S)$ 是强 Jones 代数 (Imaoka-Jones 代数). 特别地, 伪正则 $\star$-半群 (正则 $\star$-半群) 的 Jones 代数是强 Jones 代数 (Imaoka-Jones 代数). 于是, 强 Jones 代数未必对称.

证明 由引理4.1.15知 $(P_S, \times_S, \star_S)$ 是 Jones 代数. 设 $e,f,g \in P_S$, 据引理4.1.4和(RGA),
$$e \times_S (((e \times_S f) \times_S g) \star_S f) = (e(((ef)^+g)^+f)^*)^+ = (ef((e(ef)^+g)^+f)^*)^+$$
$$= (ef((e(ef)^+g)^+ef)^*)^+$$
$$= (ef(((ef)^+g)^+ef)^*)^+ = ((((ef)^+g)^+(ef)^+)^*ef)^+ = ((((ef)^+g)^+)^*ef)^+$$
$$= (((ef)^+g)^+ef)^+ = (((ef)^+g)^+(ef)^+)^+ = (((ef)^+g)^+)^+ = ((ef)^+g)^+ = (e \times_S f) \times_S g.$$
这正是(SJ1). 对偶可得(SJ2). 故 $(P_S, \times_S, \star_S)$ 是强 Jones 代数. 设 S 是 P-限制半群. 据(4.1.1)式, 对任意 $e,f \in P_S$, 有
$$e \times_S f = (ef)^+ = efe = (fe)^* = f \star_S e.$$
这说明 $(P_S, \times_S, \star_S)$ 是对称的. 据命题4.2.25可知 $(P_S, \times_S, \star_S)$ 是 Imaoka-Jones 代数. 其余部分可以由命题 4.2.15和例4.2.19获得 (见(4.2.10)式). □

引理 4.2.27[193] 设 $(P, \times, \star)$ 是强 Jones 代数且 $x, y, z, u \in P$, 则
$$((x \star (y \times z)) \times u) \star z = ((x \star y) \star z) \times (((y \times z) \times u) \star z),$$
$$(x \star ((y \times z) \times u)) \star z = (x \star y) \star (((y \times z) \times u) \star z).$$

证明 据引理4.1.8, 有 $(x \star y) \times z \leqslant_P x \star y$, 从而据 (J3) 和 (4.2.11) 式有
$$(x \times (y \times z)) \star y = (x \times ((x \star y) \times z)) \star y = (x \star y) \times z. \tag{4.2.12}$$

在 (4.2.12) 式中用 z 替换 y, 用 $y \star z$ 替换 z, 有 $(x \times (z \times (y \star z))) \star z = (x \star z) \times (y \star z)$. 据 (J4) 中的第二个等式, 有 $z \times (y \star z) = y \star z$, 从而
$$(x \times (y \star z)) \star z = (x \star z) \times (y \star z). \tag{4.2.13}$$

记 $s = (y \times z) \times u$, 利用 (J3) 的第一个等式并在 (4.2.12) 式中分别用 $y \times z$ 替换 y, u 代换 z, 有
$$((x \times s) \star y) \star z = ((x \times s) \star (y \times z)) \star z = ((x \star (y \times z)) \times u) \star z. \tag{4.2.14}$$

另一方面, 据 (J4), 有 $y \times (x \star y) = x \star y$, 从而据 (L4) 可得
$$(x \star y) \times (y \times z) = (y \times (x \star y)) \times (y \times z) = (y \times (x \star y)) \times z = (x \star y) \times z. \tag{4.2.15}$$

据 (SJ1), 有 $y \times (s \star z) = s$, 故据 (4.2.15) 式可得
$$(x \star y) \times (s \star z) = (x \star y) \times (y \times (s \star z)) = (x \star y) \times s. \tag{4.2.16}$$

进一步地, (4.2.12) 式和事实 $y \times (s \star z) = s$ 蕴含
$$(x \times s) \star y = (x \times (y \times (s \star z))) \star y = (x \star y) \times (s \star z). \tag{4.2.17}$$

最后, 结合 (4.2.14) 式和 (4.2.17) 式并利用 (4.2.13) 式, 我们可得
$$((x \star (y \times z)) \times u) \star z = ((x \star y) \times (s \star z)) \star z = ((x \star y) \star z) \times (s \star z),$$
这就证明了第一个等式.

下证第二个等式. 记 $s = (y \times z) \times u$, 据 (SJ1), 有
$$y \times (s \star z) = y \times (((y \times z) \times u) \star z) = (y \times z) \times u = s.$$

由 (J3) 的第一个等式及 (R3), 有
$$(x \star y) \star (s \star z) = (x \star (y \times (s \star z))) \star (s \star z) = (x \star s) \star (s \star z) = (x \star s) \star z,$$
这就证明了第二个等式. □

设 $(P, \times, \star)$ 是 Jones 代数, $p \in P$, 据引理4.2.4, $\langle p \rangle$ 是 P 的子代数. 对任意 $e, f \in P$, 定义
$$\pi_{e,f} : \langle e \times f \rangle \to \langle e \star f \rangle, \; g \mapsto g \star f; \quad \sigma_{e,f} : \langle e \star f \rangle \to \langle e \times f \rangle, \; g \mapsto e \times g. \tag{4.2.18}$$

引理 4.2.28[193] 设 $(P, \times, \star)$ 是 Jones 代数, $e, f \in P$.

(1) $\pi_{e,f}$ 和 $\sigma_{e,f}$ 是映射.

(2) 若 $e \leqslant_P f(f \leqslant_P e)$, 则 $\pi_{e,f} = \iota_{\langle e \rangle}(\pi_{e,f} = \iota_{\langle f \rangle})$, 于是 $\pi_{e,e} = \iota_{\langle e \rangle}$, 其中 $\iota_{\langle e \rangle}$ 是 $\langle e \rangle$ 上的单位变换.

证明 (1) 设 $x \in \langle e \times f \rangle$, 则 $x \leqslant_P e \times f \leqslant_P e$, 从而据引理4.1.8有 $x \star f \leqslant_P e \star f$. 这表

明 $x \star f \in \langle e \star f \rangle$,故 $\pi_{e,f}$ 是良好定义的. 对偶地,$\sigma_{e,f}$ 也是良好定义的.

(2) 若 $e \leqslant_P f$,则据引理4.1.8有 $e \times f = e = e \star f$. 对任意 $x \in \langle e \times f \rangle = \langle e \rangle$,有 $x \leqslant_P e$,从而 $x \leqslant_P f$,这表明 $x \star f = x$,于是 $\pi_{e,f}$ 是 $\langle e \rangle$ 上的单位变换. 类似可证 $f \leqslant_P e$ 的情形. □

引理 4.2.29[193] 设 $(P, \times, \star)$ 是强Jones代数,$e, f \in P$,则 $\pi_{e,f}$ 和 $\sigma_{e,f}$ 是互逆的同构.

证明 据引理4.2.28,$\pi_{e,f}$ 和 $\sigma_{e,f}$ 是良好定义的. 设 $g, h \in \langle e \times f \rangle$,在引理4.2.27的两个等式中取 $x = g, y = e, z = f$ 和 $u = h$,则有

$$((g \star (e \times f)) \times h) \star f = ((g \star e) \star f) \times (((e \times f) \times h) \star f),$$

$$(g \star ((e \times f) \times h)) \star f = (g \star e) \star (((e \times f) \times h) \star f).$$

由于 $g, h \leqslant_P e \times f \leqslant_P e$,据引理4.1.8,有 $g \star (e \times f) = g = g \star e$ 和 $(e \times f) \times h = h$. 据(R4),这蕴含

$$(g \times h)\pi_{e,f} = (g \times h) \star f = (g \star f) \times (h \star f) = (g\pi_{e,f}) \times (h\pi_{e,f}),$$

$$(g \star h)\pi_{e,f} = (g \star h) \star f = g \star (h \star f) = (g \star f) \star (h \star f) = (g\pi_{e,f}) \star (h\pi_{e,f}).$$

这表明 $\pi_{e,f}$ 保持"$\times$"和"$\star$". 对偶可证 $\sigma_{e,f}$ 也保持"$\times$"和"$\star$". 最后,据(4.2.11)式,对任意 $g \in \langle e \times f \rangle$,有 $(g\pi_{e,f})\sigma_{e,f} = e \times (g \star f) = g$,这说明 $\pi_{e,f}\sigma_{e,f}$ 是 $\langle e \times f \rangle$ 上的单位变换. 对偶可证 $\sigma_{e,f}\pi_{e,f}$ 是 $\langle e \star f \rangle$ 上的单位变换. □

设 $(P, \times, \star)$ 是强Jones代数,对任意 $e, f \in P$,记 $\langle e \rangle$ 到 $\langle f \rangle$ 的全体同构构成的集合为 $T_{e,f}$. 据引理4.2.29,对任意 $e, f \in P$,有 $\pi_{e,f} \in T_{e \times f, e \star f}$ 和 $\sigma_{e,f} \in T_{e \star f, e \times f}$. 记 $\mathcal{U} = \{(e, f) \in P \times P \mid \langle e \rangle \cong \langle f \rangle\}$ 并在集合 $T_P = \bigcup_{(e,f) \in \mathcal{U}} T_{e,f}$ 上定义二元运算"$\bullet$"和一元运算"$\circ$"如下: 对 $\alpha \in T_{e,f}$ 和 $\beta \in T_{g,h}$,

$$\alpha \bullet \beta = \alpha \pi_{f,g} \beta, \quad \alpha^\circ = \alpha^{-1}. \tag{4.2.19}$$

引理 4.2.30[193] 沿用前述记号,设 $e, f \in P$,$x \in \langle e \rangle$,$y \in \langle f \rangle$ 且 $\alpha \in T_{e,f}$,则 $\alpha^{-1} \in T_{f,e}$,$\langle x \rangle \alpha = \langle x\alpha \rangle$ 且 $\langle y \rangle \alpha^{-1} = \langle y\alpha^{-1} \rangle$.

证明 由 α 及其逆映射是同构且保序知结论成立. □

定理 4.2.31[193] 沿用上述符号,下面的陈述是正确的:

(1) 若 $\alpha \in T_{e,f}$,$\beta \in T_{g,h}$,则 $\alpha \bullet \beta \in T_{(f \times g)\alpha^{-1}, (f \star g)\beta}$ 且 $\alpha^\circ \in T_{f,e}$,这表明 $\bullet$ 和 $\circ$ 均良好定义.

(2) $(T_P, \bullet)$ 是半群.

(3) $(T_P, \bullet, \circ)$ 形成伪正则 $\ast$-半群.

(4) 对任意 $\alpha \in T_P$,定义 $\alpha^+ = \alpha \bullet \alpha^\circ$ 和 $\alpha^\ast = \alpha^\circ \bullet \alpha$,则 $(T_P, \bullet, ^+, ^\ast)$ 是DRC-限制半群,其Jones代数通过 $P \to P(T_P)$,$e \mapsto \iota_{\langle e \rangle}$ 同构于Jones代数 $(P, \times, \star)$.

(5) 若 $\alpha \in T_{e,f}$,$\beta \in T_{g,h}$,则 $\alpha \mathcal{R} \beta (\alpha \mathcal{L} \beta)$ 当且仅当 $e = g$ ($f = h$).

(6) $(T_P, \bullet, \circ)$ 是正则 $\ast$-半群当且仅当 P 是Imaoka-Jones代数(即 P 对称),此时,$(T_P, \bullet, ^+, ^\ast)$ 是 P-限制半群.

证明 (1) 由 $f \star g \leqslant g$,$f \times g \leqslant f$ 和

$$\text{dom}(\pi_{f,g}\beta) = (\text{ran}\pi_{f,g} \cap \text{dom}\beta)\pi_{f,g}^{-1} = (\langle f \star g \rangle \cap \langle g \rangle)\pi_{f,g}^{-1} = \langle f \star g \rangle \pi_{f,g}^{-1} = \langle f \times g \rangle$$

及引理4.2.30, 有
$$\mathrm{dom}(\alpha \bullet \beta) = (\langle f \rangle \cap \langle f \times g \rangle)\alpha^{-1} = \langle f \times g \rangle \alpha^{-1} = \langle (f \times g)\alpha^{-1} \rangle.$$

类似可知 $\mathrm{ran}(\alpha \bullet \beta) = \langle (f \star g)\beta \rangle$, 而 $\alpha^\circ = \alpha^{-1} \in T_{f,e}$ 是显然的.

(2) 设 $\alpha \in T_{e,f}, \beta \in T_{g,h}, \gamma \in T_{s,t}$ 且
$$\alpha \bullet \beta \in T_{j,k}, (\alpha \bullet \beta) \bullet \gamma \in T_{m,n}, \beta \bullet \gamma \in T_{p,q}, \alpha \bullet (\beta \bullet \gamma) \in T_{a,b},$$

其中
$$j = (f \times g)\alpha^{-1}, \ k = (f \star g)\beta, \ p = (h \times s)\beta^{-1}, \ q = (h \star s)\gamma,$$
$$m = (k \times s)(\alpha \bullet \beta)^{-1}, \ n = (k \star s)\gamma, \ a = (f \times p)\alpha^{-1}, \ b = (f \star p)(\beta \bullet \gamma).$$

由 $k = (f \star g)\beta \in \langle h \rangle$ 可得 $k \leqslant_P h$, 从而 $k = k \times h = h \times k$, 故 (L4) 蕴含
$$k \times s = (h \times k) \times s = (h \times k)(h \times s) = k \times (h \times s).$$

注意到 $h \times s \leqslant_P h$ 及 β^{-1} 是同构, 有 $k, h \times s \in \langle h \rangle$ 和
$$(k \times s)\beta^{-1} = (k \times (h \times s))\beta^{-1} = k\beta^{-1} \times (h \times s)\beta^{-1} = (f \star g) \times p.$$

因为 $p = (h \times s)\beta^{-1} \in \langle g \rangle$, 有 $p \leqslant_P g$ 和 $g \times p = p$. 据 (J3) 和引理4.2.29,
$$m = (k \times s)(\alpha \bullet \beta)^{-1} = (k \times s)\beta^{-1}\pi_{f,g}^{-1}\alpha^{-1} = ((f \star g) \times p)\pi_{f,g}^{-1}\alpha^{-1}$$
$$= ((f \star g) \times p)\sigma_{f,g}\alpha^{-1} = (f \times ((f \star g) \times p))\alpha^{-1} = (f \times (g \times p))\alpha^{-1} = (f \times p)\alpha^{-1} = a.$$

对偶可得 $b = n$.

设 $x \in \langle m \rangle = \langle a \rangle$, 由 $p = (h \times s)\beta^{-1} \in \langle g \rangle$ 知 $p \leqslant_P g$, 故 $p \star g = p$. 据 (R4),
$$x\alpha \star p = x\alpha \star (p \star g) = (x\alpha \star g) \star (p \star g) = (x\alpha \star g) \star p.$$

另外, 据引理4.1.8, 有 $x\alpha \star g \leqslant_P g$, 故 $x\alpha \star g \in \langle g \rangle$. 注意到 β 是同构, 有
$$(x\alpha \star p)\beta = ((x\alpha \star g) \star p)\beta = (x\alpha \star g)\beta \star (p\beta) = (x\alpha \star g)\beta \star (h \times s).$$

据 (J3) 的第一个等式及事实 $(x\alpha \star g)\beta \in \langle h \rangle$ (即 $(x\alpha \star g)\beta \leqslant_P h$), 有
$$x[\alpha \bullet (\beta \bullet \gamma)] = (x\alpha)\pi_{f,p}\beta\pi_{h,s}\gamma = ((x\alpha \star p)\beta \star s)\gamma = (((x\alpha \star g)\beta \star (h \times s)) \star s)\gamma$$
$$= (((x\alpha \star g)\beta \star h) \star s)\gamma = ((x\alpha \star g)\beta \star s)\gamma = x\alpha\pi_{f,g}\beta\pi_{k,s}\gamma = x((\alpha \bullet \beta) \bullet \gamma).$$

(3) 设 $\alpha \in T_{e,f}, \beta \in T_{g,h}$, 则 $\alpha^\circ = \alpha^{-1} \in T_{f,e}$. 据引理4.2.28 (2), 有
$$\alpha \bullet \alpha^\circ = \alpha \bullet \alpha^{-1} = \alpha\pi_{f,f}\alpha^{-1} = \alpha\iota_{\langle f \rangle}\alpha^{-1} = \alpha\alpha^{-1} = \iota_{\langle e \rangle}, \tag{4.2.20}$$

从而 $\alpha \bullet \alpha^\circ \bullet \alpha = \alpha \bullet \alpha^{-1} \bullet \alpha = \iota_{\langle e \rangle} \bullet \alpha = \iota_{\langle e \rangle}\pi_{e,e}\alpha = \iota_{\langle e \rangle}\iota_{\langle e \rangle}\alpha = \alpha$. 对偶可得 $\alpha^\circ \bullet \alpha \bullet \alpha^\circ = \alpha^\circ$. 显然, $\alpha^{\circ\circ} = (\alpha^{-1})^{-1} = \alpha$. 假设 $\alpha \bullet \beta \in T_{j,k}$, 其中 $j = (f \times g)\alpha^{-1} \in \langle e \rangle$, $k = (f \star g)\beta$, 则 $j \leqslant_P e$, 从而据引理4.2.28 (2) 可得 $\pi_{j,e} = \iota_{\langle j \rangle}$. 据本定理的条款 (1), 有 $(\alpha \bullet \beta)^\circ \in T_{k,j}$, 从而
$$(\alpha \bullet \beta)^\circ \bullet \alpha \bullet \alpha^\circ = (\alpha \bullet \beta)^\circ \pi_{j,e}\iota_{\langle e \rangle} = (\alpha \bullet \beta)^\circ \iota_{\langle j \rangle}\iota_{\langle e \rangle} = (\alpha \bullet \beta)^\circ \iota_{\langle j \rangle} = (\alpha \bullet \beta)^\circ.$$

对偶可得 $\beta^\circ \bullet \beta \bullet (\alpha \bullet \beta)^\circ = (\alpha \bullet \beta)^\circ$. 最后, 由 (4.2.20) 式的对偶知 $\alpha^\circ \bullet \alpha = \iota_{\langle f \rangle}$, 从而
$$(\alpha^\circ \bullet \alpha \bullet \beta)^\circ = (\iota_{\langle f \rangle} \bullet \beta)^\circ = (\iota_{\langle f \rangle}\pi_{f,g}\beta)^\circ = (\iota_{\langle f \rangle}\pi_{f,g}\beta)^{-1} = \beta^{-1}\pi_{f,g}^{-1}\iota_{\langle f \rangle}^{-1} = \beta^{-1}\pi_{f,g}^{-1}\iota_{\langle f \rangle}.$$

另一方面, 注意到 $j \in \langle e \rangle$, 有
$$(\alpha \bullet \beta)^\circ \bullet \alpha = (\alpha \pi_{f,g} \beta)^{-1} \pi_{j,e} \alpha = \beta^{-1} \pi_{f,g}^{-1} \alpha^{-1} \iota_{\langle j \rangle} \alpha = \beta^{-1} \pi_{f,g}^{-1} \alpha^{-1} \alpha = \beta^{-1} \pi_{f,g}^{-1} \iota_{\langle f \rangle},$$
故 $(\alpha^\circ \bullet \alpha \bullet \beta)^\circ = (\alpha \bullet \beta)^\circ \bullet \alpha$. 这表明命题4.2.13中的条件成立, 故 $(T_P, \bullet, \circ)$ 形成伪正则 $*$-半群.

(4) 对任意 $\alpha \in T_P$, 定义 $\alpha^+ = \alpha \bullet \alpha^\circ$, $\alpha^* = \alpha^\circ \bullet \alpha$. 据命题4.2.15, 引理4.1.15和引理4.1.18, $(T_P, \bullet, {}^+, {}^*)$ 是 DRC-限制半群, 其 Jones 代数是
$$P_{T_P} = \{\alpha \bullet \alpha^\circ \mid \alpha \in T_P\} = \{\iota_{\langle e \rangle} \mid e \in P\}, \tag{4.2.21}$$
其中的运算为
$$\iota_{\langle e \rangle} \times \iota_{\langle f \rangle} = (\iota_{\langle e \rangle} \bullet \iota_{\langle f \rangle}) \bullet (\iota_{\langle e \rangle} \bullet \iota_{\langle f \rangle})^\circ, \ \iota_{\langle e \rangle} \star \iota_{\langle f \rangle} = (\iota_{\langle e \rangle} \bullet \iota_{\langle f \rangle})^\circ \bullet (\iota_{\langle e \rangle} \bullet \iota_{\langle f \rangle}).$$
由 $\iota_{\langle e \rangle} \bullet \iota_{\langle f \rangle} \in T_{(e \star f)\iota_{\langle e \rangle}^{-1}, (e \star f)\iota_{\langle f \rangle}} = T_{e \times f, e \star f}$ 和 (4.2.20) 式及其对偶可得 $\iota_{\langle e \rangle} \times \iota_{\langle f \rangle} = \iota_{\langle e \times f \rangle}$ 和 $\iota_{\langle e \rangle} \star \iota_{\langle f \rangle} = \iota_{\langle e \star f \rangle}$, 这表明规则 $e \mapsto \iota_{\langle e \rangle}$ 是 $(P, \times, \star)$ 到 $(P_{T_P}, \times, \star)$ 的同构.

(5) 据 (4.2.20) 式及其对偶和引理4.2.11 (5) 立得.

(6) 若 $(T_P, \bullet, \circ)$ 是正则 $*$-半群, $e, f \in P$, 则有 $\iota_{\langle e \rangle}, \iota_{\langle f \rangle} \in P_{T_P}$ 和
$$(\iota_{\langle e \rangle} \bullet \iota_{\langle f \rangle})^\circ = \iota_{\langle f \rangle}^\circ \bullet \iota_{\langle e \rangle}^\circ = \iota_{\langle f \rangle}^{-1} \bullet \iota_{\langle e \rangle}^{-1} = \iota_{\langle f \rangle} \bullet \iota_{\langle e \rangle}.$$
注意到
$$\iota_{\langle e \rangle} \bullet \iota_{\langle f \rangle} \in T_{(e \times f)\iota_{\langle e \rangle}^{-1}, (e \star f)\iota_{\langle f \rangle}} = T_{e \times f, e \star f}, (\iota_{\langle e \rangle} \bullet \iota_{\langle f \rangle})^\circ \in T_{e \star f, e \times f}$$
和 $\iota_{\langle f \rangle} \bullet \iota_{\langle e \rangle} \in T_{f \times e, f \star e}$, 有 $e \star f = f \times e$, 故 P 对称. 反之, 设 P 对称且 $\alpha \in T_{e,f}, \beta \in T_{g,h}$, 则 $\alpha^\circ \in T_{f,e}, \beta^\circ \in T_{h,g}$. 据引理4.2.29, (4.2.18) 式及 P 的对称性知 $\pi_{f,g}^{-1} = \pi_{g,f}$, 这表明
$$(\alpha \bullet \beta)^\circ = (\alpha \pi_{f,g} \beta)^{-1} = \beta^{-1} \pi_{f,g}^{-1} \alpha^{-1} = \beta^\circ \pi_{g,f} \alpha^\circ = \beta^\circ \bullet \alpha^\circ,$$
故 $(T_P, \bullet, \circ)$ 是正则 $*$-半群. 直接验证可知此时 $(T_P, \bullet, {}^+, {}^*)$ 是 P-限制半群. □

设 $(P, \times, \star)$ 是强 Jones 代数, 据定理4.2.31 (4), $(T_P, \bullet, {}^+, {}^*)$ 是 DRC-限制半群, 其 Jonse 代数同构于 $(P, \times, \star)$, 其中, 对任意 $\alpha \in T_P$, $\alpha^+ = \alpha \bullet \alpha^\circ$, $\alpha^* = \alpha^\circ \bullet \alpha$.

定理 4.2.32[193] 设 $(P, \times, \star)$ 是强 Jones 代数 (Imaoka-Jones 代数), $(U, \bullet, {}^+, {}^*)$ 是 $(T_P, \bullet, {}^+, {}^*)$ 的投射满的双一元子半群, 则 $(U, \bullet, {}^+, {}^*)$ 是投射基本的 DRC-限制半群 (P-限制半群). 特别地, $(T_P, \bullet, {}^+, {}^*)$ 是投射基本的 DRC-限制半群 (P-限制半群).

证明 设 $\alpha, \beta \in U$, $\alpha \in T_{e,f}$, $\beta \in T_{g,h}$ 且 $\alpha \mu_U \beta$, 则 $\alpha^+ = \beta^+$, $\alpha^* = \beta^*$. 据定理4.2.31(5) 和引理4.2.11(5) 可得 $e = g$ 和 $f = h$, 故 $\alpha, \beta \in T_{e,f}$. 设 $p \in P$, 据 (4.2.21) 式可知 $\iota_{\langle p \rangle} \in P_{T_P} = P_U$, 从而 $\iota_{\langle p \rangle} \bullet \alpha \mu_U \iota_{\langle p \rangle} \bullet \beta$, 于是 $(\iota_{\langle p \rangle} \bullet \alpha)^* = (\iota_{\langle p \rangle} \bullet \beta)^*$. 由定理4.2.31(1),
$$\langle (p \star e)\alpha \rangle = \mathrm{ran}((\iota_{\langle p \rangle} \bullet \alpha)^*) = \mathrm{ran}((\iota_{\langle p \rangle} \bullet \beta)^*) = \langle (p \star e)\beta \rangle,$$
从而 $(p \star e)\alpha = (p \star e)\beta$. 最后由 p 的任意性及 (4.2.3) 式可得 $\alpha = \beta$. □

设 $(S, \cdot, {}^+, {}^*)$ 是 DRC-限制半群, 据命题4.2.26, 则 S 的 Jones 代数 $(P_S, \times, \star)$ 是强的. 据定理4.2.32, $(T_{P(S)}, \bullet, {}^+, {}^*)$ 是投射基本的 DRC-限制半群. 对任意 $a \in S$, 定义
$$\rho_a : \langle a^+ \rangle \to \langle a^* \rangle, \ x \mapsto (xa)^*, \ \sigma_a : \langle a^* \rangle \to \langle a^+ \rangle, \ y \mapsto (ay)^+.$$

引理 4.2.33[193] 设 $(S,\cdot,^+,^*)$ 是 DRC-限制半群, $a,b \in S, e \in P_S$.

(1) $\rho_a \in T_{a^+,a^*}$, $\sigma_a \in T_{a^*,a^+}$, $\rho_a^{-1} = \sigma_a$, $\rho_e = \iota_{\langle e \rangle} = \sigma_e$.

(2) $\rho_a \bullet \rho_b = \rho_{ab}$.

证明 条款 (1) 可由定理4.2.5和 (4.2.5) 式立得. 现考虑 (2), 据定理4.2.31 (1), $\rho_a \bullet \rho_b \in T_{j,k}$, 其中

$$j = (a^* \times b^+)\rho_a^{-1} = (a^*b^+)^+\sigma_a = (a(a^*b^+)^+)^+ = (aa^*b^+)^+ = (ab^+)^+ = (ab)^+,$$

$k = (a^* \star b^+)\rho_b = (ab)^*$, 这说明 $\rho_a \bullet \rho_b \in T_{j,k} \ni \rho_{ab}$. 更进一步地, 对任意 $x \in \langle j \rangle$, 有

$$x(\rho_a \bullet \rho_b) = (xa)^*\pi_{a^*,b^+}\rho_b = ((xa)^* \star b^+)\rho_b = ((xa)^*b^+)^*\rho_b$$
$$= ((xa)^*b^+b)^* = ((xa)^*b)^* = (xab)^*,$$

故 $\rho_a \bullet \rho_b = \rho_{ab}$. □

定理 4.2.34[193] 沿用上述记号, 定义 $\rho: S \to T_{P_S}$, $a \mapsto \rho_a$, 则 ρ 是 $(S,\cdot,^+,^*)$ 到 $(T_{P_S},\bullet,^+,^*)$ 的 (2,1,1)-同态, $\ker \rho = \mu_S$ 且 $\rho|_{P_S}$ 是从 S 的 Jones 代数到 T_{P_S} 的 Jones 代数的同构. 若 $(S,\cdot,^+,^*)$ 是某个伪正则 $*$-半群 $(S,\cdot,^\circ)$ 诱导的 DRC-限制半群, 则 ρ 也保持一元运算 "$\circ$" (见 (4.2.19) 式). 于是, 若 S 满足某个仅涉及投射元的等式, 则 T_{P_S} 也满足该等式.

证明 设 $a,b \in S$, 据引理4.2.33有 $\rho_a \in T_{a^+,a^*} \subseteq T_{P_S}$ 和 $(ab)\rho = \rho_{ab} = \rho_a \bullet \rho_b$, 从而 ρ 是半群同态. 据 (4.2.20) 式及引理4.2.33 (1), 有 $\rho_a^+ = \rho_a \bullet \rho_a^\circ = \iota_{\langle a^+ \rangle} = \rho_{a^+}$. 对偶可证 $\rho_a^* = \rho_{a^*}$, 故 ρ 是 (2,1,1)-同态. 这说明 $\ker \rho = \{(a,b) \in S \times S \mid \rho_a = \rho_b\}$ 是 (2,1,1)-同余. 若 $e, f \in P_S$ 且 $\rho_e = \rho_f$, 则据引理4.2.33 (1) 可知 $\iota_{\langle e \rangle} = \iota_{\langle f \rangle}$, 从而 $e = f$, 故 $\ker \rho$ 投射分离. 设 σ 是 S 的投射分离的 (2,1,1)-同余且 $a \sigma b$, 则有 $a^+ = b^+$ 和 $a^* = b^*$, 从而有 $\mathrm{dom}\rho_a = \mathrm{dom}\rho_b$ 和 $\mathrm{ran}\rho_a = \mathrm{ran}\rho_b$. 设 $x \in \mathrm{dom}\rho_a$, 由 $a \sigma b$ 可得 $xa \sigma xb$, 从而 $x\rho_a = (xa)^* = (xb)^* = x\rho_b$, 这表明 $(a,b) \in \ker \rho$, 故 $\sigma \subseteq \ker \rho$, 于是 $\ker \rho = \mu_S$. 其余部分由定理4.2.31 (4) 和引理4.2.33 (1) 可得. □

下面的定理刻画了投射基本的 DRC-限制半群.

定理4.2.35[193] 设 $(P,\times,\star)$ 是强 Jones 代数 (Imaoka-Jones 代数), $(S,\cdot,^+,^*)$ 是 DRC-限制半群 (P-限制半群), 其 Jones 代数 (Imaoka-Jones 代数) 同构于 $(P,\times,\star)$. 则 $(S,\cdot,^+,^*)$ 投射基本当且仅当 $(S,\cdot,^+,^*)$ 与 $(T_P,\bullet,^+,^*)$ 的某个投射满的双一元子半群 (2,1,1)-同构.

证明 若 $(S,\cdot,^+,^*)$ 是投射基本的, 则定理4.2.34中的 $\ker \rho$ 是 S 上的相等关系, 从而 ρ 是单的. 进一步地, ρ 是 $(S,\cdot,^+,^*)$ 到 $T_{P_S} = T_P$ 的子代数 $U = (S\rho,\bullet,^+,^*)$ 的 (2,1,1)-同构. 据定理4.2.34, U 显然是投射满的. 反之, 设 $(S,\cdot,^+,^*)$ 与 T_P 的某个投射满的双一元子半群 $(U,\bullet,^+,^*)$ 是 (2,1,1)-同构的, 据定理4.2.32, $(U,\bullet,^+,^*)$ 是投射基本的, 从而 $(S,\cdot,^+,^*)$ 也是投射基本的. □

我们知道, 对称的 DRC 半群未必是 P-Ehresmann 半群, 但有如下结果.

推论 4.2.36[193] 设 $(S,\cdot,^+,^*)$ 是投射基本的 DRC-限制半群, 则 S 是 P-限制半群当且仅当 S 是对称的 DRC 半群.

证明 必要性显然. 设 S 对称, 据命题4.2.26, 引理4.1.15和引理4.1.18, S 的 Jones 代数

$(P_S, \times_S, \star_S)$ 是对称的和强的, 据定理 4.2.31(6), $(T_{P_S}, \bullet, ^+, ^*)$ 是 P-限制半群. 由 S 是投射基本的及定理 4.2.35可知 S 与 T_{P_S} 的某个投射满的双一元子半群是 (2,1,1)-同构的, 从而 S 是 P-限制的. □

推论4.2.36对一般的 DRC-限制半群不成立, 例4.2.21中的半群就提供了一个反例. 事实上, 据例4.2.21, S 是伪正则 $*$-半群, 据命题 4.2.15, S 诱导一个以 $\{e,f\}$ 为投射元集的 DRC-限制半群. 由 $(ef)^+ = e = (fe)^*$ 和 $(fe)^+ = f = (ef)^*$ 知 S 对称. 注意到 $(ef)^+ = e \neq x = efe$, S 不是 P-Ehresmann 半群. 在此半群中, $\mu_S = \mathcal{H}$, 显然, S 不是投射基本的. 下面的例子提供了另一个反例.

例 4.2.37[193] 设 $B = \{f, b, g, c\}$ 是矩形带, $f\mathcal{R}b\mathcal{L}g\mathcal{R}c\mathcal{L}f$, $Q = \{a\}$ 是平凡半群. 定义 $\psi : Q \to \Omega(B), a \mapsto (\lambda, \rho)$, 其中 $\Omega(B)$ 是 B 的平移壳且

$$\rho = \begin{pmatrix} f & g & b & c \\ b & g & b & g \end{pmatrix}, \quad \lambda = \begin{pmatrix} f & g & b & c \\ c & g & g & c \end{pmatrix}$$

分别是 B 的右平移和左平移, 则 (λ, ρ) 是 $\Omega(B)$ 中的幂等元, 从而 ψ 是同态. 据文献 [124] 之定理I.9.5及相关计算, 有 B 被 Q 的理想扩张 $S = B \cup Q$, 其乘法表为

$\cdot$	a	f	g	b	c
a	a	c	g	g	c
f	b	f	b	b	f
g	g	c	g	g	c
b	b	f	b	b	f
c	g	c	g	g	c

定义一元运算 "+" 和 "*" 如下: $a^+ = g^+ = c^+ = a = a^* = g^* = b^*, f^+ = b^+ = f = f^* = c^*$, 则 $(S, \cdot, ^+, ^*)$ 形成以 $P_S = \{a, f\}$ 为投射元集的 DRC-限制半群. 由 $(af)^+ = c^+ = a = b^* = (fa)^*$ 和 $(fa)^+ = b^+ = f = c^* = (af)^*$ 知 S 对称. 但由 $(af)^+ = a \neq g = aga$ 知 S 不是 P-Ehresmann 半群, 从而不是 P-限制半群. 注意到

$$a^+ = g^+ = a^* = g^* = a = (aa)^+ = (ga)^+ = (aa)^*$$
$$= (ag)^* = (af)^+ = (gf)^+ = (fa)^* = (fg)^*,$$

有 $(a, g) \in \mu_S$. 这说明 S 不是投射基本的.

设 $(P, \times, \star)$ 是强 Jones 代数. 本节的最后, 我们讨论 T_P 和 $C(P)$ 的关系. 据定理4.2.31(4) 和定理4.2.32, $(T_P, \bullet, ^+, ^*)$ 是投射基本的 DRC-限制半群, 其 Jones 代数同构于 $(P, \times, \star)$. 另一方面, 强 Jones 代数显然是 DRC 弱 Jones 代数, 从而据定理3.4.3可得投射基本的 DRC 半群 $C(P)$. 据定理3.4.4, T_P 可作为双一元子半群嵌入到 $C(P)$ 中且这个嵌入的像形成伪正则 $*$-半群. 给定强 Jones 代数 $(P, \times, \star)$, $C(P)$ 和 T_P 可能同构也可能不同构. 下面的两个例子说明了这一点.

例 4.2.38[193] 设 $(P, \times)$ 是左零半群, $P = \{e, f\}$. 在 P 上定义二元运算 "$\times$" 和 "$\star$" 如下: 对任意 $x, y \in P$, $x \star y = y \times x = y$, 则 $(P, \times, \star)$ 形成强 Jones 代数, 其自然偏序是相等关

系, 故有 $\langle e \rangle = \{e\}$ 和 $\langle f \rangle = \{f\}$, 从而 $T_P = \{\tau_{e,e}, \tau_{e,f}, \tau_{f,e}, \tau_{f,f}\}$, 其中对任意 $x, y \in P$, $\tau_{x,y}$ 是 $\{x\}$ 到 $\{y\}$ 的唯一的映射, 易证 T_P 是矩形带. 另一方面, 在半群 $C(P)$ 中, 有

$$\pi_e = \sigma_e = \begin{pmatrix} 1 & e & f \\ e & e & e \end{pmatrix}, \pi_f = \sigma_f = \begin{pmatrix} 1 & e & f \\ f & f & f \end{pmatrix}.$$

若 $(\alpha, \beta) \in C(P)$, 则在 T_P^r 中有 $\pi_{\beta(1)}\alpha = \alpha$. 由 $\beta(1) \in P$ 知 $\alpha = \pi_e$ 或 $\alpha = \pi_f$. 对偶可知 $\beta = \sigma_e$ 或 $\beta = \sigma_f$. 容易验证 $C(P) = \{(\pi_e, \sigma_e), (\pi_e, \sigma_f), (\pi_f, \sigma_e), (\pi_f, \sigma_f)\}$ 也是矩形带. 显然, $C(P)$ 同构于 T_P.

例 4.2.39 (文献 [39] 中的例 6.11) 设 $(P, \times)$ 是半格, $P = \{1, e, f, 0\}$, 其中 1 是单位元, 0 是最小元, e 和 f 不可比较. 显然, $(P, \times, \times)$ 是强 Jones 代数, 此时, T_P 恰好是通常的 P 的 Munn 半群, 这是一个逆半群. 设

$$\alpha = \begin{pmatrix} 1 & e & f & 0 \\ 1 & 1 & e & 0 \end{pmatrix}, \beta = \begin{pmatrix} 1 & e & f & 0 \\ 1 & 1 & 1 & f \end{pmatrix},$$

则 $(\alpha, \beta) \in C(P)$. 我们断言 (α, β) 在 $C(P)$ 中不正则. 若 $(\gamma, \delta) \in C(P)$ 且 $(\alpha, \beta)(\gamma, \delta)(\alpha, \beta) = (\alpha, \beta)$, 则 $\alpha\gamma\alpha = \alpha$, $\beta\delta\beta = \beta$, 这表明 $0 = 0\alpha = 0\alpha\gamma\alpha = 0\gamma\alpha$, $e = f\alpha = f\alpha\gamma\alpha = e\gamma\alpha$, 从而 $0\gamma = 0$, $e\gamma = f$. 进一步地, 由事实 $1 = 1\alpha = 1\alpha\gamma\alpha = 1\gamma\alpha$ 知 $1\gamma = 1$ 或 $1\gamma = e$. 因为 $e < 1$ 且 γ 保序, 我们有 $f = e\gamma \leqslant 1\gamma$, 从而 $1\gamma = 1$. 据 $\beta\delta\beta = \beta$ 可得 $\beta\delta\beta(0) = \beta(0)$, 从而 $\delta(f) = 0$. 由 $(\gamma, \delta) \in C(P)$ 可知 $\pi_0\gamma\pi_f = \pi_{\delta(f)}\gamma\pi_f = \gamma\pi_f$. 注意到 π_0 是值为 0 的常值映射, $\pi_0\gamma\pi_f$ 也是常值映射. 但 $1\gamma\pi_f = 1\pi_f = f$, $0\gamma\pi_f = 0\pi_f = 0$, 矛盾. 故 $C(P)$ 不是正则半群. 由 T_P 是逆半群知 T_P 不同构于 $C(P)$.

问题 4.2.40[193] 刻画满足条件 $T_P \cong C(P)$ 的强 Jones 代数 $(P, \times, \star)$.

4.3 第4章的注记

DRC 半群的名称是由 Jones 在文献 [83] 中给出的, 而 P-Ehresmann 半群是特殊的 DRC 半群. 事实上, DRC 半群就是满足同余条件的 DR 半群 (Stokes[155]), 也是满足同余条件的约化 U-半富足半群 (Lawson[88]). 另外, DRC 半群在 Jones 的演讲[82] 中称为 York 半群, 而在文献 [152–154] 中则称为约化 E-Fountain 半群.

4.1 节内容始自 Stokes 在文献 [156] 中提出的一个问题. 2017 年, Stokes 在文献 [156] 中建立了 DC 半群的 ESN 定理, 并在文末提出了建立 DRC 半群的 ESN 定理的问题. 2022 年, 王守峰在文献 [190] 中定义了一种广义范畴, 解决了这一问题, 得到了 DRC 半群的 ESN 定理, 作为推论, 也得到了 P-Ehresmann 半群的 ESN 定理. 另一方面, Jones 在文献 [79] 中定义并研究了 P-Ehresmann 半群, 并在 P-Ehresmann 半群类中定义了 P-充足条件. 通过这一条件, 他定义并研究了 P-限制半群. 一个自然的问题是, 如何在 DRC 半群中定义某种充足条件, 从而区分出一类好的 DRC 半群? 王守峰在文献 [193] 中解决了这一问题, 定义了 DRC 充足条件并由此定义了 DRC-限制半群, 建立了 DRC-限制半群的基本表示定理, 拓展了 Jones 在文献 [79] 中关于 P-限制半群的结果. 最近, 王守峰和尹碟在文献 [194] 中用通常

的范畴和群胚理论研究了 DRC-限制半群的代数结构, 建立了这类半群的范畴同构定理, 解决了 East 和 Muhammed 在文献 [26] 中提出的一个问题. 关于 DRC 半群, 除上面提到的结果外, 还有 Stein 在文献 [152–154] 中对 DRC 半群张成的结合代数的相关研究. DRC 半群仍是一类值得继续研究的双一元半群.

第 5 章

P–Ehresmann半群

本章研究 P-Ehresmann 半群的代数结构及其张成的结合代数. 5.1 节给出一类特殊的 P-Ehresmann 半群, 即局部 Ehresmann 的 P-Ehresmann 半群的范畴同构定理, 这个定理比第4章的结果要精细. 5.2 节建立投射本原的 P-Ehresmann 半群的结构, 5.3 节讨论 P-Ehresmann 半群张成的结合代数. 5.4 节在给出纯正 P-限制半群的一些基本性质的基础上建立了这类半群的结构定理. 5.5 节讨论一类特殊的纯正 P-限制半群, 即真 P-限制半群, 证明了任意(有限)纯正 P-限制半群都有(有限)真覆盖. 5.6 节和 5.7 节致力于讨论另一类纯正 P-限制半群, 即广义限制的 P-限制半群. 5.6 节讨论了广义限制的 P-限制半群的拟直积结构、半直积结构和自由对象, 5.7 节建立了广义限制的 P-限制半群的上确界完备化定理, 证明了任意广义限制的 P-限制半群都可以嵌入到一个上确界完备的、无穷分配的广义限制的 P-限制半群中.

5.1 局部Ehresmann的P-Ehresmann半群的范畴同构定理

本节的目的是给出局部 Ehresmann 的 P-Ehresmann 半群的范畴同构定理. 作为特殊情况, 又重新获得了 Lawson 在文献 [88] 中给出的关于 Ehresmann 半群和限制半群的结果. 首先考虑 P-Ehresmann 半群的一些基本性质.

引理 5.1.1[79, 186, 187] 设 $(S,\cdot,^+,^*)$ 是 P-Ehresmann 半群, $x,y \in S, e,f \in P_S$.

(1) $(ef)^2 = ef, e^+ = e = e^*, (ef)^+ = efe = (fe)^*$, 从而 $efe \in P_S$.

(2) $ef \in P_S$ 当且仅当 $ef = fe$.

(3) $(x^+y)^+ = x^+y^+x^+, x^{++} = x^+, x^+(xy)^+x^+ = (xy)^+$.

(4) $(xy^*)^* = y^*x^*y^*, x^{**} = x^*, y^*(xy)^*y^* = (xy)^*$.

证明 由引理4.1.4知 $e^+ = e = e^*$. 由 P-Ehresmann 半群的定义知 $(ef)^+ = efe = (fe)^* \in P_S$. 另外, $ef = (ef)^+ef = efeef = efef$, 故(1)成立. 若 $ef \in P_S$, 则 $fef = (ef)^* = ef = (ef)^+ = efe$, 于是 $ef = fef = ffef = fefe = fe$. 反之, 若 $ef = fe$, 则 $(ef)^+ = efe = eef = ef \in P_S$. 故(2)成立. 由定义4.1.4中的公理(ii)和条款(1)得 $(x^+y)^+ = (x^+y^+)^+ = x^+y^+x^+$, 于是条款(3)的第一等式成立. 条款(3)的其余等式由条

款 (1) 立得. 条款 (4) 是 (3) 的对偶. □

下面回顾 (左, 右) P-限制半群并给出局部 Ehresmann 的 P-Ehresmann(局部限制的 P-限制) 半群的概念.

定义 5.1.2[79, 186, 187] 设 $(S, \cdot, ^+, ^*)$ 是 P-Ehresmann 半群. 称 S 为左 (右) P-限制半群, 若对任意 $x, y \in S$, 有 $(xy)^+ x = xy^+ x^* ((x(yx)^* = x^+ y^* x)$. 称 S 为 P-限制半群 (参考 (4.2.2) 式), 若它既是左 P-限制半群又是右 P-限制半群. 若 $e \in P_S$, 则容易验证, $(eSe, \cdot, ^+, ^*)$ 是以 $eP_S e$ 为投射集的 P-Ehresmann 半群. 称 P-Ehresmann(P-限制) 半群 $(S, \cdot, ^+, ^*)$ 为局部 Ehresmann 的 P-Ehresmann(局部限制的 P-限制) 半群, 若对任意的 $e \in P_S$, $(eSe, \cdot, ^+, ^*)$ 是 Ehresmann(限制) 半群.

由命题 4.1.5 (2) 可得下面的结论.

引理 5.1.3[187] P-Ehresmann(P-限制) 半群 $(S, \cdot, ^+, ^*)$ 是局部 Ehresmann 的 P-Ehresmann(局部限制的 P-限制) 半群当且仅当, 对任意 $e, f, g \in P_S$, 有 $efege = egefe$.

据引理 5.1.3, Ehresmann 半群必为局部 Ehresmann 的 P-Ehresmann 半群. 下面的例子表明, 局部 Ehresmann 的 P-Ehresmann 半群未必是 Ehresmann 半群.

例 5.1.4[182] 设 $L = \{a, b\} (R = \{a, b\})$ 是左 (右) 零半群, 在矩形带 $S = L \times R$ 上定义一元运算 "$+$" 和 "$*$" 如下: 对任意 $(x, y) \in S$, $(x, y)^+ = (x, x), (x, y)^* = (y, y)$, 则 $(S, \cdot, ^+, ^*)$ 是局部限制的 P-限制半群, 但 S 不是 Ehresmann 半群.

下面给出一个左 P-限制但非右 P-限制的局部 Ehresmann 的 P-Ehresmann 半群的例子.

例 5.1.5[35, 182] 设 S 是下列表格决定的 8 个元素的半群:

S	e	f	g	h	z	a	b	c
e	e	f	g	z	z	a	b	c
f	f	f	z	z	z	b	b	z
g	g	z	g	z	z	c	z	c
h	z	z	z	h	z	z	z	z
z	z	z	z	z	z	z	z	z
a	z	z	z	a	z	z	z	z
b	z	z	z	b	z	z	z	z
c	z	z	z	c	z	z	z	z

易见, $E(S) = \{e, f, g, h, z\}$ 是 S 的交换子半群. 定义一元运算 "$+$" 和 "$*$" 如下:
$$a^+ = e^+ = e, b^+ = f^+ = f, c^+ = g^+ = g, h^+ = h, z^+ = z,$$
$$a^* = b^* = c^* = h^* = h, e^* = e, f^* = f, g^* = g, z^* = z,$$

则 $(S, \cdot, ^+, ^*)$ 是 Ehresmann 半群. 由 $a(fa)^* = ah = a \neq b = fa = efa = a^+ f^* a$ 可知 S 不是右 P-限制半群. 可以验证, S 是左 P-限制半群. 下面我们将证明, 不存在任何一元运算 "$\oplus$" 和 "$\star$" 使得 $(S, \cdot, ^\oplus, ^\star)$ 构成右 P-限制半群. 若不然, 则有
$$a^\star = b^\star = c^\star = h^\star = h, \quad e^\star = e, \quad z^\star \in E(S), \quad f^\star \in \{e, f\}, \quad g^\star \in \{e, g\},$$

$$a^\oplus = e^\oplus = e, \quad h^\oplus = h, \quad z^\oplus \in E(S), \quad b^\oplus, f^\oplus \in \{e, f\}, \quad c^\oplus, g^\oplus \in \{e, g\}.$$

这蕴含 $z^\star = (eh)^\star = (e^\star h^\star)^\star = h^\star e^\star h^\star = heh = z$. 若 $f^\star = e$, 则有 $(fg)^\star = z^\star = z$ 和 $(f^\star g)^\star = (eg)^\star = g^\star$, 从而有 $g^\star = z \notin \{e, g\}$, 矛盾, 故 $f^\star = f$. 注意到 $a^\oplus = e$, 有 $a(fa)^\star = ah = a \neq b = fa = efa = a^\oplus f^\star a$, 这表明 $(S, \cdot, ^\oplus, ^\star)$ 不是右 P-限制半群.

用例5.1.4和例5.1.5可给出一族非Ehresmann的左 P-限制的局部Ehresmann的 P-Ehresmann半群.

例 5.1.6[182] 设 $(S, \cdot, ^+, ^\star)$ 是例5.1.4中的 P-限制的局部Ehresmann的 P-Ehresmann半群. 简单起见, 记 $e = (a, a), f = (a, b), g = (b, a), h = (b, b)$. 设 $(T, \cdot, ^+, ^\star)$ 是左 P-限制的Ehresmann半群, 显然, 直积 $M = S \times T$ 关于一元运算: $(s, t)^+ = (s^+, t^+), (s, t)^\star = (s^\star, t^\star)$ 形成左 P-限制的局部Ehresmann的 P-Ehresmann半群. 然而, 不存在任何一元运算 "$\oplus$" 和 "$\star$" 使得 $(M, \cdot, ^\otimes, ^\star)$ 形成Ehresmann半群. 若不然, 设 $(M, \cdot, ^\otimes, ^\star)$ 是Ehresmann半群, 取 $t \in T$ 并记 $(e, t)^\oplus = (x, u)$ 和 $(g, t)^\oplus = (y, v)$, 则 $(x, u)(e, t) = (e, t), (y, v)(g, t) = (g, t)$, 这表明 $xe = e, yg = g$, 于是有 $x \in \{e, f\}$ 和 $y \in \{g, h\}$. 注意到 $(M, \cdot, ^\otimes, ^\star)$ 是Ehresmann半群, 有 $(e, t)^\oplus (g, t)^\oplus = (g, t)^\oplus (e, t)^\oplus$. 这导致 $xy = yx$, 矛盾.

引理 5.1.7[182] 设 $(S, \cdot, ^+, ^\star)$ 是 P-Ehresmann半群, 若 $\leqslant_S^r$ 右相容或左相容, 则 S 局部Ehresmann (对 $\leqslant_S^l$ 也有对偶的结论). 反之, 若 S 局部Ehresmann, 则 $\leqslant_S^r (\leqslant_S^l)$ 右相容(左相容).

证明 仅对 "$\leqslant_S^r$" 进行证明, "$\leqslant_S^l$" 的情况对偶可证. 设 $e, f, g \in P_S$ 并记 $p = efe, q = ege$, 据引理5.1.1可得 $p, q \in P_S$, 显然, $p \leqslant_S^r e$. 若 "$\leqslant_S^r$" 右相容, 则 $pq \leqslant_S^r eq = q$. 据(4.1.8)式和引理5.1.1有 $pqp = (pq)^+ = q^+(pq)q^+ = qpqpq = qpq$, 从而 $pq = (pq)^+q = pqpq = qpqq = qpq \in P_S$. 据引理5.1.1, $efege = pq = qp = egefe$, 故 S 局部Ehresmann. 若 "$\leqslant_S^r$" 左相容, 则 $qp \leqslant_S^r qe = q$, 从而 $qp = (qp)^+q = qpqq = qpq \in P_S$. 据引理5.1.1, 有 $pq = qp$, 即 $efege = egefe$, 故 S 局部Ehresmann.

设 S 是局部Ehresmann半群且 $a \leqslant_S^r b$, 则 $a = a^+b, a^+\omega_S b^+$. 用引理5.1.1和事实 $a = a^+b$ 可得 $(ac)^+bc = a^+(ac)^+a^+bc = a^+(ac)^+ac = a^+ac = ac$. 另一方面, 据引理5.1.1, 有
$$(bc)^+(ac)^+(bc)^+ = (bc)^+(a^+bc)^+(bc)^+ = (bc)^+a^+(bc)^+a^+(bc)^+ = (bc)^+a^+(bc)^+.$$
由 $(bc)^+ = b^+(bc)^+b^+$ 和 $a^+ = b^+a^+b^+$ 知 $a^+(bc)^+ = (bc)^+a^+$, 这表明
$$(bc)^+(ac)^+(bc)^+ = (bc)^+a^+(bc)^+ = a^+(bc)^+a^+ = (a^+bc)^+ = (ac)^+,$$
故 $ac \leqslant_S^r bc$. 这就证明了 "$\leqslant_S^r$" 右相容. □

引理 5.1.8[187] 设 $(S, \cdot, ^+, ^\star)$ 是局部Ehresmann的 P-Ehresmann半群, 则
$$\leqslant_S^l \circ \leqslant_S^r = \leqslant_S^e = \leqslant_S^r \circ \leqslant_S^l.$$

证明 若 $a \leqslant_S^r b$, 则 $a = a^+b$, 从而 $a = aa^\star = a^+ba^\star$. 据引理4.1.19可知 $a^+\omega_S b^+$ 和 $a^\star\omega_S b^\star$, 这表明 $a \leqslant_S^e b$, 故 $\leqslant_S^r \subseteq \leqslant_S^e$. 对偶可得 $\leqslant_S^l \subseteq \leqslant_S^e$. 于是 $\leqslant_S^l \circ \leqslant_S^r \subseteq \leqslant_S^e \supseteq \leqslant_S^r \circ \leqslant_S^l$. 设 $a \leqslant_S^e b$, 则 $a^+\omega_S b^+, a^\star\omega_S b^\star, a = a^+ba^\star$. 记 $c = a^+b$, 据引理4.1.19, 有 $c \leqslant_S^r b$. 进一步有 $a = ca^\star = c(c^\star a^\star)$. 据引理5.1.1可知 $c^\star = (a^+b)^\star = b^\star(a^+b)^\star b^\star$. 注意到 $a^\star\omega_S b^\star$ 及 S 是局部

Ehresmann 半群这一事实,据引理5.1.1和引理5.1.3可知 $a^*c^* = c^*a^* = c^*a^*c^* \in P_S$,从而 $(c^*a^*)\omega_S c^*$. 据引理4.1.19, $a \leqslant_S^l c$. 这样我们证明了 $a \leqslant_S^l c \leqslant_S^r b$,从而 $\leqslant_S^e = \leqslant_S^l \circ \leqslant_S^r$. 另一情形对偶可证. □

设 $(S, \cdot, ^+, ^*)$ 是 P-Ehresmann 半群,则 (4.1.6) 式中定义的限制积变为

$$a \odot b = \begin{cases} ab, & \text{若 } a^* = a^*b^+a^*, \ b^+ = b^+a^*b^+, \\ \text{不定义}, & \text{否则}, \end{cases} \quad (5.1.1)$$

其中 ab 是 a 和 b 在 S 中的乘积. 对任意 $p, q \in P_S$,据引理5.1.1,有

$$pqp, qpq \in P_S, (pqp)^* = pqp, (qpq)^+ = qpq, pqpqpqp = pqp, qpqpqpq = qpq,$$

故

$$(pqp) \cdot (qpq) \text{有定义}. \quad (5.1.2)$$

引理 5.1.9[187] 设 $(S, \cdot, ^+, ^*)$ 是 P-Ehresmann 半群,则下列陈述等价:

(1) S 是局部 Ehresmann 半群.

(2) 对任意 $x, y, u, v \in S$,
$$x \leqslant_S^r y, \ u \leqslant_S^r v, \ x \odot u, y \odot v \text{有定义} \Longrightarrow xu \leqslant_S^r yv. \quad (5.1.3)$$

(3) 对任意 $x, y, u, v \in S$,
$$x \leqslant_S^l y, \ u \leqslant_S^l v, \ x \odot u, y \odot v \text{有定义} \Longrightarrow xu \leqslant_S^l yv.$$

证明 只需证明 (1) 和 (2) 等价,类似可证 (1) 和 (3) 等价. 先证 (1) 蕴含 (2). 据假设,有

$$x = x^+y, x^+ \omega_S y^+, u = u^+v, u^+ \omega_S v^+,$$

$$x^*u^+x^* = x^*, u^+x^*u^+ = u^+, y^*v^+y^* = y^*, v^+y^*v^+ = v^+.$$

由事实 $u^+, v^+x^*v^+ \in P_S, u^+\omega_S v^+, v^+x^*v^+\omega_S v^+$ 知 $u^+(v^+x^*v^+) = (v^+x^*v^+)u^+$,而由引理5.1.1可得 $x^*v^+ \in E(S)$,故

$$x^*v^+ = x^*u^+x^*v^+ = x^*(u^+v^+)x^*v^+$$

$$= x^*u^+(v^+x^*v^+) = x^*(v^+x^*v^+)u^+ = x^*v^+u^+ = x^*u^+.$$

据引理5.1.7和引理4.1.19可得 $xu \leqslant_S^r yu$ 和 $(xu)^+\omega_S(yu)^+$. 据引理5.1.1,有 $x^+ = y^+x^+y^+$ 和 $(yu)^+ = y^+(yu)^+y^+$,从而据引理5.1.3和引理5.1.1可得 $x^+(yu)^+ = (yu)^+x^+ \in P_S$,故

$$x^+(yu)^+yv = (yu)^+x^+yv = (yu)^+xv = (yu)^+xx^*v^+v$$

$$= (yu)^+xx^*u^+v = (yu)^+xu = (yu)^+(xu)^+xu = (xu)^+xu = xu.$$

另一方面,由事实 $u = u^+v, u^+\omega_S v^+$ 和引理5.1.1,得

$$(yu)^+ = (yu^+v)^+ = (yv^+u^+v)^+ = (yv^+)^+(yv^+u^+v)^+ = (yv)^+(yu)^+(yv)^+,$$

$$(yv)^+(x^+(yu)^+)(yv)^+ = (yv)^+x^+(yu)^+ = (yv)^+(yu)^+x^+ = (yu)^+x^+ = x^+(yu)^+.$$

据引理4.1.19可得 $xu \leqslant_S^r yv$.

再证 (2) 蕴含 (1). 设 $e, f, g \in P_S$ 并记 $p = efe, q = ege$,据引理5.1.1知 $p, q, pqp, qpq \in P_S$. 显然, $pqp \leqslant_S^r e, qpq \leqslant_S^r e$. 由 (5.1.2) 式可知 $(pqp) \odot (qpq)$ 有定义,而由 $e \in P_S$ 知 $e \odot e$

有定义. 据蕴含式 (5.1.3) 和引理5.1.1, 有
$$pq = pqpqpq = (pqp) \odot (qpq) \leqslant_S^r e \odot e = ee = e.$$
据引理5.1.1, 有 $pq = (pq)^+e = pqpe = pqp \in P_S$ 和 $efege = pq = qp = egefe$. 故 S 是局部 Ehresmann 半群. □

引理 5.1.10[187] 设 $(S,\cdot,^+,^*)$ 是局部 Ehresmann 的 P-Ehresmann 半群, $x,y \in S, e \in P_S$. 若 $x \leqslant_S^r y$ ($x \leqslant_S^l y$), 则 $xex^* \leqslant_S^r yey^*$ ($x^+ex \leqslant_S^l y^+ey$).

证明 仅证 "$\leqslant_S^r$" 的情形. 设 $x \leqslant_S^r y$, 则由引理4.1.19可知 $x = x^+y$ 和 $x^+\omega_S y^+, x^*\omega_S y^*$. 据 S 是局部 Ehresmann 半群这一事实, 由引理5.1.7和引理4.1.19可得 $xe \leqslant_S^r ye$ 和 $(xe)^+\omega_S (ye)^+$. 首先, 据引理5.1.1, 有 $(xex^*)^+ = (xx^*ex^*)^+ = (x(x^*e)^+)^+ = (xx^*e)^+ = (xe)^+$. 对偶可得 $(yey^*)^+ = (ye)^+$. 故 $(xex^*)^+\omega_S(yey^*)^+$. 其次, 据引理5.1.1和事实 $x^+y = x$, 有
$$(xex^*)^+yey^* = (xe)^+yey^* = ((xe)^+x^+)yey^* = (xe)^+(x^+y)ey^* = (xe)^+xey^* = xey^*.$$
因为 $x^*\omega_S y^*$ 且 S 是局部 Ehresmann 半群, 据引理5.1.3, 有 $(y^*ey^*)x^* = x^*(y^*ey^*)$. 注意到 $x^*\omega_S y^*, xx^* = x$, 有
$$xey^* = xx^*x^*ey^* = xx^*(x^*y^*)ey^* = xx^*(x^*y^*ey^*) = xx^*(y^*ey^*x^*) = xex^*.$$
我们已经证明了 $xex^* = (xex^*)^+yey^*$ 和 $(xex^*)^+\omega_S(yey^*)^+$. 故 $xex^* \leqslant_S^r yey^*$. □

对 P-限制半群, 我们可考虑比 (2,1,1)-同态更广泛一点的 (2,1,1)-预同态.

引理 5.1.11[182] 设 $(S,\cdot,^+,^*)$ 是 P-Ehresmann 半群, 则 $\leqslant_S^l \subseteq \leqslant_S^r$ 当且仅当 S 左 P-限制. 于是, $\leqslant_S^l = \leqslant_S^r$ 当且仅当 S 是 P-限制的.

证明 设 $\leqslant_S^l \subseteq \leqslant_S^r$, 则对任意 $x,y \in S$, 由引理4.1.19知 $xy^+x^* = xx^*y^+x^* \leqslant_S^l x$. 据假设, $xy^+x^* \leqslant_S^r x$. 由引理5.1.1知
$$xy^+x^* = (xx^*y^+x^*)^+x = (x(x^*y^+)^+)^+x = (xx^*y^+)^+x = (xy^+)^+x = (xy)^+x.$$
这表明 S 左 P-限制. 反之, 设 S 左 P-限制且 $a \leqslant_S^l b$, 则有 $a = ba^*$ 和 $a^*\omega_S b^*$. 由左 P-限制条件和引理5.1.1可得
$$a^+b = (ba^*)^+b = b(a^*)^+b^* = ba^*b^* = ba^* = a,$$
$$b^+a^+b^+ = (b^+a)^+ = (b^+ba^*)^+ = (ba^*)^+ = a^+,$$
故 $a \leqslant_S^r b$. 剩余部分是显然的. □

设 $(S,\cdot,^+,^*)$ 是 P-限制半群, 据引理5.1.11, 有 $\leqslant_S^l = \leqslant_S^r$, 记此序为 "$\leqslant_S$" 并称其为 S 的自然偏序. 据引理5.1.7和引理5.1.11可得以下推论.

推论 5.1.12[186] 设 $(S,\cdot,^+,^*)$ 是 P-限制半群, 则 S 是局部限制的当且仅当 $\leqslant_S$ 是相容的.

下面的引理总结了 P-限制半群上自然偏序的一些等价刻画.

引理 5.1.13[186] 设 $(S,\cdot,^+,^*)$ 是 P-限制半群, $a,b \in S$, 则下列各款等价:

(1) $a \leqslant_S b$.

(2) $a = ba^*, a^* = b^*a^*b^*$.

(3) 存在 $e \in P_S$ 使得 $a = eb$, $e \leqslant_S b^+$.

(4) 存在 $f \in P_S$ 使得 $a = bf$, $f \leqslant_S b^*$.

(5) $a = a^+b = ba^*$.

(6) 存在 $e, f \in P_S$ 使得 $a = eb = bf$.

此外, 若 $a \leqslant_S b$, 则 $a^+ \leqslant_S b^+$, $a^* \leqslant_S b^*$.

证明 由引理4.1.19, 引理4.1.18和引理5.1.11知(1)—(4)互相等价且最后的陈述成立. 另一方面, 由(1),(2)可得(5), 而(5)显然蕴含(6). 现在假设(6)成立, 则由引理5.1.1, 有
$$a^+b = (eb)^+b = (e^+b)^+b = (e^+b^+e^+)b = (eb^+e)b = eb^+eb^+b = eb^+b = eb = a$$
和 $a^+ = (bf)^+ = b^+(bf)^+b^+ = b^+a^+b^+$. 因此 $a \leqslant_S b$, 这说明(1)成立. □

推论 5.1.14[205] 设 $(S, \cdot, ^+, ^*)$ 是 P-限制半群, 若 $s \in S$, $e \in E(S)$ ($e \in P_S$) 且 $s \leqslant_S e$, 则 $s \in E(S)(s = s^+ \in P_S)$.

证明 由引理5.1.13知 $s = s^+e = es^*$, $s^+ \leqslant_S e^+$, 因此 $s^2 = (s^+e)(es^*) = s^+es^* = ss^* = s \in E(S)$. 此外, 若 $e \in P_S$, 则 $e^+ = e$, $s^+ \leqslant_S e$, 从而 $s = s^+e = s^+ \in P_S$. □

推论 5.1.15[205] 设 $(S, \cdot, ^+, ^*)$ 和 $(T, \cdot, ^+, ^*)$ 均为 P-限制半群, $\theta : S \to T$ 是 $(2,1,1)$-同态映射, $u, s \in S$. 若 $u\theta \leqslant_T s\theta$, 则存在 $x \in S$ 使得 $x \leqslant_S s$ 且 $x\theta = u\theta$.

证明 据引理5.1.13可知 $u^+\theta = (u\theta)^+ \leqslant_T (s\theta)^+ = s^+\theta$ 和 $u\theta = (u\theta)^+s\theta = (u^+\theta)(s\theta)$. 设 $x = s^+u^+s^+s$, 则
$$u\theta = (u^+\theta)(s\theta) = (s^+\theta)(u^+\theta)(s^+\theta)(s\theta) = (s^+u^+s^+s)\theta = x\theta,$$
而由引理5.1.13 (3)知 $x \leqslant_S s$. □

下面给出 P-限制半群之间的 $(2,1,1)$-预同态的概念.

定义 5.1.16[186] P-限制半群 $(S, \cdot, ^+, ^*)$ 到 P-限制半群 $(T, \cdot, ^+, ^*)$ 的映射 θ 称为 $(2,1,1)$-预同态, 若对任意 $a, b \in S$, 有
$$(ab)\theta \leqslant_T (a\theta)(b\theta), \quad a^+\theta \leqslant_T (a\theta)^+, \quad a^*\theta \leqslant_T (a\theta)^*. \tag{5.1.4}$$

引理 5.1.17[186] 设 $(S, \cdot, ^+, ^*)$ 和 $(T, \cdot, ^+, ^*)$ 是两个 P-限制半群, θ 是 S 到 T 的 $(2,1,1)$-预同态, $x \in E(S), e \in P_S, a \in S$, 则 $x\theta \in E(T), e\theta \in P_T, a^+\theta = (a\theta)^+, a^*\theta = (a\theta)^*$. 进一步地, θ 保持自然偏序. 于是, $(2,1,1)$-预同态的复合仍为 $(2,1,1)$-预同态.

证明 设 $x \in E(S)$, 由 (5.1.4) 式可知 $x\theta = (xx)\theta \leqslant_T (x\theta)(x\theta)$. 据 (4.1.8) 式可得
$$x\theta = (x\theta)^+(x\theta)(x\theta) = (x\theta)(x\theta) = (x\theta)^2 \in E(T).$$

设 $e \in P_S$. 据 (5.1.4) 式和引理5.1.1可得 $e\theta = e^+\theta \leqslant_T (e\theta)^+$, 而据 (4.1.8) 式可得 $e\theta = (e\theta)^+(e\theta)^+ = (e\theta)^+$, 故 $e\theta \in P_T$. 由 (5.1.4) 式可得 $a\theta = (a^+a)\theta \leqslant_T (a^+\theta)(a\theta)$, 而由 (4.1.9) 式知 $a\theta = (a^+\theta)(a\theta)(a\theta)^* = (a^+\theta)(a\theta)$, 从而据引理5.1.1和事实 $a^+\theta \in P_T$ 可得
$$(a\theta)^+ = ((a^+\theta)(a\theta))^+ = (a^+\theta)((a\theta)(a\theta))^+(a^+\theta) \leqslant_T a^+\theta.$$

据 (5.1.4) 式, 有 $a^+\theta = (a\theta)^+$. 对偶可得 $a^*\theta = (a\theta)^*$.

最后, 设 $a, b \in S, a \leqslant_S b$, 则 $a = a^+b, a^+ = b^+a^+b^+$. 这表明 $a\theta = (a^+b)\theta \leqslant_T (a\theta)(b\theta)$ $= (a\theta)^+(b\theta)$, 从而 $a\theta = (a\theta)^+(a\theta)^+(b\theta) = (a\theta)^+(b\theta)$. 由 $a^+ = b^+a^+b^+$ 知 $(a\theta)^+ = a^+\theta =$

$(b^+a^+)\theta \leqslant_T (b^+\theta)(a^+\theta) = (b\theta)^+(a\theta)^+$. 据 (4.1.9) 式, 有
$$(a\theta)^+ = (b\theta)^+(a\theta)^+((a\theta)^+)^* = (b\theta)^+(a\theta)^+(a\theta)^+ = (b\theta)^+(a\theta)^+.$$
再由引理5.1.1可得
$$(a\theta)^+ = ((a\theta)^+)^+ = ((b\theta)^+(a\theta)^+)^+ = (b\theta)^+(a\theta)^+(b\theta)^+.$$
于是 $a\theta \leqslant_T b\theta$. 最后的论断是显然的. □

引理5.1.18[186] 设 $(S,\cdot,^+,^*)$ 是 P-限制半群, $a,b \in S$, 则 $a^* = a^*b^+a^*$ ($b^+ = b^+a^*b^+$) 当且仅当 $(ab)^+ = a^+$ ($(ab)^* = b^*$).

证明 设 $a^* = a^*b^+a^*$, 则 $(ab)^+a = ab^+a^* = aa^*b^+a^* = aa^* = a$, 据引理5.1.1, $a^+ = ((ab)^+a)^+ = (ab)^+a^+(ab)^+ = (ab)^+$. 反之, 设 $(ab)^+ = a^+$, 则 $a = a^+a = (ab)^+a = ab^+a^*$. 据引理5.1.1, 有 $a^* = (ab^+a^*)^* = (a^*b^+a^*)^* = a^*b^+a^*$. 类似可证对偶的结论. □

引理 5.1.19[186] 设 $(S,\cdot,^+,^*)$ 和 $(T,\cdot,^+,^*)$ 是局部限制的 P-限制半群, θ 是 S 到 T 的映射, 则 θ 是 (2,1,1)-预同态当且仅当 θ 保持运算 "$+$", "$*$", 自然偏序和限制积.

证明 设 θ 是 (2,1,1)-预同态, 据引理5.1.17知 θ 保持 "$+$", "$*$" 和自然偏序. 设 $a,b \in S$, $a \odot b$ 有定义, 据引理 5.1.18, 有 $(ab)^+ = a^+$ 和 $(ab)^* = b^*$. 由 θ 是 (2,1,1)-预同态知 $(ab)\theta \leqslant_T (a\theta)(b\theta)$. 由 (4.1.8) 式和引理 4.1.18知 $((ab)\theta)^+ = ((a\theta)(b\theta))^+((ab)\theta)^+((a\theta)(b\theta))^+$, 从而 $((ab)\theta)^+ \leqslant_T ((a\theta)(b\theta))^+$. 据引理5.1.17和引理5.1.1, 有
$$(a\theta)^+ = a^+\theta = (ab)^+\theta = ((ab)\theta)^+ \leqslant_T ((a\theta)(b\theta))^+ = (a\theta)^+((a\theta)(b\theta))^+(a\theta)^+ \leqslant_T (a\theta)^+.$$
这表明 $(a\theta)^+ = ((a\theta)(b\theta))^+$. 对偶可得 $(b\theta)^* = ((a\theta)(b\theta))^*$. 再次据引理5.1.18可知 $a\theta \odot b\theta$ 有定义. 据引理5.1.17及事实 $(ab)\theta \leqslant_T (a\theta)(b\theta)$, 有
$$(a \odot b)\theta = (ab)\theta = ((ab)\theta)^+(a\theta)(b\theta) = ((ab)^+\theta)(a\theta)(b\theta)$$
$$= (a^+\theta)(a\theta)(b\theta) = (a\theta)^+(a\theta)(b\theta) = (a\theta)(b\theta) = a\theta \odot b\theta.$$

为证相反方向, 仅需验证: 对任意 $a,b \in S$, 有 $(ab)\theta \leqslant_T (a\theta)(b\theta)$. 设 $a,b \in S$ 并记 $u = ab^+a^*, v = b^+a^*b$, 由引理5.1.1知 a^*b^+ 是幂等元, 从而 $uv = aa^*b^+a^*b^+a^*b^+b = aa^*b^+b = ab$. 据引理5.1.1可知
$$u^+ = (aa^*b^+a^*)^+ = (a(a^*b^+)^+)^+ = (aa^*b^+)^+ = (ab^+)^+ = (ab)^+ = (uv)^+.$$
对偶可得 $(uv)^* = v^*$. 由引理5.1.18可知 $u \odot v$ 有定义. 另外, 据引理5.1.1, 有
$$u^+a = (ab^+a^*)^+a = a(b^+a^*)^+a^* = ab^+a^*b^+a^* = ab^+a^* = u$$
和 $u^+ = (ab^+a^*)^+ = a^+(ab^+a^*)^+a^+ = a^+u^+a^+$. 这表明 $u \leqslant_S a$. 对偶可得 $v \leqslant_S b$. 因为 θ 保持自然偏序, 我们有 $u\theta \leqslant_T a\theta$ 和 $v\theta \leqslant_T b\theta$, 据引理5.1.7和 T 局部限制这一事实知 $(u\theta)(v\theta) \leqslant_T (a\theta)(b\theta)$. 注意到 θ 保持限制积, 我们有
$$(ab)\theta = (uv)\theta = (u \odot v)\theta = (u\theta) \odot (v\theta) = (u\theta)(v\theta) \leqslant_T (a\theta)(b\theta), \qquad (5.1.5)$$
这就证明了所需要的结论. □

设 $(P, \times)$ 是 Imaoka-Jones 代数, 据引理4.2.24, 我们有 (4.1.2) 式中定义的 P 上的自然偏序 $\leqslant_P$: 对任意 $e,f \in P$, $e \leqslant_P f$ 当且仅当 $e = f \times e$.

引理 5.1.20[79] 设 $(S,\cdot,^+,^*)$ 是 P-Ehresmann 半群，在 P_S 上定义运算 "$\times_S$" 如下：对任意 $e,f \in P(S)$, $e \times_S f = (ef)^+ = efe$, 则 $(P_S, \times_S)$ 形成 Imaoka-Jones 代数，称其为 S 的 Imaoka-Jones 代数. 进一步地，对任意 $e, f \in P_S$, $e \leqslant_S f$ 当且仅当 $e \leqslant_{P_S} f$.

证明 据引理 4.2.24 和引理 4.1.15，只需验证 (I3). 事实上，设 $e, f, g \in P_S$, 则
$$(e \times_S f) \times_S g = ((ef)^+ g) = (efeg)^+ = (e(f(eg)^+)^+)^+ = e \times_S (f \times_S (e \times_S g)).$$
故结论成立. □

据文献 [186], Imaoka-Jones 代数 $(P, \times)$ 称为局部半格，若对任意 $e, f, g \in P$, 有

(I5) $(e \times f) \times (e \times g) = (e \times g) \times (e \times f)$.

设 $(P, \times)$ 是 Imaoka-Jones 代数，$e \in P$, 我们断言 $(e \times P) \times e = e \times (P \times e)$. 事实上，对任意 $f \in P$, 据 (I2) 有 $(e \times f) \times e = e \times f$. 这表明 $(e \times P) \times e = \{e \times f \mid f \in P\}$. 类似地，据引理 4.2.23 (1), 可以证明 $e \times (P \times e) = \{e \times f \mid f \in P\}$, 故 $(e \times P) \times e = e \times (P \times e) = \{e \times f \mid f \in P\}$, 于是可记该集合为 $e \times P \times e$, 据 (I3), $e \times P \times e$ 是 $(P, \times)$ 的子代数. 据引理 4.2.24 和命题 4.1.9 (2), (I5) 等价于对任意 $e \in P$, $e \times P \times e$ 是通常意义下的半格. 这表明局部半格这个术语是恰当的. 下面给出局部半格的一些性质.

引理 5.1.21[187] 设 $(P, \times)$ 是局部半格且 $e, f, g \in P$.

(1) $(e \times f) \times g = (e \times g) \times f$.

(2) 若 $f \leqslant_P g$, 则 $e \times f \leqslant_P e \times g$, $f \times e \leqslant_P g \times e$.

(3) 若 $e \leqslant_P g$, $f \leqslant_P g$, 则 $e \times f = f \times e$, 从而有 $e \times f \leqslant_P e$ 和 $e \times f \leqslant_P f$.

证明 (1) 由 (L4) 和 (I5) 可得
$$(e \times f) \times g \stackrel{(L4)}{=} (e \times f) \times (e \times g) \stackrel{(I5)}{=} (e \times g) \times (e \times f) \stackrel{(L4)}{=} (e \times g) \times f.$$

(2) 由引理 4.2.24 和引理 4.1.8 (6) 知第一个不等式成立. 另一方面，由 $f \leqslant_P g$ 知 $g \times f = f$, 从而
$$(g \times e) \times (f \times e) = (g \times e) \times ((g \times f) \times e) \stackrel{(L4)}{=} (g \times e) \times ((g \times f) \times (g \times e))$$
$$\stackrel{引理 4.2.23(1)}{=} (g \times e) \times (g \times f) = (g \times e) \times f \stackrel{(1)}{=} (g \times f) \times e = f \times e,$$
故 $f \times e \leqslant_P g \times e$.

(3) 由 $e \leqslant_P g$ 和 $f \leqslant_P g$ 知 $g \times e = e$, $g \times f = f$. 据 (I5) 可知
$$e \times f = (g \times e) \times (g \times f) = (g \times f) \times (g \times e) = f \times e.$$
剩余部分由引理 4.1.8 (2) 立得. □

引理 5.1.22[186] 设 $(S,\cdot,^+,^*)$ 是 P-Ehresmann 半群，则 S 是局部 Ehresmann 的 P-Ehresmann 半群当且仅当 $(P_S, \times_S)$ 是局部半格. 特别地，S 是 Ehresmann 半群当且仅当 $(P_S, \times_S)$ 是半格.

证明 先证对任意 $p, q \in P_S$, $pqp = qpq$ 当且仅当 $pq = qp$. 充分性是显然的. 另一方面，若 $pqp = qpq$, 据引理 5.1.1 可得 $pq = (pq)^2 = pqpq = ppqp = pqp \in P_S$ 和 $pq = qp$. 设 $e, f, g \in P_S$, 则
$$(e \times_S f) \times_S (e \times_S g) = (e \times_S g) \times_S (e \times_S f)$$

$$\iff (efe)(ege)(efe) = (ege)(efe)(ege)$$
$$\iff efege = efeege = egeefe = egefe.$$

故结论成立. □

引理 5.1.23[186] 设 $(S,\cdot,^+,^*)$ 和 $(T,\cdot,^+,^*)$ 是两个局部限制的 P-限制半群, θ 是 S 到 T 的 $(2,1,1)$-预同态, 而 θ 在 P_S 上的限制是 $(P_S, \times_S)$ 到 $(P_T, \times_T)$ 的 Imaoka-Jones 代数同态, 则 θ 是 $(2,1,1)$-同态.

证明 设 $a,b \in S$, 则由 (5.1.5) 式可得 $(ab)\theta = ((aa^*b^+a^*)\theta)((b^+a^*b^+b)\theta)$. 反之, 由假设条件知 $(aa^*b^+a^*)\theta \leqslant_T (a\theta)((a^*b^+a^*)\theta)$, 从而由 (4.1.9) 式和引理5.1.17可得
$$(aa^*b^+a^*)\theta = (a\theta)((a^*b^+a^*)\theta)[(aa^*b^+a^*)\theta]^* = (a\theta)((a^*b^+a^*)\theta)((aa^*b^+a^*)^*\theta)$$
$$= (a\theta)((a^*b^+a^*)\theta)((a^*a^*b^+a^*)^*\theta) = (a\theta)((a^*b^+a^*)\theta)((a^*b^+a^*)\theta) = (a\theta)((a^*b^+a^*)\theta).$$
对偶可得 $(b^+a^*b^+b)\theta = ((b^+a^*b^+)\theta)(b\theta)$. 故据引理5.1.17和引理5.1.1 (1) 可得
$$(ab)\theta = ((aa^*b^+a^*)\theta)((b^+a^*b^+b)\theta) = (a\theta)((a^*b^+a^*)\theta)((b^+a^*b^+)\theta)(b\theta)$$
$$= (a\theta)((a^* \times_S b^+)\theta)((b^+ \times_S a^*)\theta)(b\theta) = (a\theta)(a^*\theta \times_T b^+\theta)(b^+\theta \times_T a^*\theta)(b\theta)$$
$$= (a\theta)((a\theta)^* \times_T (b\theta)^+)((b\theta)^+ \times_T (a\theta)^*)(b\theta) = (a\theta)(a\theta)^*(b\theta)^+(a\theta)^*(b\theta)^+(a\theta)^*(b\theta)^+(b\theta)$$
$$= (a\theta)(a\theta)^*(b\theta)^+(b\theta) = (a\theta)(b\theta). \qquad \square$$

推论 5.1.24[186] 设 $(S,\cdot,+,*)$ 和 $(T,\cdot,+,*)$ 是两个局部限制的 P-限制半群, θ 是 S 到 T 的 $(2,1,1)$-预同态, $a \in S, e, f \in P_S$, $e \leqslant_{P_S} a^+$, $f \leqslant_{P_S} a^*$, 则 $(ea)\theta = (e\theta)(a\theta)$, $(af)\theta = (a\theta)(f\theta)$.

证明 据引理5.1.23的证明, 对任意 $a,b \in S$, 有 $(aa^*b^+a^*)\theta = (a\theta)((a^*b^+a^*)\theta)$. 由 $f \in P_S$, $f \leqslant_{P_S} a^*$ 和引理5.1.1可得 $f = a^*fa^* = a^*f^+a^*$. 这表明 $(af)\theta = (aa^*f^+a^*)\theta = (a\theta)((a^*f^+a^*)\theta) = (a\theta)(f\theta)$. 对偶可得 $(ea)\theta = (e\theta)(a\theta)$. □

本节剩余部分致力于建立局部 Ehresmann 的 P-Ehresmann 半群的范畴同构定理. 首先介绍所谓的 lepe-广义范畴. 设 $(P, \times)$ 是 Imaoka-Jones 代数, 定义 P 上的二元运算 "$\star$" 如下: 对任意 $e, f \in P$, $e \star f = f \times e$. 据引理4.2.24知 $(P, \times, \star)$ 是 Jones 代数, 此时, 将 $(P, \times, \star)$ 等同于 $(P, \times)$. $(P, \times)$ 上的广义范畴 $(C, \cdot, \mathbf{d}, \mathbf{r}, P)$(见 (G1)—(G3)) 称为强广义范畴, 若 $(P, \times)$ 是局部半格且满足如下条件:

(G4) 若 $e, f \in P$ 且 $e \cdot f$ 有定义 (即 $e = e \times f$, $f = f \times e$), 则 $(e \cdot f) \cdot e = e \times f$.

序广义范畴 $(C, \cdot, \mathbf{d}, \mathbf{r}, P, \leqslant)$(见 (O1), (O2)) 称为强序广义范畴, 若 $(C, \cdot, \mathbf{d}, \mathbf{r}, P)$ 是强广义范畴且满足以下条件:

(O3) 若 $x_1 \leqslant y_1$, $x_2 \leqslant y_2$ 且 $x_1 \cdot x_2$ 和 $y_1 \cdot y_2$ 有定义, 则 $x_1 \cdot x_2 \leqslant y_1 \cdot y_2$.

局部 Ehresmann 的 P-Ehresmann 广义范畴 $(C, \cdot, \mathbf{d}, \mathbf{r}, P, \leqslant_l, \leqslant_r)$ 是带偏序 "$\leqslant_l$" 和 "$\leqslant_r$" 且满足下列条件的强广义范畴 $(C, \cdot, \mathbf{d}, \mathbf{r}, P)$:

(E1) $(C, \cdot, \mathbf{d}, \mathbf{r}, P, \leqslant_r)$ 是强序广义范畴, 且对任意满足条件 $e \leqslant_r \mathbf{d}(x)$ 的 $x \in C, e \in P$, 均存在唯一的元素 $_e|x \in C$ 使得 $\mathbf{d}(_e|x) = e$ 且 $_e|x \leqslant_r x$, 其中 $_e|x$ 称为 x 在 e 上的左限制.

(E1)' $(C, \cdot, \mathbf{d}, \mathbf{r}, P, \leqslant_l)$ 是强序广义范畴, 且对任意满足条件 $e \leqslant_l \mathbf{r}(x)$ 的 $x \in C, e \in P$,

均存在唯一的元素 $x|_e \in C$ 使得 $\mathbf{r}(x|_e) = e$ 且 $x|_e \leqslant_l x$, 其中 $x|_e$ 称为 x 在 e 上的右限制.

(E2) 若 $e, f \in P$, 则 $e \leqslant_l f \Longleftrightarrow e \leqslant_r f$, 在 P 上记 $\leqslant = \leqslant_l = \leqslant_r$.

(E3) $\leqslant_P = \leqslant$.

(E4) $\leqslant_r \circ \leqslant_l = \leqslant_l \circ \leqslant_r$, 记 $\leqslant_m = \leqslant_r \circ \leqslant_l$.

(E5) 若 $x, y \in C, e \in P$ 且 $x \leqslant_r y$, 则 $x|_{\mathbf{r}(x) \times e} \leqslant_r y|_{\mathbf{r}(y) \times e}$.

(E5)′ 若 $x, y \in C, e \in P$ 且 $x \leqslant_l y$, 则 $_{\mathbf{d}(x) \times e}|x \leqslant_l {_{\mathbf{d}(y) \times e}|y}$.

简单起见, 称局部 Ehresmann 的 P-Ehresmann 广义范畴为 lepe-广义范畴. 设
$$(C_1, \cdot, \mathbf{d}, \mathbf{r}, P_1, \leqslant_l, \leqslant_r), \ (C_2, \cdot, \mathbf{d}, \mathbf{r}, P_2, \leqslant_l, \leqslant_r)$$
是 lepe-广义范畴. 称 C_1 到 C_2 的映射 φ 为允许映射, 若条件 (M1)—(M4) 成立. 下面的结论是显然的.

命题 5.1.25[187] 设 C_1, C_2 和 C_3 是 lepe-广义范畴, $\varphi_1 : C_1 \to C_2$ 和 $\varphi_2 : C_2 \to C_3$ 是允许映射, 则 $\varphi_1 \varphi_2 : C_1 \to C_3$ 是允许映射, 从而 lepe-广义范畴连同允许映射形成范畴.

引理 5.1.26[187] 设 $(C, \cdot, \mathbf{d}, \mathbf{r}, P, \leqslant_l, \leqslant_r)$ 是 lepe-广义范畴, $x, y \in C$, 则

(1) $_{\mathbf{d}(x)}|x = x$ $(x|_{\mathbf{r}(x)} = x)$.

(2) 若 $x \leqslant_r y, e \leqslant \mathbf{d}(x)$ $(x \leqslant_l y, e \leqslant \mathbf{r}(x))$, 则 $_e|x = {_e|y}$ $(x|_e = y|_e)$.

(3) 若 $e, f \in P, x \in C$ 且 $e \leqslant f \leqslant \mathbf{d}(x)$ $(e \leqslant f \leqslant \mathbf{r}(x))$, 则 $_e|(_f|x) = {_e|x}$ $(x|_e = (x|_f)|_e)$. 此时, $_e|x \leqslant_r {_f|x}$ $(x|_e \leqslant_l x|_f)$.

(4) 若 $x \cdot y$ 有定义且 $e \leqslant \mathbf{d}(x)$ $(e \leqslant \mathbf{r}(y))$, 则 $_e|(x \cdot y) = {_e|x} \cdot {_{\mathbf{d}(y) \times p}|y}$ $((x \cdot y)|_e = x|_{\mathbf{r}(x) \times q} \cdot y|_e)$, 其中 $p = \mathbf{r}(_e|x)$ $(q = \mathbf{d}(y|_e))$.

(5) 若 $e, f \in P, e \leqslant f$, 则 $_e|f = e$, $(e = f|_e)$.

证明 条款 (1)—(3) 和条款 (5) 的证明跟引理 4.1.11 中的相应结论的证明基本一致, 不再赘述. 下面证明条款 (4). 设 $e \leqslant \mathbf{d}(x)$ 且 $x \cdot y$ 有定义, 则
$$e \leqslant \mathbf{d}(x) = \mathbf{d}(x \cdot y), \mathbf{r}(x) = \mathbf{r}(x) \times \mathbf{d}(y), \mathbf{d}(y) = \mathbf{d}(y) \times \mathbf{r}(x),$$
且 $\mathbf{d}(y) \times \mathbf{r}(_e|x) \leqslant \mathbf{d}(y)$. 这说明 $_e|(x \cdot y), {_e|x}$ 和 $_{\mathbf{d}(y) \times p}|y$ 有意义. 由 $_e|x \leqslant_r x$ 和 (O2) 知 $p = \mathbf{r}(_e|x) \leqslant_r \mathbf{r}(x)$. 据 (E3) 和引理 4.1.8 (2) 可得 $\mathbf{r}(x) \times p = p$, 故
$$p \times \mathbf{d}(_{\mathbf{d}(y) \times p}|y) = p \times (\mathbf{d}(y) \times p) \ (据 \ (E1))$$
$$= p \times \mathbf{d}(y) \ (据引理 4.2.23 \ (1))$$
$$= (\mathbf{r}(x) \times p) \times \mathbf{d}(y) = \mathbf{r}(x) \times (p \times (\mathbf{r}(x) \times \mathbf{d}(y))) \ (据 \ (I3))$$
$$= \mathbf{r}(x) \times (p \times \mathbf{r}(x)) \ (因为 \mathbf{r}(x) = \mathbf{r}(x) \times \mathbf{d}(y))$$
$$= \mathbf{r}(x) \times p = p. \ (据引理 4.2.23 \ (1))$$
另一方面, 据 (E1) 和引理 4.2.23 (1), 有
$$\mathbf{d}(_{\mathbf{d}(y) \times p}|y) \times p = (\mathbf{d}(y) \times p) \times p = \mathbf{d}(y) \times p = \mathbf{d}(_{\mathbf{d}(y) \times p}|y),$$
这表明 $_e|x \cdot {_{\mathbf{d}(y) \times p}|y}$ 有定义. 由 (E1) 知 $_e|x \leqslant_r x$ 和 $_{\mathbf{d}(y) \times p}|y \leqslant_r y$, 从而据 (O3) 可得 $_e|x \cdot {_{\mathbf{d}(y) \times p}|y} \leqslant_r x \cdot y$. 据 (G1) 和 (E1), 有 $\mathbf{d}(_e|x \cdot {_{\mathbf{d}(y) \times p}|y}) = \mathbf{d}(_e|x) = e$. 再由 $x \cdot y$ 在 e 上左限

制的唯一性知 $_e|(x \cdot y) = {_e|x} \cdot {_{\mathbf{d}(y) \times p}|y}$.

lepe-广义范畴 $(C, \cdot, \mathbf{d}, \mathbf{r}, P, \leqslant_l, \leqslant_r)$ 称为 lrpr-广义范畴, 若 $\leqslant_l = \leqslant_r$. 此时, 由 (E4) 知 $\leqslant_l = \leqslant_r = \leqslant_m$, 记作 $(C, \cdot, \mathbf{d}, \mathbf{r}, P, \leqslant_m)$. 另外, 在这种情况下, 条件 (E1), (E1)′, (E2), (E3), (E4), (E5), (E5)′ 等价于以下条件:

(Rg1) 对任意满足条件 $e \leqslant_m \mathbf{d}(x)$ 的 $x \in C, e \in P$, 存在唯一的元素 $_e|x \in C$ 使得 $\mathbf{d}(_e|x) = e$, $_e|x \leqslant_m x$, 其中 $_e|x$ 称为 x 在 e 上的左限制.

(Rg1)′ 对任意满足条件 $e \leqslant_m \mathbf{r}(x)$ 的 $x \in C, e \in P$, 存在唯一的元素 $x|_e \in C$ 使得 $\mathbf{r}(x|_e) = e$, $x|_e \leqslant_m x$, 其中 $x|_e$ 称为 x 在 e 上的右限制.

(Rg2) 若 $e, f \in P$, 则 $e \leqslant_m f \iff e \leqslant_P f$.

事实上, (E1) 和 (E1)′ 分别退化为 (Rg1) 和 (Rg1)′. (E2) 是平凡的. (E3) 等价于 (R2). (E4) 是平凡的. 我们将证明, 在条件 "$\leqslant_l = \leqslant_r$" 下, (E5) 和 (E5)′ 自动满足. 设 $x, y \in C$, $e \in P$, $x \leqslant_m y$, 据 (O2), 有 $\mathbf{r}(x) \leqslant \mathbf{r}(y)$, 从而据引理 5.1.21 (3) 和引理 4.1.8 (2) 可得 $\mathbf{r}(x) \times e \leqslant \mathbf{r}(x), \mathbf{r}(x) \times e \leqslant \mathbf{r}(y) \times e \leqslant \mathbf{r}(y)$. 由引理 5.1.26 (2) 可得 $x|_{\mathbf{r}(x) \times e} = y|_{\mathbf{r}(x) \times e}$. 最后, 引理 5.1.26 (3) 蕴含 $x|_{\mathbf{r}(x) \times e} = y|_{\mathbf{r}(x) \times e} \leqslant_m y|_{\mathbf{r}(y) \times e}$. 对偶可证 (E5)′.

设 $(C_1, \cdot, \mathbf{d}, \mathbf{r}, P_1, \leqslant_m)$ 和 $(C_2, \cdot, \mathbf{d}, \mathbf{r}, P_2, \leqslant_m)$ 是 lrpr-广义范畴. 称 C_1 到 C_2 的映射 φ 为预允许映射, 若 (M1)—(M3) 成立; 称 C_1 到 C_2 的映射 φ 为允许映射, 若 (M1)—(M4) 成立. 此时, (M3) 退化为以下条件

(M3) 若 $x, y \in C_1$ 且 $x \leqslant_m y$, 则 $x\varphi \leqslant_m y\varphi$.

命题 5.1.27[187] 设 C_1, C_2 和 C_3 是 lrpr-广义范畴, $\varphi_1 : C_1 \to C_2$ 和 $\varphi_2 : C_2 \to C_3$ 是允许映射 (预允许映射). 则 $\varphi_1 \varphi_2 : C_1 \to C_3$ 是允许映射 (预允许映射), 从而 lrpr-广义范畴连同允许映射 (预允许映射) 形成范畴.

设 $(C, \cdot, \mathbf{d}, \mathbf{r}, P, \leqslant_l, \leqslant_r)$ 是 lepe-广义范畴, 在 C 上定义二元运算 "$\otimes$" 如下: 对任意 $x, y \in C$,

$$x \otimes y = x|_{\mathbf{r}(x) \times \mathbf{d}(y)} \cdot {_{\mathbf{d}(y) \times \mathbf{r}(x)}|y}.$$

根据引理 4.1.22 前面的论述可知 "$\otimes$" 是良好定义的. 下面证明 "$\otimes$" 满足结合律. 为此, 需要下面的一系列引理.

引理 5.1.28[187] 设 $x, y, z \in C$.

(1) 若 $x \leqslant_m y$, 则 $\mathbf{d}(x) \leqslant \mathbf{d}(y)$, $\mathbf{r}(x) \leqslant \mathbf{r}(y)$. 另外, $\leqslant_m$ 是 C 上偏序.

(2) 若 $x \leqslant_m y$, $\mathbf{d}(x) = \mathbf{d}(y)$ ($\mathbf{r}(x) = \mathbf{r}(y)$), 则 $x \leqslant_l y$ ($x \leqslant_r y$).

(3) 若 $e \in P, e \leqslant \mathbf{d}(x)$ ($e \leqslant \mathbf{r}(x)$), 则

$$_e|x = \max\{y \in C \mid y \leqslant_m x, \mathbf{d}(y) \leqslant e\} \quad (x|_e = \max\{y \in C \mid y \leqslant_m x, \mathbf{r}(y) \leqslant e\}).$$

(4) 若 $x \leqslant_m y$, 则 $x = (_{\mathbf{d}(x)}|y)|_{\mathbf{r}(x)} = {_{\mathbf{d}(x)}|(y|_{\mathbf{r}(x)})}$.

证明 (1) 设 $x \leqslant_m y$, 则据 (E4) 知 $\leqslant_m = \leqslant_r \circ \leqslant_l = \leqslant_l \circ \leqslant_r$, 故存在 $z \in C$ 使得 $x \leqslant_r z$ 且 $z \leqslant_l y$. 据 (E1), (E1)′ 和 (E2), 有

$$\mathbf{d}(x) \leqslant \mathbf{d}(z), \mathbf{r}(x) \leqslant \mathbf{r}(z), \mathbf{d}(z) \leqslant \mathbf{d}(y), \mathbf{r}(z) \leqslant \mathbf{r}(y),$$

从而有 $\mathbf{d}(x) \leqslant \mathbf{d}(y)$ 和 $\mathbf{r}(x) \leqslant \mathbf{r}(y)$. 下证 $\leqslant_m$ 是偏序. 由 $\leqslant_r \subseteq \leqslant_m$ 可知 $\leqslant_m$ 具有自反性. 设

$x \leqslant_m y$, $y \leqslant_m x$, 又设 $z \in C$ 使得 $x \leqslant_r z \leqslant_l y$, 则由已证的部分可知 $\mathbf{d}(x) = \mathbf{d}(y) = \mathbf{d}(z)$ 和 $\mathbf{r}(x) = \mathbf{r}(y) = \mathbf{r}(z)$, 于是据 (E1) 和引理5.1.26 (1) 知 $x =\ _{\mathbf{d}(x)}|z =\ _{\mathbf{d}(z)}|z = z$. 类似可证 $z = y$. 设 $x \leqslant_m y$, $y \leqslant_m z$, 则存在 $u,v \in C$ 使得 $x \leqslant_r u \leqslant_l y \leqslant_l v \leqslant_r z$, 从而 $x \leqslant_r u \leqslant_l v \leqslant_r z$, 故存在 $u' \in C$ 使得 $x \leqslant_l u' \leqslant_r v \leqslant_r z$, 这导致 $x \leqslant_l u' \leqslant_r z$, 从而 $x \leqslant_m z$.

(2) 设 $x \leqslant_m y$, 据 (E4), 存在 $z \in C$ 使得 $x \leqslant_l z$ 且 $z \leqslant_r y$. 据本引理的条款 (1) 可知 $\mathbf{d}(x) \leqslant \mathbf{d}(z) \leqslant \mathbf{d}(y)$. 但由条件知 $\mathbf{d}(x) = \mathbf{d}(y)$, 故 $\mathbf{d}(x) = \mathbf{d}(z) = \mathbf{d}(y)$. 据 (E1) 和引理5.1.26 (1) 知 $z =\ _{\mathbf{d}(z)}|y =\ _{\mathbf{d}(y)}|y = y$. 这就证明了 $x \leqslant_l z = y$. 对偶可证另一结论.

(3) 据 (E1), 有 $_e|x \leqslant_r x$ 和 $\mathbf{d}(_e|x) = e$, 而由 (E4) 知 $_e|x \leqslant_m x$. 设 $y \leqslant_m x$, $\mathbf{d}(y) \leqslant e$, 则由 (E3) 和引理4.1.8 (2) 知 $\mathbf{d}(y) \times e = \mathbf{d}(y)$. 据 (E4), 存在 $z \in C$ 使得 $y \leqslant_l z \leqslant_r x$, 据引理5.1.26 (1) 和 (E5)', 有 $y =\ _{\mathbf{d}(y)}|y =\ _{\mathbf{d}(y)\times e}|y \leqslant_l\ _{\mathbf{d}(z)\times e}|z$. 由 $z \leqslant_r x$ 及 (O2) 可得 $\mathbf{d}(z) \leqslant \mathbf{d}(x)$, 据引理5.1.21 (3) 及事实 $e \leqslant \mathbf{d}(x)$ 可得 $\mathbf{d}(z) \times e \leqslant \mathbf{d}(z)$ 和 $\mathbf{d}(z) \times e \leqslant e \leqslant \mathbf{d}(x)$. 再据引理5.1.26 (3), 有 $_{\mathbf{d}(z)\times e}|x \leqslant_r\ _e|x$. 进一步地, 由引理5.1.26 (2) 和事实 $z \leqslant_r x$, 我们可得 $_{\mathbf{d}(z)\times e}|z =\ _{\mathbf{d}(z)\times e}|x$. 这蕴含 $y \leqslant_l\ _{\mathbf{d}(z)\times e}|z \leqslant_r\ _e|x$, 从而据 (E4) 可得 $y \leqslant_m\ _e|x$. 这就证明了 $_e|x = \max\{y \in C \mid y \leqslant_m x, \mathbf{d}(y) \leqslant e\}$. 对偶地, 若 $e \leqslant \mathbf{r}(x)$, 则 $x|_e = \max\{y \in C \mid y \leqslant_m x, \mathbf{r}(y) \leqslant e\}$.

(4) 据本引理条款 (1), 有 $\mathbf{d}(x) \leqslant \mathbf{d}(y)$ 和 $\mathbf{r}(x) \leqslant \mathbf{r}(y)$, 而 (E1) 蕴含 $_{\mathbf{d}(x)}|y \leqslant_r y$. 据事实 $\mathbf{d}(x) \leqslant \mathbf{d}(y)$ 和条款 (3), 有 $_{\mathbf{d}(x)}|y = \max\{z \in C \mid z \leqslant_m y, \mathbf{d}(z) \leqslant \mathbf{d}(x)\}$. 由 $x \leqslant_m y$ 可得 $x \leqslant_m\ _{\mathbf{d}(x)}|y$, 由事实 $\mathbf{d}(x) = \mathbf{d}(_{\mathbf{d}(x)}|y)$ 和条款 (2) 可得 $x \leqslant_l\ _{\mathbf{d}(x)}|y$. 据 (O2), $\mathbf{r}(x) \leqslant \mathbf{r}(_{\mathbf{d}(x)}|y)$, 而 (E1)' 蕴含 $x =\ _{\mathbf{d}(x)}|y)|_{\mathbf{r}(x)}$. 对偶可得 $x =\ _{\mathbf{d}(x)}|(y|_{\mathbf{r}(x)})$. □

引理 5.1.29[187] 若 $x, y \in C$, 则 $(x \otimes y) \otimes z = (x|_{\mathbf{r}(x)\times \mathbf{d}(y)}) \otimes ((_{\mathbf{d}(y)\times \mathbf{r}(x)}|y) \otimes z)$.

证明 记 $s = x|_{\mathbf{r}(x)\times \mathbf{d}(y)}$, $t =\ _{\mathbf{d}(y)\times \mathbf{r}(x)}|y$, $u = t|_{\mathbf{r}(t)\times \mathbf{d}(z)}$, $v =\ _{\mathbf{d}(z)\times \mathbf{r}(t)}|z$, 据 (E1) 及其对偶可得

$$\mathbf{d}(t) = \mathbf{d}(y) \times \mathbf{r}(x), \quad \mathbf{d}(v) = \mathbf{d}(z) \times \mathbf{r}(t), \quad \mathbf{r}(s) = \mathbf{r}(x) \times \mathbf{d}(y), \quad \mathbf{r}(u) = \mathbf{r}(t) \times \mathbf{d}(z).$$

进一步地, (E1)' 蕴含 $u \leqslant_l t$, 据 (O2), $\mathbf{d}(u) \leqslant \mathbf{d}(t) = \mathbf{d}(y) \times \mathbf{r}(x)$, 故

$\mathbf{d}(u) \times \mathbf{r}(s) = ((\mathbf{d}(y) \times \mathbf{r}(x)) \times \mathbf{d}(u)) \times (\mathbf{r}(x) \times \mathbf{d}(y))$ (据引理4.1.8 (2))

$=((\mathbf{d}(y) \times \mathbf{r}(x)) \times (\mathbf{d}(u) \times ((\mathbf{d}(y) \times \mathbf{r}(x) \times (\mathbf{r}(x) \times \mathbf{d}(y))))$ (据 (I3))

$=((\mathbf{d}(y) \times \mathbf{r}(x)) \times (\mathbf{d}(u) \times (\mathbf{d}(y) \times (\mathbf{r}(x) \times \mathbf{d}(y))))$ (据(L3))

$=((\mathbf{d}(y) \times \mathbf{r}(x)) \times (\mathbf{d}(u) \times (\mathbf{d}(y) \times \mathbf{r}(x)))$ (据引理4.2.23 (1))

$=((\mathbf{d}(y) \times \mathbf{r}(x)) \times \mathbf{d}(u)$ (据引理4.2.23 (1))

$=\mathbf{d}(u)$. (据引理4.1.8 (2))

据引理5.1.26 (1), 这蕴含 $_{\mathbf{d}(u)\times \mathbf{r}(s)}|u =\ _{\mathbf{d}(u)}|u = u$. 另一方面, (L3) 和引理4.2.23 (1) 蕴含

$\mathbf{d}(v) \times \mathbf{r}(u) = (\mathbf{d}(z) \times \mathbf{r}(t)) \times (\mathbf{r}(t) \times \mathbf{d}(z)) = \mathbf{d}(z) \times (\mathbf{r}(t) \times \mathbf{d}(z)) = \mathbf{d}(z) \times \mathbf{r}(t) = \mathbf{d}(v)$.

据引理5.1.26 (1), $_{\mathbf{d}(v)\times \mathbf{r}(u)}|v =\ _{\mathbf{d}(v)}|v = v$. 注意到引理5.1.26 (4) 和 (G3), 有

$$(x \otimes y) \otimes z = (s|_{\mathbf{r}(s) \times \mathbf{d}(u)} \cdot u) \cdot v = s|_{\mathbf{r}(s) \times \mathbf{d}(u)} \cdot (u \cdot v)$$
$$= s|_{\mathbf{r}(s) \times \mathbf{d}(u)} \cdot {}_{(\mathbf{d}(u) \times \mathbf{r}(s))}|u \cdot {}_{\mathbf{d}(v) \times p}|v) = s \otimes (t \otimes z),$$

其中 $p = \mathbf{r}({}_{(\mathbf{d}(u) \times \mathbf{r}(s))}|u) = \mathbf{r}(u)$. □

引理 5.1.30[187] 设 $e, f \in P$, $x, y \in C$.

(1) 若 $e \in P$, $e \leqslant \mathbf{d}(x)$ ($e \leqslant \mathbf{r}(x)$), 则 ${}_e|x = e \otimes x$ ($x|_e = x \otimes e$). 特别地, $x = {}_{\mathbf{d}(x)}|x = \mathbf{d}(x) \otimes x$ ($x = x|_{\mathbf{r}(x)} = x \otimes \mathbf{r}(x)$).

(2) $\mathbf{d}(x \otimes y) = \mathbf{d}(x \otimes \mathbf{d}(y)) \leqslant \mathbf{d}(x)$ ($\mathbf{r}(x \otimes y) = \mathbf{r}(\mathbf{r}(x) \otimes y) \leqslant \mathbf{r}(y)$).

(3) 若 $e \leqslant \mathbf{d}(x)$, $f \leqslant \mathbf{r}(x)$, 则 $((e \otimes x) \otimes f) \leqslant_m x$ $((e \otimes (x \otimes f)) \leqslant_m x)$.

证明 (1) 据命题4.1.10, 引理4.1.8 (2), 引理5.1.26 (5), (E1) 和 (G3), 可得

$$e \otimes x = e|_{e \times \mathbf{d}(x)} \cdot {}_{\mathbf{d}(x) \times e}|x = e|_e \cdot {}_e|x = e \cdot {}_e|x = \mathbf{d}({}_e|x) \cdot {}_e|x = {}_e|x.$$

据引理5.1.26 (1) 可得 $x = {}_{\mathbf{d}(x)}|x = \mathbf{d}(x) \otimes x$. 对偶可证剩余结果.

(2) 对任意 $x, y \in C$, 有 $x \otimes y = x|_{\mathbf{r}(x) \times \mathbf{d}(y)} \cdot {}_{\mathbf{d}(y) \times \mathbf{r}(x)}|y$, 据 (G1) 和命题4.1.10, 有

$$\mathbf{d}(x \otimes y) = \mathbf{d}(x|_{\mathbf{r}(x) \times \mathbf{d}(y)}) = \mathbf{d}(x|_{\mathbf{r}(x) \times \mathbf{d}(\mathbf{d}(y))}) = \mathbf{d}(x \otimes \mathbf{d}(y)).$$

由 (E1)' 可得 $x|_{\mathbf{r}(x) \times \mathbf{d}(y)} \leqslant_l x$, 从而据 (G1) 和 (O2), 我们有 $\mathbf{d}(x \otimes y) = \mathbf{d}(x|_{\mathbf{r}(x) \times \mathbf{d}(y)}) \leqslant \mathbf{d}(x)$. 对偶可证剩余结果.

(3) 记 $t = e \otimes x$, 据本引理的条款 (1), (E1) 和 $e \leqslant \mathbf{d}(x)$, 有 $t = {}_e|x \leqslant_r x$, 从而由 (O2) 可得 $\mathbf{r}(t) = \mathbf{r}(e \otimes x) \leqslant \mathbf{r}(x)$. 据引理5.1.21 (3) 和事实 $f \leqslant \mathbf{r}(x)$ 可得

$$\mathbf{r}({}_e|x) \times f = \mathbf{r}(t) \times f = f \times \mathbf{r}(t) = f \times \mathbf{r}({}_e|x) \leqslant f. \tag{5.1.6}$$

由命题4.1.10, 引理5.1.26 (5), (G3) 和 (E1)', 得

$$(e \otimes x) \otimes f = t \otimes f = t|_{\mathbf{r}(t) \times f} \cdot {}_{f \times \mathbf{r}(t)}|f = t|_{\mathbf{r}(t) \times f} \cdot (f \times \mathbf{r}(t))$$
$$= t|_{\mathbf{r}(t) \times f} \cdot (\mathbf{r}(t) \times f) = t|_{\mathbf{r}(t) \times f} \cdot \mathbf{r}(t|_{\mathbf{r}(t) \times f}) = t|_{\mathbf{r}(t) \times f} \leqslant_l t = {}_e|x, \tag{5.1.7}$$

这表明 $((e \otimes x) \otimes f) \leqslant_l t \leqslant_r x$, 从而据 (E4) 可得 $((e \otimes x) \otimes f) \leqslant_m x$. 对偶可证剩余结果. □

引理 5.1.31[187] 若 $e \in P$, $x, y \in C$, 则 $x \otimes (e \otimes y) = (x \otimes e) \otimes y$.

证明 事实上,

$x \otimes (e \otimes y) = x \otimes (e|_{e \times \mathbf{d}(y)} \cdot {}_{\mathbf{d}(y) \times e}|y)$ (据命题4.1.10)

$= x \otimes ((e \times \mathbf{d}(y)) \cdot {}_{\mathbf{d}(y) \times e}|y)$ (据引理5.1.26 (5) 和引理4.1.8 (2))

$= x|_{\mathbf{r}(x) \times (e \times \mathbf{d}(y))} \cdot {}_{(e \times \mathbf{d}(y)) \times \mathbf{r}(x)}|((e \times \mathbf{d}(y)) \cdot {}_{\mathbf{d}(y) \times e}|y)$ (据 (G1) 和命题4.1.10)

$= x|_{\mathbf{r}(x) \times (e \times \mathbf{d}(y))} \cdot ((e \times \mathbf{d}(y)) \times \mathbf{r}(x) \cdot {}_{p \times ((e \times \mathbf{d}(y)) \times \mathbf{r}(x))}|({}_{\mathbf{d}(y) \times e}|y))$

(据引理5.1.26的 (4), (5), 引理4.1.8 (2) 和命题4.1.10, 其中 $p = \mathbf{d}({}_{\mathbf{d}(y) \times e}|y)$)

$= x|_{\mathbf{r}(x) \times (e \times \mathbf{d}(y))} \cdot ((e \times \mathbf{d}(y)) \times \mathbf{r}(x) \cdot {}_{(\mathbf{d}(y) \times e) \times ((e \times \mathbf{d}(y)) \times \mathbf{r}(x))}|({}_{\mathbf{d}(y) \times e}|y))$ (据 (E1))

$= x|_{\mathbf{r}(x) \times (e \times \mathbf{d}(y))} \cdot ((e \times \mathbf{d}(y)) \times \mathbf{r}(x) \cdot {}_{(\mathbf{d}(y) \times e) \times ((e \times \mathbf{d}(y)) \times \mathbf{r}(x))}|y)$

(据引理5.1.26 (3) 和引理4.1.8 (2))

$= x|_{\mathbf{r}(x) \times (e \times \mathbf{d}(y))} \cdot ((e \times \mathbf{r}(x)) \times \mathbf{d}(y) \cdot {}_{\mathbf{d}(y) \times (e \times \mathbf{r}(x))}|y)$. (据引理4.2.23 (5))

类似计算可得

$$(x \otimes e) \otimes y = (x|_{\mathbf{r}(x) \times (e \times \mathbf{d}(y))} \cdot {}_{(e \times \mathbf{r}(x)) \times \mathbf{d}(y)}) \cdot {}_{\mathbf{d}(y) \times (e \times \mathbf{r}(x))}|y.$$

由 (G2) 可知结论成立. □

引理 5.1.32[187] 若 $x, y, z \in C$, $x \leqslant_r y$ ($x \leqslant_l y$), 则 $x \otimes z \leqslant_r y \otimes z$ ($z \otimes x \leqslant_l z \otimes y$).

证明 首先有 $x \otimes z = x|_{\mathbf{r}(x) \times \mathbf{d}(z)} \cdot {}_{\mathbf{d}(z) \times \mathbf{r}(x)}|z$ 和 $y \otimes z = y|_{\mathbf{r}(y) \times \mathbf{d}(z)} \cdot {}_{\mathbf{d}(z) \times \mathbf{r}(y)}|z$. 由 $x \leqslant_r y$, $\mathbf{d}(z) \in P$ 和 (E5) 可得 $x|_{\mathbf{r}(x) \times \mathbf{d}(z)} \leqslant_r y|_{\mathbf{r}(y) \times \mathbf{d}(z)}$. 事实 $x \leqslant_r y$ 和 (O2) 蕴含 $\mathbf{r}(x) \leqslant \mathbf{r}(y)$. 据引理5.1.21 (2) 和引理4.1.8 (2) 可得 $\mathbf{d}(z) \times \mathbf{r}(x) \leqslant \mathbf{d}(z) \times \mathbf{r}(y) \leqslant \mathbf{d}(z)$. 据引理5.1.26 (3), 有 ${}_{\mathbf{d}(z) \times \mathbf{r}(x)}|z \leqslant_r {}_{\mathbf{d}(z) \times \mathbf{r}(y)}|z$. 将 (O3) 用于偏序 $\leqslant_r$ 可得

$$x \otimes z = x|_{\mathbf{r}(x) \times \mathbf{d}(z)} \cdot {}_{\mathbf{d}(z) \times \mathbf{r}(x)}|z \leqslant_r y|_{\mathbf{r}(y) \times \mathbf{d}(z)} \cdot {}_{\mathbf{d}(z) \times \mathbf{r}(y)}|z = y \otimes z.$$

对偶可证 $x \leqslant_l y$ 蕴含 $z \otimes x \leqslant_l z \otimes y$. □

引理 5.1.33[187] 若 $e, f \in P$, $e \leqslant \mathbf{d}(x)$, $f \leqslant \mathbf{r}(x)$, 则 $(e \otimes x) \otimes f = e \otimes (x \otimes f)$.

证明 设 $u = (e \otimes x) \otimes f$, 据引理5.1.30 (3) 和引理5.1.28 (1), 有 $u \leqslant_m x$ 和 $\mathbf{r}(u) \leqslant \mathbf{r}(x)$, 引理5.1.28 (3) 蕴含 $u \leqslant_m x|_{\mathbf{r}(u)}$. 据引理5.1.28 (1) 和引理5.1.30 (1), 得

$$\mathbf{d}(u) \leqslant \mathbf{d}(x|_{\mathbf{r}(u)}), \ \mathbf{d}(u)|(x|_{\mathbf{r}(u)}) = \mathbf{d}(u) \otimes (x|_{\mathbf{r}(u)}).$$

但引理5.1.28 (4) 蕴含 $u =_{\mathbf{d}(u)} |(x|_{\mathbf{r}(u)})$. 再次据引理5.1.30 (1) 可得 $u = \mathbf{d}(u) \otimes (x|_{\mathbf{r}(u)}) = \mathbf{d}(u) \otimes (x \otimes \mathbf{r}(u))$. 据 (5.1.7) 式, $u = (e \otimes x) \otimes f = ({}_e|x)|_p \cdot {}_p|_{\leqslant_l e}|x$, 其中 $p = \mathbf{r}({}_e|x) \times f$. 据 (O2) 和 (E1), 有 $\mathbf{d}(u) \leqslant \mathbf{d}({}_e|x) = e \leqslant \mathbf{d}(x)$, 从而据 (G1), 命题4.1.10 和 (5.1.6) 式有 $\mathbf{r}(u) = \mathbf{r}({}_e|x) \times f \leqslant f \leqslant \mathbf{r}(x)$. 由引理5.1.26 (3) 和引理5.1.30 (1) 可得 $x \otimes \mathbf{r}(u) = x|_{\mathbf{r}(u)} \leqslant_l x|_f = x \otimes f$. 引理5.1.32 蕴含

$$(e \otimes x) \otimes f = u = \mathbf{d}(u) \otimes (x \otimes \mathbf{r}(u)) \leqslant_l \mathbf{d}(u) \otimes (x \otimes f) \leqslant_r e \otimes (x \otimes f),$$

从而据 (E4) 有 $(e \otimes x) \otimes f \leqslant_m e \otimes (x \otimes f)$. 对偶可得 $e \otimes (x \otimes f) \leqslant_m (e \otimes x) \otimes f$. 因为 $\leqslant_m$ 是偏序 (引理5.1.28 (1)), 我们有 $(e \otimes x) \otimes f = e \otimes (x \otimes f)$. □

引理 5.1.34[187] 设 $e, f \in P$, $y, z \in C$.

(1) $e \otimes f = (e \times f) \cdot (f \times e)$, $\mathbf{d}(e \otimes f) = e \times f$. 特别地, 若 $e \times f = f \times e$, 则 $e \otimes f = e \times f$.

(2) 若 $e \leqslant \mathbf{d}(y)$, 则 $\mathbf{d}((e \otimes y) \otimes z) = e \otimes \mathbf{d}(y \otimes z)$.

证明 (1) 据命题4.1.10, 引理5.1.26 (5) 和 (G1), 得

$$e \otimes f = e|_{e \times f} \cdot {}_{f \times e}|f = (e \times f) \cdot (f \times e), \mathbf{d}(e \otimes f) = e \times f.$$

若 $e \times f = f \times e$, 则据命题4.1.10, $e \otimes f = (e \times f) \cdot (f \times e) = (e \times f) \cdot (e \times f) = e \times f$.

(2) 事实上,

$$\mathbf{d}((e \otimes y) \otimes z) = \mathbf{d}((e \otimes (y \otimes \mathbf{r}(y))) \otimes z) \quad (\text{据引理5.1.30 (1)})$$

$$= \mathbf{d}(((e \otimes y) \otimes \mathbf{r}(y)) \otimes z) \quad (\text{据引理5.1.33})$$

$$= \mathbf{d}(((e \otimes y) \otimes \mathbf{r}(y)) \otimes \mathbf{d}(z)) \quad (\text{据引理5.1.30 (2)})$$

$$= \mathbf{d}((e \otimes y) \otimes (\mathbf{r}(y) \otimes \mathbf{d}(z))) \quad (\text{据引理5.1.31})$$

$$= \mathbf{d}((e \otimes y) \otimes \mathbf{d}(\mathbf{r}(y) \otimes \mathbf{d}(z))) \quad (\text{据引理5.1.30 (2)})$$

$$=\mathbf{d}((e\otimes y)\otimes(\mathbf{r}(y)\times\mathbf{d}(z)))\quad(\text{据本引理的条款}(1))$$
$$=\mathbf{d}(e\otimes(y\otimes(\mathbf{r}(y)\times\mathbf{d}(z)))\quad(\text{据引理}5.1.33\text{和引理}4.1.8\,(2))$$
$$=\mathbf{d}(e\otimes\mathbf{d}(y\otimes(\mathbf{r}(y)\times\mathbf{d}(z)))).\quad(\text{据引理}5.1.30\,(2))$$

由 $e\leqslant\mathbf{d}(y)$, $\mathbf{d}(y\otimes(\mathbf{r}(y))\times\mathbf{d}(z)))\leqslant\mathbf{d}(y)$(引理5.1.30 (2))和引理5.1.21 (3),我们有
$$e\times\mathbf{d}(y\otimes(\mathbf{r}(y)\times\mathbf{d}(z)))=\mathbf{d}(y\otimes(\mathbf{r}(y)\times\mathbf{d}(z)))\times e,$$
从而据本引理的条款(1)可得
$$e\otimes\mathbf{d}(y\otimes(\mathbf{r}(y)\times\mathbf{d}(z)))=e\times\mathbf{d}(y\otimes(\mathbf{r}(y)\times\mathbf{d}(z)))\in P.$$
据命题4.1.10, $\mathbf{d}((e\otimes y)\otimes z)=e\otimes\mathbf{d}(y\otimes(\mathbf{r}(y)\times\mathbf{d}(z)))$. 进一步地,
$$\mathbf{d}(y\otimes(\mathbf{r}(y)\times\mathbf{d}(z)))=\mathbf{d}(y\otimes\mathbf{d}(\mathbf{r}(y)\otimes\mathbf{d}(z)))\quad(\text{据本引理的条款}(1))$$
$$=\mathbf{d}(y\otimes(\mathbf{r}(y)\otimes\mathbf{d}(z)))\quad(\text{据引理}5.1.30\,(2))$$
$$=\mathbf{d}((y\otimes\mathbf{r}(y))\otimes\mathbf{d}(z))\quad(\text{据引理}5.1.31)$$
$$=\mathbf{d}(y\otimes\mathbf{d}(z))\quad(\text{据引理}5.1.30\,(1))$$
$$=\mathbf{d}(y\otimes z).\quad(\text{据引理}5.1.30\,(2))$$

故 $\mathbf{d}((e\otimes y)\otimes z)=e\otimes\mathbf{d}(y\otimes(\mathbf{r}(y)\times\mathbf{d}(z)))=e\otimes\mathbf{d}(y\otimes z)$. □

引理 5.1.35[187] 若 $y,z\in C$, $e\in P$, $e\leqslant\mathbf{d}(y)$, 则 $(e\otimes y)\otimes z=e\otimes(y\otimes z)$.

证明 因为 $e\leqslant\mathbf{d}(y)$, 据引理5.1.30 (1)和(E1), 有 $e\otimes y={}_e|y\leqslant_r y$. 引理5.1.32蕴含 $(e\otimes y)\otimes z\leqslant_r y\otimes z$. 利用(E1), 引理5.1.30 (1), 引理5.1.34 (2), 引理5.1.31和引理5.1.30 (1)可得
$$(e\otimes y)\otimes z=_{\mathbf{d}((e\otimes y)\otimes z)}|(y\otimes z)=\mathbf{d}((e\otimes y)\otimes z)\otimes(y\otimes z)$$
$$=(e\otimes\mathbf{d}(y\otimes z))\otimes(y\otimes z)=e\otimes(\mathbf{d}(y\otimes z)\otimes(y\otimes z))=e\otimes(y\otimes z),$$
这就证明了所需结论. □

引理 5.1.36[187] $(C,\otimes)$ 是半群.

证明 设 $x,y,z\in C$, 则
$$(x\otimes y)\otimes z=(x|_{\mathbf{r}(x)\times\mathbf{d}(y)})\otimes((_{\mathbf{d}(y)\times\mathbf{d}(x)}|y)\otimes z)\quad(\text{据引理}5.1.29)$$
$$=(x\otimes(\mathbf{r}(x)\times\mathbf{d}(y)))\otimes(((\mathbf{d}(y)\times\mathbf{r}(x))\otimes y)\otimes z)\quad(\text{据引理}5.1.30\,(1))$$
$$=(x\otimes(\mathbf{r}(x)\times\mathbf{d}(y)))\otimes((\mathbf{d}(y)\times\mathbf{r}(x))\otimes(y\otimes z))\quad(\text{据引理}5.1.35\text{和引理}4.1.8\,(2))$$
$$=((x\otimes(\mathbf{r}(x)\times\mathbf{d}(y)))\otimes(\mathbf{d}(y)\times\mathbf{r}(x)))\otimes(y\otimes z)\quad(\text{据引理}5.1.31)$$
$$=((x\otimes((\mathbf{r}(x)\times\mathbf{d}(y))\otimes(\mathbf{d}(y)\times\mathbf{r}(x))))\otimes(y\otimes z)\quad(\text{据引理}5.1.31)$$
$$=((x\otimes(\mathbf{r}(x)\otimes\mathbf{d}(y)))\otimes(y\otimes z)\quad(\text{据引理}5.1.34,\text{引理}4.2.23\,(1),(L3))$$
$$=(((x\otimes\mathbf{r}(x))\otimes\mathbf{d}(y))\otimes(y\otimes z)\quad(\text{据引理}5.1.31)$$
$$=((x\otimes\mathbf{d}(y))\otimes(y\otimes z)=x\otimes(\mathbf{d}(y)\otimes(y\otimes z))\quad(\text{据引理}5.1.30\,(1),\text{引理}5.1.31)$$
$$=x\otimes((\mathbf{d}(y)\otimes y)\otimes z)=x\otimes(y\otimes z),\quad(\text{据引理}5.1.35,\text{引理}5.1.30\,(1))$$

这就证明了所需结论. □

引理 5.1.37　lepe-广义范畴是 DRC 广义范畴.

证明　(E1) 和 (E1)′ 分别蕴含 (D1) 和 (D1)′; (E2), (E3) 蕴含 (D2); 引理5.1.26 (4) 蕴含 (D3) 和 (D3)′; 引理5.1.36蕴含 (D4). □

引理 5.1.38[187]　在半群 $(C, \otimes)$ 中, 对任意 $e, f \in P$, 有 $e \otimes f \otimes e = e \times f$.

证明　据引理5.1.34 (1), 对任意 $e, f \in P$, 有 $e \otimes f = (e \times f) \cdot (f \times e)$, 故

$$e \otimes f \otimes e = ((e \times f) \cdot (f \times e))|_{(f \times e) \times e} \cdot {}_{e \times (f \times e)}|e$$

$$= ((e \times f) \cdot (f \times e))|_{f \times e} \cdot {}_{e \times f}|e \quad (据引理4.1.8 (2))$$

$$= ((e \times f)|_{(e \times f) \times p} \cdot (f \times e)|_{f \times e}) \cdot {}_{e \times f}|e \text{ (据引理5.1.26 (4), 其中} p = \mathbf{d}(f \times e|_{f \times e}))$$

$$= ((e \times f)|_{(e \times f) \times (f \times e)} \cdot f \times e) \cdot e \times f \text{ (据引理5.1.26 (5) 和命题4.1.10)}$$

$$= ((e \times f)|_{e \times f} \cdot f \times e) \cdot e \times f \quad (据引理4.1.8 (5) 和事实 e \star f = f \times e)$$

$$= ((e \times f) \cdot (f \times e)) \cdot (e \times f) = e \times f, \quad (据引理5.1.26 (5) 和 (G4))$$

这就证明了所需结论. □

引理 5.1.39[187]　设 $(C, \cdot, \mathbf{d}, \mathbf{r}, P, \leqslant_l, \leqslant_r)$ 是 lepe-广义范畴, 在半群 $(C, \otimes)$ 中定义

$$x^\clubsuit = \mathbf{d}(x), \quad x^\spadesuit = \mathbf{r}(x), \tag{5.1.8}$$

则 $\mathcal{CS} = (C, \otimes, \clubsuit, \spadesuit)$ 形成局部 Ehresmann 的 P-Ehresmann 半群.

证明　据引理5.1.37和引理4.1.25及其证明知 $\mathcal{CS}$ 是 DRC 半群, 其投射集为

$$P_{\mathcal{CS}} = \{x^\clubsuit \mid x \in C\} = \{\mathbf{d}(x) \mid x \in C\} = \{\mathbf{r}(x) \mid x \in C)\} = \{x^\spadesuit \mid x \in C\} = P. \tag{5.1.9}$$

据引理5.1.34 (1) 和引理5.1.38, 有

$$(x^\clubsuit \otimes y^\clubsuit)^\clubsuit = (\mathbf{d}(x) \otimes \mathbf{d}(y))^\clubsuit = \mathbf{d}(\mathbf{d}(x) \otimes \mathbf{d}(y))$$

$$= \mathbf{d}(x) \times \mathbf{d}(y) = \mathbf{d}(x) \otimes \mathbf{d}(y) \otimes \mathbf{d}(x) = x^\clubsuit \otimes y^\clubsuit \otimes x^\clubsuit.$$

由此事实及其对偶可知 $\mathcal{CS}$ 是 P-Ehresmann 半群. 设 $e, f, g \in P_{\mathcal{CS}} = P$, 则 e, f, g 当然是 $(C, \otimes)$ 的幂等元, 据引理5.1.38, 得

$$e \otimes f \otimes e \otimes g \otimes e \otimes f \otimes e = (e \otimes f \otimes e) \otimes (e \otimes g \otimes e) \otimes (e \otimes f \otimes e)$$

$$= (e \times f) \otimes (e \times g) \otimes (e \times f) = (e \times f) \times (e \times g).$$

对偶可得 $e \otimes g \otimes e \otimes f \otimes e \otimes g \otimes e = (e \times g) \times (e \times f)$. 据 (I5), 我们有

$$e \otimes f \otimes e \otimes g \otimes e \otimes f \otimes e = e \otimes g \otimes e \otimes f \otimes e \otimes g \otimes e.$$

据引理5.1.3, $\mathcal{CS}$ 形成局部 Ehresmann 的 P-Ehresmann 半群. □

推论 5.1.40[187]　若 $(C, \cdot, \mathbf{d}, \mathbf{r}, P, \leqslant_m)$ 是 lrpr-广义范畴, 则 $\mathcal{CS} = (C, \otimes, \clubsuit, \spadesuit)$ 形成局部限制的 P-限制半群.

证明　据引理4.1.28和 $\leqslant_l = \leqslant_r$, 有 $\leqslant_{\mathcal{CS}}^l = \leqslant_{\mathcal{CS}}^r$, 再利用引理5.1.11 (2) 即得结果. □

引理 5.1.41[187]　设 $(C_1, \cdot, \mathbf{d}, \mathbf{r}, P_1, \leqslant_m), (C_2, \cdot, \mathbf{d}, \mathbf{r}, P_2, \leqslant_m)$ 和 $(C_3, \cdot, \mathbf{d}, \mathbf{r}, P_3, \leqslant_m)$ 是三个 lrpr-广义范畴, 若 φ 是 C_1 到 C_2 的预允许映射, 则 $\varphi\mathcal{S} : C_1 \to C_2, \quad x \mapsto x\varphi$ 提供了 $C_1\mathcal{S}$

到 $C_2\mathcal{S}$ 的一个 (2,1,1)-预同态. 进一步地, 若 φ_1 和 φ_2 分别是 C_1 到 C_2 和 C_2 到 C_3 的预同态, 则 $(\varphi_1\varphi_2)\mathcal{S} = (\varphi_1\mathcal{S})(\varphi_2\mathcal{S})$.

证明 据引理 4.1.29 的证明, $\varphi\mathcal{S}$ 保持 "♣" 和 "♠". 据 (M3) 和引理 4.1.28 可知 $\varphi\mathcal{S}$ 保持自然偏序. 由 (M2) 和引理 4.1.27 可知 $\varphi\mathcal{S}$ 保持限制积. 再据引理 5.1.19 可知 $\varphi\mathcal{S}$ 是 (2,1,1)-预同态. □

引理 5.1.42[187] 设 $(S,\cdot,^+,^*)$ 是局部 Ehresmann 的 P-Ehresmann 半群, 则 $S\mathcal{C} = (S, \odot, \mathbf{d}, \mathbf{r}, P_S)$ 是强广义范畴, 其中 "$\odot$" 是 S 的限制积, 且对任意 $e, f \in P_S$ 及 $x \in S$,
$$\mathbf{d}(x) = x^+, \mathbf{r}(x) = x^*, e \times_S f = efe.$$

证明 据引理 5.1.22 可知 S 的 Imaoka-Jones 代数是局部半格. 据引理 4.1.16, (G1)—(G3) 都成立. 设 $e, f \in P_S$ 且 $e \odot f$ 有定义, 则 $(e \odot f) \odot e = efe = e \times_S f$, 故 (G4) 成立. □

引理 5.1.43[187] 设 $(S,\cdot,^+,^*)$ 是局部 Ehresmann 的 P-Ehresmann 半群 (局部限制的 P-限制半群). 对任意满足条件 $e \leqslant_{P_S} \mathbf{d}(x)$ 和 $f \leqslant_{P_S} \mathbf{r}(x)$ 的 $x \in S, e, f \in P_S$, 定义 x 在 e 上的左限制和 x 在 f 上的右限制如下: $_e|x = ex, x|_f = xf$, 则 $S\mathcal{C} = (S, \cdot, \mathbf{d}, \mathbf{r}, P_S, \leqslant_S^l, \leqslant_S^r)$ 是 lepe-广义范畴 (lrpr-广义范畴).

证明 首先, 由引理 5.1.42, 引理 4.1.18, 引理 4.1.19 (1), 引理 5.1.9 和引理 4.1.19 (3) 可得 (E1). 其次, 引理 4.1.18 蕴含 (E2), 而 "$\leqslant_{P_S}$" 和 "$\times_S$" 的概念及引理 4.1.18 蕴含 (E3). 再次, 引理 5.1.8 蕴含 (E4). 最后, 引理 5.1.10 蕴含 (E5) 及其对偶. 进一步地, 据引理 5.1.11, 若 $(S,\cdot,^+,^*)$ 是局部限制的 P-限制半群, 则 $\leqslant_S^l = \leqslant_S^r$, 从而此时 $S\mathcal{C}$ 是 lrpr-广义范畴. □

引理 5.1.44[187] 设 $(S_1,\cdot,^+,^*), (S_2,\cdot,^+,^*)$ 和 $(S_3,\cdot,^+,^*)$ 是局部限制的 P-限制半群, θ 是 S_1 到 S_2 的 (2,1,1)-预同态, 则由规则 $x(\theta\mathcal{C}) = x\theta$ 定义的映射 $\theta\mathcal{C} : S_1 \to S_2$ 提供了一个从 $S_1\mathcal{C}$ 到 $S_2\mathcal{C}$ 的预允许映射. 进一步地, 若 $\theta_1 : S_1 \to S_2$ 和 $\theta_2 : S_2 \to S_3$ 是 (2,1,1)-预同态, 则 $(\theta_1\theta_2)\mathcal{C} = (\theta_1\mathcal{C})(\theta_2\mathcal{C})$.

证明 据引理 5.1.19, (2,1,1)-预同态保持运算 "$+$", "$*$", 自然偏序, 限制积. 这正好说明 $\theta\mathcal{C}$ 满足 (M1), (M3) 和 (M2). □

据引理 5.1.39, 引理 5.1.43 和定理 4.1.33 及其证明可得下面的定理.

定理 5.1.45[187] 局部 Ehresmann 的 P-Ehresmann 半群连同 (2,1,1)-同态构成的范畴同构于 lepe-广义范畴连同允许映射构成的范畴.

下面讨论几种特殊情况. 据文献 [88], lepe-广义范畴 $(C, \cdot, \mathbf{d}, \mathbf{r}, P, \leqslant_l, \leqslant_r)$ 称为 Ehresmann 范畴, 若 $(P, \times)$ 是一个半格. 据引理 5.1.22, 引理 4.1.27 和定理 5.1.45, 可以得到 Lawson 的定理.

推论 5.1.46[88] Ehresmann 半群连同 (2,1,1)-同态构成的范畴同构于 Ehresmann 范畴连同允许映射构成的范畴.

其次, 考虑局部限制的 P-限制半群. 据推论 5.1.40, 引理 5.1.41 和引理 5.1.43, 引理 5.1.44, 有下面的结果.

推论 5.1.47[187] 局部限制的 P-限制半群连同 (2,1,1)-预同态 ((2,1,1)-同态) 构成的范畴同构于 lrpr-广义范畴连同预允许映射 (允许映射) 构成的范畴.

最后, 据文献 [55], Ehresmann 范畴 $(C,\cdot,\mathbf{d},\mathbf{r},P,\leqslant_l,\leqslant_r)$ 称为归纳范畴, 若 $\leqslant_l=\leqslant_r$, 而序函子(强序函子)恰好是我们定义的预允许映射(允许映射). 结合推论 5.1.46 和推论 5.1.47, 有如下结果.

推论 5.1.48[55] 限制半群连同 $(2,1,1)$-预同态 ($(2,1,1)$-同态) 构成的范畴同构于归纳范畴连同序函子(强序函子)构成的范畴.

5.2 投射本原的 P-Ehresmann 半群

本节研究投射本原 P-Ehresmann 半群. 首先给出了投射本原 P-Ehresmann 半群的概念和基本性质, 然后按照零元的不同性质给出了这类半群的代数结构.

设 $(S,\cdot,^+,^*)$ 是 P-Ehresmann 半群, 则 P_S 上有偏序 ω_S 如下: 对任意 $e,f \in P_S$, $e\omega_S f$ 当且仅当 $e = fef$. 根据此偏序, 可按照如下方式来定义投射本原的 P-Ehresmann 半群. 当 S 不含零元或含零元 0 但 $0 \notin P_S$ 时, 称 S 是投射本原的, 若对任意 $e,f \in P_S$, $e\omega_S f$ 蕴含 $e = f$. 当 S 含零元 0 且 $0 \in P_S$ 时, 称 S 是投射本原的, 若对任意 $e,f \in P_S$, $e\omega_S f$ 蕴含 $e = 0$ 或 $e = f$. 首先刻画不含零元的投射本原 P-Ehresmann 半群.

命题 5.2.1[189] 设 $(S,\cdot,^+,^*)$ 是不含零元的 P-Ehresmann 半群, 则下列各款等价:

(1) S 投射本原.

(2) S 满足公理 $(xy)^+ = x^+$.

(3) S 满足公理 $(xy)^* = y^*$.

证明 仅证 (1) 和 (2) 的等价性, (1) 和 (3) 的等价性类似可证. 设 S 投射本原, $x,y \in S$, 则由引理 4.1.17 知 $(xy)^+\omega_S x^+$, 故由 S 的投射本原性知 $(xy)^+ = x^+$. 反之, 设 $e,f \in P_S$ 且 $e\omega_S f$, 则 $ef = fe = e$. 据假设条件及引理 4.1.4, 有 $f = f^+ = (fe)^+ = e^+ = e$. 故 S 投射本原. □

P-Ehresmann 半群 $(S,\cdot,^+,^*)$ 称为约化的, 若 P_S 恰含一个元素. 此时, S 是以唯一的投射元为单位元的幺半群. 显然, 约化 P-Ehresmann 半群恒投射本原.

命题 5.2.2[189] 设 $(S,\cdot,^+,^*)$ 是含零元 0 的 P-Ehresmann 半群且 $0 \notin P_S$, 则下列各款等价:

(1) S 投射本原.

(2) 对任意 $x \in S$, 有 $x^+ = 0^+$.

(3) 对任意 $x \in S$, 有 $x^* = 0^*$.

此时, S 是以 0^+ 为单位元的约化 P-Ehresmann 半群, 从而是 Ehresmann 半群.

证明 仅证 (1) 和 (2) 的等价性, (1) 和 (3) 的等价性类似可证. 设 S 投射本原, $x \in S$, 则 $0^+ = (x0)^+\omega_S x^+$, 从而 $0^+ = x^+$. 反之, 条款 (2) 蕴含着 $P_S = \{x^+ \mid x \in S\} = \{0^+\}$. 这表明 S 是约化的且含有单位元 0^+, 从而是投射本原的. □

注记 5.2.3[189] 据命题 5.2.2, 投射本原的含 0 且满足 $0 \notin P_S$ 的 P-Ehresmann (Ehresmann) 半群 $(S,\cdot,^+,^*)$ 是约化的且恰好是至少含两个元素的含零幺半群.

现考虑满足 $0 \in P_S$ 的含零元的投射本原 P-Ehresmann 半群.

5.2 投射本原的 P-Ehresmann 半群

命题 5.2.4[189] 设 $(S,\cdot,^+,^*)$ 是满足 $0 \in P_S$ 的含零元的投射本原 P-Ehresmann 半群.

(1) 对任意 $x \in S$, $x^+ = 0 \iff x = 0 \iff x^* = 0$.

(2) 对任意 $x, y \in S \setminus \{0\}$, $xy \neq 0 \iff x^*y^+x^* = x^* \iff y^+x^*y^+ = y^+$.

证明 (1) 设 $x \in S$, 仅证 $x^+ = 0$ 当且仅当 $x = 0$, 另一等价性对偶可证. 事实上, 若 $x^+ = 0$, 则 $x = x^+x = 0x = 0$. 反过来, 对任意 $a \in S$, 有 $0^+ = (a0)^+\omega_S a^+$. 这表明 0^+ 是 P_S 中的最小元. 由 $0 \in P_S$ 可得 $0^+ = 0^+0 = 0$.

(2) 设 $x, y \in S \setminus \{0\}$, 仅证 $xy \neq 0$ 当且仅当 $x^*y^+x^* = x^*$, 另一等价性对偶可证. 若 $xy \neq 0$, 则 $xx^*y^+y = xy \neq 0$, 这蕴含 $x^* \neq 0$ 和 $x^*y^+ \neq 0$. 据条款 (1), 有 $x^{*+} \neq 0$ 和 $(x^*y^+)^+ \neq 0$. 注意到 $(x^*y^+)^+\omega_S x^{*+}$, 据 S 的投射本原性知 $(x^*y^+)^+ = x^{*+}$. 进一步地, 由 P-Ehresmann 半群的定义知 $x^*y^+x^* = (x^*y^+)^+ = x^{*+} = x^*$. 反之, 若 $x^*y^+x^* = x^*$, 则据 P-Ehresmann 半群的定义及条款 (1),

$$(xy)^+ = (xy^+)^+ = (xx^*y^+)^+ = (x(x^*y^+)^+)^+ = (xx^*y^+x^*)^+ = (xx^*)^+ = x^+ \neq 0, \tag{5.2.1}$$

这就证明了 $xy \neq 0$. □

定理 5.2.5[189] 投射本原的 P-Ehresmann 半群是 P-限制的.

证明 设 $(S,\cdot,^+,^*)$ 是投射本原的 P-Ehresmann 半群且 $x, y \in S$. 若 S 不含零, 则据命题 5.2.1 可知 $(xy)^+x = x^+x = x$. 由 $x^*y^+x^* \leq x^*$ 和 S 的投射本原性知 $x^*y^+x^* = x^*$. 这表明 $xy^+x^* = xx^*y^+x^* = xx^* = x$, 故 $(xy)^+x = xy^+x^*$. 对偶可证 $x(yx)^* = x^+y^*x$. 若 S 含 0 且 $0 \notin P_S$, 则据命题 5.2.2, 有 $(xy)^+x = xy^+x^*$ 和 $x(yx)^* = x^+y^*x$. 最后, 设 S 含 0 且 $0 \in P_S$. 若 $xy = 0$, 则据命题 5.2.4 (1) 可得 $0 = (xy)^+ = (xy^+)^+$ 和 $xy^+ = 0$, 这表明 $(xy)^+x = 0 = xy^+x^*$. 若 $xy \neq 0$, 则据命题 5.2.4 有 $(xy)^+ \neq 0$ 和 $x^* = x^*y^+x^*$. 由 $(xy)^+ \leq x^+$ 及 S 的本原性可得 $(xy)^+ = x^+$. 这表明 $xy^+x^* = xx^*y^+x^* = xx^* = x = x^+x = (xy)^+x$, 故 $(xy)^+x = xy^+x^*$. 对偶可得 $x(yx)^* = x^+y^*x$. 这就证明了 S 是 P-限制的. □

下面建立不含零元或含零元 0 但 0 不是投射元的投射本原的 P-Ehresmann 半群的结构.

定理 5.2.6[189] 设 I 和 Λ 是集合且 $\phi: I \to \Lambda, i \mapsto i\phi$ 是双射, 假设 M 是幺半群, $|I \times M \times \Lambda| \neq 1$, $\boldsymbol{P} = (p_{\lambda i})_{\Lambda \times I}$ 是 M 上的 $\Lambda \times I$-矩阵, 且对任意 $i, j \in I$, 有 $p_{i\phi,i} = e = p_{i\phi,j}p_{j\phi,i}$, 其中 e 是 M 的单位元. 在集合

$$S = \mathcal{M}(I, \Lambda, M, \boldsymbol{P}) = \{(i, x, \lambda) \mid i \in I, x \in M, \lambda \in \Lambda\}$$

上定义运算如下:

$$(i, x, \lambda)(j, y, \mu) = (i, xp_{\lambda j}y, \mu), (i, x, \lambda)^+ = (i, e, i\phi), (i, x, \lambda)^* = (\lambda\phi^{-1}, e, \lambda),$$

则 $(S,\cdot,^+,^*)$ 是不含零元或含零元 0 但 0 不是投射元的投射本原的 P-Ehresmann 半群. 反之, 任意这种半群均可如此构造.

证明 直接部分. 显然, S 关于上述二元运算形成半群. 先注意以下事实:

$$\text{对任意}(i, x, \lambda) \in S, \ (i, x, \lambda)^+ = (i, e, i\phi) \text{由第一分量} i \text{确定}. \tag{5.2.2}$$

设 $(i,x,\lambda),(j,y,\mu)\in S$, 首先, 据定理中条件, 有
$$(i,x,\lambda)^+(i,x,\lambda)=(i,e,i\phi)(i,x,\lambda)=(i,ep_{i\phi,i}x,\lambda)=(i,eex,\lambda)=(i,x,\lambda).$$
其次, 由于 $(i,x,\lambda)(j,y,\mu)$ 和 $(i,x,\lambda)(j,y,\mu)^+$ 有相同的第一分量, 据事实(5.2.2)式有
$$((i,x,\lambda)(j,y,\mu)^+)^+=((i,x,\lambda)(j,y,\mu))^+.$$
再次, 据(5.2.2)式, 有 $((i,x,\lambda)^+(j,y,\mu)^+)^+=(i,e,i\phi)$. 另外,
$$(i,x,\lambda)^+(j,y,\mu)^+(i,x,\lambda)^+=(i,e,i\phi)(j,e,j\phi)(i,e,i\phi)$$
$$=(i,ep_{i\phi,j}ep_{j,i\phi}e,i\phi)=(i,p_{i\phi,j}p_{j,i\phi},i\phi)=(i,e,i\phi).$$
故 $((i,x,\lambda)^+(j,y,\mu)^+)^+=(i,x,\lambda)^+(j,y,\mu)^+(i,x,\lambda)^+$. 最后,
$$((i,x,\lambda)^+)^*=(i,e,i\phi)^*=((i\phi)\phi^{-1},e,i\phi)=(i,e,i\phi)=(i,x,\lambda)^+.$$
另一方面, 容易验证,
$$(\forall i,j\in I)\ p_{i\phi,i}=e=p_{i\phi,j}p_{j\phi,i}$$
当且仅当
$$(\forall \lambda,\mu\in\Lambda)\ p_{\lambda,\lambda\phi^{-1}}=e=p_{\lambda,\mu\phi^{-1}}p_{\mu,\lambda\phi^{-1}}.$$
这表明, 我们可以得到上述论述的对偶结果. 由DRC条件和引理4.1.3, $(S,\cdot,^+,^*)$ 是 P-Ehresmann半群且 $P_S=\{(i,e,i\phi)\mid i\in I\}$.

若 (i,z,λ) 是 S 的零元, 则对任意 $(j,y,\mu)\in S$, 有 $(i,z,\lambda)(j,y,\mu)=(i,z,\lambda)=(j,y,\mu)(i,z,\lambda)$, 这表明 $i=j$ 且 $\lambda=\mu$. 此时, $|I|=|\Lambda|=1$, 从而 P_S 仅含唯一元素, 故 $(S,\cdot,^+,^*)$ 约化, 从而投射本原. 由假设条件, S 至少含两个元素, 从而是投射本原的 P-Ehresmann半群且其零元不是投射元. 若 S 不含零元, $(i,e,i\phi),(j,e,j\phi)\in P_S$ 且 $(i,e,i\phi)\omega_S(j,e,j\phi)$, 则 $(j,e,j\phi)(i,e,i\phi)=(i,e,i\phi)$, 从而 $i=j$ 且 $(i,e,i\phi)=(j,e,j\phi)$, 故 $(S,\cdot,^+,^*)$ 是不含零元的投射本原 P-Ehresmann半群.

反面部分. 设 $(M,\cdot,^+,^*)$ 是含零的投射本原 P-Ehresmann半群且其零元不是投射元, 则据命题5.2.2和注记5.2.3, M 至少含两个元素且是以其唯一投射元 e 为单位元的幺半群. 设 $I=\Lambda=\{1\}$, $\phi:I\to\Lambda,1\mapsto 1$. 定义 M 上 $\Lambda\times I$-矩阵 $\boldsymbol{P}=(p_{\lambda i})_{\Lambda\times I}$ 使得 $p_{11}=e$. 据直接部分的证明, 有投射本原的 P-Ehresmann半群 $S=\mathcal{M}(I,\Lambda,M,P)=\{(1,x,1)\mid x\in M\}$, 其中
$$(1,x,1)(1,y,1)=(1,xy,1),\ (1,x,1)^+=(1,e,1),\ (1,x,1)^*=(1,e,1).$$
显然, $\psi:M\to S,\ x\mapsto(1,x,1)$ 是 M 到 S 的 $(2,1,1)$-同构.

设 $(T,\cdot,^+,^*)$ 是不含零的投射本原 P-Ehresmann半群, 固定元素 $e\in P_T$ 并记 $I=\{xe\mid x\in P_T\}$, $\Lambda=\{ex\mid x\in P_T\}$. 对任意 $x\in P_T$, 定义 $\phi:I\to\Lambda$, $xe\mapsto ex$, 则 ϕ 是双射. 事实上, 若 $x,y\in P_T$ 且 $xe=ye$, 则据 P-Ehremann半群的定义和命题5.2.1可得 $x=x^+=(xe)^+=(ye)^+=y^+=y$, 从而 $ex=ey$. 由此事实及其对偶可知 ϕ 是双射. 记 $M=\{a\in T\mid a^+=a^*=e\}$, 则 M 是以 e 为单位元的幺半群. 据命题5.2.1, 对任意 $x,y\in P_T$, 有 $(exye)^+=(exye)^*=e^+=e^*=e$, 故可定义 M 上 $\Lambda\times I$-矩阵 $\boldsymbol{P}=(p_{\lambda i})_{\Lambda\times I}$, 其中 $p_{\lambda i}=\lambda i$, $i\in I$, $\lambda\in\Lambda$. 我们断言, 对任意 $i,j\in I$, $p_{i\phi,i}=e=p_{i\phi,j}p_{j\phi,i}$. 事

实上, 取 $i = xe, j = ye \in I$, 其中 $x, y \in P_T$, 则 $i\phi = ex$, $j\phi = ey$. 据命题5.2.1, 有 $p_{i\phi,i} = (i\phi)i = (ex)(xe) = exe = (ex)^+ = e^+ = e$ 和
$$p_{i\phi,j}p_{j\phi,i} = ((i\phi)j)((j\phi)i) = exyeeyxe = exyeyxe = (e(xyeyx))^+ = e^+ = e.$$
据正面部分的证明, 有投射本原的 P-Ehhresmann 半群
$$S = \mathcal{M}(I, \Lambda, M, \boldsymbol{P}) = \{(i, a, \lambda) \mid i \in I, a \in M, \lambda \in \Lambda\}$$
其中
$$(i, a, \lambda)(j, b, \mu) = (i, ap_{\lambda j}b, \mu), (i, a, \lambda)^+ = (i, e, i\phi), (i, a, \lambda)^* = (\lambda\phi^{-1}, e, \lambda).$$
即对任意 $x, y, u, v \in P_T$ 和 $a, b \in M$,
$$(xe, a, eu)(ye, b, ev) = (xe, aeuyeb, ev), (xe, a, eu)^+ = (xe, e, ex), (xe, a, eu)^* = (ue, e, eu).$$
定义 $\psi : S \to T, (i, a, \lambda) \mapsto ia\lambda$, 下证 ψ 是 $(2,1,1)$-同构. 显然, ψ 是良好定义的. 设 $i = xe, \lambda = eu, j = ye, \mu = ev, a, b \in M$, 其中 $x, y, u, v \in P_T$.

(1) 若 $ia\lambda = jb\mu$, 则据命题5.2.1知
$$x = x^+ = (xea\lambda)^+ = (ia\lambda)^+ = (jb\mu)^+ = (yeb\mu)^+ = y^+ = y,$$
这说明 $i = xe = ye = j$. 对偶可得 $\lambda = \mu$. 另外, 有 $xeaeu = ia\lambda = jb\mu = yebev$, 从而据命题5.2.1及事实 $a, b \in M$ 知
$$a = eae = e^+ae^+ = (ex)^+a(eu)^+ = exeaeue$$
$$= eyebeve = (ey)^+b(ev)^+ = e^+be^+ = ebe = b.$$
故 ψ 是单射.

(2) 设 $t \in T$, 则据命题5.2.1知 $(ete)^+ = e^+ = e$ 和 $(ete)^* = e^* = e$, 这表明 $ete \in M$. 另外,
$$(t^+e)(ete)(et^*) = t^+etet^* = t^+et^+tt^*et^* = (t^+e)t(t^*e)^+ = (t^+)^+t(t^*)^+ = t^+tt^* = t,$$
于是 $(t^+e, ete, et^*)\psi = t$, 这说明 ψ 是满的.

(3) 注意到
$$[(i, a, \lambda)(j, b, \mu)]\psi = (xe, a, eu)(ye, b, ev)\psi$$
$$= [(xe, aeuyeb, ev)]\psi = (xeaeu)(yebev) = ((i, a, \lambda)\phi)((j, b, \mu)\phi),$$
ψ 是半群同态. 另外, 据命题5.2.1,
$$((i, a, \lambda)^+)\psi = (i, e, i\phi)\psi = (xe, e, ex)\psi$$
$$= xeeex = xex = (xe)^+ = x^+ = (xeaeu)^+ = ((i, a, \lambda)\phi)^+.$$
这说明 ψ 保持"$+$". 对偶可证 ψ 保持"$*$". 这就证明了 ψ 是 $(2,1,1)$-同构. □

在定理5.2.6中, 若将 $i \in I$ 等同于 $i\phi$, 则我们可假设 $I = \Lambda$.

推论 5.2.7[189] 设 I 是集合, M 是幺半群, $|I \times M| \neq 1$. 设 $\boldsymbol{P} = (p_{\lambda i})_{I \times I}$ 是 M 上 $I \times I$-矩阵且满足 $p_{ii} = e = p_{ij}p_{j,i}$, $i, j \in I$, 其中 e 是 M 的单位元. 在集合
$$S = \mathcal{M}(I, M, \boldsymbol{P}) = \{(i, x, j) \mid i, j \in I, x \in M\}$$

上定义二元运算和一元运算如下:
$$(i,x,j)(k,y,l) = (i,xp_{jk}y,l), (i,x,j)^+ = (i,e,i), (i,x,j)^* = (j,e,j),$$
则 $(S,\cdot,^+,^*)$ 是不含零元或含零元 0 但 0 不是投射元的投射本原的 P-Ehresmann 半群. 反之, 任意这种半群均可如此构造.

接下来给出含零的且零元是投射元的投射本原的 P-Ehresmann 半群的结构. 先给出本原 Imaoka-Jones 代数的结构. 含最小元 0 的 Imaoka-Jones 代数 $(P,\times)$ 称为本原的, 若 $P \setminus \{0\}$ 中任意两个不相同的元素 (按 P 的自然偏序 $\leqslant_P$, 见 (4.1.2) 式) 均不可比较.

命题 5.2.8[189] 本原 Imaoka-Jones 代数 $(P,\times)$ 恰好是一个满足下列条件的 $(2,0)$-型代数 $(P,\times,0)$: 对任意 $e,f \in P$,

(Pr1) $e \times e = e$.

(Pr2) $0 \times e = 0 = e \times 0$.

(Pr3) $e \times f = 0$ 或 $e \times f = e$.

(Pr4) $e \times f = 0$ 当且仅当 $f \times e = 0$.

特别地, 若对任意 $e,f \in P$, 有 $e \times f = f \times e$, 则 $e \times f \neq 0$ 当且仅当 $e = f \neq 0$.

证明 设 $(P,\times)$ 是以 0 为最小元的本原 Imaoka-Jones 代数, $e,f \in P$. 由 $0 \leqslant_P e$ 可得 $e \times 0 = 0$, 从而据 (I2) 可知 $0 \times e = (e \times 0) \times e = e \times 0 = 0$, 这证明了 (Pr2). 由引理 4.1.8 (2) 可知 $e \times f \leqslant_P e$, 从而由本原性知 (Pr3) 成立. 最后, 若 $e \times f = 0, f \times e \neq 0$, 则由 (Pr3) 知 $f \times e = f \neq 0$. 但据 (I3) 和 (Pr2) 可得
$$f \times e = (f \times e) \times e = f \times (e \times (f \times e)) = f \times (e \times f) = f \times 0 = 0,$$
矛盾, 故 (Pr4) 成立.

反之, 设 $(P,\times,0)$ 是满足命题中条件的 $(2,0)$-型代数, $e,f,g \in P$. 据 (Pr3), 有 $e \times f = 0$ 或 $e \times f = e$. 在前一情形下, 据 (Pr2) 知 (I2) 中的所有项均为 0. 在后一情形下, 据 (Pr1) 知 (I2) 中的所有项均等于 e. 这证明了 (I2). 另外, 我们还有 $e \times g = 0$ 或 $e \times g = e$, 于是有下列 4 种情况发生:

(1) $e \times f = e, e \times g = e$;   (2) $e \times f = e, e \times g = 0$;

(3) $e \times f = 0, e \times g = e$;   (4) $e \times f = 0, e \times g = 0$.

对情形 (1), 有 $(e \times f) \times g = e \times g = e$ 和 $e \times (f \times (e \times g)) = e \times (f \times e)$. 据 (Pr3) 和 (Pr4), 此时有 $f \times e = f$, 故 $e \times (f \times e) = e \times f = e$. 这对情形 (1) 证明了 (I3). 其他情形类似可证. 最后, 考虑 (I4). 据 (Pr3), 有 $f \times g = f$ 或 $f \times g = 0$. 在前一种情形下, 据 (Pr1) 可知 (I4) 的左边是 $e \times f$, (I4) 的右边是 $(e \times f) \times (e \times f) = e \times f$, 从而它们相等. 在后一情形下, 据 (Pr2), (I4) 的两边都等于 0. 最后的论断由 (Pr1), (Pr3) 和 (Pr4) 立得. $\square$

下面的结果是容易证明的.

引理 5.2.9[189] 设 $(S,\cdot,^+,^*)$ 是含零元 0 的投射本原的 P-Ehresmann 半群, $0 \in P_S$. 在 P_S 上定义二元运算 "$\times_S$" 如下: 对任意 $e,f \in P_S, e \times_S f = (ef)^+ = efe$, 则 $(P_S,\times_S,0)$ 是本原 Imaoka-Jones 代数. 特别地, 若 S 是 Ehresmmann 半群, 则对任意 $e,f \in P_S$, 有 $e \times_S f = f \times_S e$.

设 C 是非空集合,"·"是 C 上部分二元运算,$(P, \times, 0)$ 是本原 Imaoka-Jones 代数且 $(P \setminus \{0\}) \subseteq C$. 又设 $\mathbf{d} : C \to P, x \mapsto \mathbf{d}(x)$, $\mathbf{r} : C \to P, x \mapsto \mathbf{r}(x)$ 是映射,$\mathbf{d}(C) \cup \mathbf{r}(C) \subseteq (P \setminus \{0\})$ 且对任意 $e \in (P \setminus \{0\})$,有

$$\mathbf{d}(e) = e = \mathbf{r}(e). \tag{5.2.3}$$

称 $\mathbf{C} = (C, \cdot, \mathbf{d}, \mathbf{r}, P)$ 为 $(P, \times, 0)$ 上的本原广义范畴,若下列条件成立:

(Gr1) 对任意 $x, y \in C$,$x \cdot y$ 有定义当且仅当 $\mathbf{r}(x) \times \mathbf{d}(y) \neq 0$,此时有 $\mathbf{d}(x \cdot y) = \mathbf{d}(x)$ 和 $\mathbf{r}(x \cdot y) = \mathbf{r}(y)$.

(Gr2) 若 $x, y, z \in C$ 且 $x \cdot y$ 和 $y \cdot z$ 有定义,则 $(x \cdot y) \cdot z = x \cdot (y \cdot z)$.

(Gr3) 对任意 $x \in C$,$\mathbf{d}(x) \cdot x$ 和 $x \cdot \mathbf{r}(x)$ 有定义且 $\mathbf{d}(x) \cdot x = x = x \cdot \mathbf{r}(x)$.

(Gr4) 若 $e, f \in P$ 且 $e \times f \neq 0$,则 $(e \cdot f) \cdot e = e$.

若对任意 $e, f \in P$,有 $e \times f = f \times e$,则 $e \times f \neq 0$ 当且仅当 $e = f$,从而据 (5.2.3) 式,(Gr3) 和命题 5.2.8 可知 (Gr4) 恒成立,此时,$\mathbf{C} = (C, \cdot, \mathbf{d}, \mathbf{r}, P)$ 是通常意义下的范畴.

命题 5.2.10[189] 设 $(C, \cdot, \mathbf{d}, \mathbf{r}, P)$ 是本原 Imaoka-Jones 代数 $(P, \times, 0)$ 上的本原广义范畴. 记 $C^0 = C \cup \{0\}$,在 C^0 上定义二元运算如下: 若 $x, y \in C$ 且 $x \cdot y$ 有定义,则 $xy = x \cdot y$;C^0 中的其他积为 0. 另外,在 C^0 上定义两个一元运算如下: 对任意 $x \in C$,$0^\clubsuit = 0^\spadesuit = 0, x^\clubsuit = \mathbf{d}(x), x^\spadesuit = \mathbf{r}(x)$,则 C^0 是投射本原的 P-Ehresmann 半群且 0 是投射元. 以下称 $(C^0, \cdot, \clubsuit, \spadesuit)$ 为 0-广义范畴.

证明 设 $x, y, z \in C^0$,容易验证,$(xy)z = 0$ 当且仅当 $x(yz) = 0$,故由 (Gr2) 可知 C^0 是半群. 设 $x, y \in C^0$,若 $0 \in \{x, y\}$,则 P-Ehresmann 半群定义中的等式显然是成立的. 下假设 $x, y \in C$. 首先,由 (Gr3) 知 $\mathbf{d}(x) \cdot x = x$,从而 $x^\clubsuit x = x$. 其次,由 (5.2.3) 式可知 $\mathbf{d}(y^\clubsuit) = \mathbf{d}(\mathbf{d}(y)) = \mathbf{d}(y)$,故据 (Gr1),$xy^\clubsuit \neq 0$ 当且仅当 $xy \neq 0$. 此时,$(xy^\clubsuit)^\clubsuit = \mathbf{d}(xy^\clubsuit) = \mathbf{d}(x) = \mathbf{d}(xy) = (xy)^\clubsuit$. 再次,据 (5.2.3) 式,(Gr1) 和 (Pr4),有

$$x^\clubsuit y^\clubsuit \neq 0 \iff \mathbf{d}(x) \times \mathbf{d}(y) \neq 0 \iff x^\clubsuit y^\clubsuit x^\clubsuit \neq 0.$$

此时,据 (Gr1) 有 $(x^\clubsuit y^\clubsuit)^\clubsuit = \mathbf{d}(\mathbf{d}(x)\mathbf{d}(y)) = \mathbf{d}(\mathbf{d}(x)) = \mathbf{d}(x)$,而据 (Gr4) 有 $x^\clubsuit y^\clubsuit x^\clubsuit = \mathbf{d}(x)\mathbf{d}(y)\mathbf{d}(x) = \mathbf{d}(x)$. 最后据 (5.2.3) 式可知 $(x^\clubsuit)^\spadesuit = \mathbf{r}(\mathbf{d}(x)) = \mathbf{d}(x) = x^\clubsuit$. 由上述论证及其对偶和引理 3.2.3 之前的陈述可得 $(C^0, \cdot, \clubsuit, \spadesuit)$ 是 P-Ehresmann 半群,其投射集为

$$P_{C^0} = \{x^\clubsuit \mid x \in C^0\} = P = \{\mathbf{d}(x) \mid x \in C\} \cup \{0\} = \{\mathbf{r}(x) \mid x \in C\} \cup \{0\}.$$

设 $e, f \in P_{C^0}$,$e \leqslant f$,则 $e = ef = fe$. 若 $e \neq 0$,则 $f \cdot e$ 有定义且据 (5.2.3) 式和 (Gr1) 可得 $e = \mathbf{d}(e) = \mathbf{d}(fe) = \mathbf{d}(f) = f$,故 $(C^0, \cdot, \clubsuit, \spadesuit)$ 是投射本原的. $\square$

注记 5.2.11[189] 设 $(C, \cdot, \mathbf{d}, \mathbf{r}, P)$ 是本原 Imaoka-Jones 代数 $(P, \times, 0)$ 上的本原广义范畴. 若 P 至少含两个元素且对任意 $e, f \in P \setminus \{0\}$,有 $e \times f \neq 0$,则对任意 $x, y \in C$,$x \cdot y$ 均有定义. 据命题 5.2.10 和命题 5.2.1,$(C, \cdot, \clubsuit, \spadesuit)$ 是不含零元的投射本原的 P-Ehresmann 半群. 另一方面,若 P 含两个元素,设 $P = \{0, 1\}$,则 $(C, \cdot, \clubsuit, \spadesuit)$ 是约化 P-Ehresmann 半群. 事实上,$(C, \cdot)$ 是以 1 为单位元的幺半群,$(C^0, \cdot)$ 是幺半群添加了一个零元得到的半群. 因此,我们可以认为 0-广义范畴包含着定理 5.2.6 中讨论的半群.

定理 5.2.12[189] 设 $(S, \cdot, {}^+, {}^*)$ 是含零元 0 的 P-Ehresmann 半群,$0 \in P_S$ 且 $|S| > 1$,则

S 是投射本原的当且仅当 S $(2,1,1)$-同构于某个 0-广义范畴.

证明 充分性由命题5.2.10可得. 反之, 设 $(S,\cdot,^+,^*)$ 是含零元 0 的投射本原 P-Ehresmann 半群且 $0 \in P_S$, 据引理5.2.9, $(P_S, \times_S, 0)$ 形成本原 Imaoka-Jones 代数. 记 $C = S \setminus \{0\}$, 定义 C 上部分运算 "·" 如下:

$$x \cdot y = \begin{cases} xy, & \text{若 } xy \neq 0, \\ \text{不定义}, & \text{若 } xy = 0, \end{cases} \tag{5.2.4}$$

其中 xy 为 x 和 y 在 S 中的乘积. 定义映射

$$\mathbf{d}: C \to P_S, x \mapsto x^+, \quad \mathbf{r}: C \to P_S, x \mapsto x^*, \tag{5.2.5}$$

则由命题5.2.4 (1) 知 $\mathbf{d}(C) \cup \mathbf{r}(C) \subseteq P_S \setminus \{0\}$, 且由引理4.1.4可知, 对任意 $e \in P_S \setminus \{0\}$, 有 $\mathbf{d}(e) = e = \mathbf{r}(e)$.

我们断言 $(C, \cdot, \mathbf{d}, \mathbf{r}, P_S)$ 是本原 Imaoka-Jones 代数 $(P_S, \times_S, 0)$ 上的广义范畴. 设 $x, y \in C$, 据命题5.2.4 (2) 和 (Pr3), (Pr4),

$$x \cdot y \text{ 有定义} \iff x^* y^+ x^* = x^*$$
$$\iff y^+ x^* y^+ = y^+ \iff \mathbf{r}(x) \times_S \mathbf{d}(y) \neq 0 \iff \mathbf{d}(y) \times_S \mathbf{r}(x) \neq 0.$$

此时,

$$\mathbf{d}(x \cdot y) = \mathbf{d}(xy) = (xy)^+ = (xy^+)^+ = (xx^*y^+)^+$$
$$= (x(x^*y^+)^+)^+ = (xx^*y^+x^*)^+ = (xx^*)^+ = x^+ = \mathbf{d}(x).$$

对偶可得 $\mathbf{r}(x \cdot y) = \mathbf{r}(y)$. 故 (Gr1) 成立. 设 $x, y, z \in C$ 且 $x \cdot y$ 和 $y \cdot z$ 有定义, 由 $\mathbf{r}(x \cdot y) = \mathbf{r}(y)$ 和 $\mathbf{d}(y \cdot z) = \mathbf{d}(y)$ 知 $(x \cdot y) \cdot z$ 和 $x \cdot (y \cdot z)$ 有定义, 从而 $(x \cdot y) \cdot z = (xy)z = x(yz) = x \cdot (y \cdot z)$. 故 (Gr2) 成立. 另外, 对 $x \in C$, 由 $x^+ x = x \neq 0$ 可知 $x^+ \cdot x$ 有定义且 $\mathbf{d}(x) \cdot x = x$. 对偶可证 $x \cdot x^*$ 有定义且 $x \cdot \mathbf{r}(x) = x$. 故 (Gr3) 成立. 设 $e, f \in P_S, e \times_S f \neq 0$, 则据 (Pr4) 知 $f \times_S e \neq 0$ 而据 (Pr3) 知 $e = e \times_S f = efe$. 由 (Gr2), $(e \cdot f) \cdot e$ 有定义且 $(e \cdot f) \cdot e = (ef)e = efe = e$. 故 (Gr4) 成立.

据命题5.2.10, 有 0-广义范畴 $(C^0, \cdot, \clubsuit, \spadesuit)$. 下证 S 与 C^0 是 $(2,1,1)$-同构的. 定义映射 $\psi: S \to C^0$ 使得 $0\psi = 0$, 而对任意 $x \in C = S \setminus \{0\}$, $x\psi = x$. 显然, ψ 是双射. 设 $x, y \in S$, 若 $x = 0$ 或 $y = 0$, 则 $x\psi = 0$ 或 $y\psi = 0$, 据此可知 $(xy)\psi = 0\psi = 0 = (x\psi)(y\psi)$. 设 $x, y \in C = S \setminus \{0\}$, 则据 (5.2.4) 式和命题5.2.10, $xy = 0$ 在 $(S, \cdot, ^+, ^*)$ 中成立当且仅当 $x \cdot y$ 在广义范畴 $(C, \cdot, \mathbf{d}, \mathbf{r}, P_S)$ 中无定义当且仅当在 $(C^0, \cdot, \clubsuit, \spadesuit)$ 中有 $xy = 0$, 于是对任意 $x, y \in C$, $(xy)\psi = (x\psi)(y\psi)$, 故 ψ 是半群同态. 进一步, 由命题5.2.4 (1) 可得 $0^+ = 0$, 由命题5.2.10可得 $0^\clubsuit = 0$, 这导致 $(0\psi)^\clubsuit = 0^\clubsuit = 0 = 0\psi = 0^+\psi$. 对偶可知 $(0\psi)^\spadesuit = 0^*\psi$. 若 $x \in C = S \setminus \{0\}$, 则据命题5.2.4 (1) 可得 $x^+ \in C$, 再据命题5.2.10和 (5.2.5) 式得到 $(x\psi)^\clubsuit = x^\clubsuit = \mathbf{d}(x) = x^+ = x^+\psi$. 对偶可证, 对任意 $x \in C$, 有 $(x\psi)^\spadesuit = x^*\psi$. 这就证明了 ψ 是 $(2,1,1)$-同构. $\square$

据引理5.2.9及命题5.2.10前面的陈述, 有下面的结果.

推论 5.2.13[81] 设 $(S, \cdot, ^+, ^*)$ 是含零元 0 的 Ehresmann 半群使得 $0 \in P_S$ 且 $|S| > 1$, 则

S 投射本原当且仅当 S 与某个 0-范畴是 (2,1,1)-同构的.

注记 5.2.14[189] 设 $(S,\cdot,^+,^*)$ 是不含零元或含零元 0 但 $0\notin P_S$ 的投射本原 P-Ehresmann 半群, $\diamond\notin S$ 并增加定义 $x\diamond=\diamond x=\diamond=\diamond\diamond$ 和 $\diamond^+=\diamond^*=\diamond$, 则 $(S^\diamond,\cdot,^+,^*)$ 形成带零元 $\diamond$ 的投射本原 P-Ehresmann 半群且 $\diamond\in P_{S^\diamond}$. 此时, 定理 5.2.12 的证明过程中与 $S^\diamond$ 相对应的广义范畴正好是 $(S,\cdot,^+,^*)$, 而相应的 0-广义范畴恰好是 $(S^\diamond,\cdot,^+,^*)$. 据注记 5.2.11, 我们可以认为定理 5.2.12 对定理 5.2.6 中所讨论的半群也是适用的. 当然, 此时定理 5.2.12 的结果是平凡的.

5.3 P-Ehresmann 半群张成的结合代数

本节讨论 P-Ehresmann 半群张成的结合代数. 我们将证明由左 (或右) P-限制的局部 Ehresmann 的 P-Ehresmann 半群张成的结合代数与其广义范畴张成的结合代数同构.

设 $\mathbb{K}$ 是含单位元的交换环, $(C,\cdot,\mathbf{d},\mathbf{r},P)$ 是广义范畴, $\mathbb{K}[P]$ 是 C 的元素张成的自由 $\mathbb{K}$-模. 定义 C 上的二元运算如下:

$$a\diamond b=\begin{cases} a\cdot b, & \text{若 } a\cdot b \text{ 有定义}, \\ 0, & \text{否则}, \end{cases} \tag{5.3.1}$$

其中 0 是自由 $\mathbb{K}$-模 $\mathbb{K}[P]$ 的零元素. 容易验证, 将此二元运算 "$\diamond$" 线性扩张到 $\mathbb{K}[P]$ 上, 会得到一个结合代数, 称其为广义范畴 $(C,\cdot,\mathbf{d},\mathbf{r},P)$ 张成的结合代数. 设 $(S,\cdot)$ 是半群, $\mathbb{K}[S]$ 是 S 的元素张成的自由 $\mathbb{K}$-模. 将半群 S 的二元运算线性扩张到 $\mathbb{K}[S]$ 上, 也会得到一个结合代数, 称其为半群 $(S,\cdot)$ 张成的结合代数.

设 $(X,\leqslant)$ 是局部有限偏序集. 所谓局部有限是指 $(X,\leqslant)$ 中的所有区间 $[x,y]=\{z\mid x\leqslant z\leqslant y\}$ 均有限. 我们将 "$\leqslant$" 中元素看成有序对. 所谓 "$\leqslant$" 的 Möbius 函数是一个如下递归定义的函数 $\mu:\leqslant\to\mathbb{Z}$ ($\mathbb{Z}$ 是整数环):

$$\mu(x,x)=1, \mu(x,y)=-\sum_{x\leqslant z<y}\mu(x,z).$$

关于 Möbius 函数的内容可参见文献 [149] 的第 3 章. 下面的 Möbius 反演公式是我们需要的.

定理 5.3.1 (Möbius 反演公式, 文献 [149] 中的命题 3.7.1) 设 G 是交换群, $(X,\leqslant)$ 是局部有限偏序集. 若 f,g 是 X 到 G 的映射且 $g(x)=\sum_{y\leqslant x}f(y)$, 则 $f(x)=\sum_{y\leqslant x}\mu(y,x)g(y)$, 其中 "$\sum$" 在交换群 G 中进行.

下面考虑 P-Ehresmann 半群张成的结合代数.

引理 5.3.2[182] 设 $\mathbb{K}$ 是含单位元的交换环, $(S,\cdot,^+,^*)$ 是 P-Ehresmann 半群, 记 $\leqslant\,=\,\leqslant^r_S$, 并假设对任意 $a\in S$, $\{b\in S\mid b\leqslant a\}$ 均有限, 则 (在基元素上) 如下定义的 $\varphi:\mathbb{K}[S]\to\mathbb{K}[S]$ 和 $\psi:\mathbb{K}[S]\to\mathbb{K}[S]$

$$\varphi(a)=\sum_{b\leqslant a}b, \qquad \psi(x)=\sum_{y\leqslant x}\mu(y,x)y \tag{5.3.2}$$

是自由 $\mathbb{K}$-模 $\mathbb{K}[S]$ 上的互逆的 $\mathbb{K}$-模同态, 其中 μ 是 $(S,\leqslant)$ 上的 Möbius 函数, "$\sum$" 在自由 $\mathbb{K}$-模 $\mathbb{K}[S]$ 中进行.

证明 只需证明 φ 和 ψ 是互逆的双射. 对任意 $a \in S$, 有

$$\psi(\varphi(a)) = \psi\left(\sum_{b \leqslant a} b\right) = \sum_{b \leqslant a} \psi(b) = \sum_{b \leqslant a}\left(\sum_{c \leqslant b} \mu(c,b)c\right)$$

$$= \sum_{c \leqslant a}\left(\sum_{c \leqslant b \leqslant a} \mu(c,b)\right)c = \sum_{c \leqslant a}\left(\sum_{c \leqslant b \leqslant a} \mu(c,b)\zeta(b,a)\right)c = \sum_{c \leqslant a} \delta(c,a)c = a,$$

其中

$$\zeta(u,v) = \begin{cases} 1, & \text{若}\, u \leqslant v, \\ 0, & \text{否则}, \end{cases} \quad \delta(u,v) = \begin{cases} 1, & \text{若}\, u = v, \\ 0, & \text{否则}. \end{cases}$$

另一方面, 对任意 $x \in S$,

$$\varphi(\psi(x)) = \varphi\left(\sum_{y \leqslant x} \mu(y,x)y\right) = \sum_{y \leqslant x} \mu(y,x)\varphi(y) = x,$$

其中最后一个等式来源于定理 5.3.1 和 φ 的定义. □

设 $(S,\cdot,^+,^*)$ 是 P-Ehresmann 半群, 据引理 4.1.16, 有 S 的广义范畴 $(S,\odot,\mathbf{d},\mathbf{r},P_S)$, 其中 $\odot$ 是如下定义的限制积:

$$a \odot b = \begin{cases} ab, & \text{若}\, a^* = a^*b^+a^*,\ b^+ = b^+a^*b^+, \\ \text{不定义}, & \text{否则}. \end{cases} \tag{5.3.3}$$

下面的引理给出了限制积的两个性质.

引理 5.3.3[182] 设 $(S,\cdot,^+,^*)$ 是局部 Ehresmann 的 P-Ehresmann 半群, 且对任意 $x,y \in S$, 存在 $s,t \in S$ 使得 $s \odot t$ 有定义且 $xy = s \odot t$, $s \leqslant^r_S x, t \leqslant^r_S y$, 则 S 左 P-限制.

证明 设 $x,y \in S$ 且 $xy = s \odot t = st, s \leqslant^r_S x, t \leqslant^r_S y$, 这表明

$$s = s^+x, s^+\omega_S x^+, t = t^+y, t^+\omega_S y^+, s^*t^+s^* = s^*, t^+s^*t^+ = t^+.$$

由引理 4.1.19 (1) 知 $s^*\omega_S x^*$. 据引理 5.1.1, 有

$$(xy)^+ = (st)^+ = (st^+)^+ = (ss^*t^+)^+ = (s(s^*t^+)^+)^+ = (ss^*t^+s^*)^+ = (ss^*)^+ = s^+,$$

从而 $s = s^+x = (xy)^+x$. 注意到 $s^*t^+s^* = s^*, t^+s^*t^+ = t^+$ 和 $s^*\omega_S x^*$, 由局部 Ehresmann 条件可得

$$x^*t^+x^* = x^*t^+s^*t^+x^* = (x^*t^+x^*)s^*(x^*t^+x^*) = s^*(x^*t^+x^*)s^* = s^*t^+s^* = s^*.$$

由 $t^+\omega y^+$ 可得 $t^+y^+ = t^+$, 而由引理 5.1.1 知 $(y^+x^*)^2 = y^+x^*$, 故

$$((xy)^+x)^* = s^* = x^*t^+x^* = x^*t^+y^+x^* = x^*t^+y^+x^*y^+x^* = ((xy)^+x)^*y^+x^*,$$

$$(xy)^+x = (xy)^+x((xy)^+x)^* = (xy)^+x((xy)^+x)^*y^+x^*$$

$$= (xy)^+xy^+x^* = (xy^+)^+xy^+x^* = xy^+x^*.$$

这就证明了 S 左限制. □

引理 5.3.4[182] 设 $(S,\cdot,^+,^*)$ 是局部 Ehresmann 的 P-Ehresmann 半群, 则 S 左 P-限制当且仅当下列陈述成立: 对任意 $x,y,u,v \in S$, 若 $u \leqslant^r_S xy^+x^*, v \leqslant^r_S y^+x^*y$ 且 $u \odot v$ 有定义, 则存在 $s,t \in S$ 使得 $s \leqslant^r_S x, t \leqslant^r_S y$, $s \odot t$ 有定义且 $u \odot v = s \odot t$.

证明 先证必要性. 设 $x,y \in S$, 据引理5.1.1, 有
$$y^+x^*y = y^+x^*y^+y, y^+(y^+x^*y^+)y^+ = y^+x^*y^+ \in P_S,$$
$$xy^+x^* = xx^*y^+x^*, x^*(x^*y^+x^*)x^* = x^*y^+x^* \in P_S.$$

由引理4.1.19 (2)可得 $y^+x^*y \leqslant_S^r y$ 和 $xy^+x^* \leqslant_S^l x$. 因为 S 左 P-限制, 据引理5.1.11可得 $xy^+x^* \leqslant_S^r x$. 此时, 取 $s=u, t=v$ 即可.

再证充分性. 设 $x,y \in S, u = xy^+x^*, v = y^+x^*y$, 据引理5.1.1, 有
$$u^* = (xy^+x^*)^* = (x^*y^+x^*)^* = x^*y^+x^*. \tag{5.3.4}$$

对偶可得 $v^+ = y^+x^*y^+$. 再次据引理5.1.1, 有
$$u^*v^+u^* = x^*y^+x^*y^+x^*y^+x^*y^+x^* = x^*y^+x^* = u^*.$$

对称地, 有 $v^+u^*v^+ = v^+$. 这说明 $u \odot v$ 有定义, 进一步有
$$uv = xy^+x^*y^+x^*y = xx^*y^+x^*y^+x^*y = xx^*y^+y = xy.$$

由假设条件, 存在 $s,t \in S$ 使得 $s \odot t$ 有定义且
$$xy = uv = u \odot v = s \odot t = st, s \leqslant_S^r x, t \leqslant_S^r y.$$

据引理5.3.3, S 左 P-限制. □

引理 5.3.5[182] 在引理5.3.2的假设下, 引理5.3.2中定义的函数 φ 是 P-Ehresmann半群 $(S,\cdot,^+,^*)$ 张成的结合代数到 S 的广义范畴 $(S,\odot,\mathbf{d},\mathbf{r},P_S)$ 张成的结合代数的代数同构当且仅当 S 局部Ehresmann且左 P-限制.

证明 必要性. 若 φ 是代数同构, 则对任意 $x,y \in S$, 有
$$\sum_{z \leqslant xy} z = \varphi(xy) = \varphi(x)\varphi(y) = \left(\sum_{s \leqslant x} s\right)\left(\sum_{t \leqslant y} t\right), \tag{5.3.5}$$

这表明蕴含式(5.1.3)成立, 从而据引理5.1.9可知 S 是局部Ehresmann的. 另外, (5.3.5)式也表明, 对任意 $x,y \in S$, 存在 $s,t \in S$ 使得 $s \odot t$ 有定义, $s \leqslant x, t \leqslant y$ 且 $xy = s \odot t$. 据引理5.3.3可知 S 左 P-限制.

充分性. 只需证明(5.3.5)式对任意 $x,y \in S$ 均成立, 分两种情况.

情形1. 设 $x \odot y$ 有定义, 此时, 有 $x \odot y = xy$ 和 $x^*y^+x^* = x^*, y^+x^*y^+ = y^+$. 若 $s \leqslant x$, $t \leqslant y$ 且 $s \odot t$ 有定义, 则由引理5.1.9可得 $st = s \odot t \leqslant x \odot y = xy$. 于是(5.3.5)式的右边的任何元素均小于等于 xy, 于是我们只需证明对满足条件 $z \leqslant xy$ 的 z, z 在(5.3.5)式的右边仅出现一次.

设 $z \leqslant xy$, 则有 $z = z^+xy$ 和 $z^+\omega_S(xy)^+ = (x \odot y)^+ = x^+$. 记 $x' = z^+x$ 和 $y' = y^+(z^+x)^*y^+y = y^+(z^+x)^*y$, 据引理4.1.19 (2)和引理5.1.1可得 $x' \leqslant x$ 和 $y' \leqslant y$, 据引理5.1.1, 有
$$(y')^+ = (y^+(z^+x)^*y)^+ = (y^+(z^+x)^*y^+)^+ = y^+(z^+x)^*y^+.$$

依次利用引理5.1.1和事实 $x^*y^+x^* = x^*$, 有
$$(x')^*(y')^+(x')^* = (z^+x)^*y^+(z^+x)^*y^+(z^+x)^* = (z^+x)^*y^+(z^+x)^*$$

$$= ((z^+x)^*x^*)y^+(x^*(z^+x)^*) = (z^+x)^*(x^*y^+x^*)(z^+x)^* = (z^+x)^*x^*(z^+x)^* = (z^+x)^* = (x')^*.$$

另一方面, 据引理5.1.1可得

$$(y')^+(x')^*(y')^+ = y^+(z^+x)^*y^+(z^+x)^*y^+(z^+x)^*y^+ = y^+(z^+x)^*y^+ = (y')^+.$$

这表明 $x' \odot y'$ 有定义. 进一步地, 据引理5.1.1, 有

$$x' \odot y' = x'y' = z^+xy^+(z^+x)^*y^+y$$
$$= z^+x(z^+x)^*y^+(z^+x)^*y^+y = z^+x(z^+x)^*y^+y = z^+xy = z.$$

这表明 z 出现在了 (5.3.5) 式的右边.

设 $z = u \odot v, u \leqslant x, v \leqslant y$, 则

$$u = u^+x, u^+\omega x^+, v = v^+y, v^+\omega y^+, v^+u^*v^+ = v^+, u^*v^+u^* = u^*.$$

据 (4.1.7) 式有 $z^+ = (u \odot v)^+ = u^+$ 和 $z^* = (u \odot v)^* = v^*$, 这蕴含 $u = u^+x = z^+x = x'$. 易见,

$$(x')^*(y')^+(x')^* = (x')^*, (y')^+(x')^*(y')^+ = (y')^+, v^+u^*v^+ = v^+, u^*v^+u^* = u^*.$$

据引理5.1.1, $(y')^+u^*, y^+u^*$ 和 u^*v^+ 是幂等元. 注意到 $(y')^+ = y^+(z^+x)^*y^+ = y^+u^*y^+$, 有 $(y')^+u^*v^+ = y^+u^*y^+u^*v^+ = y^+u^*v^+$, 从而据事实 $v^+\omega_S y^+$, 有

$$((y')^+u^*v^+)^2 = y^+u^*v^+y^+u^*v^+ = y^+u^*v^+u^*v^+ = y^+u^*v^+ = (y')^+u^*v^+.$$

这表明 $(y')^+u^*v^+$ 也是幂等元. 再次据引理5.1.1, $v^+(y')^+$ 和 $(y')^+v^+$ 也是幂等元, 故有下表:

u^*	u^*v^+	$u^*(y')^+$
v^+u^*	v^+	$v^+(y')^+$
$(y')^+u^*$	$(y')^+u^*v^+ = (y')^+v^+$	$(y')^+$

因为 $v^+\omega y^+, (y')^+ = y^+(z^+x)^*y^+ = y^+u^*y^+$ 且 S 是局部 Ehresmann 半群, 我们可得 $v^+(y')^+ = (y')^+v^+$. 据上表有 $v^+ = (y')^+ = y^+u^*y^+$ 和 $v = v^+y = y^+u^*y^+y = y^+(z^+x)^*y^+y = y'$, 故 z 在 (5.3.5) 式的右边只出现过一次.

情形 2. 设 $x \odot y$ 无定义, 记 $u = xy^+x^*, v = y^+x^*y$, 据引理5.3.4的充分性的证明, $u \odot v$ 有定义且 $uv = u \odot v = xy$. 注意到 (4.1.7) 式和 (5.3.4) 式, 我们有

$$u^+ = (u \odot v)^+ = (xy)^+, v^* = (xy)^*, u^* = x^*y^+x^*, v^+ = y^+x^*y^+. \quad (5.3.6)$$

据情形1, 有

$$\sum_{z \leqslant xy} z = \sum_{z \leqslant uv} z = \left(\sum_{s \leqslant u} s\right)\left(\sum_{t \leqslant v} t\right).$$

故为证 (5.3.5) 式, 仅需证明

$$\left(\sum_{s \leqslant u} s\right)\left(\sum_{t \leqslant v} t\right) = \left(\sum_{s \leqslant x} s\right)\left(\sum_{t \leqslant y} t\right). \quad (5.3.7)$$

设 $s \leqslant u, t \leqslant v$ 且 $s \odot t$ 有定义, 则据引理5.3.4及 S 是左 P-限制半群这一事实, $s \odot t = st$ 出现在了 (5.3.7) 式的右边.

反过来, 设 $s \leqslant x, t \leqslant y$ 且 $s \odot t$ 有定义, 则
$$s = s^+x, t = t^+y, s^+\omega_S x^+, t^+\omega_S y^+, s^*t^+s^* = s^*, t^+s^*t^+ = t^+. \tag{5.3.8}$$

我们将证明 $s \leqslant u$ 和 $t \leqslant v$. 据引理4.1.19 (1), 有 $s^*\omega_S x^*$. 据 (4.1.7) 式可得
$$(st)^+ = (s \odot t)^+ = s^+, (st)^* = (s \odot t)^* = t^*. \tag{5.3.9}$$

据引理5.1.1, 有 $(xy)^+ = x^+(xy)^+x^+$, 从而据 $s^+\omega_S x^+$, S 的局部Ehresmann性质和(5.3.6)式, 有 $s^+u^+ = s^+(xy)^+ = (xy)^+s^+ = u^+s^+$, 故

$$s^+u^+ = s^+(xy)^+s^+$$
$$= (s^+(xy)^+)^+ = (s^+xy)^+ \quad \text{(据引理5.1.1)}$$
$$= (sy)^+ = (ss^*y)^+ \quad \text{(因为}s^+x = s = ss^*\text{)}$$
$$= (ss^*t^+s^*y^+y)^+ \quad \text{(因为}s^*t^+s^* = s^*, y^+y = y\text{)}$$
$$= (st^+y^+s^*y^+y)^+ \quad \text{(因为}ss^* = s, t^+\omega_S y^+\text{)}$$
$$= (sy^+s^*y^+t^+y)^+ \text{(因为}t^+(y^+s^*y^+) = (y^+s^*y^+)t^+\text{)}$$
$$= (ss^*y^+s^*y^+t)^+ \quad \text{(因为}ss^* = s, t = t^+y\text{)}$$
$$= (sy^+t)^+ = (sy^+t^+)^+ \quad \text{(因为}s^*y^+\text{是幂等元}, ss^* = s\text{)}$$
$$= (st^+)^+ = (st)^+ = s^+, \quad \text{(据}t^+\omega_S y^+\text{和(5.3.9)式)}$$

这表明 $s^+\omega_S u^+$. 进一步地,
$$s^+u = s^+xy^+x^* = sy^+x^* = ss^*y^+x^* \quad \text{(因为}u = xy^+x^*, s = s^+x, ss^* = s\text{)}$$
$$= ss^*t^+s^*y^+x^* = st^+s^*y^+x^* = st^+y^+s^*y^+x^* \text{(因为}s^*t^+s^* = s^*, ss^* = s, t^+\omega_S y^+\text{)}$$
$$= sy^+s^*y^+t^+x^* = ss^*y^+s^*y^+t^+x^* \quad \text{(据}t^+\omega y^+, \text{局部Ehresmann性质和}ss^* = s\text{)}$$
$$= st^+x^* \quad \text{(因为}s^*y^+\text{幂等且}ss^* = s, t^+\omega_S y^+\text{)}$$
$$= st^+s^*t^+x^* = st^+s^*x^*t^+x^* \quad \text{(因为}t^+s^*t^+ = t^+, s^*\omega_S x^*\text{)}$$
$$= st^+x^*t^+x^*s^* \quad \text{(据局部Ehresmann性质和}s^*\omega_S x^*\text{)}$$
$$= st^+x^*s^* = st^+s^* \quad ((t^+x^*)^2 = t^+x^*\text{和}s^*\omega_S x^*\text{)}$$
$$= ss^*t^+s^* = ss^* = s. \quad \text{(因为}ss^* = s, s^*t^+s^* = s^*\text{)}$$

故 $s \leqslant u$.

另一方面, 据(5.3.6)式和(5.3.8)式有 $v^+ = y^+x^*y^+$ 和 $t^+\omega_S y^+$, 从而据局部Ehresmann性质可得 $v^+t^+ = t^+v^+$. 利用(5.3.8)式, 事实 $s^*\omega_S x^*$, 局部Ehresmann性质, 引理5.1.1(2) 和事实 $s^*\omega_S x^*$ 可得

$$x^*t^+ = x^*t^+s^*t^+ = x^*t^+(x^*s^*)t^+ = s^*(x^*t^+x^*)t^+ = s^*x^*t^+ = s^*t^+,$$
$$t^+v^+ = v^+t^+ = t^+v^+t^+ = t^+y^+x^*y^+t^+ = t^+x^*t^+ = t^+s^*t^+ = t^+,$$

故 $t^+\omega_S v^+$, 从而据(5.3.8)式可得
$$t^+v = t^+y^+x^*y = t^+y^+x^*(y^+y) = t^+(y^+x^*y^+)y = t^+v^+y = t^+y = t.$$

这表明 $t \leqslant v$. □

据引理5.3.2和引理5.3.5, 可得以下结果.

定理 5.3.6[182]　设 $\mathbb{K}$ 是含单位元的交换环, $(S, \cdot, ^+, ^*)$ 是左 P-限制的局部 Ehresmann 的 P-Ehresmann 半群. 又设 $\leqslant = \leqslant_S^r$ 且对任意 $a \in S$, $\{b \in S \mid b \leqslant a\}$ 有限, 则 S 张成的结合代数和其广义范畴张成的结合代数同构.

注记 5.3.7[182]　设 $\mathbb{K}$ 是含单位元的交换环, $(S, \cdot, ^+, ^*)$ 是右 P-限制的局部 Ehresmann 的 P-Ehresmann 半群. 又设 $\leqslant = \leqslant_S^l$ 且对任意 $a \in S$, $\{b \in S \mid b \leqslant a\}$ 有限, 则由对称的讨论可知, S 张成的结合代数和其广义范畴张成的结合代数同构.

例 5.3.8 (文献 [35] 中的例 2.4)　设 A 是由 a 生成的无限单演半群, B 是由 b 生成的以 e 为单位元的无限单演幺半群. 设 $S = A \cup B \cup \{1\}$ 并定义 S 上的乘法如下: 拓展 A 和 B 的乘法, 以 1 为单位元, $b^0 = e$, 对任意 $m > 0$ 和 $n \geqslant 0$, $a^m b^n = b^{m+n}, b^n a^m = a^{n+m}$. 定义 S 上的一元运算如下:

$$x^+ = \begin{cases} 1, & \text{若} x = 1, \\ e, & \text{若} x \in A \cup B, \end{cases} \quad x^* = \begin{cases} 1, & \text{若} x \in A \cup \{1\}, \\ e, & \text{若} x \in B. \end{cases}$$

则 $(S, \cdot, ^+, ^*)$ 是 Ehresmann 半群, 当然也是局部 Ehresmann 的 P-Ehresmann 半群. 注意到 $(ae)^+ a = b^+ a = ea = a$ 和 $ae^+ a^* = aea^* = b$, $(S, \cdot, ^+, ^*)$ 不满足左 P-限制条件. 此时, 引理5.3.2中的函数 φ 不是代数同构. 事实上, 在此半群中, 对任意 $x, y \in S$, $x \leqslant y$ 当且仅当 $x = y$ 或 $x = ey$. 设 $x = y = a$, 则 (5.3.5) 式的左边为 $\varphi(a^2) = \sum_{z \leqslant a^2} z = a^2$. 由 $a^+ = e$, $a^* = 1$ 和 $\varphi(a) = \sum_{z \leqslant a} z = a$ 可知 $a \odot a$ 在 $(S, \odot, \mathbf{d}, \mathbf{r}, P_S)$ 中无定义, 从而 (5.3.5) 式的右边为 0, 故 φ 不是代数同态. 然而, 可以验证 $(S, \cdot, ^+, ^*)$ 是右 P-限制半群, 据注记 5.3.7, 此时 S 张成的结合代数与其广义范畴张成的结合代数是同构的.

注记 5.3.9[182]　若左 (右) 限制的 Ehresmann 半群 S 满足定理5.3.6的条件, 则 S 张成的结合代数是有单位元的. 但这个结论对左 (右) P-限制的局部 Ehresmann 的 P-Ehresmann 半群不成立. 考虑例5.1.4中的半群 $S = \{e, f, g, h\}$, 其中 $e = (a, a), f = (a, b), g = (b, a), h = (b, b)$. 显然, 这个半群满足定理5.3.6中的条件. 设 $\mathbb{K}$ 是含单位元的交换环. 若 $k_1 e + k_2 f + k_3 g + k_4 h$ 是 $\mathbb{K}[S]$ 的单位元, 则 $f(k_1 e + k_2 f + k_3 g + k_4 h) = f$, 这表明 $k_1 + k_3 = 0$. 进一步地, 有 $e(k_1 e + k_2 f + k_3 g + k_4 h) = e$. 这表明 $k_1 + k_3 = 1$. 矛盾.

5.4　纯正 P-限制半群的代数结构

本节的目的是给出一般纯正 P-限制半群的代数结构. 首先讨论纯正 P-限制半群的一些必要性质. 设 $(S, \cdot, ^+, ^*)$ 是 P-限制半群, 据文献 [80], 称 P_S 生成的子半群为 S 的 P-核并记之为 C_S. 于是

$$C_S = \{e_1 e_2 \cdots e_n \mid e_i \in P_S, i = 1, 2, \cdots, n, n \in \mathbb{N}\}.$$

若 C_S 是 S 的子带, 则称 $(S, \cdot, ^+, ^*)$ 为纯正 P-限制半群. 对任意 P-限制半群 $(S, \cdot, ^+, ^*)$, 定义 S 上的关系 γ_S 如下: 对任意 $a, b \in S$, $a \, \gamma_S \, b$ 当且仅当 $a = a^+ b a^*$ 且 $b = b^+ a b^*$. 显然, γ_S 是自

反和对称的.

引理 5.4.1[191] 设 $(S,\cdot,^+,^*)$ 是 P-限制半群.

(1) 若 $e,f \in P_S$, 则 $e\,\gamma_S\,f$ 当且仅当 $efe=e, fef=f$.

(2) 若 S 是限制半群, 则 γ_S 是 S 上相等关系.

(3) $\gamma_S \cap \mu_S$ 是 S 上相等关系.

证明 条款(1)由事实 $e^*=e$ 和 $f^*=f$ 可得. 条款(3)由引理3.2.15和 γ_S 的定义可得. 下证条款(2). 若 S 是限制半群且 $a\,\gamma_S\,b$, 则 $a = a^+ba^* = a^+bb^*a^* = a^+ba^*b^*$. 这表明 $a^* = (a^+ba^*b^*)^* = b^*(a^+ba^*b^*)^*b^* = b^*a^*b^*$. 对偶可得 $b^* = a^*b^*a^*$. 由 S 是限制半群可知 P_S 是 S 的子半格, 故 $a^* = b^*$. 类似可得 $a^+ = b^+$. 故 $a = a^+ba^* = b^+bb^* = b$. □

引理 5.4.2[80] 设 $(S,\cdot,^+,^*)$ 是 P-限制半群, 定义 C_S 上的一元运算 "∘" 定义如下: 对任意正整数 n 及 $e_1, e_2, \cdots, e_n \in P_S$, 规定 $(e_1e_2\cdots e_n)^\circ = e_ne_{n-1}\cdots e_1$, 则 $(C_S, \cdot, \circ)$ 形成正则 $*$-半群且 $P(C_S) = P_S$.

证明 设 $x = e_1e_2\cdots e_n, y_1 = e_ne_{n-1}\cdots e_1$, 其中 $e_i \in P_S, i = 1,2,\cdots,n$. 使用引理5.1.1可得

$$x^+ = (e_1e_2\cdots e_n)^+ = (e_1(e_2\cdots e_n)^+)^+ = e_1(e_2\cdots e_n)^+e_1 = e_1e_2\cdots e_ne_ne_{n-1}\cdots e_1 = xy_1.$$

类似可得 $x^* = yx$. 对偶可证 $y_1^* = xy_1, y_1^+ = y_1x$. 于是 $xy_1x = x^+x = x, y_1xy_1 = y_1y_1^* = y_1$, 这表明 $y_1 \in V(x)$ 且 $x^+\mathcal{L}y_1\mathcal{R}x^*$. 若 x 还可以写成 $x = f_1f_2\cdots f_m, f_j \in P_S, i = 1,2,\cdots,m$, 则由上面的讨论可知 $y_2 = f_mf_{m-1}\cdots f_1 \in V(x)$ 且 $x^+\mathcal{L}y_2\mathcal{R}x^*$, 于是 $y_1, y_2 \in V(x), y_1\mathcal{H}y_2$, 故 $y_1 = y_2$. 由上述讨论知下述一元运算是合理的: $\circ: C_S \to C_S, e_1e_2\cdots e_n \mapsto e_ne_{n-1}\cdots e_1$. 设 $x, y \in C_S$, 据上述讨论知 $x^{\circ\circ} = x, xx^\circ x = x, (xy)^\circ = y^\circ x^\circ$. 这证明了 $(C_S, \cdot, \circ)$ 形成正则 $*$-半群, 而 $P(C_S) = P_S$ 显然. □

引理 5.4.3[80] 设 $(S,\cdot,^+,^*)$ 是 P-限制半群, 则 S 纯正当且仅当对任意 $e,f,g \in P_S$, 有 $efg = (efg)^+(efg)^*$. 此时, $C_S = P_S^2$, 且 γ_S 是 S 的使商半群为限制半群的最小的 $(2,1,1)$-同余.

证明 设 S 纯正, $e,f,g \in P_S$. 由 S 纯正知 C_S 是带, 由引理5.1.1可得

$$(efg)^+(efg)^* = (e(fg)^+)^+((ef)^*g)^* = e(fg)^+eg(ef)^*g = efgfegfefg.$$

由带的结构知 $fegf$ 与 efg 处于 C_S 的同一矩形子带, 于是 $(efg)^+(efg)^* = efgefg = efg$. 反之, 若给定条件成立, 则有 $P_S^3 = P_S^2$, 从而据引理 5.1.1, 对任意大于等于3的整数 n, 都有 $P_S^n = P_S^2 \subseteq E(S)$. 故 $C_S = P_S^2$ 是 S 的子带. 这就证明了 S 纯正.

设 S 纯正, 显然, γ_S 是自反和对称的. 设 $a,b,c \in S, a\gamma_S b$, 则 $a = a^+ba^*, b = b^+ab^*$. 由 C_S 是带知

$$a^+b^+a = a^+b^+a^+ba^* = a^+b^+a^+b^+ba^* = a^+b^+ba^* = a^+ba^* = a.$$

据引理5.1.1知 $a^+ = (a^+b^+a)^+ = (a^+b^+a^+)^+ = a^+b^+a^+$. 对偶可证 $b^+a^+b^+ = b^+$. 对称的讨论可得 $a^*b^*a^* = a^*, b^*a^*b^* = b^*$, 于是 a^+, b^+ 处于 C_S 的同一个矩形子带, 而 a^*, b^* 处于 C_S 的同一个矩形子带. 另外, 据引理5.4.1可知 $a^+\gamma_S b^+, a^*\gamma_S b^*$. 若 $a,b,c \in S, a\gamma_S b, b\gamma_S c$,

则 $a = a^+ba^*, b = b^+ab^* = b^+cb^*, c = c^+bc^*$. 此时, a^+, b^+, c^+ 处于 C_S 的同一个矩形子带, 而 a^*, b^*, c^* 处于 C_S 的同一个矩形子带, 于是

$$a = a^+ba^* = a^+b^+cb^*a^* = a^+b^+c^+cc^*b^*a^* = a^+c^+cc^*a^* = a^+ca^*.$$

对偶可得 $c = c^+ac^*$. 故 $a\gamma_S c$. 这说明 γ_S 是传递的.

设 $a,b,x \in S, a\gamma_S b$, 则 $a = a^+ba^*, b = b^+ab^*$, 从而

$$ba^* = b^+ab^*a^* = b^+aa^*b^*a^* = b^+aa^* = b^+a \tag{5.4.1}$$

且 a^+, b^+ 处 C_S 的同一个矩形子带. 于是 a^+x^*, x^*b^+ 处于 C_S 的同一个矩形子带, 这导致 $a^+x^*x^*b^+a^+x^* = a^+x^*$. 据 P-充足条件和引理 5.1.1 可知

$$(xa)^+xb(xa)^* = xa^+x^*b(xa)^* = xa^+x^*ba^*(xa)^* = xa^+x^*b^+a(xa)^*$$
$$= xa^+x^*b^+a^+x^*a = xa^+x^*x^*b^+a^+x^*a = xa^+x^*x^*a = xa^+x^*a = xa(xa)^* = xa.$$

对偶可得 $(xb)^+xa(xb)^* = xa$. 故 $xa\gamma_S xb$. 类似可证 $ax\gamma_S bx$. 至此, 我们证明了 γ_S 是 S 上的 (2,1,1)-同余, 于是 $(S/\gamma_S,\cdot,^+,^*)$ 是以 $P_{S/\gamma_S} = \{e\gamma_S \mid e \in P_S\}$ 为投射集的 P-限制半群. 设 $e, f \in P_S$, 则据引理 5.1.1 知

$$(ef)^+(ef)(ef)^* = efeeffef = ef, (fe)^+(fe)(fe)^* = feffeefe = fe,$$

从而 $(ef)\gamma_S = (fe)\gamma_S$. 这说明 P_{S/γ_S} 是半格, 从而 S/γ_S 是限制半群. 设 ρ 是 S 上的 (2,1,1)-同余且 S/ρ 是限制半群, 则 $P_{S/\rho}$ 是半格. 若 $a\gamma_S b$, 则由前面的讨论知

$$ba^* = b^+a, a^+ = a^+b^+a^+, b^+a^+b^+ = b^+, a^*b^*a^* = a^*, b^*a^*b^* = b^*.$$

于是 $a^+\rho b^+, a^*\rho b^*$, 进而有 $a\rho = (a^+a)\rho = (b^+a)\rho = (ba^*)\rho = (bb^*)\rho = b\rho$, 于是 $\gamma_S \subseteq \rho$. 这就证明了 γ_S 的最小性. □

下面的结论是显然的.

推论 5.4.4[79, 191] 设 $(S,\cdot,^\circ)$ 是正则 $*$-半群, 对任意 $x \in S$, 规定 $x^+ = xx^\circ, x^* = x^\circ x$, 则 $(S,\cdot,^+,^*)$ 是 P-限制半群, 且 $(S,\cdot,^\circ)$ 是纯正 $*$-半群当且仅当 $(S,\cdot,^+,^*)$ 是纯正 P-限制半群. 此时, 下列陈述成立:

(1) S 的投射元集是 (不论是作为纯正 $*$-半群还是作为纯正 P-限制半群)

$$P(S) = \{xx^\circ \mid x \in S\} = P_S, C(S) = E(S) = (P(S))^2 = C_S.$$

(2) $(C_S,\cdot,^\circ)$ 形成 $*$-带, 其中对任意 $e, f \in P(S), (ef)^\circ = fe$.

(3) $(S/\gamma_S,\cdot,^+,^*)$ 是限制半群, 其幂等元集为 $P_{S/\gamma_S} = E(S/\gamma_S)$.

设 $(S,\cdot,^+,^*)$ 是 P-限制半群, 记 S 的包含 $P_S \times P_S$ 的最小半群同余为 σ_S. 显然, σ_S 是 S 的使得商半群为以唯一投射元为单位元的幺半群的最小 (2,1,1)-同余. 易见, $\gamma_S \subseteq \sigma_S$. 为给出纯正 P-限制半群 $(S,\cdot,^+,^*)$ 上的同余 σ_S 刻画, 先考虑限制半群的情况.

引理 5.4.5[43] 设 $(S,\cdot,^+,^*)$ 是限制半群, $a,b \in S$, 则下述等价:

(1) $a\sigma_S b$.

(2) $(\exists e \in P_S) ea = eb$.

(3) $(\exists e, f \in P_S) ea = bf$.

证明 先证 (1) 和 (2) 等价. 记 $\rho = \{(a,b) \in S \times S \mid (\exists e \in P_S)\, ea = eb\}$, 由 P_S 是半格易证 ρ 是等价关系. 设 $e, f \in P_S$, 则 $ef \in P_S$ 且 $(ef)e = efe = ef = (ef)f$, 故 $(e,f) \in \rho$. 这表明 $P_S \times P_S \subseteq \rho$. 设 $a, b, x \in S$ 且 $a\rho b$, 则存在 $e \in P_S$ 使得 $ea = eb$, 从而 $e(ax) = e(bx)$, 于是 $ax\rho bx$. 另外, 由 $ea = eb$ 和 S 的限制性知 $(xe)^+ xa = xea = xeb = (xe)^+ xb$, 这又说明了 $xa\rho xb$. 设 τ 是 S 上同余且 $P_S \times P_S \subseteq \tau$, $a\rho b$, 则存在 $e \in P_S$ 使得 $ea = eb$, 从而

$$a\tau = (a^+ a)\tau = (a^+\tau)(a\tau) = (e\tau)(a\tau) = (ea)\tau = (eb)\tau = b\tau.$$

这说明 $\rho \subseteq \tau$. 这就证明了 $\sigma_S = \rho$, 故 (1) 和 (2) 等价.

再证 (2) 和 (3) 等价. 设 $ea = eb, e \in P_S$, 则由 S 的限制性知 $ea = eb = b(eb)^*$. 反过来, 设 $ea = bf, e, f \in P_S$, 则由 S 的限制性知

$$(bf)^+ e \in P_S,\ ((bf)^+ e)a = ((bf)^+ e)ea = (bf)^+ ebf = (bf)^+ e(bf)^+ b = ((bf)^+ e)b.$$

这就说明了 (2) 和 (3) 等价. □

引理 5.4.6[80] 设 $(S, \cdot, ^+, ^*)$ 是纯正 P-限制半群, $a, b \in S$, 则下述等价:

(1) $a\,\sigma_S\,b$.

(2) $(\exists e, f \in P_S)\ eaf = ebf$.

(3) $(\exists u, v \in C_S)\ ua = bv$.

证明 设 (2) 或 (3) 成立. 由于任意两投射元均满足 σ_S, 从而 $a\,\sigma_S\,b$, 故 (1) 成立. 反过来, 设 (1) 成立, 则 $a = b$ 或存在 $c_1, d_1, \cdots, c_n, d_n \in S^1, (e_1, f_1), \cdots, (e_n, f_n) \in P_S \times P_S$ 使得

$$a = c_1 e_1 d_1, c_1 f_1 d_1 = c_2 f_2 d_2, \cdots, c_n f_n d_n = b.$$

于是 $a\gamma = b\gamma$ 或 $c_1\gamma, d_1\gamma, \cdots, c_n\gamma, d_n\gamma \in (S/\gamma)^1, (e_1\gamma, f_1\gamma), \cdots, (e_n\gamma, f_n\gamma) \in P_S\gamma \times P_S\gamma$ 使得

$$a\gamma = (c_1\gamma)(e_1\gamma)(d_1\gamma), (c_1\gamma)(f_1\gamma)(d_1\gamma) = (c_2\gamma)(f_2\gamma)(d_2\gamma), \cdots, (c_n\gamma)(f_n\gamma)(d_n\gamma) = b\gamma.$$

注意到 $P_{S/\gamma} = P_S\gamma$, 有 $(a\gamma)\sigma_S(b\gamma)$. 由 S/γ 是限制半群, 事实 $P_{S/\gamma} = P_S\gamma$ 及引理 5.4.5 (2), 存在 $k \in P_S$ 使得 $(k\gamma)(a\gamma) = (k\gamma)(b\gamma)$, 于是

$$(ka)^+ a(ka)^* = (ka)^+ (ka)(ka)^* = ka = (ka)^+ (kb)(ka)^* = (ka)^+ b(ka)^*.$$

故 (2) 成立. 另一方面, 由 $P_{S/\gamma} = P_S\gamma$ 和引理 5.4.5 (3) 可知存在 $k, l \in P_S$ 使得 $(k\gamma)(a\gamma) = (b\gamma)(l\gamma)$, 据 (5.4.1) 式知 $(bl)^+ ka = bl(ka)^*$. 由于 $(bl)^+ k, l(ka)^* \in C_S$, 故 (3) 成立. □

设 $(S, \cdot, ^+, ^*)$ 是 P-限制半群, 据命题 4.2.26, 其 Jones 代数 $(P_S, \times, \star)$ 为 Imaoka-Jones 代数. 据定理 4.2.31, 有正则 $*$-半群 $(T_{P_S}, \bullet, ^\circ)$, 它诱导 P-限制半群 $(T_{P_S}, \bullet, ^+, ^*)$. 定义

$$\rho_a : \langle a^+ \rangle \to \langle a^* \rangle,\ x \mapsto (xa)^*,\quad \sigma_a : \langle a^* \rangle \to \langle a^+ \rangle,\ y \mapsto (ay)^+.$$

据引理 4.2.33, 有 $\rho_a \in T_{a^+, a^*}, \sigma_a \in T_{a^*, a^+}, \rho_a^\circ = \rho_a^{-1} = \sigma_a$. 特别地, 对任意 $e \in P_S$, 有 $\rho_e = \iota_{\langle e \rangle} = \sigma_e$. 据命题 4.2.26, 定理 4.2.34 和引理 5.4.3 可得以下结果.

引理 5.4.7[191] 设 $(S, \cdot, ^+, ^*)$ 是 P-限制半群, 定义 $\rho : S \to T_{P_S}, a \mapsto \rho_a$, 则 ρ 是从 $(S, \cdot, ^+, ^*)$ 到 $(T_{P_S}, \bullet, ^+, ^*)$ 的 (2,1,1)-同态且 $\ker \rho = \mu_S$. 若 S 是被某个正则 $*$-半群 $(S, \cdot, ^\circ)$ 诱导的 P-限制半群, 则 ρ 也保持一元运算. 进一步地, $\rho|_{P_S}$ 是 P_S 到 $P(T_{P_S})$ 的双射. 若 S 满

足仅涉及投射元的某个等式，则 T_{P_S} 也满足这个等式. 特别地，若 S 纯正，则 T_{P_S} 也纯正.

设 $(B,\cdot,\circ)$ 是 $*$-带，对任意 $a\in B$，定义 $a^+=aa^\circ$ 和 $a^*=a^\circ a$. 据推论5.4.4，$(B,\cdot,^+,^*)$ 形成纯正 P-限制半群. 由引理5.4.7可得到纯正 $*$-半群 $(T_{P(B)},\bullet,\circ)$，并记之为 $(T_B,\bullet,\circ)$.

引理 5.4.8[191] 设 $(B,\cdot,\circ)$ 是 $*$-带，则
$$E(T_B)=\{\pi_a\mid a\in B\},\ P(T_B)=\{\pi_e\mid e\in P(B)\}=\{\iota_{\langle e\rangle}\mid e\in P(B)\}.$$
进一步地，$\pi:B\to E(T_B),a\mapsto\pi_a$ 是 $(2,1)$-同构，$\pi|_{P(B)}$ 是 $P(B)$ 到 $P(T_B)$ 的双射，其中
$$\pi_a:\langle a^+\rangle=\langle aa^\circ\rangle\to\langle a^\circ a\rangle=\langle a^*\rangle,x\mapsto(xa)^*=a^\circ xa.$$

证明 据 (4.2.21) 式知关于 $P(T_B)$ 的结果成立. 另一方面，由命题1.1.6知 $E(T_B)^2=P(T_B)^2,B=P(B)^2$. 设 $e,f\in P(B)$，则 $\iota_{\langle e\rangle}\bullet\iota_{\langle f\rangle}=\iota_{\langle e\rangle}\pi_{e,f}\iota_{\langle f\rangle}=\pi_{e,f}$，而据 (4.2.18) 式，有
$$\pi_{e,f}:\langle(ef)(ef)^\circ\rangle=\langle(ef)^+\rangle=\langle e\times_S f\rangle\to\langle(ef)^*\rangle=\langle e\star_S f\rangle=\langle(ef)^\circ ef\rangle,$$
$$x\mapsto x\star f=(xf)^*=fxf.$$
易见，对任意 $a\in B$ 和 $e,f\in P(B)$，有 $\pi_{e,f}=\pi_{ef}$ 和 $\pi_a=\pi_{aa^\circ,a^\circ a}$，从而关于 $E(T_B)$ 的结果成立. 另一方面，据引理5.4.7，π 是 $(2,1)$-满同态，$\ker\pi=\mu_B$ 且 $\pi|_{P(B)}$ 是 $P(B)$ 到 $P(T_B)$ 的双射. 由 B 基本知 $\ker\pi$ 是相等关系，从而 π 是 $(2,1)$-同构. 这说明剩余部分也成立. □

下面给出纯正 P-限制半群的构造. 设 $(B,\cdot,\circ)$ 是 $*$-带，对任意 $a\in B$，定义 $a^+=aa^\circ$ 和 $a^*=a^\circ a$. 据推论5.4.4，$(B,\cdot,^+,^*)$ 形成纯正 P-限制半群. 由引理5.4.7及其之前的陈述可得纯正 P-限制半群 $(T_{P(B)},\bullet,^+,^*)$，记之为 $(T_B,\bullet,^+,^*)$，简记 T_B 为 T. 又设 $(U,\cdot,^+,^*)$ 是限制半群，$\psi:U\to T/\gamma_T$ 是 $(2,1,1)$-同态且 ψ 在 P_U 上的限制是 P_U 到 $P_{T/\gamma_T}=E(T/\gamma_T)$ 的 $(2,1,1)$-同构. 记
$$\mathcal{H}(B,U,\psi)=\{(x,u)\in T\times U\mid x\gamma_T=u\psi\},$$
则 $\mathcal{H}(B,U,\psi)$ 非空 (见定理5.4.9的证明). 由于 $\gamma_T^\natural$ 和 ψ 是 $(2,1,1)$-同态，故可定义 $\mathcal{H}(B,U,\psi)$ 上的如下运算:
$$(x,u)(y,v)=(xy,uv),\ (x,u)^+=(x^+,u^+),\ (x,u)^*=(x^*,u^*).$$
注意到 T 和 U 均为纯正 P-限制半群，据引理5.4.3，容易验证 $(\mathcal{H}(B,U,\psi),\cdot,^+,^*)$ 也是纯正 P-限制半群，称其为 T 和 U 关于 $T/\gamma_T,\gamma_T^\natural$ 和 ψ 的织积并称 $(\mathcal{H}(B,U,\psi),\cdot,^+,^*)$ 为由 B,U 和 ψ 决定的 Hall-Yamada 半群.

定理 5.4.9[191] 沿用上述记号，设 $H=\mathcal{H}(B,U,\psi)$，则 $(H,\cdot,^+,^*)$ 是纯正 P-限制半群. 进一步地，$(C_H,\cdot,\circ)$ 与 $(B,\cdot,\circ)$ 是 $(2,1)$-同构的，而 $(H/\gamma_H,\cdot,^+,^*)$ 与 $(U,\cdot,^+,^*)$ 是 $(2,1,1)$-同构的. 反之，任意纯正 P-限制半群均可如此构造.

证明 直接部分. 在纯正 P-限制半群 $(H,\cdot,^+,^*)$ 中，显然有 $P_H=(P_T\times P_U)\cap H$. 据引理5.4.3，有 $C_H=P_H^2$. 我们断言 $C_H=P_H^2=(E(T)\times P_U)\cap H$. 为证这一断言，首先有 $P_H^2\subseteq(E(T)\times P_U)\cap H$. 若 $(z,w)\in(E(T)\times P_U)\cap H$，则 $z=z^+z^*$ (由命题1.1.6)，$w\in P_U$ 和 $z\gamma_T=w\psi$. 注意到 $w^+=w^*=w$ 及 $\gamma_T^\natural$ 和 ψ 是 $(2,1,1)$-同态，有 $z^+\gamma_T=w\psi=z^*\gamma_T$，从而 $(z^+,w),(z^*,w)\in(P_T\times P_U)\cap H=P_H$. 故 $(z,w)=(z^+,w)(z^*,w)\in P_H^2=C_H$. 这就证明了 $(E(T)\times P_U)\cap H\subseteq P_H^2$. 据上述讨论及引理5.4.2，$(C_H,\cdot,\circ)$ 关于一元运算

$\circ: C_H \to C_H, (x,u) \mapsto (x^\circ, u)$ 形成 $*$-带. 定义 $\xi: C_H \to B, (x,u) \mapsto x\pi^{-1}$, 其中 $\pi: B \to E(T), a \mapsto \pi_a$ 是引理5.4.8中出现的 (2,1)-同构. 则 ξ 是 (2,1)-同态.

为证 ξ 是满射, 设 $b \in B$, 则有 $\pi_b \in E(T)$, $\pi_b \pi^{-1} = b$ (由引理5.4.8) 和 $\pi_b \gamma_T \in E(T/\gamma_T) = P_{T/\gamma_T}$. 据 ψ 的假设条件, 存在 $u \in P_U$ 使得 $\pi_b \gamma_T = u\psi$, 这表明 $(\pi_b, u) \in (E(T) \times P_U) \cap H = C_H$ 且 $(\pi_b, u)\xi = \pi_b \pi^{-1} = b$, 从而 ξ 是满射. 这也说明了 H 非空. 设 $(x,u), (y,v) \in C_H = (E(T) \times P_U) \cap H$ 且 $x\pi^{-1} = y\pi^{-1}$, 则 $x = y$. 注意到 $(x,u), (y,v) \in C_H$, 有 $u\psi = x\gamma_T = y\gamma_T = v\psi$. 但由假设, ψ 在 P_U 上的限制为 (2,1,1)-同构, 故 $u = v$, 于是, ξ 是单射.

定义 $\eta: H \to U, (x,u) \mapsto u$, 易见, η 是 (2,1,1)-同态. 因为 $\gamma_T^\natural$ 是满射, 从而对任意 $u \in U$, 存在 $x \in T$ 使得 $x\gamma_T = u\psi$. 这表明 $(x,u) \in H$ 且 $(x,u)\eta = u$, 故 η 是满射. 进一步地, 对 $(x,u), (y,v) \in H$, 据引理5.4.1 (2) 和事实 $x\gamma_T = u\psi, y\gamma_T = v\psi$, 有

$$(x,u)\gamma_H(y,v) \iff (x,u) = (x,u)^+(y,v)(x,u)^*, (y,v) = (y,v)^+(x,u)(y,v)^*$$
$$\iff (x,u) = (x^+, u^+)(y,v)(x^*, u^*), (y,v) = (y^+, v^+)(x,u)(y^*, v^+)$$
$$\iff x\gamma_T y, u\gamma_U v \iff x\gamma_T y, u = v \iff u = v.$$

这说明 $\ker \eta = \gamma_H$, 从而 $\eta^\natural$ 是 H/γ_H 到 U 的 (2,1,1)-同构.

反面部分. 设 $(S, \cdot, ^+, ^*)$ 是纯正 P-限制半群并记 $C = C_S$, 据推论5.4.4, $C = P_S^2, (C, \cdot, \circ)$ 关于下列一元运算形成 $*$-带: 对任意 $e, f \in P_S$, $(ef)^\circ = fe$. 据引理5.4.7及其后面的评论, 有纯正 $*$-半群 $(T_C, \bullet, \circ)$ 及从 $(S, \cdot, ^+, ^*)$ 到 $(T_C, \bullet, \circ)$ 诱导的纯正 P-限制半群 $(T_C, \bullet, ^+, ^*)$ 的 (2,1,1)-同态 $\rho: S \to T_C, a \mapsto \rho_a$.

记 $T_C = T$ 并令 $\theta: S/\gamma_S \to T/\gamma_T, a\gamma_S \mapsto \rho_a \gamma_T$. 我们首先断言 θ 是 (2,1,1)-同态 且 θ 在 P_{S/γ_S} 上的限制是 P_{S/γ_S} 到 $E(T/\gamma_T) = P_{T/\gamma_T}$ 的 (2,1,1)-同构 (见推论5.4.4). 事实上, 设 $a, b \in S, a\gamma_S = b\gamma_S$, 则 $a = a^+ b a^*$, $b = b^+ a b^*$. 由 ρ 是 (2,1,1)-同态可知 $a\rho = (a\rho)^+(b\rho)(a\rho)^*$ 和 $b\rho = (b\rho)^+(a\rho)(b\rho)^*$. 这表明 $\rho_a \gamma_T = (a\rho)\gamma_T = (b\rho)\gamma_T = \rho_b \gamma_T$, 故 θ 是良好定义的. 注意到 γ_S, γ_T 是 (2,1,1)-同余且 ρ 是 (2,1,1)-同态, θ 也是 (2,1,1)-同态. 据推论5.4.4, 引理5.4.7前面的评论和引理5.4.8, 有

$$P_{S/\gamma_S} = \{e\gamma_S \mid e \in P_S\}, \quad E(T/\gamma_T) = P_{T/\gamma_T} = \{\rho_e \gamma_T \mid e \in P_S\},$$

从而 θ 在 P_{S/γ_S} 上的限制是 P_{S/γ_S} 到 $E(T/\gamma_T) = P_{T/\gamma_T}$ 的 (2,1,1)-满同态. 设 $e, f \in P_S$, 若 $\rho_e \gamma_T = \rho_f \gamma_T$, 则据引理5.4.1 (1), 有

$$\iota_{\langle efe \rangle} = \rho_{efe} = \rho_e \bullet \rho_f \bullet \rho_e = \rho_e = \iota_{\langle e \rangle}, \quad \iota_{\langle fef \rangle} = \rho_{fef} = \rho_f \bullet \rho_e \bullet \rho_f = \rho_f = \iota_{\langle f \rangle},$$

从而 $efe = e, fef = f$, 故由引理5.4.1 (1)可得 $e\gamma_S = f\gamma_S$. 这表明 θ 在 P_{S/γ_S} 上的限制是单的. 由正面部分的证明, 我们可形成纯正 P-限制半群

$$\mathcal{H}(T, S/\gamma, \theta) = \{(x, a\gamma_S) \in T \times S/\gamma_S \mid x\gamma_T = (a\gamma_S)\theta = \rho_a \gamma_T\},$$

其运算为

$$(x, a\gamma_S)(y, b\gamma_S) = (x \bullet y, (ab)\gamma_S), (x, a\gamma_S)^+ = (x^+, a^+\gamma_S), (x, a\gamma_S)^* = (x^*, a^*\gamma_S).$$

因为 γ_S, γ_T 是 (2,1,1)-同余, 而 θ 是 (2,1,1)-同态, 上述运算是良好定义的. 定义
$$\phi: S \longrightarrow \mathcal{H}(T, S/\gamma, \theta), a \mapsto (\rho_a, a\gamma_S).$$

下证 ϕ 是 (2,1,1)-同构. 显然, ϕ 是良好定义的. 进一步地, 由 ρ 和 $\gamma_S^\natural$ 是 (2,1,1)-同态可知 ϕ 是 (2,1,1)-同态. 若 $a, b \in S$ 且 $(\rho_a, a\gamma_S) = (\rho_b, b\gamma_S)$, 则由引理5.4.7可得 $(a, b) \in \mu_S \cap \gamma_S$. 据引理5.4.1 (3), 有 $a = b$. 故 ϕ 是单的.

设 $(x, a\gamma_S) \in \mathcal{H}(T, S/\gamma, \theta)$, 则 $x\gamma_T = (a\gamma_S)\theta = \rho_a\gamma_T$, 从而
$$x = x^+ \bullet \rho_a \bullet x^*,\ x^+\gamma_T(\rho_a)^+ = \rho_{a^+},\ x^*\gamma_T(\rho_a)^* = \rho_{a^*}.$$

由于 $x^+, x^* \in P_T = \{\rho_e \mid e \in P_S\}$, 故存在 $e, f \in P_S$ 使得 $x^+ = \rho_e$, $x^* = \rho_f$, $x = \rho_e \bullet \rho_a \bullet \rho_f = \rho_{eaf}$. 这表明 $\rho_e \gamma_T \rho_{a^+}$, $\rho_f \gamma_T \rho_{a^*}$. 因为 θ 在 P_{S/γ_S} 上的限制是 (2,1,1)-同构, 我们有 $e\gamma_S a^+$ 和 $f\gamma_S a^*$, 故
$$(eaf)\gamma_S = (e\gamma_S)(a\gamma_S)(f\gamma_S) = (a^+\gamma_S)(a\gamma_S)(a^*\gamma_S) = (a^+aa^*)\gamma_S = a\gamma_S.$$

这说明 $(x, a\gamma_S) = (\rho_{eaf}, (eaf)\gamma_S) \in S\phi$, 故 ϕ 是满射. 于是 ϕ 是 (2,1,1)-同构. □

本节的最后提出一个值得进一步思考的问题. 给定带 B, Hall 在文献 [50] 中构建了半群 W_B, El-Qallali, Fountain 和 Gould 在文献 [32] 中构建了半群 U_B 和 V_B, 而 Gomes 和 Gould 在文献 [41] 中则提出了半群 S_B. 文献 [32] 和文献 [41] 讨论了 W_B, U_B, V_B 和 S_B 的关系. 设 $(B, \cdot, \circ)$ 是 *-带. 据引理5.4.8前的叙述, 我们可得到半群 T_B. 于是, 下面的问题是自然的.

问题 5.4.10[191] 对给定的 *-带 $(B, \cdot, \circ)$, 考察 W_B, U_B, V_B, S_B 和 T_B 的关系.

更具体地, 我们可提出以下问题.

问题 5.4.11[191] 决定满足 $T_B \cong W_B$ 的 *-带簇的子簇.

给定纯正 *-半群 $(S, \cdot, \circ)$, 容易看出, S 在通常意义下基本当且仅当 S 诱导的纯正 P-限制半群投射基本. 据定理4.2.32, T_B 是基本的. 由引理5.4.8可知 B 同构于 $E(T_B)$, 从而由 W_B 的性质可知 T_B 可以嵌入到 W_B 中. 特别地, 若 $(B, \cdot, \circ)$ 还是矩形带, 则据文献 [41] 之命题 6.1 可得 $W_B \cong B$, 从而
$$W_B = U_B = V_B \cong S_B \cong B \cong T_B.$$

显然, 若 $(B, \cdot, \circ)$ 是半格, 则 T_B 恰好是 B 的 Munn 半群, 从而据文献 [56] 之命题 VI.2.21 可知 $T_B \cong W_B$. 最近, 文献 [199] 证明了对正规 *-带 B, 也有 $T_B \cong W_B$. 然而, 对一般的 *-带, 上述问题还需要进一步研究.

5.5 真 P-限制半群

本节介绍真 P-限制半群并讨论其若干性质, 将真限制半群的一些结果拓展到 P-限制半群. 先给出真 P-限制半群的概念.

定义 5.5.1 设 $(S, \cdot, ^+, ^*)$ 是 P-限制半群, 则 S 称为真 P-限制半群, 若对任意 $a, b \in S$, 有
$$a^+ = b^+, a\,\sigma_S\,b \Longrightarrow a\,\gamma_S\,b\ 且\ a^* = b^*, a\,\sigma_S\,b \Longrightarrow a\,\gamma_S\,b.$$

5.5 真 P-限制半群

注记 5.5.2 据引理5.4.1 (2), 限制半群 $(S,\cdot,^+,^*)$ 是真限制半群当且仅当
$$a^+ = b^+, a\,\sigma_S\,b \Longrightarrow a = b \text{ 且 } a^* = b^*, a\,\sigma_S\,b \Longrightarrow a = b.$$

这正是Cornock 和 Gould 在文献 [23] 中提出的真限制半群的概念.

下面的例子指出, 存在既不是限制半群也不是正则半群的真 P-限制半群.

例 5.5.3[191] 考虑矩形带 $M = \{e, f, g, h\}$, 其中 $e\mathcal{R}f\mathcal{L}h\mathcal{R}g\mathcal{L}e$. 定义 M 上的一元运算 "$+$" 和 "$*$" 如下:
$$e^+ = f^+ = e, g^+ = h^+ = h, e^* = g^* = e, f^* = h^* = h,$$
则 $(M,\cdot,^+,^*)$ 是 P-限制半群. 设 U 是非正则幺半群, 1 是其单位元. 定义 U 上的两个一元运算 "$+$" 和 "$*$" 如下: 对任意 $x \in U$, $x^+ = x^* = 1$, 则 $(U,\cdot,^+,^*)$ 是约化限制半群. 易证, 直积 $S = M \times U$ 关于下述定义的一元运算
$$(\forall (x,y) \in S) \quad (x,y)^+ = (x^+, y^+) = (x^+, 1), (x,y)^* = (x^*, y^*) = (x^*, 1),$$
构成纯正 P-限制半群. 显然, S 非正则. 设 $(S,\cdot,\clubsuit,\spadesuit)$ 关于 S 上的一元运算 "$\clubsuit$" 和 "$\spadesuit$" 形成限制半群, 则 $(e,1)^\clubsuit(e,1) = (e,1)$, 这表明 $(e,1)^\clubsuit \in \{(e,1),(f,1)\}$. 类似可得 $(g,1)^\clubsuit \in \{(g,1),(h,1)\}$. 因为 $(S,\cdot,\clubsuit,\spadesuit)$ 是限制半群, 我们有 $(e,1)^\clubsuit(g,1)^\clubsuit = (g,1)^\clubsuit(e,1)^\clubsuit$. 这是不可能的, 因为矩形带 M 中的任意两元素均不可换. 这说明 $S = M \times U$ 不是限制半群. 最后, 对任意 $(x,y),(s,t) \in S$, $(x,y)\,\gamma_S\,(s,t)$ 当且仅当
$$(x,y) = (x,y)^+(s,t)(x,y)^*, \ (s,t) = (s,t)^+(x,y)(s,t)^*.$$
这表明 $(x,y)\,\gamma_S\,(s,t)$ 当且仅当 $y = t$, 故 S/γ_S 与 U 是 $(2,1,1)$-同构的. 这表明 $\sigma_S \subseteq \gamma_S$, 从而 S 是真 P-限制半群.

下面的结果指出了真限制半群和真 P-限制半群的关系.

定理 5.5.4[191] 设 $(S,\cdot,^+,^*)$ 是 P-限制半群, 则 S 是真 P-限制半群当且仅当 S 纯正且 S/γ_S 是真限制半群.

证明 设 S 是真 P-限制半群且 $e,f,g \in P_S$, 则据引理5.1.1知 $(efg)^+ = (e(fg)^+)^+ = e(fg)^+e = (e(fg)^+e)^+$. 因为 S 是真 P-限制半群且 $efg\,\sigma_S\,e(fg)^+e$, 我们有 $efg\,\gamma_S\,e(fg)^+e$, 这表明
$$efg = (efg)^+e(fg)^+e(efg)^* = (efg)^+(efg)^*.$$
据引理5.4.3, S 纯正且 γ_S 是 S 上使得商半群为限制半群的最小 $(2,1,1)$-同余. 设
$$a\gamma_S, b\gamma_S \in S/\gamma_S, (a\gamma_S)^+ = (b\gamma_S)^+, (a\gamma_S)\,\sigma_{S/\gamma}\,(b\gamma_S),$$
则 $(a^+, b^+) \in \gamma_S$. 这表明 $a^+b^+a^+ = a^+$ 和 $b^+a^+b^+ = b^+$ 成立. 因为 $(a\gamma_S)\,\sigma_{S/\gamma_S}\,(b\gamma_S)$, $P_{S/\gamma} = \{e\gamma_S \mid e \in P_S\}$, 据引理5.4.6, 存在 $e,f \in P_S$ 使得
$$(eaf)\gamma_S = (e\gamma_S)(a\gamma_S)(f\gamma_S) = (e\gamma_S)(b\gamma_S)(f\gamma_S) = (ebf)\gamma_S.$$
注意到 $\gamma_S \subseteq \sigma_S$, 有 $(eaf, ebf) \in \sigma_S$, 从而 $(a,b) \in \sigma_S$, 故 $(a, a^+b) \in \sigma_S$. 据引理5.1.1, 有 $a^+ = a^+b^+a^+ = (a^+b^+)^+ = (a^+b)^+$. 又因为 $(S,\cdot,^+,^*)$ 是真 P-限制半群, 故 $(a, a^+b) \in \gamma_S$, 于是 $a = a^+(a^+b)a^* = a^+ba^*$. 对偶可得 $b = b^+ab^*$. 故 $a\gamma_S = b\gamma_S$. 据上述论断及其对偶可

知 S/γ_S 是真限制半群.

反之, 设 S 纯正且 S/γ_S 是真限制半群, 又设 $a,b \in S$, $a^+ = b^+$ 且 $a\sigma_S b$, 则据引理5.4.6 知存在 $e,f \in P_S$ 使得 $a^+ = b^+$, $eaf = ebf$. 这表明

$$(a\gamma_S)^+ = (b\gamma_S)^+, (e\gamma_S)(a\gamma_S)(f\gamma_S) = (e\gamma_S)(b\gamma_S)(f\gamma_S),$$

据此可知 $(a\gamma_S)^+ = (b\gamma_S)^+$, $(a\gamma_S)\sigma_{S/\gamma_S}(b\gamma_S)$. 注意到 S/γ_S 是真限制半群, 有 $a\gamma_S = b\gamma_S$, 于是 $a\gamma_S b$. 据上述论述及其对偶可知 S 是真 P-限制半群. □

据定理5.4.9和定理5.5.4, 我们可得到真 P-限制半群的 Hall-Yamada 型结构.

定理 5.5.5[191] 沿用定理5.4.9的记号, 若 $(U, \cdot, ^+, ^*)$ 是真限制半群, 则 Hall-Yamada 半群 $(\mathcal{H}(B, U, \psi), \cdot, ^+, ^*)$ 是真 P-限制半群. 反之, 任何真 P-限制半群均可如此构造.

下考虑 P-限制半群的覆盖问题. 设 $(S, \cdot, ^+, ^*)$ 是 P-限制(限制) 半群, 若 $(U, \cdot, ^+, ^*)$ 是真 P-限制半群(真限制半群)且 $\theta : U \to S$ 是满的投射分离 $(2,1,1)$-同态, 则我们称 (U, θ) 是 S 的真覆盖. 显然, 若 S 有真覆盖, 则它必纯正. 先考虑限制半群的真覆盖.

引理 5.5.6[81, 166] 任意限制半群 $(S, \cdot, ^+, ^*)$ 均有真覆盖. 特别地, 若 S 有限, 则 S 有有限真覆盖.

证明 设 $(S, \cdot, ^+, ^*)$ 是限制半群, 在 S 上添加单位元 1(不管 S 本身有无单位元)得到幺半群 M 并在 M 上定义 "+" 和 "*" 如下: 对任意 $m \in M$, $m^+ = m^* = 1$, 在 $S \times M$ 上定义二元运算 "·", 一元运算 "+" 和 "*" 如下:

$$(s,m)(t,n) = (st, mn), (s,m)^+ = (s^+, 1), (s,m)^* = (s^*, 1),$$

则 $S \times M$ 关于上述运算构成限制半群. 记

$$T = \{(e,1) \mid e \in P_S\} \cup \{(s,m) \in S \times S \mid s \leqslant_S m\},$$

据引理5.1.13可验证 $(T, \cdot, ^+, ^*)$ 是 $S \times M$ 的限制子半群且 $P_T = \{(e,1) \mid e \in P_S\}$. 设 $(x,y), (z,w) \in T$, 若 $(x,y)^+ = (z,w)^+$, $(x,y)\sigma_T(z,w)$, 则 $x^+ = z^+$ 且存在 $e \in P_S$ 使得 $(ex,y) = (e,1)(x,y) = (e,1)(z,w) = (ez,w)$, 故 $y = w$. 若 $y = w = 1$, 则 $x, z \in P_S$, 从而 $x = x^+ = z^+ = z$. 若 $y = w \neq 1$, 则 $x \leqslant_S y, z \leqslant_S w$, 从而 $x = x^+y = z^+w = z$. 于是, 在任何情况下都有 $(x,y) = (z,w)$. 对偶可证 $(x,y)^* = (z,w)^*$, $(x,y)\sigma_T(z,w)$ 蕴含 $(x,y) = (z,w)$. 故 T 是真限制半群. 定义 $\psi : T \to S, (x,y) \mapsto x$, 则易证 ψ 是投射分离的满 $(2,1,1)$-同态. 这就说明 T 是 S 的真覆盖. 显然, 当 S 有限时, T 也有限. □

定理 5.5.7[191] 任意纯正 P-限制半群 $(S, \cdot, ^+, ^*)$ 均有真覆盖. 特别地, 若 S 有限, 则 S 有有限真覆盖.

证明 设 $(S, \cdot, ^+, ^*)$ 是纯正 P-限制半群. 简单起见, 分别用 μ 和 γ 来记 μ_S 和 γ_S, 则 S/γ 是限制半群. 据引理5.5.6, S/γ 有真覆盖 (U, θ). 特别地, 若 S/γ 有限, 则 U 可选择为有限真限制半群. 考虑 $M = \{(s\mu, u) \in S/\mu \times U \mid u\theta = s\gamma\}$, 注意到 μ, θ 和 $\gamma^\natural$ 是 $(2,1,1)$-同态, 容易证明下述运算是良好定义的: 对任意 $(s\mu, u), (t\mu, v) \in M$,

$$(s\mu, u)(t\mu, v) = ((st)\mu, uv), (s\mu, u)^+ = (s^+\mu, u^+), (s\mu, u)^* = (s^*\mu, u^*).$$

由 S/μ 和 U 是纯正 P-限制半群知 M 也是纯正 P-限制半群.

设 $\phi: M \to U, (s\mu, u) \mapsto u$, 显然, ϕ 是 $(2,1,1)$-满同态. 设 $(s\mu, u), (t\mu, v) \in M$, 则有 $u\theta = s\gamma$ 和 $v\theta = t\gamma$. 因为 U 是限制半群, 据引理5.4.1, 有

$$(s\mu, u)\gamma_M(t\mu, v) \iff (s\mu, u) = (s\mu, u)^+(t\mu, v)(s\mu, u)^*, (t\mu, v) = (t\mu, v)^+(s\mu, u)(t\mu, v)^*$$

$$\iff s\mu = (s^+ts^*)\mu, t\mu = (t^+st^*)\mu, u = u^+vu^*, v = v^+uv^* \iff u = v.$$

这表明 $\gamma_M = \ker \phi$. 故 M/γ_M 与 U 是 $(2,1,1)$-同构的. 由 U 是真限制半群知 M/γ_M 也是真限制半群. 由 M 纯正及定理5.5.4知 M 是真 P-限制半群.

设 $\psi: M \to S, (s\mu, u) \mapsto s$. 先证 ψ 是良好定义的. 事实上, 若 $(s\mu, u), (t\mu, v) \in M$, $(s\mu, u) = (t\mu, v)$, 则 $u\theta = s\gamma, v\theta = t\gamma, s\mu = t\mu, u = v$. 这表明 $(s, t) \in \gamma \cap \mu$, 从而据引理5.4.1 (3)可得 $s = t$. 故 ψ 是 $(2,1,1)$-同态. 另外, 若 $s \in S$, 则 $s\gamma \in S/\gamma$. 因为 θ 是满射, 从而存在 $u \in U$ 使得 $u\theta = s\gamma$, 据此可得 $(s\mu, u) \in M$ 和 $(s\mu, u)\psi = s$, 这表明 ψ 也是满射. 设

$$(s\mu, u)^+ = (s^+\mu, u^+), (t\mu, v)^+ = (t^+\mu, v^+) \in P_M,$$

其中 $(s\mu, u), (t\mu, v) \in M$, 从而有 $u\theta = s\gamma, v\theta = t\gamma$ 和 $u^+\theta = s^+\gamma, v^+\theta = t^+\gamma$. 若 $(s\mu, u)^+\psi = (t\mu, v)^+\psi$, 则 $s^+ = t^+$. 这表明 $u^+\theta = v^+\theta$. 因为 θ 投射分离, 我们有 $u^+ = v^+$, 故 $(s\mu, u)^+ = (t\mu, v)^+$. 这说明 ψ 投射分离, 于是 (M, ψ) 是 S 的真覆盖. 特别地, 若 S 有限, 则 S/γ 和 S/μ 当然是有限的. 此时, 据引理5.5.6可知 U 可选择为有限真限制半群, 从而 M 也是有限的. □

5.6 广义限制的 P-限制半群的代数结构

本节研究广义限制的 P-限制半群的代数结构. 首先引入广义限制的 P-限制半群, 并得到这类半群的一些基本性质, 在此基础上, 给出广义限制的 P-限制半群的一个结构定理, 并据此刻画这类半群的自由对象, 紧接着定义并研究广义限制的 P-限制半群的 λ-半直积, 最后给出广义限制的 P-限制半群的上确界完备化定理. 首先给出广义限制的 P-限制半群的概念和一些基本性质.

定义 5.6.1[205, 207] 称 P-限制半群 $(S, \cdot, ^+, ^*)$ 为广义限制的 P-限制半群, 若对任意 $e, f, g, h \in P_S$, 都有 $efgh = egfh$.

限制半群是广义限制的 P-限制半群, 而广义逆 *-半群诱导的 P-限制半群是广义限制的 P-限制半群. 事实上, 广义限制的 P-限制半群是广义逆 *-半群在 P-限制半群中的推广形式. 另一方面, 例5.5.3中的半群 $(S, \cdot, ^+, ^*)$ 是非正则的非限制的广义限制的 P-限制半群. 下面的结论是显然的.

引理 5.6.2[205, 207] P-限制半群 $(S, \cdot, ^+, ^*)$ 是广义限制的 P-限制半群当且仅当对任意 $x, y \in S$ 和 $f, g \in P_S$, 有 $xfgy = xgfy$.

类似于命题1.2.9, 我们可以给出广义限制的 P-限制半群的如下刻画.

定理 5.6.3[205, 207] 设 $(S, \cdot, ^+, ^*)$ 是 P-限制半群, 则下述等价:

(1) S 是广义限制的 P-限制半群.

(2) 对任意 $x, y \in S$ 和 $e \in P_S$, 都有 $xey \leqslant_S xy$.

(3) S 是局部限制的纯正 P-限制半群.

此时, C_S 是正规带.

证明 (1)$\Longrightarrow$(2). 设 S 是广义限制的 P-限制半群, $x, y \in S$, $e \in P_S$, 则 $e = e^+ = e^*$. 据 P-限制半群的定义和引理 5.1.1, 有

$$(xey)^+(xy) = x(ey)^+x^*y = xx^*(ey)^+y = x(ey)^+y^+y = xey^+ey^+y = xey^+y = xey.$$

据 P-限制半群的定义和引理 5.6.2 可得

$$(xy)^+(xey)^+(xy)^+ = ((xy)^+(xey)^+)^+$$
$$= ((xy)^+xey)^+ = (xy^+x^*ey)^+ = (xx^*ey^+y)^+ = (xey)^+.$$

因此 $xey \leqslant_S xy$.

(2)$\Longrightarrow$(3). 设 $a, b, c \in S$, 若 $a \leqslant_S b$, 则由引理 5.1.13 知 $a = a^+b = ba^*$. 由假设知 $ac = ba^*c \leqslant_S bc$, $ca = ca^+b \leqslant_S cb$, 故 " $\leqslant_S$ " 相容. 据推论 5.1.12 可知 S 局部限制. 下证 C_S 是 S 的子带. 设 $e_1, e_2, \cdots, e_n \in P_S$, 则由条款 (2) 和引理 5.1.1 知 $e_1e_2\cdots e_n \leqslant_S e_1e_n \in E(S)$. 因此由推论 5.1.14 可得 $e_1e_2\cdots e_n \in E(S)$, 这表明 C_S 是带, 故 (3) 成立.

(3)$\Longrightarrow$(1). 假设 S 是局部限制的纯正 P-限制半群. 首先证明对任意 $e, f, g \in P_S$, $efge = egfe$. 事实上, 设 $e, f, g \in P_S$, 由引理 5.1.1 可知 $fgegf, gfefg \in P_S$. 由于 S 是局部限制的 P-限制半群, 据引理 5.1.3, 有 $e(fgegf)ee(gfefg)e = e(gfefg)ee(fgegf)e$. 因为 S 纯正, 所以

$$e(fgegf)ee(gfefg)e = efge(gfegfe)fge = efgegfefge = (efge)(egfe)(efge).$$

类似可得 $e(gfefg)ee(fgegf)e = (egfe)(efge)(egfe)$. 因此 $(efge)(egfe)(efge) = (egfe)(efge)(egfe)$. 另一方面, 由于 C_S 是带, 故 C_S 是矩形带的半格. 由 $efge$ 和 $egfe$ 位于同一个矩形带知

$$(efge)(egfe)(efge) = efge, \quad (egfe)(efge)(egfe) = egfe,$$

故 $efge = egfe$. 设 $e, f, g, h \in P_S$, 由上面的讨论可知

$$(efgh)(egfh) = ef(gheg)fh = efgehgfh = egfehfgh = (egfh)(efgh).$$

因为 $efgh$ 和 $egfh$ 位于同一个矩形带, 故 $efgh = egfh$. 因此 (1) 成立. □

5.6.1 拟直积结构

本小节的目的是利用左正规带与限制半群的拟直积给出广义限制的 P-限制半群的一个结构定理. 先介绍左正规带与限制半群的拟直积.

命题 5.6.4[207, 208] 设 $(S, \cdot, ^+, ^*)$ 是限制半群, $L = (P_S, L_\alpha, \phi_{\alpha,\beta})$ 是左正规带, 在

$$Q = [L : S] = \{(a, x, b) \in L \times S \times L \mid a \in L_{x^+}, b \in L_{x^*}\}$$

上定义

$$(\forall (a, x, b), (c, y, d) \in Q) \quad (a, x, b)(c, y, d) = (a\phi_{x^+, (xy)^+}, xy, d\phi_{y^*, (xy)^*}),$$

$$(a,x,b)^+ = (a,x^+,a), \quad (a,x,b)^* = (b,x^*,b),$$

则 $(Q,\cdot,^+,^*)$ 是广义限制的 P-限制半群，称其为左正规带 L 与限制半群 S 的拟直积.

证明 设 $(a,x,b),(c,y,d) \in Q$，则 $a \in L_{x^+}, b \in L_{x^*}, c \in L_{y^+}, d \in L_{y^*}$. 由 $(xy)^+ \leqslant_S x^+$, $(xy)^* \leqslant_S y^*$ 可知 Q 上定义的二元运算是合理的. 此外, 由 $x^{+*} = x^+, x^{*+} = x^*, x^{++} = x^+, x^{**} = x^*$ 可知 Q 上的两个一元运算也是合理的. 设 $(a,x,b),(c,y,d),(m,z,n) \in Q$, 则

$$((a,x,b)(c,y,d))(m,z,n) = (a\phi_{x^+,(xy)^+}, xy, d\phi_{y^*,(xy)^*})(m,z,n)$$
$$= (a\phi_{x^+,(xy)^+}\phi_{(xy)^+,(xyz)^+}, xyz, n\phi_{z^*,(xyz)^*})$$
$$= (a\phi_{x^+,(xyz)^+}, xyz, n\phi_{z^*,(xyz)^*}). \tag{5.6.1}$$

类似可得 $(a,x,b)((c,y,d)(m,z,n)) = (a\phi_{x^+,(xyz)^+}, xyz, n\phi_{z^*,(xyz)^*})$. 这表明 $(Q,\cdot)$ 是半群.

下证 $(Q,\cdot,^+,^*)$ 是 P-限制半群. 由对称性, 只需证 " + " 的部分. 设 $(a,x,b),(c,y,d) \in Q$.

(1) 由 $x^+ x = x$ 和 $x^{++} = x^+$ 可得

$$(a,x,b)^+(a,x,b) = (a,x^+,a)(a,x,b)$$
$$= (a\phi_{(x^+)^+,(x^+x)^+}, x^+ x, b\phi_{x^*,(x^+x)^*}) = (a\phi_{x^+,x^+}, x, b\phi_{x^*,x^*}) = (a,x,b).$$

(2) 据 $(xy^+)^+ = (xy)^+$, 有

$$((a,x,b)(c,y,d))^+ = (a\phi_{x^+,(xy)^+}, xy, d\phi_{y^*,(xy)^*})^+ = (a\phi_{x^+,(xy)^+}, (xy)^+, a\phi_{x^+,(xy)^+})$$
$$= (a\phi_{x^+,(xy^+)^+}, (xy^+)^+, a\phi_{x^+,(xy^+)^+}) = (a\phi_{x^+,(xy^+)^+}, xy^+, c\phi_{(y^+)^*,(xy^+)^*})^+$$
$$= ((a,x,b)(c,y^+,c))^+ = ((a,x,b)(c,y,d)^+)^+.$$

(3) 首先, 有 $x^{++} = x^+ = x^{+*}$ 和 $(x^+ y^+ x^+)^+ = x^+ y^+ x^+ = (x^+ y^+ x^+)^* = (x^+ y^+)^+$. 据 (5.6.1) 式,

$$(a,x,b)^+(c,y,d)^+(a,x,b)^+ = (a,x^+,a)(c,y^+,c)(a,x^+,a)$$
$$= (a\phi_{(x^+)^+,(x^+ y^+ x^+)^+}, x^+ y^+ x^+, a\phi_{(x^+)^*,(x^+ y^+ x^+)^*})$$
$$= (a\phi_{(x^+)^+,(x^+ y^+)^+}, (x^+ y^+)^+, a\phi_{(x^+)^+,(x^+ y^+)^+})$$
$$= (a\phi_{(x^+)^+,(x^+ y^+)^+}, x^+ y^+, c\phi_{(y^+)^*,(x^+ y^+)^*})^+$$
$$= ((a,x^+,a)(c,y^+,c))^+ = ((a,x,b)^+(c,y,d)^+)^+.$$

(4) 由 $x^{++} = x^+ = x^+ x^+ = x^{+*}$ 可得

$$(a,x,b)^+(a,x,b)^+ = (a,x^+,a)(a,x^+,a) = (a\phi_{(x^+)^+,(x^+ x^+)^+}, x^+ x^+, a\phi_{(x^+)^*,(x^+ x^+)^*})$$
$$= (a\phi_{x^+,x^+}, x^+, a\phi_{x^+,x^+}) = (a,x^+,a) = (a,x,b)^+.$$

(5) 由 $x^{+*} = x^+$ 得 $((a,x,b)^+)^* = (a,x^+,a)^* = (a,(x^+)^*,a) = (a,x^+,a) = (a,x,b)^+$.

(6) 首先有 $(xy)^{++} = (xy)^+$ 和 $x^{**} = x^*$. 再由 P-限制性可知 $(xy)^+ x = xy^+ x^*$, 故由 (5.6.1) 式可得

$$((a,x,b)(c,y,d))^+(a,x,b) = (a\phi_{x^+,(xy)^+}, xy, d\phi_{y^*,(xy)^*})^+(a,x,b)$$
$$= (a\phi_{x^+,(xy)^+}, (xy)^+, a\phi_{x^+,(xy)^+})(a,x,b)$$

$$= (a\phi_{x^+,(xy)^+}\phi_{((xy)^+)^+,((xy)^+x)^+}, (xy)^+x, b\phi_{x^*,((xy)^+x)^*})$$
$$= (a\phi_{x^+,((xy)^+x)^+}, (xy)^+x, b\phi_{x^*,((xy)^+x)^*})$$
$$= (a\phi_{x^+,(xy+x^*)^+}, xy^+x^*, b\phi_{(x^*)^*,(xy+x^*)^*})$$
$$= (a,x,b)(c,y^+,c)(b,x^*,b) = (a,x,b)(c,y,d)^+(a,x,b)^*.$$

由上述 (1)—(6), (4.1.1) 式, 引理4.1.3和定义5.1.2, $(Q,\cdot,^+,^*)$ 是 P-限制半群, 且其投射元集为
$$P_Q = \{(a,x,b)^+ \mid (a,x,b) \in Q\} = \{(a,x,b)^* \mid (a,x,b) \in Q\}$$
$$= \{(a,x^+,a) \mid a \in L_{x^+}\} = \{(b,x^*,b) \mid b \in L_{x^*}\}.$$

设 $(a,x^+,a),(b,y^+,b),(c,z^+,c),(d,w^+,d) \in P_Q$, 则由 S 是限制半群知 $y^+z^+ = z^+y^+$, 从而据 (5.6.1) 式,
$$(a,x^+,a)(b,y^+,b)(c,z^+,c)(d,w^+,d)$$
$$= (a\phi_{(x^+)^+,(x^+y^+z^+w^+)^+}, x^+y^+z^+w^+, d\phi_{(w^+)^*,(x^+y^+z^+w^+)^*})$$
$$= (a\phi_{(x^+)^+,(x^+z^+y^+w^+)^+}, x^+z^+y^+w^+, d\phi_{(w^+)^*,(x^+z^+y^+w^+)^*})$$
$$= (a,x^+,a)(c,z^+,c)(b,y^+,b)(d,w^+,d).$$

这就说明 $(Q,\cdot,^+,^*)$ 是广义限制的 P-限制半群. □

为给出命题5.6.4的逆命题, 我们需要如下引理.

引理 5.6.5[56, 57] 设 B 为正规带.

(1) B 上的格林关系 $\mathcal{R}$ 是同余且商半群 $B/\mathcal{R}$ 为左正规带.

(2) B 是左正规带当且仅当它是左零带的强半格. 具体来说, 若 B 是左正规带, 则 B 上 $\mathcal{L}$ 关系是同余且商半群 $Y = B/\mathcal{L}$ 是半格; 进一步地, 设 B 的全体 $\mathcal{L}$-类为 $\{L_\alpha \mid \alpha \in Y\}$, 当 $\alpha,\beta \in Y$ 且 $\alpha \geq \beta$ 时定义 $\psi_{\alpha,\beta}: L_\alpha \to L_\beta, x \mapsto xu$, 其中 u 是 L_β 中任意元素, 则 $B = (Y,L_\alpha,\psi_{\alpha,\beta})$.

命题 5.6.6[207, 208] 任意广义限制的 P-限制半群均 (2,1,1)-同构于某个左正规带与限制半群的拟直积.

证明 设 $(S,\cdot,^+,^*)$ 是广义限制的 P-限制半群, 据引理5.4.3, 引理5.6.5及定理5.6.3知 $C_S = P_S^2$ 是正规带且 $C_S/\mathcal{R} = \{R_x \mid x \in C_S\}$ 是左正规带. 对任意 $x \in C_S$, 由 $C_S = P_S^2$ 知存在 $e,f \in P_S$ 使得 $x = ef$. 据引理5.1.1知 $x^+ = (ef)^+ = efe\mathcal{R}ef = x$, 故 $R_x = R_{x^+}$, 于是
$$C_S/\mathcal{R} = \{R_x \mid x \in C_S\} = \{R_{x^+} \mid x \in C_S\} = \{R_e \mid e \in P_S\}.$$

记 $L = C_S/\mathcal{R}$ 并取 $R_e, R_f \in L$, 其中 $e,f \in P_S$, 记 $\gamma = \gamma_S$, 则据引理5.4.1知
$$R_e \mathcal{L} R_f \iff R_e R_f = R_e, R_f R_e = R_f$$
$$\iff R_{ef} = R_e, R_{fe} = R_f \iff efe = e, fef = f \iff e\gamma f.$$

由引理5.4.3, $(S/\gamma,\cdot,^+,^*)$ 是限制半群, 其投射元半格为 $Y = P_{S/\gamma} = \{p\gamma \mid p \in P_S\}$. 对任意 $\alpha \in Y$, 记 $L_\alpha = \{R_e \in L \mid e\gamma = \alpha, e \in P_S\}$. 设 $R_e, R_f \in L_\alpha, e,f \in P_S$, 则 $e\gamma = \alpha = f\gamma$. 因

此 $R_e \mathcal{L} R_f$. 另一方面, 设 $R_e \in L_\alpha, R_g \in L, R_e \mathcal{L} R_g, e, g \in P_S$, 则 $e\gamma g$, 因此 $g\gamma = e\gamma = \alpha$, 故 $R_g \in L_\alpha$. 由此可知 L_α 是 L 的 $\mathcal{L}$-类. 显然, 对任意 $R_e \in L, e \in P_S$, 总有 $R_e \in L_{e\gamma}, e\gamma \in Y$, 故 $\{L_\alpha \mid \alpha \in Y\}$ 是 L 的全体 $\mathcal{L}$-类. 据引理5.6.5, $L = (Y, L_\alpha, \psi_{\alpha,\beta})$, 其中, 当 $\alpha, \beta \in Y$ 且 $\alpha \geqslant \beta$ 时, 有 $\psi_{\alpha,\beta} : L_\alpha \to L_\beta, R_e \mapsto R_{ef}$, 这里 $R_f \in L_\beta, f \in P_S$. 考虑拟直积

$$[L:S/\gamma] = \{(R_e, x\gamma, R_f) \in L \times S/\gamma \times L \mid R_e \in L_{(x\gamma)^+} = L_{x^+\gamma}, R_f \in L_{(x\gamma)^*}$$
$$= L_{x^*\gamma}, e, f \in P_S\}$$
$$= \{(R_e, x\gamma, R_f) \in L \times S/\gamma \times L \mid e\gamma x^+, f\gamma x^*, e, f \in P_S\}.$$

下证映射 $\varphi : S \to [L:S/\gamma], x \mapsto (R_{x^+}, x\gamma, R_{x^*})$ 是 S 到 $[L:S/\gamma]$ 的 (2,1,1)-同构.

(1) 设 $x, y \in S$. 若 $(R_{x^+}, x\gamma, R_{x^*}) = x\varphi = y\varphi = (R_{y^+}, y\gamma, R_{y^*})$, 则
$$R_{x^+} = R_{y^+}, x\gamma = y\gamma, R_{x^*} = R_{y^*}.$$

据引理4.1.4, 有 $x^+ = y^+, x^* = y^*$ 和 $x\gamma y$, 从而 $x = x^+ yx^* = y^+ yy^* = y$, 故 φ 是单射.

(2) 对任意 $(R_e, x\gamma, R_f) \in [L:S/\gamma]$, 有 $e\gamma = x^+\gamma$ 和 $f\gamma = x^*\gamma$, 故
$$(exf)\gamma = (e\gamma)(x\gamma)(f\gamma) = (x^+\gamma)(x\gamma)(x^*\gamma) = x\gamma.$$

由于 $(xf)\gamma = (x\gamma)(f\gamma) = (x\gamma)(x^*\gamma) = x\gamma$, 据引理5.4.3, 有 $(xf)^+\gamma x^+$, 从而 $x^+(xf)^+x^+ = x^+$. 由 $e\gamma = x^+\gamma$ 知 $ex^+e = e$, 故由引理5.1.1知
$$(exf)^+ = (e(xf)^+)^+ = e(xf)^+e = ex^+(xf)^+x^+e = ex^+e = e.$$

类似地, $(exf)^* = f$. 因此 $(exf)\varphi = (R_e, x\gamma, R_f)$, 故 φ 是满射.

(3) 设 $x, y \in S$, 注意到
$$R_{(xy)^+} \in L_{((xy)\gamma)^+} = L_{(xy)^+\gamma}, \ R_{(xy)^*} \in L_{((xy)\gamma)^*} = L_{(xy)^*\gamma},$$

由 $\psi_{(x\gamma)^+,((xy)\gamma)^+}$ 和 $\psi_{(y\gamma)^*,((xy)\gamma)^*}$ 的定义及引理5.1.1可得
$$(x\varphi)(y\varphi) = (R_{x^+}, x\gamma, R_{x^*})(R_{y^+}, y\gamma, R_{y^*})$$
$$= (R_{x^+}\psi_{(x\gamma)^+,((xy)\gamma)^+}, x\gamma y\gamma, R_{y^*}\psi_{(y\gamma)^*,((xy)\gamma)^*})$$
$$= (R_{x^+}R_{(xy)^+}, (xy)\gamma, R_{y^*}R_{(xy)^*}) = (R_{x^+(xy)^+}, (xy)\gamma, R_{y^*(xy)^*})$$
$$= (R_{(xy)^+}, (xy)\gamma, R_{(xy)^*}) = (xy)\varphi.$$

此外, 据引理5.1.1, 有 $(x^+)^+ = x^+ = (x^+)^*$, 故
$$(x\varphi)^+ = (R_{x^+}, x\gamma, R_{x^*})^+ = (R_{x^+}, (x\gamma)^+, R_{x^+})$$
$$= (R_{x^+}, x^+\gamma, R_{x^+}) = (R_{(x^+)^+}, x^+\gamma, R_{(x^+)^*}) = x^+\varphi.$$

类似地, $(x\varphi)^* = x^*\varphi$. 由(1)—(3)知 φ 是 (2,1,1)-同构. □

结合命题5.6.4和命题5.6.6, 可得以下结果.

定理 5.6.7[207, 208]　同构意义下, 广义限制的 P-限制半群是且仅是左正规带与限制半群的拟直积.

5.6.2 自由对象

本小节的目的是刻画广义限制的 P-限制半群这一半群类的自由对象，为此，需要自由限制半群的相关概念和结论. 设 X 是非空集合，$X^{-1} = \{x^{-1} \mid x \in X\}$ 是与 X 之间存在双射的集合且 $X \cap X^{-1} = \varnothing$. 记 $Y = X \cup X^{-1}$ 并用 Y^* 表示 Y 上的自由幺半群，对任意 $x \in X$ 及 $w = y_1 y_2 \cdots y_n \in Y^*, y_i \in Y, i = 1, 2, \cdots, n$，规定

$$1^{-1} = 1, \ (x^{-1})^{-1} = x, \ w^{-1} = y_n^{-1} \cdots y_2^{-1} y_1^{-1}, \ w^{\downarrow} = \{1, y_1, y_1 y_2, \cdots, y_1 y_2 \cdots y_n\}.$$

用 G 表示 Y 上的全部简化字构成的集合，并记

$$E = \{A \subseteq G \mid A \text{ 有限非空且对任意 } w \in A, \text{ 都有 } w^{\downarrow} \subseteq A\}.$$

对任意 $g, h \in G$，用 gh 表示 g 与 h 先连接再约简得到的简化字，则

$$FIM(X) = \{(A, g) \in E \times G \mid g \in A\}$$

关于下列二元运算和一元运算

$$(A, g)(B, h) = (A \cup gB, gh), \ (A, g)^{-1} = (g^{-1}A, g^{-1})$$

构成以 $(\{1\}, 1)$ 为单位元的逆半群，其中 $gB = \{gw \mid w \in B\}$. 易见

$$FR(X) = \{(A, g) \in FIM(X) \mid g \in X^*\} \setminus \{(\{1\}, 1)\}$$

是 $FIM(X)$ 的子半群. 若考虑 $FR(X)$ 上的一元运算 "$+$" 和 "$*$":

$$(A, g)^+ = (A, 1), \ (A, g)^* = (g^{-1}A, 1)$$

及映射 $\varepsilon : X \to FR(X), x \mapsto (\{1, x\}, x)$，则 $(FR(X), \varepsilon)$ 为 X 上的自由限制半群. 特别地，$X\varepsilon$ 生成 $FR(X)$. 不难看出，$FR(X)$ 的投射元半格为 $P_{FR(X)} = \{(A, 1) \mid A \in E \setminus \{\{1\}\}\}$ 且

$$(\forall (A, 1), (B, 1) \in P_{FR(X)}) \quad (A, 1) \leqslant (B, 1) \iff A \supseteq B. \tag{5.6.2}$$

在 $L = \{(x, A) \in Y \times E \mid x \in A\}$ 上定义二元运算如下：

$$(\forall (x, A), (y, B) \in L) \quad (x, A)(y, B) = (x, A \cup B).$$

则易知 L 是左正规带且在 L 上有

$$(\forall (x, A), (y, B) \in L) \quad (x, A)\mathcal{L}(y, B) \iff A = B.$$

记 $L_{(A,1)} = \{(x, A) \in \mid x \in A\}$，则 $\{L_{(A,1)} \mid (A, 1) \in P_{FR(X)}\}$ 就是 L 的全部 $\mathcal{L}$-类. 当 $(A, 1), (B, 1) \in P_{FR(X)}, (A, 1) \geqslant (B, 1)$，即当 $A \subseteq B$ 时，定义

$$\psi_{(A,1),(B,1)} : L_{(A,1)} \to L_{(B,1)}, (x, A) \mapsto (x, A)(y, B) = (x, A \cup B) = (x, B), \tag{5.6.3}$$

其中 (y, B) 是 $L_{(B,1)}$ 中某元素. 据引理 5.6.5，有 $\mathbb{L} = (P_{FR(X)}, L_{(A,1)}, \psi_{(A,1),(B,1)})$. 考虑拟直积

$$[\mathbb{L} : FR(X)] = \{((x, A), (B, g), (y, C)) \in L \times FR(X) \times$$

$$L \mid (x, A) \in L_{(B,g)^+}, (y, C) \in L_{(B,g)^*}\}$$

$$= \{((x, A), (B, g), (y, C)) \in L \times FR(X) \times L \mid (x, A) \in L_{(B,1)}, (y, C) \in L_{(g^{-1}B, 1)}\}$$

$$=\{((x,A),(A,g),(y,g^{-1}A)) \mid (A,g) \in FR(X), x \in A, y \in g^{-1}A, x,y \in Y\}$$
$$=\{((x,A),(A,g),(y,g^{-1}A)) \mid A \in E, g \in A \cap X^*, x \in A \cap Y, y \in g^{-1}A \cap Y\}.$$

据命题5.6.4, $([L:FR(X)], \cdot, ^+, ^*)$ 是广义限制的 P-限制半群. 设
$$((x,A),(A,g),(y,g^{-1}A)), ((u,B),(B,h),(v,h^{-1}B)) \in [L:FR(X)],$$
注意到
$$((A,g)(B,h))^+ = (A \cup gB, gh)^+ = (A \cup gB, 1),$$
$$((A,g)(B,h))^* = (A \cup gB, gh)^* = ((gh)^{-1}(A \cup gB), 1)$$

及 (5.6.3) 式, 有
$$((x,A),(A,g),(y,g^{-1}A))((u,B),(B,h),(v,h^{-1}B))$$
$$= ((x,A)\psi_{(A,1),(A \cup gB,1)}, (A,g)(B,h), (v,h^{-1}B)\psi_{(h^{-1}B,1),((gh)^{-1}(A \cup gB),1)})$$
$$= ((x, A \cup gB), (A \cup gB, gh), (v, (gh)^{-1}(A \cup gB))), \tag{5.6.4}$$
$$((x,A),(A,g),(y,g^{-1}A))^+ = ((x,A),(A,g)^+,(x,A)) = ((x,A),(A,1),(x,A)), \tag{5.6.5}$$
$$((x,A),(A,g),(y,g^{-1}A))^* = ((y,g^{-1}A),(A,g)^*,(y,g^{-1}A))$$
$$= ((y,g^{-1}A),(g^{-1}A,1),(y,g^{-1}A)).$$

下面的定理给出了非空集合 X 上的自由广义限制的 P-限制半群的刻画.

定理 5.6.8[207, 208] 定义映射
$$i: X \to [L:FR(X)], x \mapsto ((x,\{1,x\}), x\varepsilon, (x^{-1},\{1,x^{-1}\})),$$
则 $([L:FR(X)], i)$ 是 X 上的自由广义限制的 P-限制半群.

证明 设 T 为任意广义限制的 P-限制半群, $\eta: X \to T$ 是映射, 则由命题5.6.6, 存在左正规带 M 及限制半群 $(S, \cdot, ^+, ^*)$ 使得 $T = [M:S]$, $M = (P_S, M_e, \tau_{e,f})$. 定义映射 $\alpha, \beta: X \to M$ 及 $\pi: X \to S$ 使得对任意 $x \in X$, 有 $x\eta = (x\alpha, x\pi, x\beta)$. 将 α 扩展成 Y 到 M 的映射: $x^{-1}\alpha = x\beta, x \in X$. 因为 π 是 X 到限制半群 S 的映射, 而 $(FR(X), \varepsilon)$ 是 X 上的自由限制半群, 因此存在 (2,1,1)-同态 $\phi: FR(X) \to S$ 使得 $\varepsilon\phi = \pi$. 设 $x \in X$, 则 $x\eta = (x\alpha, x\pi, x\beta) \in T = [M:S]$, 故
$$x\alpha \in M_{(x\pi)^+} = M_{(x(\varepsilon\phi))^+} = M_{((\{1,x\},x)\phi)^+} = M_{(\{1,x\},x)^+\phi} = M_{(\{1,x\},1)\phi}.$$
对偶可知 $x\beta \in M_{(\{1,x^{-1}\},1)\phi}$, 故对任意 $y \in Y$, 都有 $y\alpha \in M_{(\{1,y\},1)\phi}$.

设 $((x,A),(A,g),(y,g^{-1}A)) \in [L:FR(X)]$, 则 $1, x \in A$. 据 (5.6.2) 式知 $(\{1,x\},1) \geqslant (A,1)$. 由 $(\{1,x\},1),(A,1) \in P_{FR(X)}$ 及 ϕ 是 (2,1,1)-同态可知
$$(\{1,x\},1)\phi, (A,1)\phi \in P_S, \quad (\{1,x\},1)\phi \geqslant (A,1)\phi = (A,g)^+\phi = ((A,g)\phi)^+, \tag{5.6.6}$$
$$(\{1,y\},1)\phi, (g^{-1}A,1)\phi \in P_S, \quad (\{1,y\},1)\phi \geqslant (g^{-1}A,1)\phi = (A,g)^*\phi = ((A,g)\phi)^*. \tag{5.6.7}$$
于是可定义映射 $\sigma: [L:FR(X)] \to [M:S]$:
$$((x,A),(A,g),(y,g^{-1}A)) \mapsto ((x\alpha)\tau_{(\{1,x\},1)\phi,(A,1)\phi}, (A,g)\phi, (y\alpha)\tau_{(\{1,y\},1)\phi,(g^{-1}A,1)\phi}).$$

下证 σ 是 (2,1,1)-同态且 $i\sigma = \eta$. 设
$$((x,A),(A,g),(y,g^{-1}A)),((u,B),(B,h),(v,h^{-1}B)) \in [L:FR(X)].$$
据 (5.6.4) 式, (5.6.6) 式和 (5.6.7) 式知

$$(((x,A),(A,g),(y,g^{-1}A))((u,B),(B,h),(v,h^{-1}B)))\sigma$$
$$= ((x,A\cup gB),(A\cup gB,gh),(v,(gh)^{-1}(A\cup gB)))\sigma$$
$$= ((x\alpha)\tau_{(\{1,x\},1)\phi,(A\cup gB,1)\phi},(A\cup gB,gh)\phi,(v\alpha)\tau_{(\{1,v\},1)\phi,((gh)^{-1}(A\cup gB),1)\phi})$$
$$= ((x\alpha)\tau_{(\{1,x\},1)\phi,(A,1)\phi}\tau_{(A,1)\phi,(A\cup gB,1)\phi},((A,g)(B,h))\phi,$$
$$(v\alpha)\tau_{(\{1,v\},1)\phi,(h^{-1}B,1)\phi}\tau_{(h^{-1}B,1)\phi,((gh)^{-1}(A\cup gB),1)\phi})$$
$$= ((x\alpha)\tau_{(\{1,x\},1)\phi,(A,1)\phi},(A,g)\phi,(y\alpha)\tau_{(\{1,y\},1)\phi,(g^{-1}A,1)\phi})$$
$$((u\alpha)\tau_{(\{1,u\},1)\phi,(B,1)\phi},(B,h)\phi,(v\alpha)\tau_{(\{1,v\},1)\phi,(h^{-1}B,1)\phi})$$
$$= ((x,A),(A,g),(y,g^{-1}A))\sigma((u,B),(B,h),(v,h^{-1}B))\sigma.$$

另外, 注意到 $((A,g)\phi)^+ = (A,g)^+\phi = (A,1)\phi$ 及 (5.6.5) 式, 有

$$((((x,A),(A,g),(y,g^{-1}A))\sigma)^+$$
$$= ((x\alpha)\tau_{(\{1,x\},1)\phi,(A,1)\phi},(A,g)\phi,(y\alpha)\tau_{(\{1,y\},1)\phi,(g^{-1}A,1)\phi})^+$$
$$= ((x\alpha)\tau_{(\{1,x\},1)\phi,(A,1)\phi},((A,g)\phi)^+,(x\alpha)\tau_{(\{1,x\},1)\phi,(A,1)\phi})$$
$$= ((x\alpha)\tau_{(\{1,x\},1)\phi,(A,1)\phi},(A,1)\phi,(x\alpha)\tau_{(\{1,x\},1)\phi,(A,1)\phi})$$
$$= ((x,A),(A,1),(x,A))\sigma = ((x,A),(A,g),(y,g^{-1}A))^+\sigma.$$

类似可得 $(((x,A),(A,g),(y,g^{-1}A))\sigma)^* = ((x,A),(A,g),(y,g^{-1}A))^*\sigma$. 故 σ 是 (2,1,1)-同态.
设 $x \in X$, 由 $x^{-1}\{1,x\} = \{1,x^{-1}\}$ 及 $\varepsilon\phi = \pi$ 知
$$x(i\sigma) = ((x,\{1,x\}),(\{1,x\},x),(x^{-1},\{1,x^{-1}\}))\sigma$$
$$= ((x\alpha)\tau_{(\{1,x\},1)\phi,(\{1,x\},1)\phi},(\{1,x\},x)\phi,(x^{-1}\alpha)\tau_{(\{1,x^{-1}\},1)\phi,(x^{-1}\{1,x\},1)\phi})$$
$$= (x\alpha,(x\varepsilon)\phi,x^{-1}\alpha) = (x\alpha,x(\varepsilon\phi),x^{-1}\alpha) = (x\alpha,x\pi,x\beta) = x\eta,$$

故 $i\sigma = \eta$. 最后证 Xi 能生成 $[L:FR(X)]$. 任取 $z \in X$, 则
$$zi = ((z,\{1,z\}),(\{1,z\},z),(z^{-1},\{1,z^{-1}\})),$$
从而
$$(zi)^+ = ((z,\{1,z\}),(\{1,z\},z)^+,(z,\{1,z\})) = ((z,\{1,z\}),(\{1,z\},1),(z,\{1,z\})).$$
对偶可知 $(zi)^* = ((z^{-1},\{1,z^{-1}\}),(\{1,z^{-1}\},1),(z^{-1},\{1,z^{-1}\}))$. 设 $((x,A),(A,g),(y,g^{-1}A)) \in [L:FR(X)]$, 则 $(A,g) \in FR(X)$, 由 $FR(X)$ 是自由限制半群知 $X\varepsilon$ 生成 $FR(X)$. 因此存在 $x_1,x_2,\cdots,x_n \in X$ 使得 $x_1\varepsilon,x_2\varepsilon,\cdots,x_n\varepsilon$ 在 $FR(X)$ 的运算 "·", "$^+$", "*" 下生成 (A,g). 根据 $[L:FR(X)]$ 中的运算, 必存在 $a,b \in Y$ 使得 $x_1i,x_2i,\cdots,x_ni$ 可按照 $x_1\varepsilon,x_2\varepsilon,\cdots,x_n\varepsilon$ 生成 (A,g) 的方式生成元素 $((a,A),(A,g),(b,g^{-1}A))$ (参考 (5.6.4) 式). 若 $x,y \in X$, 则利用

(5.6.4) 式, $1, x \in A$ 及 $1, y \in g^{-1}A$ 可得
$$(xi)^+((a,A),(A,g),(b,g^{-1}A))(yi)^+ = ((x,\{1,x\}),(\{1,x\},1),(x,\{1,x\})),$$
$$((a,A),(A,g),(b,g^{-1}A))((y,\{1,y\}),(\{1,y\},1),(y,\{1,y\})) = ((x,A),(A,g),(y,g^{-1}A)).$$
类似可知, 若 $x \in X, y = z^{-1}, z \in X$, 则
$$(xi)^+((a,A),(A,g),(b,g^{-1}A))(zi)^* = ((x,A),(A,g),(y,g^{-1}A)).$$
若 $x = z^{-1}, z \in X, y \in X$, 则
$$(zi)^*((a,A),(A,g),(b,g^{-1}A))(yi)^+ = ((x,A),(A,g),(y,g^{-1}A)).$$
若 $x = z^{-1}, y = w^{-1}, z, w \in X$, 则
$$(zi)^*((a,A),(A,g),(b,g^{-1}A))(wi)^* = ((x,A),(A,g),(y,g^{-1}A)).$$
由以上讨论知 Xi 能生成 $((x,A),(A,g),(y,g^{-1}A))$. 由 $((x,A),(A,g),(y,g^{-1}A))$ 的任意性可知 Xi 能生成 $[L:FR(X)]$. 这表明满足 $i\sigma = \eta$ 的 σ 是唯一的. 于是 $([L:FR(X)],i)$ 是 X 上的自由广义限制的 P-限制半群. □

5.6.3 半直积

本小节给出 P-限制半群的 λ-半直积的概念, 指出 P-限制半群与局部限制的 P-限制半群的 λ-半直积仍为 P-限制半群, 进而证明了两个局部限制 (广义限制) 的 P-限制半群的 λ-半直积仍为局部限制 (广义限制) 的 P-限制半群. 首先给出 P-限制半群的 λ-半直积的概念. 设 $(S, \cdot, ^+, ^*)$ 和 $(T, \cdot, ^+, ^*)$ 是 P-限制半群, 称 T 通过 P-限制自同态的方式双重作用在 S 上, 若有两个映射
$$T \times S \to S, (t,s) \mapsto t \cdot s; \quad S \times T \to S, (s,t) \mapsto s \circ t,$$
使得对任意 $s, s_1, s_2 \in S, t, t_1, t_2 \in T$, 有

(C1) $t \cdot (s_1 s_2) = (t \cdot s_1)(t \cdot s_2), \ (s_1 s_2) \circ t = (s_1 \circ t)(s_2 \circ t)$;

(C2) $(t_1 t_2) \cdot s = t_1 \cdot (t_2 \cdot s), \ s \circ (t_1 t_2) = (s \circ t_1) \circ t_2$;

(C3) $t \cdot s^+ = (t \cdot s)^+, \ s^+ \circ t = (s \circ t)^+$;

(C4) $t \cdot s^* = (t \cdot s)^*, \ s^* \circ t = (s \circ t)^*$.

又设上述双重作用满足相容条件

(M) $(t \cdot s) \circ t = s \circ t^* = t^* \cdot s; \ t \cdot (s \circ t) = s \circ t^+ = t^+ \cdot s$.

记 $S *^\lambda T = \{(a,t) \in S \times T \mid t^+ \cdot a = a\}$, 则 $S *^\lambda T \neq \emptyset$. 事实上, 对任意 $(a,t) \in S \times T$, 据 (C2), 有 $t^+ \cdot (t^+ \cdot a) = (t^+ t^+) \cdot a = t^+ \cdot a$, 这表明 $(t^+ \cdot a, t) \in S *^\lambda T$. 对任意 $(a,t), (b,u) \in S *^\lambda T$, 规定
$$(a,t)(b,u) = (((tu)^+ \cdot a)(t \cdot b), tu), \ (a,t)^+ = (a^+, t^+), \ (a,t)^* = (a^* \circ t, t^*), \quad (5.6.8)$$
则上述规定分别是 $S *^\lambda T$ 上的一个二元运算和两个一元运算. 事实上, 设 $(a,t),(b,u) \in S *^\lambda T$, 则 $t^+ \cdot a = a, u^+ \cdot b = b$, 因此
$$(tu)^+ \cdot (((tu)^+ \cdot a)(t \cdot b)) = ((tu)^+ \cdot ((tu)^+ \cdot a))((tu)^+ \cdot (t \cdot b)) \quad \text{(据条件 (C1))}$$

$$= (((tu)^+(tu)^+) \cdot a)(((tu)^+t) \cdot b) = ((tu)^+ \cdot a)(tu^+t^* \cdot b) \quad (据条件(C2))$$

$$= ((tu)^+ \cdot a)(tu^+t^* \cdot (u^+ \cdot b)) \quad (事实 u^+ \cdot b = b)$$

$$= ((tu)^+ \cdot a)(tt^*u^+t^*u^+ \cdot b) \quad (据条件(C2))$$

$$= ((tu)^+ \cdot a)(tt^*u^+ \cdot b) = ((tu)^+ \cdot a)(tu^+ \cdot b) \quad (据引理5.1.1)$$

$$= ((tu)^+ \cdot a)(t \cdot (u^+ \cdot b)) = ((tu)^+ \cdot a)(t \cdot b), \quad (据条件(C2)和事实 u^+ \cdot b = b)$$

故 $(((tu)^+ \cdot a)(t \cdot b), tu) \in S *^\lambda T$. 其次, 据 $t^+ \cdot a = a$, 引理5.1.1及条件(C3), 有 $(t^+)^+ \cdot a^+ = t^+ \cdot a^+ = (t^+ \cdot a)^+ = a^+$, 这表明 $(a^+, t^+) \in S *^\lambda T$. 最后, 利用条件(M)和条件(C2), 有

$$(t^*)^+ \cdot (a^* \circ t) = t^* \cdot (a^* \circ t) = (a^* \circ t) \circ t^* = a^* \circ tt^* = a^* \circ t, \tag{5.6.9}$$

这表明 $(a^* \circ t, t^*) \in S *^\lambda T$. 故上述规定分别是 $S *^\lambda T$ 上的一个二元运算和两个一元运算. 此时, 称 $(S *^\lambda T, \cdot, ^+, ^*)$ 为 $(S, \cdot, ^+, ^*)$ 和 $(T, \cdot, +, *)$ 的 λ-半直积.

下证 P-限制半群与局部限制的 P-限制半群的 λ-半直积是 P-限制半群. 先给出如下引理.

引理 5.6.9[206, 207] 设 $(S, \cdot, ^+, ^*)$ 是 P-限制半群, $(T, \cdot, ^+, ^*)$ 是局部限制的 P-限制半群, $(a, t), (b, u) \in S *^\lambda T$.

(1) $(tuv)^+(tu)^+ = (tuv)^+$.

(2) $(tuv)^+tu^+ = t(uv)^+$.

(3) $((tu)^+t) \cdot ((tu)^+ \cdot a) = (tu)^+ \cdot a$.

(4) $((tu)^+t)^+ \cdot (t \cdot b) = (tu)^+ \cdot (t \cdot b)$.

(5) $tu^+ \cdot (a^* \circ t) = (tu)^+ \cdot a^*$.

(6) $t^+ \cdot a^+ = a^+$.

证明 (1) 由引理5.1.1立得.

(2) 由引理5.1.1知 $(uv)^+ = u^+(uv)^+u^+$. 结合 T 的局部限制性及 $(uv)^+u^+ = (uv)^+$, 有

$$(uv)^+t^*u^+ = (uv)^+u^+t^*u^+ = u^+t^*u^+(uv)^+. \tag{5.6.10}$$

因此

$$(tuv)^+tu^+ = t(uv)^+t^*u^+ = tu^+t^*u^+(uv)^+ \quad (据(5.6.10)式)$$
$$= tt^*u^+t^*u^+(uv)^+ = tt^*u^+(uv)^+ = t(uv)^+. \quad (据引理5.1.1)$$

(3) 由 $(a, t) \in S *^\lambda T$ 知 $t^+ \cdot a = a$. 据条件(C2)及引理5.1.1知

$$((tu)^+t)^+ \cdot ((tu)^+ \cdot a) = ((tu)^+t)^+(tu)^+ \cdot a = (tu)^+t^+(tu)^+(tu)^+ \cdot (t^+ \cdot a)$$
$$= (tu)^+t^+(tu)^+t^+ \cdot a = (tu)^+ \cdot (t^+ \cdot a) = (tu)^+ \cdot a.$$

(4) 由条件(C2)和引理5.1.1, 有

$$((tu)^+t)^+ \cdot (t \cdot b) = (tu)^+t^+(tu)^+t \cdot b = (tu)^+t^+(tu)^+t^+t \cdot b = (tu)^+t \cdot b = (tu)^+ \cdot (t \cdot b).$$

(5) 由 $(a, t) \in S *^\lambda T$ 知 $t^+ \cdot a = a$, 故

$$tu^+ \cdot (a^* \circ t) = tu^+ \cdot (t^* \cdot (a^* \circ t)) = tu^+t^* \cdot (a^* \circ t) \quad (据(5.6.9)式及条件(C2))$$

$$= (tu)^+ t \cdot (a^* \circ t) = (tu)^+ \cdot (t \cdot (a^* \circ t)) \quad (据条件(C2))$$
$$= (tu)^+ \cdot (t^+ \cdot a^*) = (tu)^+ \cdot (t^+ \cdot a)^* \quad (据条件(M) 及 (C4))$$
$$= (tu)^+ \cdot a^*. \quad (据事实 t^+ \cdot a = a)$$

(6) 据事实 $t^+ \cdot a = a$ 及条件 (C3) 知 $t^+ \cdot a^+ = (t^+ \cdot a)^+ = a^+$. □

定理 5.6.10[206, 207] 设 $(S, \cdot, ^+, ^*)$ 是 P-限制半群, $(T, \cdot, ^+, ^*)$ 是局部限制的 P-限制半群, 则 S 和 T 的 λ-半直积 $S *^\lambda T$ 是 P-限制半群. 特别地, 若 S 也是局部限制的 P-限制半群, 则 $S *^\lambda T$ 是局部限制的 P-限制半群.

证明 由前面的讨论知 (5.6.8) 式规定了 $S *^\lambda T$ 上的一个二元运算"·"和两个一元运算"$+$"和"$*$". 下证 $(S *^\lambda T, \cdot, ^+, ^*)$ 构成 P- 限制半群. 设 $(a, t), (b, u), (c, v) \in S *^\lambda T$, 则 $t^+ \cdot a = a, u^+ \cdot b = b, v^+ \cdot c = c$, 故

$$((a,t)(b,u))(c,v) = (((tu)^+ \cdot a)(t \cdot b), tu)(c, v)$$
$$= (((tuv)^+ \cdot (((tu)^+ \cdot a)(t \cdot b)))(tu \cdot c), (tu)v)$$
$$= (((tuv)^+ \cdot ((tu)^+ \cdot a))((tuv)^+ \cdot (t \cdot b))(tu \cdot c), (tu)v) \quad (条件(C1))$$
$$= (((tuv)^+(tu)^+ \cdot a)((tuv)^+ t \cdot (u^+ \cdot b))(tu \cdot c), (tu)v) \quad (条件(C2) 及事实 u^+ \cdot b = b)$$
$$= (((tuv)^+(tu)^+ \cdot a)((tuv)^+ tu^+ \cdot b)(tu \cdot c), (tu)v) \quad (条件(C2))$$
$$= (((tuv)^+ \cdot a)(t(uv)^+ \cdot b)(tu \cdot c), (tu)v) \quad (引理5.6.9 (1), (2))$$
$$= (((tuv)^+ \cdot a)(t \cdot ((uv)^+ \cdot b))(t \cdot (u \cdot c)), t(uv)) \quad (条件(C2))$$
$$= (((tuv)^+ \cdot a)(t \cdot (((uv)^+ \cdot b)(u \cdot c))), t(uv)) \quad (条件(C1))$$
$$= (a, t)(((uv)^+ \cdot b)(u \cdot c), uv) = (a, t)((b, u)(c, v)).$$

这表明 $(S *^\lambda T, \cdot)$ 是半群. 下证 (5.6.8) 式中的运算满足 P-限制半群的条件.

(1) 据引理5.6.9 (6), 有
$$(a, t)^+ (a, t) = (a^+, t^+)(a, t) = (((t^+ t)^+ \cdot a^+)(t^+ \cdot a), t^+ t)$$
$$= ((t^+ \cdot a^+)(t^+ \cdot a), t) = (a^+ a, t) = (a, t).$$

另一方面, 据相容条件 (M), 条件 (C4) 及事实 $t^+ \cdot a = a$, 有
$$(a, t)(a, t)^* = (a, t)(a^* \circ t, t^*) = (((tt^*)^+ \cdot a)(t \cdot (a^* \circ t)), tt^*) = ((t^+ \cdot a)(t^+ \cdot a^*), t)$$
$$= ((t^+ \cdot a)(t^+ \cdot a)^*, t) = (aa^*, t) = (a, t).$$

(2) 由条件 (C3) 知
$$((a,t)(b,u))^+ = (((tu)^+ \cdot a)(t \cdot b), tu)^+ = ((((tu)^+ \cdot a)(t \cdot b))^+, (tu)^+)$$
$$= ((((tu^+)^+ \cdot a)(t \cdot b)^+)^+, (tu^+)^+) = (((tu^+)^+ \cdot a)(t \cdot b^+), tu^+)^+$$
$$= ((a, t)(b^+, u^+))^+ = ((a, t)(b, u)^+)^+.$$

另一方面,
$$((a,t)(b,u))^* = (((tu)^+ \cdot a)(t \cdot b), tu)^* = ((((tu)^+ \cdot a)(t \cdot b))^* \circ (tu), (tu)^*).$$

依次利用条件 (C2), (C4), (C1), (M) 及 (C2), 有
$$(((tu)^+ \cdot a)(t \cdot b))^* \circ (tu) = ((((tu)^+ \cdot a)(t \cdot b))^* \circ t) \circ u$$
$$= ((((tu)^+ \cdot a)(t \cdot b)) \circ t)^* \circ u = ((((tu)^+ \cdot a) \circ t)((t \cdot b) \circ t))^* \circ u$$
$$= (((a \circ (tu)^+) \circ t)(t^* \cdot b))^* \circ u = ((a \circ ((tu)^+ t))(t^* \cdot b))^* \circ u.$$

因此 $((a,t)(b,u))^* = (((a \circ ((tu)^+ t))(t^* \cdot b))^* \circ u, (tu)^*)$. 由
$$((a,t)^*(b,u))^* = ((a^* \circ t, t^*)(b,u))^* = (((t^*u)^+ \cdot (a^* \circ t))(t^* \cdot b), t^*u)^*$$
$$= ((((t^*u)^+ \cdot (a^* \circ t))(t^* \cdot b))^* \circ (t^*u), (t^*u)^*),$$

$$(((t^*u)^+ \cdot (a^* \circ t))(t^* \cdot b))^* \circ (t^*u)$$
$$= ((((t^*u)^+ \cdot (a^* \circ t))(t^* \cdot b))^* \circ t^*) \circ u \quad (\text{条件 (C2)})$$
$$= ((((t^*u)^+ \cdot (a^* \circ t))(t^* \cdot b)) \circ t^*)^* \circ u \quad (\text{条件 (C4)})$$
$$= ((((t^*u)^+ \cdot (a^* \circ t)) \circ t^*)((t^* \cdot b) \circ t^*))^* \circ u \quad (\text{条件 (C1)})$$
$$= ((((a^* \circ t) \circ (t^*u)^+) \circ t^*)(t^* \cdot b))^* \circ u \quad (\text{条件 (M)})$$
$$= ((a^* \circ (t(t^*u)^+ t^*))(t^* \cdot b))^* \circ u \quad (\text{条件 (C2)})$$
$$= ((a^* \circ ((tt^*u)^+ t))(t^* \cdot b))^* \circ u$$
$$= ((a \circ ((tu)^+ t))(t^* \cdot b))^* \circ u \quad (\text{条件 (C4)})$$

可知
$$((a,t)^*(b,u))^* = (((a \circ ((tu)^+ t))(t^* \cdot b))^* \circ u, (t^*u)^*)$$
$$= (((a \circ ((tu)^+ t))(t^* \cdot b))^* \circ u, (tu)^*) = ((a,t)(b,u))^*.$$

(3) 由条件 (C3),
$$(((t^+u^+)^+ \cdot a^+)(t^+ \cdot b^+))^+ = ((t^+u^+t^+ \cdot a)^+(t^+ \cdot b)^+)^+ = (t^+u^+t^+ \cdot a)^+(t^+ \cdot b)^+(t^+u^+t^+ \cdot a)^+.$$
因此
$$((a,t)^+(b,u)^+)^+ = ((a^+,t^+)(b^+,u^+))^+ = (((t^+u^+)^+ \cdot a^+)(t^+ \cdot b^+), t^+u^+)^+$$
$$= ((((t^+u^+)^+ \cdot a^+)(t^+ \cdot b^+))^+, (t^+u^+)^+) = ((t^+u^+t^+ \cdot a)^+(t^+ \cdot b)^+(t^+u^+t^+ \cdot a)^+, t^+u^+t^+).$$
另外,
$$(a,t)^+(b,u)^+(a,t)^+ = (a^+,t^+)(b^+,u^+)(a^+,t^+) = (((t^+u^+)^+ \cdot a^+)(t^+ \cdot b^+), t^+u^+)(a^+,t^+)$$
$$= (((t^+u^+t^+)^+ \cdot (((t^+u^+)^+ \cdot a^+)(t^+ \cdot b^+)))(t^+u^+ \cdot a^+), t^+u^+t^+).$$
据引理 5.6.9 (6) 及条件 (C2), (C3) 知 $t^+u^+ \cdot a^+ = t^+u^+ \cdot (t^+ \cdot a^+) = (t^+u^+t^+ \cdot a)^+$. 于是
$$(t^+u^+t^+)^+ \cdot (((t^+u^+)^+ \cdot a^+)(t^+ \cdot b^+))$$
$$= ((t^+u^+t^+)(t^+u^+)^+ \cdot a^+)((t^+u^+t^+)t^+ \cdot (u^+ \cdot b^+)) \quad (\text{据条件 (C1), (C2) 及引理 5.6.9 (6)})$$
$$= (t^+u^+t^+ \cdot a^+)(t^+u^+t^+u^+ \cdot b^+) \quad (\text{据条件 (C2) 和引理 5.1.1})$$
$$= (t^+u^+t^+ \cdot a)^+(t^+u^+ \cdot b^+) \quad (\text{据条件 (C3) 及引理 5.1.1})$$

$$= (t^+u^+t^+ \cdot a)^+(t^+ \cdot (u^+ \cdot b^+)) \quad (\text{据条件 (C2)})$$
$$= (t^+u^+t^+ \cdot a)^+(t^+ \cdot b)^+. \quad (\text{据条件 (C3) 及引理5.6.9 (6)})$$

故
$$(a,t)^+(b,u)^+(a,t)^+ = ((t^+u^+t^+ \cdot a)^+(t^+ \cdot b)^+(t^+u^+t^+ \cdot a)^+, t^+u^+t^+) = ((a,t)^+(b,u)^+)^+.$$

另一方面,
$$((a,t)^*(b,u)^*)^* = ((a^* \circ t, t^*)(b^* \circ u, u^*))^* = (((t^*u^*)^+ \cdot (a^* \circ t))(t^* \cdot (b^* \circ u)), t^*u^*)^*$$
$$= ((((t^*u^*)^+ \cdot (a^* \circ t))(t^* \cdot (b^* \circ u)))^* \circ (t^*u^*), (t^*u^*)^*).$$

由条件 (C4), (M) 及 (C1),
$$(((t^*u^*)^+ \cdot (a^* \circ t))(t^* \cdot (b^* \circ u)))^* \circ (t^*u^*) = ((((t^*u^*)^+ \cdot (a^* \circ t))(t^* \cdot (b^* \circ u))) \circ (t^*u^*))^*$$
$$= ((((a^* \circ t) \circ (t^*u^*)^+) \circ (t^*u^*))(((b^* \circ u) \circ t^*) \circ (t^*u^*)))^*.$$

而由条件 (C2) 知
$$((a^* \circ t) \circ (t^*u^*)^+) \circ (t^*u^*) = a^* \circ (t(t^*u^*)^+ t^*u^*) = a^* \circ (tu^*),$$
$$((b^* \circ u) \circ t^*) \circ (t^*u^*) = b^* \circ (ut^*t^*u^*) = b^* \circ (ut^*u^*).$$

因此
$$((a,t)^*(b,u)^*)^* = (((a^* \circ (tu^*))(b^* \circ (ut^*u^*)))^*, (t^*u^*)^*).$$

另外,
$$(b,u)^*(a,t)^*(b,u)^* = (b^* \circ u, u^*)(a^* \circ t, t^*)(b^* \circ u, u^*)$$
$$= (((u^*t^*)^+ \cdot (b^* \circ u))(u^* \cdot (a^* \circ t)), u^*t^*)(b^* \circ u, u^*)$$
$$= (((u^*t^*u^*)^+ \cdot (((u^*t^*)^+ \cdot (b^* \circ u))(u^* \cdot (a^* \circ t))))(u^*t^* \cdot (b^* \circ u)), u^*t^*u^*),$$

而
$$(u^*t^*u^*)^+ \cdot (((u^*t^*)^+ \cdot (b^* \circ u))(u^* \cdot (a^* \circ t)))$$
$$= ((u^*t^*u^*)^+(u^*t^*)^+ \cdot (b^* \circ u))((u^*t^*u^*)^+u^* \cdot (a^* \circ t)) \quad (\text{条件 (C1), (C2)})$$
$$= ((u^*t^*u^*) \cdot (b^* \circ u))((u^*t^*u^*) \cdot (a^* \circ t)) \quad (\text{引理5.1.1})$$
$$= ((b^* \circ u) \circ (u^*t^*u^*))((a^* \circ t) \circ (u^*t^*u^*)) \quad (\text{条件 (M)})$$
$$= (b^* \circ (uu^*t^*u^*))(a^* \circ (tu^*t^*u^*)) \quad (\text{条件 (C2)})$$
$$= (b^* \circ (uu^*t^*u^*))(a^* \circ (tt^*u^*t^*u^*)) = (b^* \circ (ut^*u^*))(a^* \circ (tu^*)), \quad (\text{引理5.1.1})$$

依次利用条件 (C2), (M), (M) 及 (C2), 得
$$u^*t^* \cdot (b^* \circ u) = u^* \cdot (t^* \cdot (b^* \circ u)) = u^* \cdot ((b^* \circ u) \circ t^*) = ((b^* \circ u) \circ t^*) \circ u^* = b^* \circ (ut^*u^*).$$

故由条件 (C4) 得
$$(b,u)^*(a,t)^*(b,u)^* = ((b^* \circ (ut^*u^*))(a^* \circ (tu^*))(b^* \circ (ut^*u^*)), u^*t^*u^*)$$
$$= (((a^* \circ (tu^*))(b^* \circ (ut^*u^*)))^*, (t^*u^*)^*) = ((a,t)^*(b,u)^*)^*.$$

(4) 据引理5.6.9 (6) 知
$$(a,t)^+(a,t)^+ = (a^+,t^+)(a^+,t^+) = (((t^+t^+)^+ \cdot a^+)(t^+ \cdot a^+), t^+t^+)$$
$$= ((t^+ \cdot a^+)((t^+ \cdot a^+), t^+) = (a^+a^+, t^+) = (a^+, t^+) = (a,t)^+.$$

另一方面, 由(C4)知 $a^* \circ t = (a \circ t)^*$ 是幂等元, 据(5.6.9)式, 有
$$(a,t)^*(a,t)^* = (a^* \circ t, t^*)(a^* \circ t, t^*) = (((t^*t^*)^+ \cdot (a^* \circ t))(t^* \cdot (a^* \circ t)), t^*t^*)$$
$$= ((t^* \cdot (a^* \circ t))(t^* \cdot (a^* \circ t)), t^*) = (a^* \circ t, t^*) = (a,t)^*.$$

(5) 由条件(M)知 $a^+ \circ t^+ = t^+ \cdot a^+$. 结合引理5.6.9 (6), 有
$$((a,t)^+)^* = (a^+, t^+)^* = ((a^+)^* \circ t^+, (t^+)^*) = (a^+ \circ t^+, t^+) = (t^+ \cdot a^+, t^+) = (a^+, t^+) = (a,t)^+.$$

另一方面, 据条件(C4)知
$$((a,t)^*)^+ = (a^* \circ t, t^*)^+ = ((a^* \circ t)^+, (t^*)^+) = (((a \circ t)^*)^+, (t^*)^+) = (a^* \circ t, t^*) = (a,t)^*.$$

(6) 一方面, 首先有
$$((a,t)(b,u))^+(a,t) = (((tu)^+ \cdot a)(t \cdot b), tu)^+(a,t) = ((((tu)^+ \cdot a)(t \cdot b))^+, (tu)^+)(a,t)$$
$$= ((((tu)^+t)^+ \cdot (((tu)^+ \cdot a)(t \cdot b))^+)((tu)^+ \cdot a), (tu)^+t)$$
$$= ((((tu)^+t)^+ \cdot (((tu)^+ \cdot a)(t \cdot b)))((tu)^+ \cdot a), (tu)^+t) \quad (据条件(C3))$$
$$= (((((tu)^+t)^+ \cdot ((tu)^+ \cdot a))(((tu)^+t)^+ \cdot (t \cdot b)))^+((tu)^+ \cdot a), (tu)^+t) \quad (条件(C1))$$
$$= ((((tu)^+ \cdot a)((tu)^+ \cdot (t \cdot b)))^+((tu)^+ \cdot a), (tu)^+t). \quad (据引理5.6.9 (3), (4))$$

其次,
$$(a,t)(b,u)^+(a,t)^* = (a,t)(b^+, u^+)(a^* \circ t, t^*) = (((tu^+)^+ \cdot a)(t \cdot b^+), tu^+)(a^* \circ t, t^*)$$
$$= (((tu^+t^*)^+ \cdot (((tu^+)^+ \cdot a)(t \cdot b^+)))(tu^+ \cdot (a^* \circ t)), tu^+t^*).$$

由引理5.6.9 (5) 及条件(C4) 知 $tu^+ \cdot (a^* \circ t) = (tu)^+ \cdot a^* = ((tu)^+ \cdot a)^*$. 而
$$((tu^+t^*)^+ \cdot (((tu^+)^+ \cdot a)(t \cdot b^+))) = ((tu)^+t)^+ \cdot (((tu^+)^+ \cdot a)(t \cdot b^+))$$
$$= (((tu)^+t)^+ \cdot ((tu^+)^+ \cdot a))(((tu)^+t)^+ \cdot (t \cdot b^+)) \quad (据条件(C1))$$
$$= (((tu)^+t)^+ \cdot ((tu)^+ \cdot a))(((tu)^+t)^+ \cdot (t \cdot b))^+ \quad (据条件(C3))$$
$$= ((tu)^+ \cdot a)((tu)^+ \cdot (t \cdot b))^+, \quad (据引理5.6.9 (3), (4))$$

故
$$(a,t)(b,u)^+(a,t)^* = (((tu)^+ \cdot a)((tu)^+ \cdot (t \cdot b))^+((tu)^+ \cdot a)^*, tu^+t^*)$$
$$= ((((tu)^+ \cdot a)((tu)^+ \cdot (t \cdot b)))^+((tu)^+ \cdot a), (tu)^+t) = ((a,t)(b,u))^+(a,t).$$

另一方面, 首先有
$$(a,t)((b,u)(a,t))^* = (a,t)(((ut)^+ \cdot b)(u \cdot a), ut)^* = (a,t)((((ut)^+ \cdot b)(u \cdot a))^* \circ (ut), (ut)^*)$$
$$= (((t(ut)^*)^+ \cdot a)(t \cdot ((((ut)^+ \cdot b)(u \cdot a))^* \circ (ut))), t(ut)^*).$$

由引理5.1.1知 $t(ut)^* \cdot a = (t^+u^*t)^+ \cdot a = (t^+u^*t^+)^+ \cdot a = t^+u^*t^+ \cdot a$. 依次利用条件

(C2), (M), (C4), (C1), (M), (C2) 及 (C1) 可得
$$t \cdot (((((ut)^+ \cdot b)(u \cdot a))^* \circ (ut)) = t \cdot (((((ut)^+ \cdot b)(u \cdot a))^* \circ u) \circ t)$$
$$= t^+ \cdot ((((ut)^+ \cdot b)(u \cdot a))^* \circ u) = (t^+ \cdot ((((ut)^+ \cdot b)(u \cdot a)) \circ u))^*$$
$$= (t^+ \cdot ((((ut)^+ \cdot b) \circ u)((u \cdot a) \circ u)))^* = (t^+ \cdot (((b \circ (ut)^+) \circ u)(u^* \cdot a)))^*$$
$$= (t^+ \cdot ((b \circ ((ut)^+ u))(u^* \cdot a)))^* = ((t^+ \cdot (b \circ ((ut)^+ u)))(t^+ \cdot (u^* \cdot a)))^*,$$

而利用条件 (M), (C2), (C2), 引理5.1.1及 (M), 有
$$t^+ \cdot (b \circ ((ut)^+ u)) = (b \circ ((ut)^+ u)) \circ t^+ = (b \circ (ut^+ u^*)) \circ t^+$$
$$= b \circ (ut^+ u^* t^+) = (b \circ u) \circ (t^+ u^* t^+) = (b \circ u) \circ (t^+ u^* t^+)^+ = t^+ u^* t^+ \cdot (b \circ u).$$

据事实 $t^+ \cdot a = a$ 及条件 (C2) 易知 $t^+ \cdot (u^* \cdot a) = t^+ \cdot (u^* \cdot (t^+ \cdot a)) = t^+ u^* t^+ \cdot a$. 因此
$$(a,t)((b,u)(a,t))^* = ((t^+ u^* t^+ \cdot a)((t^+ u^* t^+ \cdot (b \circ u))(t^+ u^* t^+ \cdot a))^*, t(ut)^*).$$

其次,
$$(a,t)^+(b,u)^*(a,t) = (a^+, t^+)(b^* \circ u, u^*)(a,t) = (((t^+ u^*)^+ \cdot a^+)(t^+ \cdot (b^* \circ u)), t^+ u^*)(a,t)$$
$$= (((t^+ u^* t)^+ \cdot (((t^+ u^*)^+ \cdot a^+)(t^+ \cdot (b^* \circ u))))(t^+ u^* \cdot a), t^+ u^* t).$$

由条件 (C2) 及事实 $t^+ \cdot a = a$ 知 $t^+ u^* \cdot a = t^+ u^* \cdot (t^+ \cdot a) = t^+ u^* t^+ \cdot a$, 而
$$(t^+ u^* t)^+ \cdot (((t^+ u^*)^+ \cdot a^+)(t^+ \cdot (b^* \circ u)))$$
$$= ((t^+ u^* t)^+ \cdot ((t^+ u^*)^+ \cdot a^+))((t^+ u^* t)^+ \cdot (t^+ \cdot (b^* \circ u))) \quad \text{(据条件 (C1))}$$
$$= (t^+ u^* t^+ \cdot a^+)(t^+ u^* t^+ \cdot (b^* \circ u)) \quad \text{(据条件 (C2) 及引理5.1.1)}$$
$$= (t^+ u^* t^+ \cdot a)^+ (t^+ u^* t^+ \cdot (b \circ u))^*, \quad \text{(据条件 (C3), (C4))}$$

故
$$(a,t)^+(b,u)^*(a,t) = ((t^+ u^* t^+ \cdot a)^+(t^+ u^* t^+ \cdot (b \circ u))^*(t^+ u^* t^+ \cdot a), t^+ u^* t)$$
$$= ((t^+ u^* t^+ \cdot a)((t^+ u^* t^+ \cdot (b \circ u))(t^+ u^* t^+ \cdot a))^*, t(ut)^*) = (a,t)((b,u)(a,t))^*.$$

由上述 (1)—(6), (4.1.1) 式, 引理4.1.3和定义5.1.2知 $(S *^\lambda T, \cdot, ^+, ^*)$ 是 P-限制半群, 其投射元集为 $P_{S *^\lambda T} = \{(a,t)^+ \mid (a,t) \in S *^\lambda T\}$.

设 S 是局部限制的 P-限制半群, $(a,t)^+, (b,u)^+, (c,v)^+ \in P_{S *^\lambda T}$, 则
$$(a,t)^+(b,u)^+(a,t)^+(c,v)^+ = (a^+, t^+)(b^+, u^+)(a^+, t^+)(c^+, v^+)$$
$$= (((t^+ u^+)^+ \cdot a^+)(t^+ \cdot b^+), t^+ u^+)(((t^+ v^+)^+ \cdot a^+)(t^+ \cdot c^+), t^+ v^+)$$
$$= (((t^+ u^+ t^+ v^+)^+ \cdot (((t^+ u^+)^+ \cdot a^+)(t^+ \cdot b^+)))(t^+ u^+ \cdot (((t^+ v^+)^+ \cdot a^+)(t^+ \cdot c^+))), t^+ u^+ t^+ v^+).$$

记 $\Delta = ((t^+ u^+ t^+ v^+)^+ \cdot (((t^+ u^+)^+ \cdot a^+)(t^+ \cdot b^+)))(t^+ u^+ \cdot (((t^+ v^+)^+ \cdot a^+)(t^+ \cdot c^+)))$, 则
$$(a,t)^+(b,u)^+(a,t)^+(c,v)^+(a,t)^+ = (\Delta, t^+ u^+ t^+ v^+)(a^+, t^+)$$
$$= (((t^+ u^+ t^+ v^+ t^+)^+ \cdot \Delta)(t^+ u^+ t^+ v^+ \cdot a^+), t^+ u^+ t^+ v^+ t^+). \tag{5.6.11}$$

于是
$$(t^+u^+t^+v^+t^+)^+ \cdot ((t^+u^+t^+v^+)^+ \cdot ((t^+u^+)^+ \cdot a^+))$$
$$= (t^+u^+t^+v^+t^+v^+t^+u^+t^+)(t^+u^+t^+v^+t^+u^+t^+)(t^+u^+t^+) \cdot a^+ \quad (据条件(C2))$$
$$= t^+u^+t^+v^+t^+u^+t^+v^+t^+u^+t^+ \cdot a^+ \quad (据引理5.1.1)$$
$$= t^+u^+t^+v^+t^+ \cdot a^+. \quad (多次利用局部限制性及引理5.1.1)$$

类似地,
$$(t^+u^+t^+v^+t^+)^+ \cdot (t^+u^+t^+v^+)^+ \cdot (t^+ \cdot b^+) = t^+u^+t^+v^+t^+ \cdot b^+,$$
$$(t^+u^+t^+v^+t^+)^+ \cdot t^+u^+ \cdot ((t^+v^+)^+ \cdot a^+) = t^+u^+t^+v^+t^+ \cdot a^+,$$
$$(t^+u^+t^+v^+t^+)^+ \cdot t^+u^+ \cdot (t^+ \cdot c^+) = t^+u^+t^+v^+t^+ \cdot c^+.$$

由条件 (C1), (C2) 知
$$(t^+u^+t^+v^+t^+)^+ \cdot \Delta = (t^+u^+t^+v^+t^+ \cdot a^+)(t^+u^+t^+v^+t^+ \cdot b^+)$$
$$(t^+u^+t^+v^+t^+ \cdot a^+)(t^+u^+t^+v^+t^+ \cdot c^+), \tag{5.6.12}$$

而据引理5.6.9 (6) 及条件 (C2) 知
$$t^+u^+t^+v^+ \cdot a^+ = t^+u^+t^+v^+ \cdot (t^+ \cdot a^+) = t^+u^+t^+v^+t^+ \cdot a^+.$$

故由条件 (C1), (5.6.11) 式, (5.6.12) 式可得
$$(a,t)^+(b,u)^+(a,t)^+(c,v)^+(a,t)^+ = (t^+u^+t^+v^+t^+ \cdot (a^+b^+a^+c^+a^+), t^+u^+t^+v^+t^+).$$

类似地,
$$(a,t)^+(c,v)^+(a,t)^+(b,u)^+(a,t)^+ = (t^+v^+t^+u^+t^+ \cdot (a^+c^+a^+b^+a^+), t^+v^+t^+u^+t^+).$$

由于 S, T 均为局部限制的 P-限制半群, 所以由局部限制性知
$$a^+b^+a^+c^+a^+ = a^+c^+a^+b^+a^+, \quad t^+u^+t^+v^+t^+ = t^+v^+t^+u^+t^+.$$

故
$$(a,t)^+(b,u)^+(a,t)^+(c,v)^+(a,t)^+ = (a,t)^+(c,v)^+(a,t)^+(b,u)^+(a,t)^+.$$

这表明 $S *^\lambda T$ 是局部限制的 P-限制半群. □

由定理5.6.10易知下面的结论成立.

推论 5.6.11[207] 设 $(S, \cdot, ^+, ^*)$ 和 $(T, \cdot, ^+, ^*)$ 均为广义限制的 P-限制半群, 则 $S *^\lambda T$ 也是广义限制的 P-限制半群.

证明 由定理5.6.10知 $S *^\lambda T$ 是 P-限制半群且对任意 $(a,t)^+, (b,u)^+, (c,v)^+, (d,w)^+ \in P_{S *^\lambda T}$,
$$(a,t)^+(b,u)^+(c,v)^+(d,w)^+ = (((t^+u^+v^+w^+)^+ \cdot (((t^+u^+)^+ \cdot a^+)(t^+ \cdot b^+)))$$
$$(t^+u^+ \cdot (((v^+w^+)^+ \cdot c^+)(v^+ \cdot d^+))), t^+u^+v^+w^+).$$

另一方面, 有
$$(t^+u^+v^+w^+)^+ \cdot ((t^+u^+)^+ \cdot a^+)$$

$$= (t^+u^+v^+w^+v^+u^+t^+)(t^+u^+t^+)\cdot a^+ \quad (据条件(C2)及(5.6.11)式)$$
$$= t^+u^+v^+w^+v^+u^+t^+\cdot a^+ = t^+u^+v^+w^+t^+\cdot a^+ \quad (据引理5.1.1)$$
$$= t^+u^+v^+w^+\cdot(t^+\cdot a^+) \quad (条件(C2))$$
$$= t^+u^+v^+w^+\cdot a^+ \quad (引理5.6.9\,(6))$$

和

$$(t^+u^+v^+w^+)^+\cdot(t^+\cdot b^+)$$
$$= (t^+u^+v^+w^+v^+u^+t^+)t^+\cdot b^+ \quad (据条件(C2)及(5.6.11)式)$$
$$= t^+u^+v^+w^+v^+u^+t^+\cdot(u^+\cdot b^+) \quad (据引理5.6.9\,(6))$$
$$= t^+u^+v^+w^+v^+u^+t^+u^+\cdot b^+ = t^+u^+v^+w^+u^+\cdot b^+ \quad (据条件(C2))$$
$$= t^+u^+v^+w^+\cdot(u^+\cdot b^+) \quad (据条件(C2))$$
$$= t^+u^+v^+w^+\cdot b^+. \quad (据引理5.6.9\,(6))$$

类似地,
$$t^+u^+\cdot((v^+w^+)^+\cdot c^+) = t^+u^+v^+w^+\cdot c^+, \quad t^+u^+\cdot(v^+\cdot d^+) = t^+u^+v^+w^+\cdot d^+.$$

据条件(C1), (C2), 有
$$((t^+u^+v^+w^+)^+\cdot(((t^+u^+)^+\cdot a^+)(t^+\cdot b^+)))(t^+u^+\cdot(((v^+w^+)^+\cdot c^+)(v^+\cdot d^+)))$$
$$= (t^+u^+v^+w^+\cdot a^+)(t^+u^+v^+w^+\cdot b^+)(t^+u^+v^+w^+\cdot c^+)(t^+u^+v^+w^+\cdot d^+)$$
$$= t^+u^+v^+w^+\cdot(a^+b^+c^+d^+),$$

故
$$(a,t)^+(b,u)^+(c,v)^+(d,w)^+ = (t^+u^+v^+w^+\cdot(a^+b^+c^+d^+), t^+u^+v^+w^+).$$

类似地,
$$(a,t)^+(c,v)^+(b,u)^+(d,w)^+ = (t^+v^+u^+w^+\cdot(a^+c^+b^+d^+), t^+v^+u^+w^+).$$

由于 S, T 均为广义限制的 P-限制半群, 所以
$$a^+b^+c^+d^+ = a^+c^+b^+d^+, \quad t^+u^+v^+w^+ = t^+v^+u^+w^+,$$
$$(a,t)^+(b,u)^+(c,v)^+(d,w)^+ = (a,t)^+(c,v)^+(b,u)^+(d,w)^+.$$

这表明 $S *^\lambda T$ 是广义限制的 P-限制半群. □

5.7 广义限制的 P-限制半群的上确界完备化

本节的目的是建立广义限制的 P-限制半群的上确界完备化定理, 为此, 先研究 P-限制半群的序理想. 设 $(S,\cdot,^+,^*)$ 是 P-限制半群, 称 S 的非空子集 A 为 S 的序理想, 若对任意 $a \in A$ 和 $x \in S$, $x \leqslant_S a$ 蕴含 $x \in A$. 显然, 对任意 $a \in S$, $[a] = \{s \in S \mid s \leqslant_S a\}$ 是 S 的序理想, 称其为 S 的由 a 生成的主序理想. 记 S 的所有序理想构成的集合为 $O(S)$, 由推论5.1.14可知 $E(S)$ 和 P_S 均是 S 的序理想.

命题 5.7.1[205, 207] 设 $(S,\cdot,^+,^*)$ 是 P-限制半群, 在 $O(S)$ 上定义运算: 对任意 $A, B \in O(S)$, $AB = \{ab \mid a \in A, b \in B\}$, 则 $O(S)$ 形成半群.

证明 设 $A, B \in O(S)$, $x \leqslant_S ab$, 其中 $a \in A, b \in B, x \in S$, 则由引理5.1.13知 $x = x^+ab$, $x^+ \leqslant_S (ab)^+$. 又因为 $(ab)^+ \leqslant_S a^+$, 故 $x^+ \leqslant_S a^+$. 由引理5.1.13, 有 $x^+a \leqslant_S a$. 结合 $A \in O(S)$ 可知 $x^+a \in A$. 因此 $x = x^+(ab) = (x^+a)b \in AB$, 故 $AB \in O(S)$. 此外, 对任意 $A, B, C \in O(S)$, 显然 $(AB)C = A(BC)$. 故 $O(S)$ 是半群. □

命题 5.7.2[205, 207] 设 $(S,\cdot,^+,^*)$ 是 P-限制半群, 则映射 $\psi: S \to O(S), s \mapsto [s]$ 是单同态当且仅当 S 是局部限制的 P-限制半群.

证明 设 ψ 是单同态, 则对任意 $x, y \in S$, 有 $[xy] = (xy)\psi = (x\psi)(y\psi) = [x][y]$. 设 $a, b, c \in S$. 若 $a \leqslant_S b$, 则 $a \in [b]$. 因此 $ac \in [b][c] = [bc]$, 即 $ac \leqslant_S bc$. 对偶地, $ca \leqslant_S cb$, 故 "$\leqslant_S$" 是相容的, 由推论5.1.12知 S 是局部限制的 P-限制半群.

反之, 设 S 是局部限制的 P-限制半群, 容易证明 ψ 是单射. 若 $x, s, t \in S, x \in [st]$, 则 $x \leqslant_S st \in [s][t]$. 由于 $[s], [t] \in O(S)$, 由命题5.7.1知 $[s][t] \in O(S)$. 因而 $x \in [s][t]$, 故 $[st] \subseteq [s][t]$. 另一方面, 若 $x \in [s][t]$, 则存在 $a \in [s], b \in [t]$ 使得 $x = ab$. 据推论5.1.12知 "$\leqslant_S$" 是相容的, 因此 $x = ab \leqslant_S st$, 即 $x \in [st]$, 故 $[s][t] \subseteq [st]$. 因此 $(st)\psi = [st] = [s][t] = (s\psi)(t\psi)$, 即 ψ 是同态. □

设 $(S,\cdot,^+,^*)$ 是 P-限制半群, 在 S 上定义二元关系 "$\sim$" 如下: 对任意 $a, b \in S$,

$$a \sim b \iff a^+b = b^+a, \ ab^* = ba^*.$$

称 S 的非空子集 A 是相容的, 若对任意 $a, b \in A$, 有 $a \sim b$. 称 S 的非空子集 B 是容许子集, 若 B 是 S 的相容的序理想. 记 S 的所有容许子集构成的集合为 $C(S)$.

引理 5.7.3[205, 207] 设 $(S,\cdot,^+,^*)$ 是局部限制的 P-限制半群, 若 $e, f, g \in P_S, e \leqslant_S g$, $f \leqslant_S g$, 则 $ef = fe$.

证明 若 $e, f, g \in P_S, e \leqslant_S g, f \leqslant_S g$, 则 $e = eg = ge, f = fg = gf$, 因此 $geg = e$, $gfg = f$. 由 S 的局部限制性可得 $ef = (geg)(gfg) = (gfg)(geg) = fe$. □

命题 5.7.4[205, 207] 设 $(S,\cdot,^+,^*)$ 是 P-限制半群, 则 S 是局部限制的 P-限制半群当且仅当对任意 $s \in S$, 都有 $[s] \in C(S)$.

证明 设对任意 $s \in S$, 都有 $[s] \in C(S)$. 设 $e, f, g \in P_S$, 则由引理5.1.1知 $efe, ege \in P_S$ 且 $efe \leqslant_S e, ege \leqslant_S e$, 因此 $efe, ege \in [e]$. 由事实 $[e] \in C(S)$, 有

$$(efe)(ege) = (efe)^+(ege) = (ege)^+(efe) = (ege)(efe),$$

故 S 是局部限制的 P-限制半群. 反之, 设 S 是局部限制的 P-限制半群, $s \in S, x, y \in [s]$, 则 $x \leqslant_S s, y \leqslant_S s$. 由引理5.1.13知 $x = x^+s, y = y^+s, x^+ \leqslant_S s^+, y^+ \leqslant_S s^+$, 故由引理5.7.3有 $x^+y^+ = y^+x^+$. 因此 $x^+y = x^+y^+s = y^+x^+s = y^+x$. 类似地, $xy^* = yx^*$, 故 $[s] \in C(S)$. □

设 $(S,\cdot,^+,^*)$ 是 P-限制半群, 显然有 $C(S) \subseteq O(S)$. 目前尚不确定一般情况下 $C(S)$ 是否是 $O(S)$ 的子半群, 但有以下结论.

引理 5.7.5[205, 207] 设 $(S,\cdot,^+,^*)$ 是广义限制的 P-限制半群, 则 $C(S)$ 形成 $O(S)$ 的子

半群.

证明 设 $A, B \in C(S)$, 则由命题5.7.1知 $AB \in O(S)$. 下证 $AB \in C(S)$. 设 $ab, cd \in AB$, 其中 $a, c \in A, b, d \in B$, 则 $a^+c = c^+a, ac^* = ca^*, b^+d = d^+b, bd^* = db^*$. 由 $a^*b^+a^* \leqslant_S a^*$, 推论5.1.12和定理5.6.3有 $ab^+a^* = a(a^*b^+a^*) \leqslant_S aa^* = a$. 由 $A \in C(S)$ 可知 $ab^+a^* \in A$. 此外, 据引理5.1.1, 有

$$(ab^+a^*)^+ = (a(b^+a^*)^+)^+ = (ab^+a^*b^+)^+ = (aa^*b^+a^*b^+)^+ = (aa^*b^+)^+ = (ab^+)^+ = (ab)^+.$$

同理可证 $cd^+c^* \in A$, $(cd^+c^*)^+ = (cd)^+$. 由 $A \in C(S)$ 知 $(ab^+a^*)^+(cd^+c^*) = (cd^+c^*)^+(ab^+a^*)$. 因此

$$(ab)^+(cd) = (ab^+a^*)^+(cc^*d^+d) = (ab^+a^*)^+(cd^+c^*d) \quad \text{(据引理5.6.2)}$$
$$= (cd^+c^*)^+(ab^+a^*)d = (cd^+c^*)^+aa^*b^+d \quad \text{(据引理5.6.2)}$$
$$= (cd)^+ad^+b \leqslant_S (cd)^+(ab). \quad \text{(据事实}aa^* = a, b^+d = d^+b \text{和定理5.6.3)}$$

类似可证 $(cd)^+(ab) \leqslant_S (ab)^+(cd)$, 故 $(ab)^+(cd) = (cd)^+(ab)$. 对偶可得 $(ab)(cd)^* = (cd)(ab)^*$. 因此 $AB \in C(S)$, 故 $C(S)$ 是 $O(S)$ 的子半群. □

下面的例子表明引理5.7.5的逆命题一般不成立.

例 5.7.6[205, 207] 设 $I = \{1, 2, 3\} = \Lambda$, M 是有单位元 e 的幺半群, a, b, c 是 M 中的可逆元且 $ab \neq c$. 定义 $\Lambda \times I$-矩阵 $\boldsymbol{P} = (p_{\lambda j})_{\Lambda \times I}$ 如下:

$$\boldsymbol{P} = \begin{pmatrix} e & a & c \\ a^{-1} & e & b \\ c^{-1} & b^{-1} & e \end{pmatrix}.$$

在 $S = \{(i, x, \lambda) \mid i \in I, x \in M, \lambda \in \Lambda\}$ 上定义一个二元运算"·"和两个一元运算"+", "*"如下: 对任意 $(i, x, \lambda), (j, y, \mu) \in S$,

$$(i, x, \lambda)(j, y, \mu) = (i, xp_{\lambda j}y, \mu), \quad (i, x, \lambda)^+ = (i, e, i), \quad (i, x, \lambda)^* = (\lambda, e, \lambda).$$

容易验证 $(S, \cdot, ^+, ^*)$ 是 P-限制半群且

$$P_S = \{(i, e, i) \mid i = 1, 2, 3\} = \{(1, e, 1), (2, e, 2), (3, e, 3)\}.$$

因为 $ab \neq c$, 所以

$$(1, ab, 3)(1, ab, 3) = (1, abc^{-1}ab, 3) \neq (1, ab, 3),$$

故 $(1, e, 1)(2, e, 2)(3, e, 3) = (1, ab, 3) \notin E(S)$. 这表明 C_S 不是一个带. 从而表明 S 不是纯正的. 由定理5.6.3知 S 不是广义限制的 P-限制半群.

设 A 是 S 的相容子集, $(i, x, \lambda), (j, y, \mu) \in A$, 则

$$(i, e, i)(j, y, \mu) = (i, x, \lambda)^+(j, y, \mu) = (j, y, \mu)^+(i, x, \lambda) = (j, e, j)(i, x, \lambda).$$

因为对任意 $i \in \{1, 2, 3\}$, 都有 $p_{ii} = e$, 所以 $(i, x, \lambda) = (j, y, \mu)$, 这说明 A 仅含一个元素. 因此 S 的每一个相容子集都是 S 的单点子集.

下证"$\leqslant_S$"是 S 上的相等关系. 事实上, 设 $(i, x, \lambda), (j, y, \mu) \in S$, $(i, x, \lambda) \leqslant_S (j, y, \mu)$,

则由引理5.1.13知
$$(i,x,\lambda) = (i,x,\lambda)^+(j,y,\mu) = (j,y,\mu)(i,x,\lambda)^* = (i,e,i)(j,y,\mu) = (j,y,\mu)(\lambda,e,\lambda).$$

由于对任意 $i \in \{1,2,3\}$, 都有 $p_{ii} = e$, 故 $(i,x,\lambda) = (j,y,\mu)$. 这表明 S 的任何非空子集都是 S 的序理想. 此外, 由推论5.1.12可知 S 是局部限制的 P-限制半群. 由以上讨论知 $C(S) = \{\{s\} \mid s \in S\}$. 显然, $C(S)$ 是 $O(S)$ 的子半群. 但 S 不是广义限制的 P-限制半群.

引理 5.7.7[205, 207] 设 $(S,\cdot,^+,^*)$ 是 P-限制半群, 若 $A \in C(S), a,b \in A$, 则
$$a^+b^+ = b^+a^+ \in P_S, \quad a^*b^* = b^*a^* \in P_S,$$
$$a^+b^+ \leqslant_S a^+, a^+b^+ \leqslant_S b^+, a^*b^* \leqslant_S a^*, a^*b^* \leqslant_S b^*.$$

证明 设 $A \in C(S), a,b \in A$, 则 $a^+b = b^+a$. 由引理5.1.1可知 $a^+b^+a^+ = (a^+b)^+ = (b^+a)^+ = b^+a^+b^+$ 和
$$a^+b^+ = a^+b^+a^+b^+ = b^+a^+b^+b^+ = b^+a^+b^+, \quad b^+a^+ = b^+a^+b^+a^+ = b^+b^+a^+b^+ = b^+a^+b^+,$$
因此 $a^+b^+ = b^+a^+$. 此外, 由引理5.1.1知 $b^+a^+ \in P_S$, $a^+b^+ = b^+a^+ = b^+a^+b^+ \leqslant_S b^+$. 类似地, $a^+b^+ = b^+a^+ \leqslant_S a^+$. 对偶可证 $a^*b^* = b^*a^* \in P_S$, $a^*b^* \leqslant_S a^*$, $a^*b^* \leqslant_S b^*$. □

引理 5.7.8[205, 207] 设 $(S,\cdot,^+,^*)$ 是广义限制的 P-限制半群, 在 $C(S)$ 上定义一个二元运算 "$\cdot$" 和两个一元运算 "$+$", "$*$" 如下: 对任意 $A, B \in C(S)$,
$$AB = \{ab \mid a \in A, b \in B\}, \quad A^+ = \{a^+ \mid a \in A\}, \quad A^* = \{a^* \mid a \in A\},$$
则 $(C(S),\cdot,^+,^*)$ 是广义限制的 P-限制半群.

证明 由引理5.7.5, 上述引理中的二元运算是良好定义的. 设 $A \in C(S), a,b \in A$, 则 $a^+b = b^+a$. 由引理5.7.7知 $a^+b^+ = b^+a^+$, 而据引理5.1.1, 有
$$(a^+)^+b^+ = a^+b^+ = b^+a^+ = (b^+)^+a^+, \quad a^+(b^+)^* = a^+b^+ = b^+a^+ = b^+(a^+)^*,$$
故 A^+ 是 S 的相容子集. 类似可证 A^* 也是 S 的相容子集. 若 $x \leqslant_S a^+$, 其中 $x \in S$, $a \in A$, 则由推论5.1.14知 $x^+ = x \leqslant_S a^+$. 由推论5.1.12和定理5.6.3知 $x^+a \leqslant_S a^+a = a$. 因为 $A \in C(S)$, $a \in A$, 所以 $x^+a \in A$. 因此由引理5.1.1和事实 $x^+ = x \leqslant_S a^+$, 有 $x = x^+ = (x^+)^+ = (x^+a^+)^+ = (x^+a)^+ \in A^+$, 故 A^+ 是 S 的序理想. 同理可证 A^* 也是 S 的序理想, 从而 A^+ 和 A^* 都是 S 的相容的序理想. 因此 $A^+, A^* \in C(S)$, 即上述引理中的两个一元运算也是良好定义的.

下证 $(C(S),\cdot,^+,^*)$ 是 P-限制半群. 由对称性, 只需证明 "$+$" 的部分. 设 $A, B \in C(S)$.

(1) 由于对任意 $a \in A$, 均有 $a = a^+a \in A^+A$, 所以 $A \subseteq A^+A$. 另一方面, 设 $a, b \in A$, 因为 $A \in C(S)$, 所以 $a^+b = b^+a$. 由于 S 是广义限制的 P-限制半群, 由引理5.1.1可得 $a^+(a^+b)^+a^+ = (a^+b)^+$ 和 $(a^+b)^+a = a^+b^+a = a^+b^+a = a^+a^+b = a^+b$. 因此 $a^+b \leqslant_S a \in A$, 故由 $A \in C(S)$ 知 $a^+b \in A$. 从而有 $A^+A \subseteq A$, 因此 $A^+A = A$.

(2) 对任意 $a \in A, b \in B$, 有 $(ab)^+ = (ab^+)^+$, 因此 $(AB)^+ = (AB^+)^+$.

(3) 设 $a \in A, b \in B$, 则 $(a^+b^+)^+ = a^+b^+a^+ \in A^+B^+A^+$, 这表明 $(A^+B^+)^+ \subseteq$

$A^+B^+A^+$. 另一方面, 设 $a, c \in A$, $b \in B$, 则由引理5.7.7知 $a^+c^+ = c^+a^+$. 据引理5.6.2, 有
$$(a^+c^+b^+)^+ = (a^+(c^+b^+)^+)^+ = a^+(c^+b^+)^+a^+$$
$$= a^+(c^+b^+c^+)a^+ = a^+c^+b^+a^+c^+ = a^+a^+b^+c^+c^+ = a^+b^+c^+.$$

由 $b^+c^+b^+ \leqslant_S b^+$ 和 $B^+ \in C(S)$, $b^+ \in B^+$ 知 $b^+c^+b^+ \in B^+$. 再次利用引理5.6.2, 有
$$a^+b^+c^+ = (a^+c^+b^+)^+ = (a^+c^+b^+b^+)^+ = (a^+c^+b^+b^+)^+ \in (A^+B^+)^+.$$

这表明 $A^+B^+A^+ \subseteq (A^+B^+)^+$. 因此 $(A^+B^+)^+ = A^+B^+A^+$.

(4) 因为对任意 $a \in A$, 均有 $a^+ = a^+a^+ \in A^+A^+$, 因此 $A^+ \subseteq A^+A^+$. 另一方面, 设 $a, b \in A$, 则由引理5.7.7知 $a^+b^+ \leqslant_S a^+ \in A^+$. 由 $A^+ \in C(S)$ 知 $a^+b^+ \in A^+$, 这表明 $A^+A^+ \subseteq A^+$. 因此 $A^+A^+ = A^+$.

(5) 显然有 $(A^+)^* = A^+$.

(6) 设 $a, c \in A$, $b \in B$, 则由 $A \in C(S)$ 得 $a^+c = c^+a$. 依次利用引理5.1.1, 事实 $a^+c = c^+a$, 引理5.6.2和事实 $a^+c = c^+a$, 有
$$(ab)^+c = a^+(ab)^+a^+c = a^+(ab)^+c^+a = a^+c^+(ab)^+a$$
$$= a^+c^+ab^+a^* = a^+a^+cb^+a^* = a^+cb^+a^*.$$

由 $a^+c \in A^+A = A$ 知 $(ab)^+c = a^+cb^+a^* \in AB^+A^*$. 这表明 $(AB)^+A \subseteq AB^+A^*$. 另一方面, $ac^* \in AA^* = A$, 据引理5.6.2, 有 $ab^+c^* = aa^*b^+c^* = ab^+a^*c^* = (ab)^+ac^* \in (AB)^+A$. 因此 $AB^+A^* \subseteq (AB)^+A$, 故 $(AB)^+A = AB^+A^*$.

由上述 (1)—(6), (4.1.1)式, 引理4.1.3和定义5.1.2知 $(C(S), \cdot, ^+, ^*)$ 是 P-限制半群, 并且
$$P_{C(S)} = \{A^+ \mid A \in C(S)\} = \{A^* \mid A \in C(S)\}.$$

设 $A, B, C, D \in C(S)$, 对任意 $a \in A, b \in B, c \in C, d \in D$, 在 S 上利用引理5.6.2有 $a^+b^+c^+d^+ = a^+c^+b^+d^+$, 从而 $A^+B^+C^+D^+ = A^+C^+B^+D^+$. 故 $(C(S), \cdot, ^+, ^*)$ 是广义限制的 P-限制半群. □

称 P-限制半群 $(S, \cdot, ^+, ^*)$ 为 P-充足半群, 若对任意 $a, b, c \in S$,
$$ac = bc \Longrightarrow ac^+ = bc^+; \quad ca = cb \Longrightarrow c^*a = c^*b.$$

命题 5.7.9[205, 207] 设 $(S, \cdot, ^+, ^*)$ 是广义限制的 P-限制半群, 则 S 是 P-充足半群当且仅当 $C(S)$ 是 P-充足半群.

证明 设 S 是 P-充足半群, $A, B, C \in C(S)$, 若 $AC = BC$, 则对任意 $a \in A, c \in C$, 存在 $b \in B, c_1 \in C$ 使得 $ac = bc_1$. 由 $C \in C(S)$ 及 $c, c_1 \in C$ 知 $cc_1^* = c_1c^*$, 据定理5.6.3, 有
$$ac = acc^* = bc_1c^* = bc_1c^*c^* = bcc_1^*c^* \leqslant_S bcc^* = bc.$$

因此由引理5.1.13知 $ac = (ac)^+bc$, $(ac)^+ \leqslant_S (bc)^+$. 据 $(bc)^+ \leqslant_S b^+$ 知 $(ac)^+ \leqslant_S b^+$, 由推论5.1.12和定理5.6.3, 有 $(ac)^+b \leqslant_S b^+b = b \in B$, 故由 $B \in C(S)$ 知 $(ac)^+b \in B$. 由于 $ac = (ac)^+bc$ 且 S 是 P-充足半群, 因此 $ac^+ = (ac)^+bc^+ \in BC^+$, 于是 $AC^+ \subseteq BC^+$. 同理可证 $BC^+ \subseteq AC^+$, 故 $AC^+ = BC^+$. 对偶可证 $CA = CB$ 蕴含 $C^*A = C^*B$. 这表明 $C(S)$ 是 P-充足半群.

设 $C(S)$ 是 P-充足半群, $a,b,c \in S$. 若 $ac = bc$, 则由命题5.7.2和命题5.7.4知 $[a][c] = [ac] = [bc] = [b][c]$. 由假设知 $[a][c]^+ = [b][c]^+$, 因此存在 $b_1 \in [b], c_1 \in [c]$ 使得 $ac^+ = b_1c_1^+$. 此时, $b_1 \leqslant_S b, c_1 \leqslant_S c$. 据引理5.1.13, 有 $b_1 = b_1^+b = bb_1^*$ 及 $c_1 = c_1^+c, c_1^+ \leqslant_S c^+$. 据推论5.1.12和定理5.6.3, 有 $ac^+ = b_1c_1^+ \leqslant_S b_1c^+ = bb_1^*c^+ \leqslant_S bc^+$. 类似可证 $bc^+ \leqslant_S ac^+$, 因此 $ac^+ = bc^+$. 对偶可证 $ca = cb$ 蕴含 $c^*a = c^*b$. 故 S 是 P-充足半群. □

引理 5.7.10[205, 207] 设 $(S, \cdot, ^+, ^*)$ 是广义限制的 P-限制半群, 则对任意 $A, B \in C(S)$, $A \leqslant_{C(S)} B$ 当且仅当 $A \subseteq B$.

证明 设 $A, B \in C(S), A \leqslant_{C(S)} B$, 则由引理5.1.13知 $A = A^+B = BA^*$. 因此对任意 $x \in A$, 存在 $a, a_1 \in A, b, b_1 \in B$ 使得 $x = a^+b = b_1a_1^*$, 故有 $x^* = (a^+b)^* \leqslant_S b^*$ 和 $x^* = b^*x^* = x^*b^*$. 另一方面, 据引理5.1.1知 $x^* = (b_1a_1^*)^* = a_1^*b_1^*a_1^*$. 因此 $x = xx^* = (b_1a_1^*)(a_1^*b_1^*a_1^*) = b_1(a_1^*b_1^*a_1^*) = b_1x^*$. 因为 $B \in C(S), b, b_1 \in B$, 所以 $bb_1^* = b_1b^*$. 由定理5.6.3, 有 $x = b_1x^* = b_1(b^*x^*) = bb_1^*x^* \leqslant_S bx^*$. 因此由引理5.1.13知 $x = (bx^*)x^* = bx^*$. 结合 $x^* \leqslant_S b^*$, 由引理5.1.13可知 $x \leqslant_S b$, 故由 $B \in C(S), b \in B$ 知 $x \in B$. 因此 $A \subseteq B$.

反之, 设 $A \subseteq B$, 则 $A = A^+A \subseteq A^+B$. 下证 $A^+B \subseteq A$. 设 $a \in A, b \in B$, 则 $a, b \in B$. 由于 $B \in C(S)$, 故 $a^+b = b^+a$. 由引理5.7.7知 $a^+b^+ \in P_S, a^+b^+ \leqslant_S a^+$, 于是 $a^+b = a^+a^+b = a^+b^+a$. 结合 $a^+b^+ \leqslant_S a^+$, 由引理5.1.13得 $a^+b \leqslant_S a$. 由 $A \in C(S)$ 知 $a^+b \in A$, 故 $A^+B \subseteq A$, 于是 $A = A^+B$. 对偶地, $A = BA^*$. 由引理5.1.13有 $A \leqslant_{C(S)} B$. □

称 P-限制半群 $(S, \cdot, ^+, ^*)$ 是完备的, 若 S 的每个相容子集关于 S 的自然偏序 "$\leqslant_S$" 都在 S 中有上确界.

引理 5.7.11[205, 207] 设 $(S, \cdot, ^+, ^*)$ 是广义限制的 P-限制半群, 则 $C(S)$ 是完备的. 特别地, $C(S)$ 的相容子集 $\{A_i \mid i \in I\}$ 的上确界是 $\bigcup A_i$.

证明 首先证明对任意 $A, B \in C(S)$, 有

$$A \sim B \iff A \cup B \in C(S). \tag{5.7.1}$$

设 $A, B \in C(S)$, 若 $A \sim B$, 则 $A^+B = B^+A, AB^* = BA^*$. 由 A 与 B 均是 S 的序理想易知 $A \cup B$ 是 S 的序理想. 下证 $A \cup B$ 是相容的. 设 $a, b \in A \cup B$, 显然, 若 $a, b \in A$ 或者 $a, b \in B$, 则 $a^+b = b^+a, ab^* = ba^*$. 现假设 $a \in A, b \in B$, 则 $a^+b \in A^+B = B^+A$, $b^+a \in B^+A = A^+B$. 因此存在 $x, a_1 \in A, y, b_1 \in B$ 使得 $a^+b = y^+x, b^+a = a_1^+b_1$. 由 $b, b_1 \in B, B \in C(S)$ 知 $b^+b_1 = b_1^+b$, 据定理5.6.3, 有

$$a^+b^+a = a^+b^+b^+a = a^+b^+a_1^+b_1 \leqslant_S a^+b^+b_1 = a^+b_1^+b \leqslant_S a^+b.$$

因此由引理5.1.1和引理5.6.2可得

$$(a^+b^+a^+)a = a^+b^+a = (a^+b^+a)^+(a^+b) = a^+b^+a^+a^+b = a^+a^+a^+b^+b = a^+b. \tag{5.7.2}$$

结合事实 $a^+b^+a^+ \in P_S$ 及 $a^+b^+a^+ \leqslant_S a^+$, 由引理5.1.13立得 $a^+b \leqslant_S a$. 于是由 $A \in C(S), a \in A$ 知 $y^+x = a^+b \in A$. 由于 $x, y^+x \in A, A \in C(S)$, 由引理5.6.2和引理5.1.1, 有

$$y^+x = y^+y^+x^+x = y^+x^+y^+x = (y^+x)^+x = x^+y^+x$$

和 $y^+x^+y^+ = (y^+x)^+ = (x^+y^+x)^+ = x^+y^+x^+$，于是
$$x^+y^+ = x^+y^+x^+y^+ = x^+(x^+y^+x^+) = x^+y^+x^+,$$
$$y^+x^+ = y^+x^+y^+x^+ = (x^+y^+x^+)x^+ = x^+y^+x^+,$$
故 $x^+y^+ = y^+x^+$. 据事实 $a^+b = y^+x$ 和引理5.1.1知
$$a^+ba^+ = (a^+b)^+ = (y^+x)^+ = y^+x^+y^+ = x^+y^+.$$
同理可证 $a_1^+b_1^+ = b_1^+a_1^+$，$b^+a^+b^+ = a_1^+b_1^+$. 由引理5.7.7和事实 $x, a_1 \in A$ 可知 $a_1^+x^+ = x^+a_1^+$. 类似地，有 $b_1^+y^+ = y^+b_1^+$. 因此由引理5.1.1和引理5.6.2知
$$a^+b^+ = (a^+b^+a^+)(b^+a^+b^+) = x^+y^+a_1^+b_1^+ = x^+a_1^+y^+b_1^+ = a_1^+x^+b_1^+y^+$$
$$= a_1^+b_1^+x^+y^+ = (b^+a^+b^+)(a^+b^+a^+) = b^+a^+.$$

据 (5.7.2) 式, $a^+b = a^+b^+a = b^+a^+a = b^+a$. 对偶地，$ab^* = ba^*$. 故对任意 $a, b \in A \cup B$，$a^+b = b^+a$，$ab^* = ba^*$，即 $A \cup B \in C(S)$.

现假设 $A \cup B \in C(S)$，则对任意 $a \in A$，$b \in B$，有 $a^+b = b^+a$，$ab^* = ba^*$，因此 $A^+B = B^+A$，$AB^* = BA^*$. 故 $A \sim B$.

由以上讨论知 (5.7.1) 式成立，结合引理5.7.10对 $C(S)$ 上自然偏序的刻画知 $C(S)$ 的任一相容子集的上确界就是该子集中元素的并集，故 $C(S)$ 是完备的. □

称 P-限制半群 $(S, \cdot, ^+, ^*)$ 是左无穷分配的，若对 S 的任意非空子集 A，$\bigvee A$ 存在蕴含
$$(\forall s \in S)\ s(\bigvee A) = \bigvee(sA).$$
类似地，可定义右无穷分配 P-限制半群. 称 S 是无穷分配的，若 S 既是左无穷分配的又是右无穷分配的. 为证明对任意广义限制的 P-限制半群 $(S, \cdot, ^+, ^*)$，$C(S)$ 是无穷分配的，需要用到下面的引理.

引理 5.7.12[205, 207] 设 $(S, \cdot, ^+, ^*)$ 是广义限制的 P-限制半群，$A = \{a_i \mid i \in I\}$ 是 S 的子集. 记 $A^+ = \{a_i^+ \mid i \in I\}$，$A^* = \{a_i^* \mid i \in I\}$.

(1) 若 $\bigvee A$ 存在，则 A 相容.

(2) 若 $\bigvee A$ 与 $\bigvee A^+$ 都存在，则 $(\bigvee A)^+ = \bigvee A^+$.

(3) 若 $\bigvee A$ 与 $\bigvee A^*$ 都存在，则 $(\bigvee A)^* = \bigvee A^*$.

证明 (1) 设 $a_i, a_j \in A$，$i, j \in I$，$\bigvee A = a$，则 $a_i \leqslant_S a$，$a_j \leqslant_S a$，因此 $a_i, a_j \in [a]$. 由命题5.7.4和定理5.6.3知 $[a] \in C(S)$，故 $a_i \sim a_j$，即 A 相容.

(2) 记 $x = \bigvee A$，$y = \bigvee A^+$，则 $a_i \leqslant_S x$. 由引理5.1.13知对任意 $i \in I$，$a_i = a_i^+x$，$a_i^+ \leqslant_S x^+$，故 $y \leqslant_S x^+$. 据推论5.1.14，有 $y = y^+$. 由于对任意 $i \in I$，都有 $a_i^+ \leqslant_S y$，由推论5.1.12和定理5.6.3知对任意 $i \in I$，$a_i = a_i^+x \leqslant_S yx$，故 $x \leqslant_S yx$，从而由引理5.1.13知 $x = yxx^* = yx$. 因此有 $x^+ = (yx)^+ \leqslant_S y^+ = y$. 结合 $y \leqslant_S x^+$，有 $x^+ = y$. 故 $(\bigvee A)^+ = \bigvee A^+$.

(3) 这是 (2) 的对偶. □

引理 5.7.13[205, 207] 设 $(S, \cdot, ^+, ^*)$ 是广义限制的 P-限制半群，则 $C(S)$ 是无穷分配的.

证明 设 $\{A_i \mid i \in I\} \subseteq C(S)$ 且 $\bigvee A_i$ 存在，则由引理5.7.12 (1) 和引理5.7.11知 $\{A_i \mid i \in I\}$ 相容且 $\bigvee A_i = \bigcup A_i$. 设 $A \in C(S)$，$i, j \in I$，则由 (5.7.1) 式知 $A_i \cup A_j \in C(S)$，且由

引理5.7.8知
$$AA_i,\ AA_j,\ AA_i \cup AA_j = A(A_i \cup A_j) \in C(S).$$
再次利用(5.7.1)式有 $AA_i \sim AA_j$, 因此 $\{AA_i \mid i \in I\}$ 也相容. 据引理5.7.11, 有 $\bigvee(AA_i) = \bigcup(AA_i)$. 此外,
$$A(\bigvee A_i) = A(\bigcup A_i) = \bigcup(AA_i) = \bigvee(AA_i),$$
故 $C(S)$ 是左无穷分配的. 对偶地可证 $C(S)$ 也右无穷分配. $\square$

下面给出本节的主要结果, 即广义限制的 P-限制半群的上确界完备化定理.

定理 5.7.14[205, 207] 设 $(S,\cdot,^+,^*)$ 是广义限制的 P-限制半群, 则 $C(S)$ 是完备的, 无穷分配的广义限制的 P-限制半群, 且映射 $\varphi: S \to C(S), a \mapsto [a]$ 是 (2,1,1)-单同态. 此外, $C(S)$ 的每一个元素都是 $S\varphi$ 的相容子集的上确界.

证明 由引理5.7.8, 引理5.7.11和引理5.7.13知 $C(S)$ 是完备的无穷分配的广义限制的 P-限制半群. 另外, 据命题5.7.2, 命题5.7.4和定理5.6.3知 φ 是单同态. 设 $s \in S$. 若 $t \in [s]^+$, 则存在 $x \in S$ 使得 $x \leqslant_S s, t = x^+$. 由引理5.1.13, $t = x^+ \leqslant_S s^+$, 即 $t \in [s^+]$, 故 $[s]^+ \subseteq [s^+]$. 另一方面, 若 $y \in [s^+]$, 则 $y \leqslant_S s^+$. 由 $s^+ \in [s]^+$ 及 $[s]^+ \in C(S)$, 有 $y \in [s]^+$, 因此 $[s^+] \subseteq [s]^+$, 于是 $s^+\varphi = [s^+] = [s]^+ = (s\varphi)^+$. 对偶可证 $s^*\varphi = (s\varphi)^*$, 故 φ 是 (2,1,1)-单同态.

设 $A \in C(S)$, 则 $A = \cup\{[a] \mid a \in A\}$ 且 $[a] \in C(S)$. 由 φ 是 (2,1,1)-同态容易验证对任意 $a, b \in A$, 有 $[a] \sim [b]$, 因此 $\{[a] \mid a \in A\}$ 是 $C(S)$ 的相容子集. 由引理5.7.11, 有
$$A = \bigcup\{[a] \mid a \in A\} = \bigvee\{[a] \mid a \in A\},$$
故 $C(S)$ 的每一个元素都是 $S\varphi$ 的相容子集的上确界. $\square$

设 $(S,\cdot,^+,^*)$ 是广义限制的 P-限制半群, 本节的剩余部分讨论 $C(S)$ 的另外两条有趣性质. 为此, 需要一条引理.

引理 5.7.15[205, 207] 设 $(S,\cdot,^+,^*)$ 是无穷分配的广义限制的 P-限制半群. 若 $A = \{a_i \mid i \in I\}, B = \{b_j \mid j \in J\}$ 是 S 的子集且 $\bigvee A, \bigvee B$ 存在, 则 $(\bigvee A)(\bigvee B) = \bigvee(AB)$, 其中 $AB = \{a_i b_j \mid i \in I, j \in J\}$.

证明 设 $\bigvee A = a, \bigvee B = b$, 则由推论5.1.12及定理5.6.3, 对任意 $a_i \in A, b_j \in B$, 有 $a_i b_j \leqslant_S ab$. 设 $g \in S$ 使得对任意 $a_i \in A, b_j \in B$, 都有 $a_i b_j \leqslant_S g$, 则由 S 是无穷分配的可知
$$ab_j = (\bigvee_{i \in I} a_i)b_j = \bigvee_{i \in I}(a_i b_j) \leqslant_S g,\ ab = a(\bigvee_{j \in J} b_j) = \bigvee_{j \in J}(ab_j) \leqslant_S g,$$
故 $\bigvee(AB) = \bigvee\{a_i b_j \mid i \in I, j \in J\} = ab = (\bigvee A)(\bigvee B)$. $\square$

定理 5.7.16[205, 207] 设 $(S,\cdot,^+,^*)$ 是广义限制的 P-限制半群, $(T,\cdot,^+,^*)$ 是完备的, 无穷分配的广义限制的 P-限制半群. 若 $\theta: S \to T$ 是 (2,1,1)-同态, 则存在唯一的保持上确界的 (2,1,1)-同态 $\theta': C(S) \to T$ 使得 $\varphi\theta' = \theta$, 其中 $\varphi: S \to C(S), s \mapsto [s]$.

证明 易知任何 (2,1,1)-同态都保持相容性. 因此, 若 $A \in C(S)$, 则 $\{a\theta \mid a \in A\}$ 是 T 的相容子集. 由于 T 是完备的, 故可定义 $A\theta' = \bigvee\{a\theta \mid a \in A\}$. 于是, 对任意 $s \in S, [s]\theta' = s\theta$, 故 $\varphi\theta' = \theta$.

下证 θ' 是 (2,1,1)-同态. 设 $A, B \in C(S)$, 则 $\{a\theta \mid a \in A\}, \{b\theta \mid b \in B\}$ 是 T 的相容子

集. 因为 T 是完备的, 所以 $\bigvee\{a\theta \mid a \in A\}$ 和 $\bigvee\{b\theta \mid b \in B\}$ 存在. 由于 T 是无穷分配的, 由引理5.7.15知
$$(A\theta')(B\theta') = \bigvee\{(a\theta)(b\theta) \mid a \in A, b \in B\} = \bigvee\{(ab)\theta \mid a \in A, b \in B\} = (AB)\theta'.$$
由 $A, A^+ \in C(S)$ 及 θ 是 $(2,1,1)$-同态知 $A\theta' = \bigvee\{a\theta \mid a \in A\}$ 和
$$A^+\theta' = \bigvee\{a^+\theta \mid a \in A\} = \bigvee\{(a\theta)^+ \mid a \in A\} = \bigvee\{a\theta \mid a \in A\}^+.$$
由引理5.7.12 (2)知 $A^+\theta' = (A\theta')^+$. 同理可证 $A^*\theta' = (A\theta')^*$. 故 θ' 是 $(2,1,1)$-同态.

设 $\{A_i \mid i \in I\} \subseteq C(S)$ 且 $\bigvee_{i \in I} A_i$ 存在, 则由引理5.7.12 (1)知 $\{A_i \mid i \in I\}$ 是 $C(S)$ 的相容子集. 由于任何 $(2,1,1)$-同态都保持相容性, 因此 $\{A_i\theta' \mid i \in I\}$ 是 T 的相容子集. 于是由 T 的完备性可知 $\bigvee_{i \in I}(A_i\theta')$ 存在, 从而由引理5.7.11可得
$$(\bigvee_{i \in I} A_i)\theta' = (\bigcup_{i \in I} A_i)\theta' = \bigvee\{a\theta \mid a \in \bigcup_{i \in I} A_i\} = \bigvee_{i \in I}(\bigvee\{a\theta \mid a \in A_i\}) = \bigvee_{i \in I}(A_i\theta').$$
故 θ' 保持上确界.

由定理5.7.14的证明, 对任意 $A \in C(S)$, $A = \bigvee\{[a] \mid a \in A\}$. 假设存在从 $C(S)$ 到 T 的保持上确界的 $(2,1,1)$-同态 $\tilde{\theta}$ 满足 $\varphi\tilde{\theta} = \theta$, 则对任意 $s \in S$, $[s]\theta' = (s\varphi)\theta' = s\theta = (s\varphi)\tilde{\theta} = [s]\tilde{\theta}$. 因此
$$A\theta' = (\bigvee\{[a] \mid a \in A\})\theta' = \bigvee(\{[a]\theta' \mid a \in A\})$$
$$= \bigvee(\{[a]\tilde{\theta} \mid a \in A\}) = (\bigvee\{[a] \mid a \in A\})\tilde{\theta} = A\tilde{\theta},$$
故 θ' 是唯一的. □

定理 5.7.17[205, 207] 设 $(S, \cdot, ^+, ^*), (T, \cdot, ^+, ^*)$ 均为广义限制的 P-限制半群, $\theta: S \to T$ 是 $(2,1,1)$-同态且 $S\theta$ 是 T 的序理想, 则映射
$$\overline{\theta}: C(S) \to C(T), \quad A \mapsto A\theta = \{a\theta \mid a \in A\}$$
是 $(2,1,1)$-同态且 $\theta\varphi_T = \varphi_S\overline{\theta}$, 其中
$$\varphi_S: S \to C(S), s \mapsto [s], \quad \varphi_T: T \to C(T), t \mapsto [t].$$
此外, $\overline{\theta}$ 是单射(双射)当且仅当 θ 是单射(双射). 若 $\overline{\theta}$ 为满射, 则 θ 也为满射.

证明 设 $A, B \in C(S)$, 则由 θ 是 $(2,1,1)$-同态可得
$$(AB)\overline{\theta} = \{(ab)\theta \mid a \in A, b \in B\} = \{(a\theta)(b\theta) \mid a \in A, b \in B\} = (A\overline{\theta})(B\overline{\theta}).$$
$$A^+\overline{\theta} = \{a^+\theta \mid a \in A\} = \{(a\theta)^+ \mid a \in A\} = (A\overline{\theta})^+.$$
类似地, $A^*\overline{\theta} = (A\overline{\theta})^*$. 因此 $\overline{\theta}$ 是 $(2,1,1)$-同态.

接下来首先证明 $\theta\varphi_T = \varphi_S\overline{\theta}$, 即证对任意 $s \in S$, 有 $[s\theta] = [s]\overline{\theta}$. 若 $t \in [s\theta]$, 则 $t \leqslant_T s\theta$. 由 $S\theta$ 是 T 的序理想知 $t \in S\theta$, 从而存在 $u \in S$ 使得 $t = u\theta$, 故 $u\theta \leqslant_T s\theta$. 由推论5.1.15可知
$$t = u\theta \in \{x\theta \mid x \leqslant_S s\} = \{x\theta \mid x \in [s]\} = [s]\overline{\theta},$$
因此 $[s\theta] \subseteq [s]\overline{\theta}$. 另一方面, 若 $t \in [s]\overline{\theta} = \{x\theta \mid x \in [s]\}$, 则存在 $s_1 \in [s]$ 使得 $t = s_1\theta$. 由 θ 是 $(2,1,1)$-同态及 $s_1 \in [s]$ 可得 $s_1\theta \leqslant_T s\theta$, 因此 $t = s_1\theta \in [s\theta]$, 于是 $[s]\overline{\theta} \subseteq [s\theta]$, 故 $[s\theta] = [s]\overline{\theta}$.

其次，假设 θ 是单射. 设 $A\bar{\theta} = B\bar{\theta}$, $A, B \in C(S)$, 则 $\{a\theta \mid a \in A\} = \{b\theta \mid b \in B\}$. 若 $x \in A$, 则存在 $y \in B$ 使得 $x\theta = y\theta$. 于是由 θ 是单射知 $x = y \in B$, 故 $A \subseteq B$. 对偶可得 $B \subseteq A$. 因此 $A = B$, 这表明 $\bar{\theta}$ 是单射. 反过来, 设 $\bar{\theta}$ 是单射, $a, b \in S$, $a\theta = b\theta$, 则 $[a\theta] = [b\theta]$. 由 $\theta\varphi_T = \varphi_S\bar{\theta}$ 可知 $[a]\bar{\theta} = [b]\bar{\theta}$, 则由 $\bar{\theta}$ 是单射有 $[a] = [b]$. 因此 $a = b$, 故 θ 单射.

最后, 假设 θ 是双射, 则从上一段的讨论知 $\bar{\theta}$ 是单射. 设 $Q \in C(T)$, 由于 θ 是 $(2,1,1)$-同态, 因此 θ^{-1} 也是 $(2,1,1)$-同态, 从而有 $Q\theta^{-1} \in C(S)$. 于是

$$Q = \bigcup\{[q] \mid q \in Q\} = \bigcup\{q\varphi_T \mid q \in Q\} = \bigcup\{(p\theta)\varphi_T \mid p \in Q\theta^{-1}\}$$
$$= \bigcup\{p\varphi_S\bar{\theta} \mid p \in Q\theta^{-1}\} = \bigcup\{[p]\bar{\theta} \mid p \in Q\theta^{-1}\}$$
$$= (\bigcup\{[p] \mid p \in Q\theta^{-1}\})\bar{\theta} = (Q\theta^{-1})\bar{\theta},$$

故 $\bar{\theta}$ 是满射. 反之, 若 $\bar{\theta}$ 是双射, 则 θ 是单射. 此外, 对任意 $Q \in C(T)$, 存在 $P \in C(S)$ 使得 $P\bar{\theta} = Q$. 设 $t \in T$, 则由 $[t] \in C(T)$ 知存在 $A \in C(S)$ 使得 $[t] = A\bar{\theta} = A\theta$. 因此存在 $a \in A \subseteq S$ 使得 $t = a\theta$, 故 θ 是满射. 另外, 由以上讨论可知, 若 $\bar{\theta}$ 是满射, 则 θ 也是满射. □

定理5.7.14给出了广义限制的 P-限制半群的上确界完备化定理. 本节的最后, 我们列出几个与之有关的值得进一步研究的问题. 首先, 由定理5.6.3知, 广义限制的 P-限制半群就是纯正的局部限制的 P-限制半群. 命题5.7.2和命题5.7.4表明本节中的研究方法仅对局部限制的 P-限制半群起作用, 而例5.7.6说明存在非纯正的局部限制的 P-限制半群 S 使得 $C(S)$ 形成 $O(S)$ 的子半群. 于是, 下面的问题是自然的.

问题 5.7.18[205]　刻画满足条件"$C(S)$ 是 $O(S)$ 的子半群"的 P-限制半群 $(S, \cdot, {}^+, {}^*)$, 进而将定理5.7.14, 定理5.7.16, 定理5.7.17的结论推广至局部限制的 P-限制半群.

其次, 文献 [89, 94, 119] 借助陪集的概念分别研究了逆半群和广义逆 $*$-半群的下确界完备化. 于是又有下面的问题.

问题 5.7.19[205]　如何建立 P-限制半群的下确界完备化定理?

再次, 文献 [40] 和文献 [167] 利用限制半群的完备化定理定义了一类新的限制半群, 即几乎可分解的限制半群. 但是其中的研究方法对于广义限制的 P-限制半群的情形不起作用. 这是由于对于广义限制的 P-限制半群 $(S, \cdot, {}^+, {}^*)$, $C(S)$ 没有单位元, 除非 $(S, \cdot, {}^+, {}^*)$ 是限制半群. 于是下面的问题又是自然的.

问题 5.7.20[205]　在 P-限制半群范围内, 如何获得几乎可分解的限制半群的类似物?

最后, 文献 [31] 利用此文中建立的左充足半群的完备化理论, 构造出了一个给定的左充足半群的所有真覆盖. 但是相关的研究方法对于广义限制的 P-限制半群无效. 事实上, 设 $(S, \cdot, {}^+, {}^*)$ 是广义限制的 P-限制半群, T 是有单位元1的幺半群. 在 T 上定义一元运算 "$+$" 和 "$*$" 如下: 对任意 $t \in T$, $t^+ = t^* = 1$, 则 $(T, \cdot, {}^+, {}^*)$ 构成 P-限制半群. 设映射 $\theta : T \to C(S)$ 是对偶预同态, 即对任意 $a, b \in T$,

$$(a\theta)(b\theta) \leqslant_{C(S)} (ab)\theta, (a\theta)^+ \leqslant_{C(S)} a^+\theta, (a\theta)^* \leqslant_{C(S)} a^*\theta,$$

且对任意 $s \in S$, 存在 $t \in T$ 使得 $[s] \leqslant_{C(S)} t\theta$, 则对任意 $s, u \in S$, 存在 $t, v \in T$ 满足 $[s] \leqslant_{C(S)} t\theta$,

$[u] \leqslant_{C(S)} v\theta$. 由引理 5.1.13, 有

$$[s]^+ \leqslant_{C(S)} (t\theta)^+ \leqslant_{C(S)} t^+\theta = 1\theta, \quad [u]^+ \leqslant_{C(S)} (v\theta)^+ \leqslant_{C(S)} v^+\theta = 1\theta.$$

因此据引理5.7.10知 $[s]^+ \subseteq 1\theta$, $[u]^+ \subseteq 1\theta$. 因为 $s^+ \in [s]^+, u^+ \in [u]^+$ 及 $1\theta \in C(S)$, 则由引理5.1.1, 有 $s^+u^+ = (s^+)^+u^+ = (u^+)^+s^+ = u^+s^+$, 故 P_S 可交换, 从而 S 是限制半群. 因此文献 [31] 使用的研究方法对广义限制的 P-限制半群无效. 上述讨论实际上引出了以下问题.

问题 5.7.21[205] 对于 P-限制半群, 如何得到类似于文献 [31] 中定理 3.1 的结论?

5.8 第5章的注记

限制半群在历史上以多个名称出现在相关文献中. 这类半群最早可追溯到Schweizer和Sklar 关于函数系的工作[145-148]. Schein 在文献 [141] 中对函数系做了进一步的研究, 这方面的材料可以参见综述文章 [76] 和文献 [142]. (左)限制半群(在另一个名称下)是在Trokhimenko的著作 [172] 中首次作为一个独立的半群类出现的. 在该文中, Trokhimenko首次证明了左限制半群的凯莱定理. 20世纪70年代, Fountain开创了半群研究的York学派, 作为开创性文章 [34, 35] 的继续, 1999年, Fountain, Gomes 和 Gould 在文献 [36] 中以弱 E-充足半群的名称研究了限制半群, 给出了一类特殊限制半群的基本表示. 另一方面, Batbedat和Foutain在20世纪80年代以SL2-γ-半群的名称在文献 [8, 9] 中对限制半群进行了探讨. 2001年, Jackson 和 Stokes 在文献 [75] 中从闭包算子的角度, 以扭 C-半群的名称对限制半群做了研究. 另外, 受Cockett 和 Lack 在文献 [22] 中关于限制范畴的研究的启发, Manes在文献 [106] 中从范畴角度研究了限制半群. 事实上, 限制半群的名称就来源于文献 [22]. 限制半群的研究已取得丰富成果, 可参阅综述文章 [43, 46, 54].

作为正则 $*$-半群和Ehresmann 半群(限制半群) 的共同推广, Jones于2012年在文献 [79] 中首先引入并研究了 P-Ehresmann半群(P-限制半群), 在该文中他建立了 P-限制半群的基本表示定理. 2014 年, Jones在文献 [80] 中研究了 P-限制半群的簇性质, 提出了纯正 P-限制半群的概念. 随后, 王守峰在文献 [182] 中讨论了 P-Ehresmann半群张成的结合代数, 推广了Stein在文献 [150, 151] 中的结果. 王守峰在文献 [186, 187] 中用范畴理论研究了局部Ehresmann(限制) 的 P-Ehresamnn(限制) 半群, 建立了它们的范畴同构定理, 拓展了Lawson在文献 [88] 中对Ehresmann半群获得的结果. 在此基础上, 王守峰又在文献 [189] 中讨论了投射本原 P-Ehresamnn 半群的代数结构, 拓展了 Jones在文献 [81] 中关于 Ehresmann半群的结果. 另一方面, 王守峰, 岑嘉评和晏潘在文献 [191, 205-208] 中对纯正 P-限制半群及其子类——广义限制的 P-限制半群的代数结构做了系统研究, 得到了纯正 P-限制半群的覆盖定理, 获得了广义限制的 P-限制半群的自由对象, 讨论了广义限制的 P-限制半群的完备化定理. 另外, Jones在文献 [84] 中指出, Branco, Gomes 和 Gould 在文献 [18] 中提出的 glrac 半群恰好是满足左充足条件的左 P-Ehresmann 半群, 而Ribeiro则在文献 [134] 中从理论计算机科学的角度给出了右 P-Ehresmann半群的例子. 目前, P-Ehresmann(P-限制) 半群仍是一类值得研究的双一元半群.

参 考 文 献

[1] C. L. Adair. Varieties of ∗-orthodox semigroups[D]. University of South Carolina, (1979).

[2] C. L. Adair. A generalization of the bicyclic semigroup[J]. Semigroup Forum 21, 13–25 (1980).

[3] C. L. Adair. Bands with an involution[J]. J. Algebra 75, 297–314 (1982).

[4] S. M. Armstrong. Structure of concordant semigroups[J]. J. Algebra 118, 205–260 (1988).

[5] K. Auinger. Strict regular ∗-semigroups[C]. Proc. Conf. on Semigroups with Applications. Singapore: World Scientific, 190–204 (1992).

[6] K. Auinger. Free locally inverse ∗-semigroup[J]. Czechoslovak Math. J. 43, 523–545 (1993).

[7] K. Auinger. Bifree objects in e-varieties of strict orthodox semigroups and the lattice of strict orthodox ∗-semigroup varieties[J]. Glasgow Math. J. 35, 25–37 (1993).

[8] A. Batbedat. γ-demi-groupes, demi-modules, produit demi-direct[C]. Semigroups Proceedings: Oberwolfach 1979, Lecture Notes in Mathematics 855, Springer-Verlag,1–18 (1981).

[9] A. Batbedat, J. B. Fountain. Connections between left adequate semigroups and γ-semigroups[J]. Semigroup Forum 22, 59–65 (1981).

[10] T. S. Blyth, R. McFadden. Naturally ordered regular semigroups with a greatest idempotent[J]. Proc. Roy. Soc. Edinburgh 91A, 107–122 (1981).

[11] T. S. Blyth, R. B. McFadden. Regular semigroups with a multiplicative inverse transversal[J]. Proc. Roy. Soc. Edinburgh 92A, 253–270 (1982).

[12] T. S. Blyth, M. H. Almeida Santos. Amenable orders on orthodox semigroups[J]. J. Algebra 169, 49–70 (1994).

[13] T. S. Blyth, M. H. Almeida Santos. Congruences associated with inverse transversals[J]. Collectanea Math. 46, 35–48 (1995).

[14] T. S. Blyth. Inverse Transversals–A Guided Tour[C]. Proceedings of International Conference on Semigroups, Braga, Portugal, 1999, Singapore: World Scientific, 26–43 (2000).

[15] T. S. Blyth, M. H. Almeida Santos. A classification of inverse transversals[J]. Commun. Algebra 29, 611–624 (2001).

[16] T. S. Blyth, J. F. Chen. Inverse transversals are mutually isomorphic[J]. Commun. Algebra 29, 799–804 (2001).

[17] T. S. Blyth M. H. Almeida Santos. Amenable orders associated with inverse transversals[J]. J. Algebra 240, 143–164 (2001).

[18] M. Branco, G. Gomes, V. Gould. Extensions and covers for semigroups whose idempotents form a left regular band[J]. Semigroup Forum 81, 51–70 (2010).

[19] Y. Chae, S. Y. Lee, C. Y. Park. A characterization of ∗-congruences on a regular ∗-semigroup[J]. Semigroup Forum 56, 442–445 (1998).

[20] 陈迪三. 强$\mathcal{P}$-正则半群上的最小正则 ∗-半群同余 [J]. 纯粹数学与应用数学, 25, 142–144, 156 (2009).

[21] J. F. Chen. Regular semigroups with orthodox trsversals[J]. Commun. Algebra 29, 4275–4288 (1999).

[22] J. R. Cockett, S. Lack. Restriction categories I: categories of partial maps[J]. Theoretical Com-

puter Science 270, 223–259 (2002).

[23] C. Cornock, V. Gould. Proper two-sided restriction semigroups and partial actions[J]. J. Pure Appl. Algebra 216, 935–949 (2012).

[24] I. Dolinka. Regular ∗-semigroup varieties with the amalgamation property[J]. Semigroup Forum 67, 419–428 (2003).

[25] J. East, P. A. Azeef Muhammed. A groupoid approach to regular ∗-semigroups[OL]. arXiv:2301.04845v1., (2023).

[26] J. East, P. A. Azeef Muhammed. A groupoid approach to regular ∗-semigroups[J]. Advances in Mathematics 437, 109447 (2024).

[27] J East, R. D. Gray, P. A. Azeef Muhammed, N. Ruskuc. Projection algebras and free projection- and idempotent-generated regular ∗–semigroups[OL]. arXiv:2406.09109v1., (2024).

[28] C. Ehresmann. Gattungen von lokalen Strukturen[J]. Jahresber. Dtsch. Math.-Ver. 60 (Abt.1), 49–77 (1957).

[29] C. Ehresmann. Categories inductives et pseudo-groupes[J]. Ann. Inst. Fourier (Grenoble) 10, 307–332 (1960).

[30] A. El-Qallali. Abundant semigroups with a multiplicative type A transversal[J]. Semigroup Forum 47, 327–340 (1993).

[31] A. El-Qallali, J. B. Fountain. Proper covers for left ample semigroups[J]. Semigroup Forum 71, 411–427 (2005).

[32] A. El-Qallali, J. B. Fountain, V. Gould. Fundamental representations for classes of semigroups containing a band of idempotents[J]. Commun. Algebra 36, 2998–3031 (2008).

[33] D. G. Fitzgerald, M. K. Kinyon. Trace- and pseudo-products: restriction-like semigroups with a band projections[J]. Semigroup Forum 103, 848–866 (2021).

[34] J. B. Fountain. A class of right PP monoids. Quart[J]. J. Math. Oxford (2) 28, 285–300 (1977).

[35] J. B. Fountain. Adequate semigroups[J]. Proceedings of Edinburgh Mathematical Society 22, 113–125 (1979).

[36] J. B. Fountain, G. M. S. Gomes, V. Gould. A Munn type representation for a class of E-semiadequate semigroups[J]. J. Algebra 218, 693–714 (1999).

[37] J. A. Gerhard, M. Petrich. Free involutorial completely simple semigroups[J]. Can. J. Math. 87, 271–295 (1985).

[38] J. A. Gerhard, M. Petrich. Free bands and free ∗-bands[J]. Glasgow Math. J. 58, 161-179 (1986).

[39] G. M. S. Gomes, V. Gould. Fundamental Ehresmann semigroups[J]. Semigroup Forum 63, 11–33 (2001).

[40] G. M. S. Gomes, M. B. Szendrei. Almost factorizable weakly ample semigroups[J]. Commun. Algebra 35, 3503–3523 (2007).

[41] G. M. S. Gomes. V. Gould, Fundamental semigroups having a band of idempotents[J]. Semigroup Forum 77, 279–299 (2008).

[42] V. Gould, C. Hollings. Restriction semigroups and inductive constellations[J]. Commun. Algebra 38, 261–287 (2009).

[43] V. Gould. Notes on restriction semigroups and related structures[OL]. 2010. https://www.researchgate.net/publication/237604491.

[44] V. Gould, C. Hollings. Actions and partial actions of inductive constellations[J]. Semigroup Forum 82, 35–60 (2011).

[45] V. Gould, Y. H. Wang. Beyond orthodox semigroups[J]. J. Algebra 368, 209–230 (2012).

[46] V. Gould. Restriction and Ehresmann semigroups[C]. Proceedings of the International Confer-

ence on Algebra 2010, (World Sci. Publ., Hackensack, NJ), 265–28 (2012).

[47] V. Gould, T. Stokes. Constellations and their relationship with categories[J]. Algebra Univers. 77, 271–304 (2017).

[48] V. Gould, T. Stokes. Constellations with range and IS-categories[J]. J. Pure Appl. Algebra 226, 106995 (2022).

[49] Y. Q. Guo, Y. Liu, S. F. Wang. Topics on combinatorail semigroups[M]. Science Press and Springer, Beijing and Singapore, (2024).

[50] T. E. Hall. Orthodox semigroups[J]. Pacific J. Math. 39, 677–686 (1971).

[51] T. E. Hall. Regular semigroups: amalgamation and the lattice of existence varieties[J]. Algebra Universalis 28, 79–102 (1991).

[52] T. E. Hall, T. Imaoka. Representations and amalgamation of generalized inverse ∗-semigroups[J]. Semigroup Forum 58, 126–141 (1999).

[53] Y. He. 关于正则半群和广义正则半群的若干研究[D]. 中山大学, 广州, (2002).

[54] C. Hollings. From right PP monoids to restriction semigroups: a survey[J]. Eur. J. Pure Appl. Math. 2, 21–57 (2009).

[55] C. Hollings. Extending Ehresmann-Schein-Nambooripad Theorem[J]. Semigroup Forum 80, 453–476 (2010).

[56] J. M. Howie. An introduction to semigroup theory[M]. London: Academic Press, (1976).

[57] J. M. Howie, Fundamentals of semigroup theory[M]. Oxford: Clarendon Press, (1995).

[58] T. Imaoka. On fundamental regular ∗-semigroups[J]. Mem. Fac. Sci. Eng., Shimane Univ. 14, 19–23 (1980).

[59] T. Imaoka. Prehomomorphisms on regular ∗-semigroups[J]. Mem. Fac. Sci. Shimane Univ. 15, 23–27 (1981).

[60] T. Imaoka. ∗-Congruences on regular ∗-semigroups[J]. Semigroup Forum 23, 321–326 (1981).

[61] T. Imaoka. Some remarks on fundamental regular ∗-semigroups[C]. Recent Developments in the Algebraic, Analytical, and Topological Theory of Semigroups, Oberwolfach, 1981, in: Lecture Notes in Math., vol.998, Springer, Berlin, 270–280 (1983).

[62] T. Imaoka. Representations of ∗-congruences on regular ∗-semigroups[C]. Proceedings of 1984 Marquette Conference on Semigroups, Marquette University, 65–72 (1984).

[63] T. Imaoka. Free products and amalgamation of generalized inverse ∗-semigroups[J]. Mem. Fac. Sci. Shimane Univ. 21, 55–64 (1987).

[64] T. Imaoka, I. Inata, H. Yokoyama. Fundamental generalized inverse ∗-semigroups[J]. Mem. Fac. Sci. Shimane Univ. 29, 11–17 (1995).

[65] T. Imaoka. Representations of generalized inverse ∗-semigroups[J]. Acta Sci. Math. (Szeged) 61, 171–180 (1995).

[66] T. Imaoka, H. Yokiyama, I. Inata. Some remarks on E-unitary regular ∗-semigroups[J]. Algebra Colloq, 3, 117–124 (1996).

[67] T. Imaoka, I. Inata, H. Yokoyama. Representations of locally inverse ∗-semigroups[J]. Internat. J. Algebra Comput. 6, 541–551 (1996).

[68] T. Imaoka, M. Katsura. Representations of locally inverse ∗-Semigroups II[J]. Semigroup Forum 55, 247–255 (1997).

[69] T. Imaoka, T. Ogawa. Some remarks on representations of generalized inverse ∗-semigroups[J]. Mem. Fac. Sci. Eng. Shimane Univ. Series B: Mathematical Science 30, 23–35 (1997).

[70] T. Imaoka. Prehomomorphisms on locally inverse ∗-semigroups[C]. Words, Semigroups, and transductions, edited by M. Ito, G. Paun and S. Yu, Singapore: World Scientific, 203–210

(2001).

[71] T. Imaoka, K. Fujiwara. Remarks on locally inverse ∗-semigroups. Algorithms in algebraic systems and computation theory[C]. Surikaisekikenkyusho Kokyuroku 1268, 47–49 (2002).

[72] T. Imaoka, K. Fujiwara. Characterization of locally inverse ∗-semigroups[J]. Sci. Math. Jpn. 57, 49–55 (2003).

[73] T. Imaoka, T. Iigai. Some remarks on generalized inverse ∗-semigroups[J]. RIMS Kokyuroku 1503, 17–23 (2006).

[74] I. Inata, T. Imaoka. Note on transitive representations of generalized inverse ∗-semigroups[J]. RIMS Kokyuroku 1106, 61–65 (1999).

[75] M. Jackson, T. Stokes. An invitation to C-semigroups[J]. Semigroup Forum 62, 279–310 (2001).

[76] M. Jackson, T. Stokes. Algebras of partial maps[C]. Proceedings of the Special Interest Meeting on Semigroups and Related Mathematics, University of Sydney, (2005).

[77] 江中豪, 罗彦锋. 正则 ∗-半群的覆盖 [J]. 兰州大学学报 (自然科学版), 34, 24–29 (1998).

[78] Z. H. Jiang. Universal aspects of regular ∗-semigroups[C]. Algebraic Engineering (Singapore) (M. Ito and C. Nehaniv, eds.), World Scientific, 437–447 (1999).

[79] P. R. Jones. A common framework for restriction semigroups and regular ∗-semigroups[J]. J. Pure Appl. Algebra 216, 618–632 (2012).

[80] P. R. Jones. Varieties of P-restriction semigroups[J]. Commun. Algebra 42, 1811–1834 (2014).

[81] P. R. Jones. Varieties of restriction semigroups and varieties of categories[J]. Commun. Algebra 45, 1037–1056 (2017).

[82] P. R. Jones. Beyond Ehresmann semigroups, invited presentation[C]. International Conference on Semigroups, University of Lisbon, Lisbon, (2018).

[83] P. R. Jones. Generalized Munn representations of DRC semigroups[J]. Southeast Asian Bull. Math. 45, 591–619 (2021).

[84] P. R. Jones. The structure of glrac semigroups[J]. Semigroup Forum 106, 169–183 (2023).

[85] J. Kadourek, M. B. Szendrei. A new approach in the theory of orthodox semigroups[J]. Semigroup Forum 40, 257–296 (1990).

[86] X. J. Kong. On generalized orthodox transversals[J]. Commun. Algebra 42, 1431–1447 (2014).

[87] X. J. Kong, P. Wang. On refined generalised quasi-adequate transversals[J]. Filomat 35, 299–313 (2021).

[88] M. V. Lawson. Semigroups and ordered categories. I. The reduced case[J]. J. Algebra 141, 422–462 (1991).

[89] M. V. Lawson. Covering and embeddings of inverse semigroups[J]. Proceedings of the Edinburgh Mathematical Society 36, 399–419 (1993).

[90] M. V. Lawson. Inverse semigroups, the theory of partial symmetries[M]. Singapore: World Scientific, (1998).

[91] M. V. Lawson. On Ehresmann semigroups[J]. Semigroup Forum 103, 953–965 (2021).

[92] E. W. H. Lee. Combinatorial Rees-Sushkevich varieties are finitely based[J]. Int. J. Algebra Comput. 18, 957–978 (2008).

[93] E. W. H. Lee. Non-Specht variety generated by an involution semigroup of order five[J]. Trans. Moscow Math. Soc. 81, 87–95 (2020).

[94] J. Leech. Inverse monoids with a natural semilattice ordering[J]. Proceedings of the London Mathematical Society 70, 146–182 (1995).

[95] Y. H. Li. A class of regualr semigroups with regular ∗-transversals[J]. Semigroup Forum 65, 43–57 (2002).

[96] Y. H. Li. On regular semigroups with a quasi-ideal regular ∗-transversal[J]. Advances in Mathematics (China) 32, 727–738 (2003).

[97] Y. H. Li. Locally regular ∗-semigroups and regular semigroups with a quasi-ideal regular ∗-transversal[J]. Pure Mathematics and Applications 141, 93–104 (2003).

[98] Y. H. Li. Several kinds of separating ∗-congruences[J]. J. South China Normal University (Natural Science) 36, 7–13, 58 (2004).

[99] Y. H. Li. On ∗-congruence lattice of a regular semigroup with a quasi-ideal regular ∗-transversal[J]. Journal of Mathematical Study 37, 347–363 (2004).

[100] Y. H. Li. Split $\mathcal{P}$-regular semigroups[J]. J. South China Normal University (Natural Science) 37, 1–5 (2005).

[101] Y. H. Li. A structure of regular semigroups with a regular ∗-transversal[J]. Advances in Mathematics (China) 35, 607–614 (2006).

[102] Y. H. Li, S. F. Wang, R. H. Zhang. Regular semigroups with regular ∗-transversals[J]. J. Southwest China Normal University (Natural Science) 31, 52–56 (2006).

[103] Q. X. Liu, S. F. Wang, Q. Set-theoretic solutions of the Yang-Baxter equation and regular ∗-semibraces[OL]. arXiv:2407.12533, (2024).

[104] M. Loganathan, V. M. Chandrasekaran. Regular semigroups with a split map[J]. Semigroup Forum 44, 199–212 (1992).

[105] S. Y. Ma, X. M. Ren, C. M. Gong. U-abundant semigroups with Ehresmann transversals[J]. Algebra Colloquium 25, 519–532 (2018).

[106] E. Manes. Guarded and banded semigroups[J]. Semigroup Forum 72, 94–120 (2006).

[107] J. Meakin. On the structure of inverse semigroups[J]. Semigroup Forum 12, 6–14 (1976).

[108] J. Meakin. Coextensions of inverse semigroups[J]. J. Algebra 46, 315–333 (1977).

[109] D. B. McAlister. groups, semilattices and inverse semigroups[J]. Trans. American Math. Soc. 192, 227–244 (1974).

[110] D. B. McAlister. Group, semilattices and inverse semigroups II[J]. Trans. American Math. Soc. 196, 351–370 (1974).

[111] D. B. McAlister, T. S. Blyth. Split orthodox semigroups[J]. J. Algebra 51, 491–525 (1978).

[112] D. B. McAlister, R. McFadden. Regular semigroups with inverse transversals[J]. Quart. J. Math. Oxford 34, 459–474 (1983).

[113] W. D. Munn. Uniform semilattices and bisimple inverse semigroups[J]. Quart. J. of Math. 17, 151–159 (1966).

[114] W. D. Munn. Fundamental inverse semigroups[J]. Quart. J. Math. 21, 157–170 (1970).

[115] K. S. S. Nambooripad. Structure of regular semigroups[J]. Mem. Amer. Math. Soc. 22, (224) (1979).

[116] K. S. S. Nambooripad, F. J. C. M. Pastijn. Regular involution semigroups[C]. in: Semigroups, Szeged, 1981, in: Colloq. Math. Soc. János Bolyai, vol.39, North-Holland, Amsterdam, 199–249 (1985).

[117] X. F. Ni. Abundant semigroups with a multiplicative quasi-adequate transversal[J]. Semigroup Forum 78, 34–53 (2009).

[118] T. Nordahl, H. E. Scheiblich. Regular ∗-semigroups[J]. Semigroup Forum 16, 369–377 (1978).

[119] H. Ohta, T. Imaoka. Completions of generalized inverse ∗-semigroups[J]. RIMS Kokyuroku 1604, 114–119 (2008).

[120] J. Okninski. Semigroup algebras[M]. New York: Marcel Dekker, (1991).

[121] F. Pastijn, J. Albert. Free split bands[J]. Semigroup Forum 90, 753–762 (2015).

[122] F. Pastijn, J. Albert. Semilattice transversals of regular bands II[J]. Semigroup Forum 95, 423–440 (2017).

[123] M. Petrich. Introduction to semigroups[M]. Columbus: Book World Promotions, (1973).

[124] M. Petrich. Inverse semigroups[M]. New York: Wiley, (1984).

[125] M. Petrich. Certain varieties of completely regular ∗-semigroups[J]. Boll. Un. Mat. It. 4(B), 343–370 (1985).

[126] M. Petrich, N. R. Reilly. Completely regular semigroups[M]. Toronto: A Wiley-Interscience Publication, (1999).

[127] M. Petrich, P. V. Silva. Relatively free ∗-bands[J]. Beitrage zur Algebra und Geometrie 41, 569–588 (2000).

[128] M. Petrich, P. V. Silva. On ∗-bands and their varieties[J]. Rocky Mountain J. Math. 33, 217–252 (2003).

[129] M. Petrich, N. R. Reilly. Completely regular semigroup varieties[M]. Switzerland: Springer, (2024).

[130] L. Polak. A solution of the word problem for free ∗-regular semigroups[J]. J. Pure Applied Alg. 157, 107–114 (2001).

[131] B. Pondelicek. On varieties of regular ∗-semigroups[J]. Czechoslovak Math. J. 41, 110–119 (1991).

[132] B. Pondelicek. On varieties of regular ∗-semigroups II[J]. Czechoslovak Math. J. 41, 512–517 (1991).

[133] B. Pondelicek. On permutability in semigroup varieties[J]. Mathematica Bohemica, 116, 396–400 (1991).

[134] P. Ribeiro. A unary semigroup trace algebra[C]. In Uli Fahrenberg, Peter Jipsen, and Michael Winter, editors, Relational and Algebraic Methods in Computer Science, Springer, 270–285, (2020).

[135] T. Saito. Construction of regular semigroups with inverse transversals[J]. Proc. Edin. Math. Soc. 32, 41–5l (1989).

[136] M. V. Sapir. Semigroup varieties possessing the amalgamation property[C]. In "Semigroups", Pollak, Gy (Ed.), Szeged (1981), Colloq. Math. So c. Janos Bolyai 39, 377–387, North-Holland, (1985).

[137] H. E. Scheiblich. The free elementary ∗-orthodox semigroup[C]. In: Semigroups. New York: Academic Press, 191–206 (1980).

[138] H. E. Scheiblich. Generalized inverse semigroups with involution[J]. Rocky Mountain J. Math. 12, 205–211 (1982).

[139] H. E. Scheiblich. Projective and injective bands with involution[J]. J. Algebra 109, 281–291 (1987).

[140] B. M. Schein. On the theory of generalized grouds and generalized heaps[C]. in: The theory of semigroups and its applications I, University of Saratov, Saratov, 286–324 (1965).

[141] B. M. Schein. Restrictively multiplicative algebras of transformations[J]. Izv. Vyss. Ucebn. Zaved. Matematika 4(95), 91–102 (1970).

[142] B. M. Schein. Relation algebras and function semigroups[J]. Semigroup Forum 1, 1–62 (1970).

[143] B. M. Schein. On the theory of inverse semigroups and generalised grouds[J]. Amer. Math. Soc. Translations 113, 89–122 (1979).

[144] R. Schmidt. Subgroup lattices of groups[M]. Beilin: Walter & Co. (1994).

[145] B. Schweizer, A. Sklar. The algebra of functions[J]. Math. Ann. 139, 366–382 (1960).

[146] B. Schweizer, A. Sklar. The algebra of functions II[J]. Math. Ann. 143, 440–447 (1961).

[147] B. Schweizer, A. Sklar. The algebra of functions III[J]. Math. Ann. 161, 171–196 (1965).

[148] B. Schweizer, A. Sklar. Function systems[J]. Math. Ann. 172, 1–16 (1967).

[149] R. P. Stanley. Enumerative Combinatorics[M]. vol. 1. Cambridge Studies in Advanced Mathematics, vol. 49. Cambridge: Cambridge University Press, (1997).

[150] I. Stein. Algebras of Ehresmann semigroups and categories[J]. Semigroup Forum 95, 509–526 (2017).

[151] I. Stein. Erratum to: Algebras of Ehresmann semigroups and categories[J]. Semigroup Forum 96, 603–607 (2018).

[152] I. Stein. Algebras of reduced E-Fountain semigroups and the generalized ample identity[J]. Commun. Algebra 50, 2557–2570 (2022).

[153] I. Stein. Algebras of reduced E-Fountain semigroups and the generalized ample identity II[OL]. DOI: 10.1142/S0219498825500914 (2024).

[154] I. Stein. The algebra of the monoid of order-preserving functions on an n-set and other reduced E-Fountain semigroups[OL]. https://arxiv.org/pdf/2404.08075v1 (2024).

[155] T. Stokes. Domain and range operations in semigroups and rings[J]. Commun. Algebra 43, 3979–4007 (2015).

[156] T. Stokes. D-semigroups and constellations[J]. Semigroup Forum 94, 442–462 (2017).

[157] T. Stokes. Generalised domain and E-inverse semigroups[J]. Semigroup Forum 97, 32–52 (2018).

[158] T. Stokes. How to generalise demonic composition[J]. Semigroup Forum 102, 288–314 (2021).

[159] T. Stokes. Left restriction monoids from left E-completions[J]. J. Algebra 608, 143–185 (2022).

[160] T. Stokes. Ordered Ehresmann semigroups and categories[J]. Commun. Algebra 50, 4805–4821 (2022).

[161] T. Stokes. Ehresmann-Schein-Nambooripad theorems for classes of biunary semigroups[J]. Semigroup Forum 107, 751–779 (2023).

[162] T. Stokes. Laws for generalised interior operations in semigroups[J]. Semigroup Forum 106, 692–719 (2023).

[163] G. T. Song, F. L. Zhu. Fundamental regular semigroups with inverse transversals[J]. Semigroup Forum 67, 37–49 (2003).

[164] M. B. Szendrei. Free ∗-orthodox semigroups[J]. Simon Stevin 59 (1985), 175–201.

[165] M. B. Szendrei. A new interpretation of free orthodox and generalized inverse ∗-semigroups[C]. Semigroups Theory and Applications (Proc. Conf. Oberwolfach, 1986), Lecture Notes in Math., 1320, Berlin: Springer, 358–371 (1988).

[166] M. B. Szendrei. Proper covers of restriction semigroups and W-products. Internat[J]. J. Algebra Comput. 22, 1250024, (2012).

[167] M. B. Szendrei. Embedding into almost left factorizable restriction semigroups[J]. Commun. Algebra 41, 1458–1483 (2013).

[168] X. L. Tang, L. M. Wang. Congruences on regular semigroups inverse transversals[J]. Commun. Algebra 33, 4157–4171 (1995).

[169] X. L. Tang. Regular semigroups with inverse transversals[J]. Semigroup Forum 55, 24–32 (1997).

[170] X. L. Tang. LRT-biordered sets[J]. Semigroup Forum 73, 377–394 (2006).

[171] X. L. Tang. Free orthodox semigroups and free bands with inverse transversals[J]. Sci. China Math. 53, 3015–3026 (2010).

[172] V. S. Trokhimenko. Menger's function systems[J]. Izv. Vyss. Ucebn. Zaved. Matematika 11(138), 71-78 (1973).

[173] M. Vincic. Global determinism of ∗-bands[C]. In: IMC Filomat 2001, Nis, 91–97 (2001).

[174] S. F. Wang, Y. Liu. On $\mathcal{P}$-regular semigroups having regular ∗-transversals[J]. Semigroup Forum 76, 561–575 (2008).

[175] 王守峰. 关于半群和组合半群的几个课题的若干研究[D]. 西南大学博士毕业论文, 重庆, (2010).

[176] 王守峰, 张笛. 带正则∗-断面的正则半群[J]. 数学学报(中文版), 54, 591–600 (2011).

[177] S. F. Wang. A classification of regular ∗-transversals[J]. Advance in Mathematics (China) 41, 574–582 (2012).

[178] S. F. Wang. Semi-abundant semigroups with quasi-Ehresmann transversals[J], Filomat 29, 985–1005 (2015).

[179] S. F. Wang. Fundamental regular semigroups with quasi-ideal regular ∗-transversals[J]. Bull. Malays. Math. Sci. Soc. 38, 1067–1083 (2015).

[180] S. F. Wang. A construction of regular semigroups with quasi-ideal regular *-transversals[J]. Ukrain. Mat. Zh. 68, 1552–1560 (2016).

[181] S. F. Wang. A Munn type representation of abundant semigroups with a multiplicative ample transversal[J]. Period. Math. Hungar. 73, 43–61 (2016).

[182] S. F. Wang. On algebras of P-Ehresmann semigroups and their associate partial semigroups[J]. Semigroup Forum 95, 569-588 (2017).

[183] S. F. Wang. On generalized Ehresmann semigroups[J]. Open Math. 15, 1132–1147 (2017).

[184] S. F. Wang. On E-semiabundant semigroups with a multiplicative restriction transversal[J]. Studia Scientiarum Mathematicarum Hungarica 55, 153–173 (2018).

[185] S. F. Wang. On pseudo-Ehresmann semigroups[J]. J. Aust. Math. Soc. 105, 257–288 (2018).

[186] S. F. Wang. An Ehresmann-Schein-Nambooripad-type theorem for a class of P-restriction semigroups[J]. Bull. Malays. Math. Sci. Soc. 42, 535–568 (2019).

[187] S. F. Wang. An Ehresmann-Schein-Nambooripad theorem for locally Ehresmann P-Ehresmann semigroups[J]. Period. Math. Hung. 80, 108–137 (2020).

[188] S. F. Wang, Q. F. Yan. On weakly P-Ehresmann semigroups[J]. Acta Math. Hungar. 163, 335–362 (2021).

[189] S. F. Wang. Projection-primitive P-Ehresmann semigroups[J]. AIMS Mathematics 6, 7044–7055 (2021).

[190] S. F. Wang. An Ehresmann-Schein-Nambooripad type theorem for DRC-semigroups[J]. Semigroup Forum 104, 731–757 (2022).

[191] S. F. Wang, K. P. Shum. On orthodox P-restriction semigroups[J]. J. Algebra Appl. 22, 2350018, (2023).

[192] S. F. Wang. On d-semigroups, r-semigroups, dr-semigroups and their subclasses[J]. Semigroup Forum 106, 230–270 (2023).

[193] S. F. Wang. A Munn type representation for DRC-restriction semigroups[J]. Periodica Mathematica Hungarica 88, 148–171 (2024).

[194] S. F. Wang, D. Yin. Chain projection ordered categories and DRC-restriction semigroups. arXiv:2407.11434 (2024).

[195] 王威丽, 张晓敏. 具有Q-正则∗-断面的正则半群的自然偏序[J]. 纯粹数学与应用数学, 23, 571–576 (2007).

[196] Y. H. Wang. Beyond regular semigroups[J]. Semigroup Forum 92, 414–448 (2016).

[197] Y. H. Wang. Weakly B-orthodox semigroups[J]. Period. Math. Hung. 68, 13–38 (2014).

[198] 王钰鑫. 可分解的正则∗-半群[J]. 理论数学, 13, 1938–1945 (2023).

[199] Y. X. Wang, S. F. Wang, R. H. Zhang. A note on normal ∗-bands. Southeast Asian Bulletin of Mathematics 48, 835–842 (2024).

[200] M. Yamada. Note on the construction of regular ∗-semigroups[J]. Mem. Fac. Sci. Shimane Univ. 15, 17–22 (1981).

[201] M. Yamada. $\mathcal{P}$-systems in regular semigroups[J]. Semigroup Forum 24, 173–178 (1982).

[202] M. Yamada, T. Imaoka. Some remarks on the free regular ∗-semigroup generated by a single element[J]. Semigroup Foum 26, 191–203 (1983).

[203] M. Yamada. Finitely generated free ∗-bands[J]. Semigroup Forum 29, 13–16 (1984).

[204] M. Yamada, M. K. Sen. $\mathcal{P}$-regular semigroups[J]. Semigroup Forum 39, 157–178 (1989).

[205] P. Yan, S. F. Wang. Completions of generalized restriction P-restriction semigroups[J]. Bull. Malays. Math. Sci. Soc. 43, 3651–3673 (2020).

[206] 晏潘, 严庆富, 王守峰. P-限制半群的 λ-半直积 [J]. 山东大学学报 (理学版), 55, 13–20 (2020).

[207] 晏潘. 关于广义限制的 P-限制半群的若干研究 [D]. 云南师范大学硕士论文, 昆明, (2020).

[208] 晏潘, 王守峰. 广义限制的 P-限制半群 [J]. 西南大学学报 (自然科学版), 43, 70–76 (2021).

[209] 严庆富. 关于弱 P-Ehresmann 半群的若干研究 [D]. 云南师范大学硕士论文, 云南, 昆明, (2020).

[210] D. D. Yang. Weakly U-abundant semigroups with strong Ehresmann transversals[J]. Mathematica Slovaca, 68, 549–562 (2018).

[211] 喻秉钧. $\mathcal{P}$-正则双序集 [J]. 数学学报, 42, 671–682 (1999).

[212] R. H. Zhang. The construction of a class of $\mathcal{P}$-regular semigroups[J]. Journal Pure Math. 15, 23–44, (1998).

[213] R. H. Zhang, S. F. Wang. On generalized adequate transversals[J]. Commun. Algebra 34, 2419–2436 (2006).

[214] R. H. Zhang, S. F. Wang. On generalized inverse transversals[J]. Acta. Math. Sin.-English Ser. 24, 1193–1204 (2008).

[215] H. W. Zheng. Strong $\mathcal{P}$-congruences on $\mathcal{P}$-regular semigroups[J]. Semigroup Forum 51, 217–223 (1995).